土壤风蚀危害与过程及其研究方法

王军强　邱晓庆　赵姗姗　蔡小斌 等　著

中国林业出版社
China Forestry Publishing House

图书在版编目（CIP）数据

土壤风蚀危害与过程及其研究方法／王军强等著. --北京：中国林业出版社，2023.6
ISBN 978-7-5219-2216-5

Ⅰ.①土…　Ⅱ.①王…　Ⅲ.①土壤侵蚀-风蚀-研究方法　Ⅳ.①S157.1-3

中国国家版本馆 CIP 数据核字（2023）第 102410 号

策划编辑：肖　静
责任编辑：肖　静
封面设计：时代澄宇
宣传营销：张　东

————————————————

出版发行：中国林业出版社
　　　　　（100009，北京市西城区刘海胡同 7 号，电话 83223120）
电子邮箱：cfphzbs@163.com
网址：www.forestry.gov.cn/lycb.html
印刷：中林科印文化发展（北京）有限公司
版次：2023 年 6 月第 1 版
印次：2023 年 6 月第 1 次
开本：710mm×1000mm　1/16
印张：20
字数：380 千字
定价：78.00 元

编写委员会

主　编

　　王军强（西华师范大学）

　　邱晓庆（西华师范大学）

　　赵姗姗（西华师范大学）

　　蔡小斌（甘肃省农业工程技术研究院）

副主编

　　李彦荣（甘肃省农业工程技术研究院）

　　夏　菲（西藏自治区农牧科学院草业科学研究所）

　　盖玉林（西华师范大学）

　　薛云尹（西华师范大学）

　　栾倩倩（甘肃省农业工程技术研究院）

　　施志国（甘肃省农业工程技术研究院）

编　委（按姓氏拼音排序）

　　冯彦淞　韩成龙　冉玲林　王敬龙　魏　巍

　　吴皓阳　谢忠清　赵　旭　周娟娟　周彦芳

    土壤是人类赖以生产和生活的基本自然资源之一，"民以食为天，食以土为本"。土壤是农业生产的基本要素之一，然而，自然力和人力的双重作用导致土壤风蚀量超过土壤最大容许流失量，进而影响土壤肥力，造成空气污染等一系列生态环境问题。占陆地面积41%的干旱区陆地表面目前正在遭受土壤风力侵蚀的危害，该区域养育着世界38%的人口，拥有全球一半的牲畜，覆盖全球生物多样性热点地区面积的1/3。20世纪，中国大约有191万 km²（约占国土面积的20%）陆地表面遭受风蚀危害。预计到21世纪末，世界干旱地区将增长10%~23%，风力侵蚀将对粮食安全、生计和人类福祉带来更加危险的后果。因此，2019世界土壤日主题定位为"阻止土壤侵蚀，拯救我们的未来"，土壤的风蚀危害已成为全球性的环境问题。

    本书从土壤风蚀的基本概念入手，介绍了国内外土壤风蚀研究的发展历程，土壤风蚀的分类分级，土壤风蚀的危害、过程以及防治措施。重点介绍了国内外农田土壤风蚀机理方面研究的主要内容，为从总体上了解土壤风蚀提供参考。本书第一章由王军强编写，第二章、第七章由邱晓庆、赵姗姗和夏菲编写，第三章由王军强编写，第四章、第五章、第十章由王军强和邱晓庆编写，第六章、第八章由赵姗姗和栾倩倩编写，第九章由夏菲和薛云尹编写，第十一章由盖玉林和蔡小斌编写，第十二章由李彦荣和蔡小斌编写；吴皓阳、谢忠清、冉玲林、冯彦淞、王敬龙对全书进行了重新编辑和校对，魏巍、赵旭、周彦芳、韩成龙、施志国和周娟娟提供了大量有价值的基础研究数据，本书封面照片由施志国拍摄。在此，对他们付出的辛勤劳动表示感谢。希望本书的出版对我国土壤风蚀研究工作的开展有所贡献，能为广大风蚀研究工作者和学习者提供帮助。

    虽然本书对土壤风蚀过程及其危害方面的研究成果进行了归纳、总结和重新阐述，但由于土壤风蚀研究的内容较多、机理较为复杂，加之编写团队水平和能力有限，提交的成果仅为该研究领域的某几个方面，对有些问题的认识和研究还有待进一步深入。本书在撰写过程中大量归纳了已有的一些经典研究成果，在文献引用过程中可能存在理解不全面等问题，敬请原著作者、广大读者、专家和学者在阅读过程中对可能存在的错误和疏漏提出批评指正，以便今后进一步加以补充、修改和完善。

本书的出版得到了国家自然科学基金（编号 41867013、31560170），西藏自治区重点研发与转化项目（XZ202201ZY0005N），西华师范大学博士科研启动基金（编号 19E056）和西华师范大学学术著作出版基金的共同资助，在此表示感谢。本书的出版也得到了西华师范大学各位领导和老师的关心、支持和帮助。本书能够出版还和甘肃省农业工程技术研究院前期参加项目工作的陈亮、杨义荣、陈治国、宿翠翠等科研人员的贡献密不可分，在此一并表示最诚挚的谢意。向中国林业出版社的编辑为本书出版付出的辛勤劳动表示谢意。

著　者
2023 年 6 月
四　川

目 录

第一章　绪　论

>>>----------------------------------

　　土壤风蚀是土壤侵蚀众多类型中一个非常重要的类型，最容易发生在干旱、半干旱，以及部分半湿润地区，这些地区年降水量普遍≤400mm。目前，对风蚀的概念基本上基于侵蚀来定义，即"地表沉积物被风剥离、搬运、沉积，它是松散、干旱、裸露的土壤被强风运输的一个物理学和动力学的过程"（刘贤万，1995），由此看出，土壤风蚀的本质是，在气流或气固两相流的影响下，地表沉积物受被吹蚀、磨蚀的过程；其主要原理是，当气流冲击力和剪切力超过沙粒或土粒的重力和黏结力，且沙粒能够克服地表摩擦力时，气流把沙粒或土粒卷入空气中形成扬沙和沙尘暴等现象。土壤侵蚀分类分级标准（SL 190—1996）中给出如下定义：土壤风蚀是在气流冲击作用影响下，土粒、沙粒或岩石碎屑等脱离地表，被搬运、堆积的过程。国内外关于土壤风蚀有诸多名称，比如，沙暴、风暴、黑色风暴、吹失、吹扬、风扬、焚风、西蒙风、艾比风、哈麦丹风等。

第一节　土壤风蚀主要术语及分级

一、土壤风蚀主要术语

1. 土壤风蚀

　　从更为科学的角度出发，可以将土壤风蚀解释为：土壤颗粒在风力的作用下发生位置移动的过程，这种移动过程具体分为三个阶段，分别为土壤颗粒的夹带起沙、空间输移以及沉降淀积（图 1.1）。在此过程中，土壤粒径越大，随风移动距离越近，但是值得注意的是，大粒径颗粒在随风弹起和降落的过程中会对小粒径颗粒造成撞击，导致小粒径颗粒破碎和随粉尘扬起。整个移动过程总体较为复杂，主要由气候侵蚀性因子、土壤可蚀性因子和外营力干扰因子共同决定。起初的风蚀研究对象主要针对农林科学中关于土壤夹带起沙以及林草阻滞降尘过程，因此较为传统，也具有一定的局限性。近年来，由于沙尘天气的频发，有关土壤风蚀过程和风蚀物的空间输移规律研究成为新的热点话题。

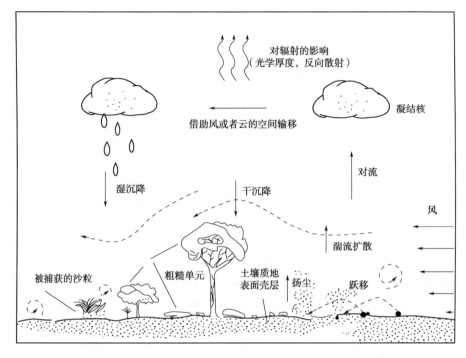

图 1.1　土壤风蚀的三个阶段［图片引自：Yaping Shao（2008）］

2. 容许土壤流失量

与其他土壤侵蚀一样，自然状态下的风蚀只是自然力影响下的正常现象。风蚀形式多样，如不同的风蚀地貌和黄土高原的形成，然而，地质和自然过程的部分往往被人们忽视，例如，大气降水的形成和海洋养分的供应。我们把在自然状态下的风蚀称为"容许侵蚀"，这种正常的自然侵蚀过程没有必要强加改变。高强度的和不当的人类活动很大程度上加速了风蚀的自然过程，使得风蚀的发生、发展强度和作用范围超出了自然过程和人类的承受范围，会带来自然灾害，对正常的生产和生活环境造成危害，甚至会危及人类的生命安全。

在水土保持的实践研究过程中，容许土壤流失量的概念逐步形成并不断发展。研究早期，容许土壤流失量被视为可接受的土壤侵蚀率，或水土保持所能达到的最小土壤侵蚀率。目前，对于土壤容许流失量的理解有两种，一种是从成土速率和流失速率比较确定容许侵蚀量，还有一种是从土壤有机质和养分的流失对作物生长是否产生影响的角度出发来确定容许侵蚀量。前者实际上是从土壤发生学角度出发，通过侵蚀速率与岩石或其他母质的风化物在生物作用下土壤的生成速率的对比关系确定容许侵蚀量。

目前，多认为容许土壤流失量是指，在不导致土地生产力水平持续降低的前提下，单位时间土壤侵蚀容许的最大值。为了保持农业生产的可持续发展，必须首先了解容许土壤流失量，它是农业可持续发展的一个重要前提条件。如果把容许土壤流失量标记为 T 值，土壤可溶物质的速度称为 D 值，某地风化成土速度为 W 值，受 T 值和 D 值的影响，则 W 可以表示为：

$$W = T + D$$

式中：T 为土壤侵蚀率(%)。

若把风化成土的原地保存率采用 Ps 来代表，即：

$$Ps = 风化成土的原地保存量/风化成土量，$$

$$则：T = WPs$$

一般认为，当 Ps 为 0.8 左右时即可满足植物生长的需要，D 值会因各地条件差异而有所不同。例如，美国东北部钙质岩石的溶解速度 $D = 25um/a$ 年，黄土区的溶解速度 $D = 50um/a$，由此计算出 $T = 1/1000mm$ 是非常有限的。中国各个主要侵蚀区土壤容许流失量见表 1.1。

表 1.1　各侵蚀区土壤容许流失量　　　　　　　　　　　　　　$t/(hm^2 \cdot a)$

类型区	土壤容许流失量
西北黄土高原区	1000
东北黑土区	200
北方土石山区	200
南方红壤丘陵区	500
西南土石山区	500

资料来源：中华人民共和国水利部(1997)。

3. 土壤可蚀性

土壤可蚀性指的是土壤易被侵蚀的程度或强度(SSSA，1987)。Webb 和 Strong(2011)提出土壤易受风蚀的影响因素(土壤风蚀性)主要包括土壤物理、化学和生物特性，具体有土壤质地、土壤团聚体、土壤稳定性、土壤结皮、松散易受侵蚀沉积物的多少、土壤含水量、土壤地表粗糙度(由耕具或植被引起)等。控制土壤可蚀性的因素因土地利用和管理方式的不同而异。例如，牧场控制可蚀性的因素不同于农田土壤。田间尺度的农田土壤，由于耕作扰动改变了土壤地表粗糙度，地表覆盖物的数量和分布，土壤含水量、土壤团聚体以及其他性质，所有这些都会在短期内影响土壤可蚀性(Zobeck，1991；Zobeck et al.，2011)。在干旱和半干旱的牧场生态系统中，风力侵蚀取决于植被盖度和斑块分布（Okin et al.，2009），以及地表土壤质地和结皮层，除非地表被扰动，否则这些特征无法改变。控制土壤风蚀的影响因素不仅在土地利用上存在差异，而且时空分布上也不同。如放牧、火灾和其他活动的自然和人为干扰，改变了牧场的地表状况和植被覆盖，而实施的作物管理措施却常常被用作控制耕地的土壤可蚀性。Webb 和 Strong（2011）将土壤可蚀性的动态变化作为连续体，以响应气候变化和人为的扰动作用。一些土壤由于降雨和结皮的形成，在初期土壤可蚀性较低，随着地表变干和人为的扰动，土壤可蚀性随后却增加。土壤可蚀性变化的准确时间和可变性将随土壤固有的物理性质变化而变化，例如，土壤质地等。

4. 土壤侵蚀模数

土壤侵蚀模数是指在一定的侵蚀范围内，单位时间所发生的土壤侵蚀量，单位为 $t/(km^2 \cdot a)$。如采用一定时间段的土壤侵蚀厚度来表示，则土壤侵蚀模数的单位为 mm/a。

侵蚀模数和本地的土壤容重以及土壤侵蚀厚度存在一定的线性换算关系：

$$土壤侵蚀厚度 = \frac{土壤侵蚀模数}{容重}$$

式中：容重单位为 g/cm^3。

如果要计算河流输沙模数，就不能直接引用上述的侵蚀模数，须用泥沙输移比加以换算后再计算：

$$输沙模数 = 输移比 \times 侵蚀模数$$

二、土壤风蚀类型分区及强度分级

我国干旱和半干旱地区幅员辽阔，地形地貌、气候特点、土壤类型、植被覆盖以及土地利用模式各异，土壤风蚀强度在空间分布上随之展现出地带性规律，各地自然环境与人为活动不尽相同，使各区域土壤侵蚀类型特点各异。

我国风力侵蚀区主要分布在以下地区：我国西北、华北及东北西部，涉及的省（直辖市、自治区）主要有新疆、青海、甘肃、宁夏、内蒙古、陕西，总面积达到 195.7 万 km^2，约占国土面积的 20.6%，区划范围和特点见表 1.2。

1. 风蚀类型分区

中国主要风蚀类型区，见表 1.2。

2. 土壤风蚀强度与程度

（1）Zachar（扎切尔）风蚀强度分级

Zachar 根据风蚀速率和深度，把风蚀强度分为 6 级，见表 1.3。

表1.2 中国土壤风力侵蚀类型的区划

类型区	区划范围及特点
三北戈壁沙漠及沙地风蚀区	分布：西北、华北、东北的西部，包含青海、新疆、甘肃、宁夏、内蒙古、陕西、黑龙江等省及自治区的沙漠、戈壁及沙地 气候：干燥、大风及沙暴强烈，年降水100~300mm，多流动和半流动沙丘，植被稀少 蒙新青高原盆地：荒漠强度风蚀区，包含准噶尔盆地、塔里木盆地和柴达木盆地，主要由腾格里沙漠、塔克拉玛干沙漠和巴丹吉林沙漠组成 内蒙古高原草原中度风蚀水蚀区：呼伦贝尔、内蒙古和鄂尔多斯高原、毛乌素沙地、浑善达克(小腾格里)和科尔沁沙地、库布齐和乌兰察布沙漠。南部干旱草原为栗钙土，北部荒漠草原为棕钙土 准噶尔绿洲荒漠草原轻度风蚀水蚀区：围绕古尔班通古特沙漠，呈向东开口的马蹄形绿洲带，发育灰漠土 塔里木绿洲轻度风蚀水蚀区：围绕塔克拉玛干沙漠，呈向东开口的绿洲带，发育淤灌土 宁夏中部风蚀区：毛乌素沙地，腾格里沙漠边缘的盐地，同心、灵武、中卫，年均大风20~30次，沙暴13~20次 东北西部风沙区：沙丘坨甸，为流动和半流动沙丘，沙漠化发展强烈；沙化漫岗，潜在沙漠化发展
沿河环湖滨海平原风沙区	分布：山东黄泛平原、鄱阳湖滨湖沙山及福建省、海南省滨海区 鲁西南黄泛平原风沙区：北靠黄河，南临黄河故道，宏观地形平坦，微地貌复杂，岗坡洼间。以沙土及沙壤土为主，呈马蹄形或新月形沙丘，联合国环境组织已将其列为高度荒漠化威胁区 鄱阳湖滨湖沙山区：鄱阳北部湖滨，赣江下游两岸新建流湖。一般每块在1万亩以上，最大4万~5万亩，沙山分流动型(危害最强烈)、半固定型及固定型 福建及海南省滨海风沙区：福建海岸风沙主要分布在闽江口以南的长乐，晋江口以南的晋江县，九龙江口以南的漳浦。海南海岸风沙主要分布在文昌县，系第四纪湖相沉积物发育

资料来源：中华人民共和国水利部(1997)。

表1.3 扎切尔的风蚀强度分级表

级别	定性描述	风蚀速率[m³/(ha·a)]	风蚀深度(mm)
1	无感风蚀	<0.5	<0.05
2	轻微风蚀	0.5~5	0.05~0.5
3	中度风蚀	5~15	0.5~1.5
4	重度风蚀	15~50	1.5~5
5	极重度风蚀	50~200	5~20
6	灾难性风蚀	>200	>20

（2）水利部风蚀强度分级

1986 年，我国水利部在《水土保持技术规范》中，对土壤风蚀强度分级的参考标准进行重新制定，以方便用于土壤风蚀的调查、预测、防治和规划，以及土壤侵蚀图编制等工作（表 1.4）；1997 年，水利部根据地表风蚀形态、植被覆盖度、风蚀厚度和侵蚀模数等标准，对土壤风蚀强度分级序列进行细化，列出了微度、轻度、中度、强烈、极强烈、剧烈 6 个级别，见表 1.4，表 1.5。在按此标准，完成了 1∶400 万全国土壤风蚀图。

表 1.4　风力侵蚀强度分级参考指标

级别	侵蚀（或地面）状况
微度侵蚀（Ⅰ）	干旱和半干旱地区的草甸沼泽、草甸草原和湖盆滩地等低湿地
轻度侵蚀（Ⅱ）	旱季以吹扬为主，河谷沙滩或其他沙质土有沙波出现
中度侵蚀（Ⅲ）	地面常有沙暴或见有沙滩、沙垄
强度侵蚀（Ⅳ）	有活动沙丘或风蚀残丘
极强度侵蚀（Ⅴ）	广布沙丘、沙垄，活动性大
重度侵蚀（Ⅵ）	光板地、戈壁滩

表 1.5　水利部风蚀强度分级表

级别	床面形态（地表形态）	植被覆盖度（%）（非流沙面积）	风蚀厚度（mm/a）	风蚀模数 $[t/(km^2 \cdot a)]$
微度	固定沙丘、沙地和滩地	>70	<2	<200
轻度	固定沙丘、半固定沙丘、沙地	70~50	2~10	200~2500
中度	半固定沙丘、沙地	50~30	10~25	2500~5000
强烈	半固定沙丘、流动沙丘、沙地	30~10	25~50	5000~8000
极强烈	流动沙丘、沙地	<10	50~100	8000~15000
剧烈	大片流动沙丘	<10	>100	>15000

资料来源：中华人民共和国水利部（1997）。

（3）风蚀沙漠化分级指标

由中国科学院根据《中华人民共和国环境保护法》和《全国生态环境保护纲要》编制，当时的环境保护总局组织实施，自 2003 年 5 月起施行的《生态功能区划技术暂行规程》，对我国风蚀沙漠化程度进行了划分，并制定了相应的分级标准，见表 1.6

表 1.6 风蚀沙漠化程度分级指标

程度	风积地表形态占该地面积/(%)	风蚀地表形态占该地面积/(%)	植被覆盖度/(%)	地表景观综合特征	土地生物生产量较沙漠化前下降/(%)
轻度	<10	<10	50~30	斑点状流沙或风蚀地。2m以下低矮沙丘或吹扬的灌丛沙堆。固定沙丘群中有零星分布的流沙（风蚀窝）。旱作农地表面有风蚀痕迹和粗化地表，局部地段有积沙	10~30
中度	10~30	10~30	50~30	2~5m高流动沙丘成片状分布。旱作农地有明显风蚀洼地和风蚀残丘。广泛分布的粗化沙砾地表	30~50
强度	≥30	≥30	≤30	5m高以上密集的流动沙丘或风蚀地	≥50

资料来源：中国科学院（2002）。

（4）我国不同强度风蚀区分布情况

表 1.7 列出了我国不同风蚀级别区域的面积、分布区域和土壤侵蚀模数。

表 1.7 土壤风蚀强度分级与分布

风蚀级别	面积（km²）	分布区域	土壤侵蚀模数
微度侵蚀	30×10⁴	河北省中部，四川省北部和西藏部分地区有少量零星分布	<300
轻度侵蚀	34×10⁴	新疆沙漠地区和柴达木盆地内蒙古中部浑善达克沙地、内蒙古北部科尔芯沙地的呼伦贝尔市地区	300~3000
中度侵蚀	39×10⁴	古尔班通古特沙漠、腾格里沙漠、丹巴吉林、塔干沙漠、塔克拉玛干沙漠、内蒙古中部的浑善达克沙地、毛乌索沙地，此外青藏高原北部、辽宁西部和内蒙古东北	3000~6000
强度侵蚀	36×10⁴	北疆古尔班通古特沙漠地区、新疆东部地区	6000~9000
极强度侵蚀	38×10⁴	塔克拉玛干沙漠、腾格里沙漠和丹巴吉林沙漠地区	9000~15000
剧烈侵蚀	51×10⁴	新疆北部的古尔班通古特沙漠、塔干沙漠东部、塔克拉玛干沙漠南缘新疆、东部地区、内蒙古西部的腾格里沙漠和巴丹吉林沙漠地区	>15000

资料来源：《土壤侵蚀分类分级标准》（SL190—2007）。

(5)风蚀过程中沙尘天气分级标准

沙尘天气是干旱和半干旱区经常发生的一种灾害性自然现象。根据行业的侧重点，环境保护部门重点关注沙尘天气发生后源发地或者周边城市空气质量的变化。为了对沙尘天气进行合理的分级，必须首先对沙尘天气进行监测，目前环境监测部门监测过程中参照的主要依据是中国环境监测总站《关于印发<沙尘天气分级技术规定(试行)>的通知》(总站生字〔2004〕31号)。按照能见度高低，我国气象部门将沙尘天气划分为浮尘、扬沙、沙尘暴、强沙尘暴四级，具体级别判定标准见表1.8。

表1.8　沙尘天气级别判定

沙尘天气等级	总悬浮颗粒物(TSP)小时浓度范围(mg/m³)	可吸入颗粒物小时浓度范围(mg/m³)	主要表现形式	水平能见度(km)	持续时间(h)
一级沙尘天气(浮尘)	1.0≤TSP<2.0	0.60≤PM₁₀<1.00	尘土、细沙均匀地浮游在空中	<10	≥2
二级沙尘天气(扬尘)	2.0≤TSP<5.0	1.00≤PM₁₀<2.00	风将地面尘沙吹起，使空气相当混浊	1~10	
三级沙尘天气(沙尘暴)	5.0≤TSP<9.0	2.00≤PM₁₀<4.00	强风将地面大量尘沙吹起，使空气很混浊	<1	≥1
四级沙尘天气(强沙尘暴)	≥9.0	PM₁₀≥4.00	大风将地面尘沙吹起，使空气非常混浊	<0.5	

数据来源：李晓红(2013)。

第二节　国内外土壤风蚀研究发展历程

一、国外土壤风蚀研究历程

土壤风蚀作为一个重要的环境问题，在诸多国家和地区都出现过。纵观世界，南美洲、北美洲、西伯利亚平原以及非洲的干旱、半干旱地区，均是易发生土壤风蚀的地区(Okin G S et al.，2006)。通观国外的研究历程可以看出，在19世纪末就开始初步形成土壤风蚀的概念，地学家、土壤学与农学家对其研究的重点不尽相同，其研究历程通常划分为4个阶段。

第一阶段：20世纪30年代以前，感性认识阶段。

这一阶段中，在探险考察的过程中逐步认识到土壤风蚀现象，并不断积累和描述，该阶段属于感性认识阶段，因此该阶段没有开展较为复杂的观察及研究过程，重点开展一些表象的简单描述，一些系统性的研究没有涉猎。但是，该阶段也是非常重要的土壤风蚀研究过程，通过这一阶段的不断积累，为后续的土壤风蚀研究提供了许多非常有价值的原始素材（杨秀春，2004）。下面按照时间序列对这一时期主要研究成果进行说明。

1847 年，来自德国的著名地理学家埃伦伯格（Ehrenberg）通过研究后发现，在风向合适的情况下，非洲沙漠地区的细小大气沙尘可以在风力作用下被搬运到欧洲。

1855 年，布兰克（Blake）描述了荒漠区风沙流的磨蚀作用，首次认识到荒漠地区风蚀地貌的发育。

1890 年，瑞典探险家斯文·赫定（Sven Hedin）在中亚探险过程中发现了风蚀现象。1903 年，他在描述垄脊等风蚀地形时采用了"雅丹"一词，并在考察后通过计算得出，该地区在 1600 年内，风蚀深度达到 6m，年均风蚀深度为 4mm（Glotfelty D E *et al.*，1989）。

1895 年，苏联科学院院士 B. A. 奥勃鲁契夫（В. А. Обручев）对中亚地区的风化及吹扬作用进行了分析研究，并观测到了风沙运移过程对岩石产生的磨蚀作用，他提出了沿用至今的沙漠分类法。

1911 年，美国中西部地区发生了一场严重的土壤风蚀，该次风蚀导致多地土壤出现干旱现象，基于此次严重的环境问题，科学界开始对土壤风蚀的危害进行了广泛的关注。Free（1911）除了对风蚀过程中土壤移动过程进行详细研究外，还提出了采用"悬移"与"跃移"来描述来土壤颗粒的移动特征。

1927 年，伯基（Berkey）和弗雷德里克（Frederick）提出了"戈壁侵蚀面"的概念，且认为在地形发生变化过程中，风力是不可忽略的驱动因子（Berkey and Morris，1927）。同时，伴随着风蚀研究的深入，科学家对如何有效降低土壤风蚀强度开始关注，并总结了一系列降低土壤风蚀的有效措施（比如增加地表粗糙度），具体措施（比如防护林带建设和作物秸秆留茬），还有就是对土壤自身的聚合力进行调整（例如改善土壤结构稳定性或者通过在易风蚀期调整土壤含水量来抑制土壤风蚀）。

第二阶段：20 世纪 30~60 年代，由感性认识向理性认识的转化阶段。

在这一该阶段，一些关于风蚀的系统性研究开始开展，风蚀研究不再局限于定性描述，开始了一些定量化的研究。20 世纪初，美国发生了大面积的土壤风蚀事件——"黑风暴"，该事件导致美国中西部平原地区大面积土壤受灾，并引发严重的空气污染。据报道，该地区土地侵蚀面积已达国土面积的 42.5%，另有 40.5% 的土地也受到不同程度的侵害，这次灾害也使土壤风蚀问题在美国及全球得到了广泛重视。

20 世纪 30 年代，土壤学家拜格诺（R. A. Bagonld）和切皮尔（W. S. Chepil）对土壤风蚀进行了大量的研究并取得了一些显著的研究成果。20 世纪 30 年代初，拜格诺通过一系列风沙运动的研究实验，对风蚀现象有了更加深刻且系统的认识，而且借助其研究基础和专业特长，创造性地把航天工程学家冯·卡门（Theodore von Kármán）、近代力学奠基人之一普朗特（Parntl）以及谢尔德（Shield）建立的流体力学理论首次应用到土壤风蚀研究过程中，并创立了"风沙物理学"理论。1941年，拜格诺发表了其代表著作——《风沙和荒漠沙丘物理学》（《The Physies of Blown Sands and Desert Dunes》），该著作具有划时代的意义，该著作不但通过一些近地表风的观测及实验积累为风蚀研究跨入动力学奠定了基础，而且使得风蚀研究更加科学，从此开始，土壤风蚀的研究逐步步入理性阶段，风蚀研究更加科学化。

从20世纪40年代起，基于拜格诺开创性的研究，土壤风蚀的研究快速发展，其中最有代表性的要数以Chepil为首的美国农业部科学家。Chepil与其合作者通过长达25年的耕地农田的风蚀问题系统性研究，对土壤风蚀过程中风沙颗粒的启动、输送和沉积机制以及风蚀驱动因子等进行了系统的研究，并对风蚀的动力学机制、土壤风蚀影响因子都进行了系统的深入研究，并在此基础上总结评价了多种防沙措施以及防治效果。Chepil等在研究过程中提出了"minimum fluid starting speed"和"maximum fluid starting speed"两个概念，"minimum fluid starting speed"是指当风蚀发生时，沙尘颗粒物被风吹起的最小速度，"maximum fluid starting speed"指所有沙尘颗粒都被吹起时的最大速度。

1947年，一个汇集了众多农业工程学家（津格、切皮尔和伍德拉夫）的项目在美国堪萨斯州的曼哈顿开展，该项目由美国农业部牵头成立。项目部配备了可移动式野外风洞、风洞实验室以及旋转筛等设施设备，邀请了空气动力学、流体力学、土壤生物学等多门学科的科研人员参与，从而使得土壤风蚀的研究更加系统且精确。该项目主要开展以下几个方面的课题：（1）在风力作用下，土壤颗粒或沙粒物质随风运移的过程研究；（2）风沙流中颗粒的起跳、风沙流冲击磨蚀行为以及风沙流输移关系研究；（3）土壤产生风蚀的条件和主要影响因素研究，主要通过土壤理化性质，植物覆被类型、土壤表面风障类型、地表坡度和粗糙度以及土地利用方式等主要因子，来探讨土壤风蚀过程中的关键影响因子及其主要作用过程。除此之外，项目组还对风蚀的防治措施（生物措施、物理措施、管理措施）进行了实地和模拟试验，并评价了其防护效能，不但从一个全新的角度研究了风蚀过程，而且还全方位地研究了土壤风蚀的一系列有效防治措施。

第三阶段：20世纪60~70年代，理性认识阶段。

20世纪60年代中期，土壤风蚀研究与数学、物理学、系统科学等多学科结合，利用先进的实验设备和科学仪器，土壤风蚀理论和模型在实践中得到了全面检验和改进，促进了理论与实践的结合。同时，在总结一系列理论经验后将风蚀研究的重心从理论研究转移到应用研究上，在风蚀防治措施方面开展了大量研究并对已有防护措施进行了评价，提出了一些新的防治措施。该阶段代表性理论研究主要来自切皮尔、伍德拉夫（Woodruff）、西德威（F. H. Siddowy）和哈根（Hagen）。1963年，切皮尔和伍德拉夫首次针对田间立地条件下，土壤风速与风蚀量之间的关系开展了一系列研究，研究结果表明，农田环境条件下，土壤风蚀量随风速的增加而增加，二者呈显著的正相关关系，而土壤抗蚀性随土壤结皮破裂系数增大而显著减少，主要原因是在风沙流的磨蚀作用下，土壤的结皮层会被破坏或击穿，从而导致细微颗粒大量暴露在空气中形成易蚀颗粒。

从20世纪60年代末到20世纪70年代初，在多学科的交叉研究与渗透下，土壤风蚀的研究领域不断扩大，研究水平日益提高，同时促使土壤风蚀的研究出现了新的亮点。例如，该阶段切皮尔和伍德拉夫重点开展了在土壤风蚀过程中屏障对其的影响机理和过程研究，研究发现，相比于平卧的植物秸秆，直立植物残茬能够大大降低土壤的风蚀量，主要原因是直立的植物残茬增加了地表粗糙度。但研究同时也发现，植被残茬不同，对土壤风蚀的影响程度也不同，例如，相比于高粱，直立的小麦残茬更能降低土壤风蚀量，其降低量是直立高粱残茬的3倍，此外，通过缩小植被屏障之间的间距也能够有效地防治土壤风蚀，其最佳防风蚀效果体现在屏障距离控制在植被残茬高度的9~12倍。Hagen也对农田风蚀过程中植被残茬的影响程度进行了研究，研究结果表明，残茬倒伏以后对抑制地表土壤的起沙速率有显著的效果，并且在此过程中能显著提升临界风速，直立的植被残茬可以通过降低土壤表面的摩擦速度来拦截跳跃过程中的土壤颗粒。Hagen进一步对Chepil和Woodruff的研究结论进行了补充和验证，即在农田生态系统中，防风蚀最有效的办法是留倒伏的植物残茬。通过这些研究也可以看出，一些农艺措施（植被残茬覆盖、少耕、免耕等）能够有效地降低农田风蚀灾害。

与此同时，这一时期科学界对土壤风蚀的研究更注重技术的应用，理论研究主要为技术的应用提供支撑，代表性的人物由伍德拉夫和西德威，其中最主要的成果是在1965年创新性地提出了风蚀预测模型——风蚀方程（Wind Erosion Equation，WEQ），它也是学术领域第一个用来全面估算农田年风蚀量的模型，该模型基于野外实测数据，采用综合性思维首次预报农田土壤风蚀。该模型的提出标志着土壤风蚀理论体系的进一步完善，为往后风蚀模型的建立和应用奠定了坚实的基础。为了使该模型更加科学合理，在过去的30年中，该模型被广泛应用并不断修订，但是，模型主要关注自然影响因子，没有考虑人类活动影响因子对风蚀的影响，因此模型仍然具有一定的局限性。

第四阶段：20世纪80年代后，研究深化阶段。

在20世纪80年代，风蚀通用方程的局限性逐渐暴露出来，具体体现在以下四个方面，第一是地域限制，该模型的气象条件除了美国堪萨斯州加登城之外（Foster G R.，1991），其他地方的气象条件能否适应有待验证；第二为空间局限性，该模型主要针对小尺度范围内农田风蚀过程监测（Fryrear D W et al.，2000）；第三为综合因子限制，该模型中的所有影响因子都存在互作过程，无法简单地界定单一因子的影响过程，也不能将这些因子简单地相乘来确定土壤风蚀量；第四为与实际相脱节，模型得不到基本理论的支持，导致其不能与风蚀机制的研究相印证。因此，为了补齐这些短板，一种具有综合思维、基于实际物理过程的风蚀预报模型需要重新建立。

20世纪80年代以后，土壤风蚀建模和预测成为新的热点，该时期代表性的研究成果就是风蚀预测方程（Wind Erosion Prediction System，WEPS），该方程是由美国农业部风蚀研究机构的科学家提出。虽然WEPS是一个面向用户的计算机应用软件，但在实际使用过程中仍存在较大的局限性，主要体现在以下两个方面，一是它只能对一小块农田的风蚀进行模拟，并且该农田必须假设是均质的，而且在模拟过程中需要输入很多参数，无法模拟那些参数不方便获取的地块；另一方面，在对长时间尺度范围内风蚀量进行计算时，精度明显降低，而且时间周期越长，预测误差越大（杨婷婷，2006）。因此，科学家通过对WEQ进行修正后，提出了另外一种风蚀方程——修正风蚀方程（Revised Wind Erosion Equation，RWEQ）（Fryrear et al.，2000）。除了WEQ以外，还有许多典型的土壤风蚀模型，如德克萨斯侵蚀分析模型（TEAM），这些模型都对土壤风蚀的系统研究作出了巨大的贡献。

自20世纪50年代，苏联就开始着手对土壤风蚀进行研究，而且该时期苏联中亚地区的土壤风蚀问题逐渐凸显。该时期代表性的科学家主要有兹纳门斯基、雅库波夫和波查洛夫。1955年，雅库波夫等通过风洞模拟和野外调查相结合的方法，对土壤风蚀过程中土壤微地形以及植被等环境条件的变化进行研究，并对易蚀区土壤风蚀的农业防治措施进行了系统的研究。1984年，苏联科学家波查洛夫更注重风蚀预测和估算技术研究，通过对风蚀过程中大量影响因子（地表土壤物理性质和若干气流特征参数等）的调查分析后提出了Bocharov模型（Bocharov，1984）。Bocharov模型主要构成部分为以下4个方面：风况、气候特征、土壤表面特性以及人为干扰程度，模型中还包含了25个关于土壤风蚀的影响因子，在模型估计中，这些因素是相互关联和互相受限制，任何因素的变化都会影响土壤风蚀的变化。该模型最大的优点是综合全面地考虑了风蚀过程中的各种影响因子，在对这些影响因子进行全面归纳的同时，它还关注了影响因子的层次结构和各种因子之间的相互作用过程，为后续的风蚀预测研究工作提供了新的研究方法和思路。但Bocharov模型也有一些不足之处，比如并未指出因子之间具体的定量关系，需要根据实际情况，在风洞实验和野外的观测研究过程中来确定，无法直接套用到模型中。因此，该模型也仅为一个抽象的概念性计算方法，需要在后续的实验中不断完善。

1996 年，来自澳大利亚的国际欧亚科学院院士，大气物理及风沙物理专家邵亚平（Yaping Shao）基于以往关于风沙流和大气尘输移理论，在大量实验研究验证的基础上，提出了著名的风蚀评价模型（WEAM）（Yaping Shao，1996），该模型主要用于农田风沙流和大气尘输移量的估算。在 WEAM 模型中，邵亚平创新性地引用了地理信息管理技术，地理信息技术的应用使得风蚀的宏观监测评估得以实现，为土壤风蚀预报提供了一条新的思路。该模型最大的不足就是考虑的变量太少，仅为 4 个，无法对风蚀过程中各项影响因子的作用过程进行阐明，同时，模型中也没有充分考虑各变量间的相互关联关系，因此导致模型无法在实践过程中予以应用。

面对日益严重的土壤风蚀问题，欧洲纷纷开展风蚀研究。1998 年，欧盟启动了"欧洲轻土壤风蚀（Wind Erosion on European Light Soil，WEELS）"项目，该项目由德国、荷兰、瑞典和英国主持。1998 年，格里高里（Gregory）在对风速廓线的发育以及其在不同尺度田块上的运动规律进行计算机模拟计算的基础上，提出了德克萨斯侵蚀分析模型（TEAM）（Gregory，1998），该模型以成熟的理论为基础，以大量积累的实测数据为依据，对若干参数进行修正。该模型的主要优点是有机地结合了一些理论模型和经验模型，但由于该模型考虑了一些有限的限制因素，导致该模型过于简化，是一个简单的过程性模型，无法对风蚀发生的整个过程进行较全面的预测和模拟，因此无法在较为复杂的条件下予以应用。

总体而言，国外土壤风蚀的研究历程、研究内容、研究方法以及代表性学者见表 1.9。

表 1.9 国外土壤风蚀研究过程

研究阶段	时间跨度	研究内容	研究方法	代表性学者
第一阶段（感性认识）	20 世纪 20 年代以前	风蚀现象的认识	定性描述	Free E E；Ehrenberg；Обручев В А；Berkey；Frederick
第二阶段（感性认识转向理性认识阶段）	20 世纪 20 年代至 60 年代中期	风沙物理，风蚀动力学，风蚀影响因子，风蚀方程，仪器设备	野外调查与试验，风洞实验，实验室分析，数理分析	Bagnold R A；Chepil W S；Zingg A W；Woodruff N P
第三阶段（理性认识阶段）	20 世纪 60 年代中期至 80 年代中期	风蚀防治，风蚀方程应用，风蚀模型，遥感应用，风蚀评价，风蚀数学理论	野外试验，风洞模拟，微观分析测试，遥感计算机模拟，数理分析	Chepi W S；Woodruff N P；Siddowy F H

（续）

研究阶段	时间跨度	研究内容	研究方法	代表性学者
第四阶段 （研究深化阶段）	80 年代中期 以后	风蚀模型，风蚀评价，风蚀防治，风蚀环境效应	实验室模拟，野外长期定位监测，计算机仿真，GIS 和 RS 技术	Hagen L J； Skidmore E； Saleh L A； Zobeck T M； Fryrear D W

资料来源：张伟(2012)，进行了部分修改和调整。

二、国内土壤风蚀研究历程

早在 2000 多年前，中国学者就对风蚀现象及其危害有过相关记录，文献记载有"雨土""黄砂"等，东汉史学家班固（32—92）曾记录罗布泊地区的雅丹地形；北魏地理学家郦道元（466—527）写下"浍其崖岸，馀溜风吹，稍成龙形"之句，以描绘雅丹之形成；历史记载，清朝地方官员就曾为保护耕地及灌溉设施，实施过风蚀的防治措施；德国地质学家李希霍芬（Richthofen）经过对黄土高原地区的多年考察（1866—1872），认为中国西北沙漠和戈壁地区的风蚀影响了北方广泛堆积的黄土；瑞典探险家斯文·赫定（Sven Hedin）经考察罗布泊地区，计算得出，此地的雅丹地貌在 1600 年内风蚀深达 6m。国内，目前风蚀的主要研究过程分为以下几个阶段。

1. 第一阶段：起始阶段

自 20 世纪 30 年代起，中国学者开始进行一系列对土壤风蚀的调查，开展关于风蚀成因分析的研究，以及对土壤风蚀进行初步的分类与描述，并基于以上研究提出了诸如轮作、营造防护林、植树种草等防治措施（陈渭南，1994）。与此同时，针对干旱、半干旱地区农田出现的风蚀问题，中国学者开展了详细的调查研究，涵盖的地区包括内蒙古大部分地区、新疆维吾尔自治区部分地区、陕甘北部和东北地区，以及黄河下游半湿润平原地区。这一阶段可以看作中国土壤风蚀科学研究的起始阶段。

2. 第二阶段：发展阶段（半定量研究）

20 世纪 50-60 年代为中国土壤风蚀研究的第二个发展阶段。我国成立第一支治沙队（1959 年），在甘肃兰州建立第一个风洞实验室，以中国科学院科学家为首的一群学者对风蚀开展系统性的研究，研究内容包括风沙活动的自然条件、风蚀地形发育及风沙运动规律等，该时期研究仍以宏观调查及定性分析为主，在研究过程中采用了定位观测和风洞模拟等试验方法，取得了一些系统的基础研究数据。在风蚀防治措施方面，科研部门配合生产部门，设立了一批实验站，进行农田风蚀防治及交通沿线风蚀危害等研究（陈渭南，1994）。

总体而言，该阶段从宏观角度大体认清了我国风蚀灾害的空间分布、区域差异及危害方式，仍缺乏定量研究，风蚀相关论述主要体现在沙漠学、水土保持和林学等学科为主的研究文献中，主要代表作者为朱震达和吴正，代表性研究机构有中国科学院寒区旱区环境与工程研究所、中国科学院水土保持所、中国林业大学和内蒙古农业大学。

3. 第三阶段：定量研究阶段

进入20世纪70年代后，土地退化和环境污染问题在国际上越来越受到重视，土壤风蚀研究也相应地进入了一个全新的发展阶段。在这一阶段国内的学者主要采用野外定点实测、遥感预测以及室内模拟等技术，宏观微观相结合，从定性描述逐步走向定量分析，开展研究了土壤风蚀过程及其动态变化规律，风蚀影响因素以及相互作用机制等问题。期内建立了多个治沙实验站，基本查清了中国十大沙漠、沙地的自然条件和主要特征。

该阶段的研究主要表现在以下四个方面。

第一，对影响土壤风蚀的关键因子进行定量评估和研究。该阶段以风沙土为主要试材，采用模拟试验，定量评估了风况、地表状况、植被类型、障碍因子以及人为干扰因子对土壤风蚀的影响。通过风洞模拟，研究了不合理翻耕、樵采、放牧等对风蚀的影响（董光荣，1987；刘玉璋，1991；胡孟春等，1994），为人为影响因素方面的研究提供了新思路。

第二，研究方法更加科学且先进。该阶段研究立足大量野外实际观测数据，建立了纯经验型回归模型。典型研究成果有，胡孟春等（1994）采用系统动力学模型，研究了风蚀影响因子，结果指出，植被盖度是最敏感的自然因子，碎土翻转的耕作方式是最敏感的人为因子，由此提出了条带耕作法，即草带和农垦带相间配置，是防治风蚀的有效方法。董治宝（1997）系统研究了植被盖度、土壤水分、土壤风蚀率等影响因素，得出以上因素与风蚀速率间的定量关系，并探讨了在小流域范围内，采用统计模型对风蚀量进行估算，借此模型对陕北神木六道沟流域的风蚀模数进行了估算。黄富祥等（2001）利用野外实际观测数据，结合计算输沙率的风沙动力学经典公式，建立了描述植被覆盖率变化对土壤风蚀输沙率影响的半经验型模型。濮励杰等在1998年利用[137]Cs同位素示踪技术，对中国西部风蚀多发地区的土地退化问题开展了初步研究，并得出了土地利用类型变化与土壤退化的影响及空间分布特征。严平等（2000）采用[137]Cs示踪技术探讨了青藏高原的风蚀情况，并计算出土壤风蚀速率，得出该地区为中度侵蚀的结果。张加琼等（2010）利用[137]Cs示踪技术对1963年以来张家口坝上农田土壤风蚀进行了研究，发现该区农田的风蚀模数有显著空间分布差异。而[7]Be示踪技术在风蚀研究上的应用较少，直至2013年，杨明义等才通过室内风洞试验首次尝试将[7]Be应用于土壤风蚀研究，建立了[7]Be 示踪的土壤风蚀速率估算模型，为风蚀尤其是轻度土壤风蚀的定量研究提供了新的途径。

第三，对农田风蚀的影响因子进行定量研究。每年我国农田沙漠化面积占到总沙漠化土地面积的 23% 以上，农田沙漠化导致土壤养分大量流失，氮磷钾总体损失量比我国一年的化肥施用量还要多（胡立峰等，2006）。有研究表明，假如对我国北方农牧交错带的农田进行常年翻耕，再在风蚀作用下，5~10 年后可以导致耕层内（0~20cm）土壤养分含量减少 50%，100 年后养分含量可能全部丧失，土壤彻底退化（冯晓静等，2007）。而且风力作用下，农田表层（耕作层）土壤部分被不断分选，富含养分的细小颗粒不断损失，而且在风沙流的不断磨损下，导致表层土壤聚合稳定性降低，颗粒趋于细粒化，最终导致土壤结构沙化（丁国栋，2010）。除了对沙漠和沙地开展大量风蚀研究外，该阶段也开展逐渐倾向于农田和农作相关的风蚀定量研究。赵存玉（1992）结合野外观测和室内风洞模拟试验，研究了风沙化农田的风蚀机制，并提出防治措施。徐斌等（1993）研究了农牧交错带农田土壤风蚀的影响因子，分析其危害，并提出防治措施。张小冉（1996）研究了农耕地土壤风蚀受粗糙度的影响情况。哈斯等（1997）主要研究了土壤风蚀过程中耕作方式和不可蚀颗粒的影响机理，同时对农田土壤风蚀物的空间分布动态等进行了研究，该试验在河北坝上地区开展，并依此提出一些防治建议。张胜邦等（1999）经研究，得出未翻耕地风蚀量远小于翻耕地的结论。臧英等（2003）的研究表明，保护性耕作措施可以有效降低土壤养分的流失，减少风蚀量。杨秀春等（2005）在农牧交错带地区采用风洞模拟试验，将多种耕作方式对土壤风蚀的影响状况进行了探究，结果表明，翻耕碾碎处理下的风蚀速率最大，防风蚀效果最差。孙悦超等（2010a；2010b）主要研究了植被覆盖率和残茬高度对田间土壤风蚀的影响，以及不同粒径砾石覆盖对旱地土壤风蚀的防治效果。

第四，探究了风蚀程度分级评价指标，并对风蚀及风蚀过程进行动态模拟仿真。赵羽（1989）等人提出了土壤风蚀强度分级指标体系，该系统基于地面相对风蚀深度、风积物厚度、植被覆盖率和区域风蚀面积百分比等因素，但这些指标具有高度的随意性，理论依据不足。在风蚀强度分级指标的基础上，国家水利部进一步提出了风蚀风险分级指标体系，利用计算风蚀率的方法，对部分地区的土壤风蚀风险进行评估，然而在实践过程中，该办法也无法确定容许土壤风蚀量，因为在应用过程中缺乏一个统一的标准。

进入 20 世纪 90 年代，研究人员在定量分析和研究的基础上，采用多元统计数学模型和动态模拟技术来对土壤风蚀进行模拟，并在此基础上提出了不同区域风蚀的治理措施和以及可持续的土地资源开发利用方式。1999 年，"全国土壤侵蚀遥感调查"在国家水利部的组织下开展，该项工作利用卫星遥感图像和地理信息系统,对中国各省(自治区、直辖市)的土壤侵蚀(含水力侵蚀、风力侵蚀、重力侵蚀等)进行了全面调查和评估。在定量研究的基础上,通过野外长期定位观测、遥感解译及动态模拟等技术方法,对土壤风蚀动态机理进行了更加科学的研究。在此期间,科研人员引进和自主开发了大量先进设备,使我国风蚀研究步入了一个全新的发展阶段。国内土壤风蚀研究简况见表1.10。

表 1.10　国内土壤风蚀研究简况

研究阶段	第一阶段(萌芽阶段)	第二阶段(半定量阶段)	第三阶段(定量阶段)
年代跨度	20世纪30—40年代	20世纪50—60年代	20世纪80年代以来
主要研究内容	认识风蚀现象	风沙运动规律,防沙措施布设原则,风沙运动理论等	风蚀影响因素研究,风蚀过程模拟与仿真,风洞和集沙仪设备研发,风蚀防治技术措施研究
所属学科领域	地质学	地貌学和土壤学	空气动力学、土壤学、农学、自然地理学
研究方法	粗略的分类与描述感性认识	宏观调查和定性分析为主	遥感手段、实地调查、定位观测、室内实验模拟
主要贡献者	不详	朱显谟、竺可桢、吴正、朱震达等	朱震达、吴正、董治宝、董光荣、刘贤万、贺大良、邹学勇、高焕文、于国栋、严平,等

资料来源:Tegen I,Fung I(1994)。

第三节　土壤风蚀现状

一、全球土壤风蚀现状

1. 全球风蚀地带性分布规律

温度和降水作为地表风蚀的两个主要影响因素,在地球表面上分布是有规律的。一般看来,温度从赤道向两极递减,亦随绝对高度而递减,前者称水平(纬度)地带性,后者称垂直(高度)地带性。降水的影响因素较为复杂,不完全取决于纬度和高度,还与大气环流和海陆分布有关,在局部地区取决于地形起伏。因此,可将地表划分出不同气候带,每一带内水、热状况不一,侵蚀营力、侵蚀强度及侵蚀营力组合不同。

N.W.哈德逊从上述分带规律出发,研究了水蚀和风蚀两个主要营力,在考虑了水、风活动情况之后,确定了全球风蚀的范围。还应该说明,侵蚀的分带规律在地史时期,随着气候的多次变化,侵蚀营力及其组合也发生相应的变化,这种侵蚀的变化称为多代性。因此，现代侵蚀是古代侵蚀多代性的又一表现，只是由于人为活动的影响，侵蚀强度远远超过了古代侵蚀，并在时、空分布上更加复杂化了。

2. 全球风蚀区域面积

根据荣姣凤 2004 年的研究成果可以看出，全球范围内目前极易发生风蚀的区域包括以下几个地区：非洲、中东、中亚、东南亚部分地区、西伯利亚平原、澳大利亚、南美洲及美洲内陆地区，中世纪以来，极地地区的格陵兰岛南部甚至发现了风蚀的现象。Tegen and Fung（1994）根据 1°×1°分辨率把全球陆地划分为 6 个主要风蚀类型，计算了全球潜在土壤风蚀面积。研究结果显示，欧洲和大洋洲的潜在风蚀土壤面积大约为 14.5%和 69%，其中，未经过人为扰动的土壤面积占总面积的 10%（欧洲）和 67%（大洋洲），风蚀区中长期扰动的土壤为 0.4%（南美洲）和 4.1%（欧洲），而新开垦农田和新砍伐森林风蚀面积分别占总面积的 0.01%（欧洲）和 4.2%（南美）。通过对单次事件中沙尘暴活动轨迹和沙尘的光学厚度模拟研究后预估土壤的主要沙尘源为天然和人为扰动的土壤。其中有 30%~50%的沙尘源自人为扰动的土壤，其余来自天然土壤。长期耕作农田风蚀面积占总风蚀面积的 0.4%~4.1%，其中，亚洲和欧洲最为严重，分别占到总风蚀面积的 2.0%和 4.1%（表 1.11）。

表 1.11 全球潜在风蚀区域百分比

	全球	非洲	亚洲	欧洲	北美洲	南美洲	大洋洲
风蚀面积（10^{10}m^2）	13014	2966	4256	951	2191	1768	882
NS（%）	34	54	26	10	18	38	67
OA（%）	1.2	1.3	2.0	4.1	0.6	0.4	0.5
OE（%）	2.0	4.7	1.9	0.4	1.2	0.9	1.4
RB（%）	0.4	1.6	0.0	0.0	0.0	0.0	0.0
RC（%）	0.5	0.3	0.2	0.007	0.7	2.2	0.003
RD（%）	0.5	0.5	0.4	0.005	0.2	2.0	0.05

注：NS 代表沙化和植被稀疏的土壤；OA 代表长期遭受风蚀的耕作农田；OE 代表未耕作的长期风蚀土壤；RB 代表撒哈拉沙漠扩展区域；RC 代表新开垦的农田；RD 新砍伐森林区域。

3. 全球农田土壤风蚀分布

世界上大部分农田遭受土壤风蚀的影响，其中最为严重的区域分布在北非、中东、澳大利亚、亚洲中部、南部和东部、南美洲南部和北美洲部分地区（Chepil and Woodruff，1963）。曹馨元（2019）利用改进 FENGSHA 模块及七种沙尘机制的气象场，模拟了 2005 年全球尺度农田土壤风蚀排放量，结果显示，全球范围内农田土壤风蚀多发期为春季（3 月、4 月、5 月），风蚀面积达到了 2.59×

10^{11}公顷，其中，风蚀最为严重的地区位于印度南部的海滨城市——安德拉邦，该地区也是印度的主要粮仓，该地区农田可风蚀面积达到 $7.66 \times 10^5 hm^2$。南北美洲风蚀较为严重的区域位于阿根廷的布宜诺斯艾利斯、北美洲的北达科他州和内布拉斯加州地区。欧洲风蚀较为严重的区域位于乌克兰-俄罗斯边界地区。在亚洲地区，农田风蚀主要发生在印度的拉贾斯坦、古吉拉特邦和马德里邦，中国东北、华东地区也是风蚀主要发生区域。在大洋洲，澳大利亚西部的珀斯地区和墨尔本西部地区是风蚀的主要发生区域。

二、中国土壤风蚀现状

1. 中国土壤风蚀面积

通过 2001 年中国环境状况公报数据可以看出，截至 20 世纪 90 年代末，我国水土流失总面积达到 356 万 km^2，其中，水蚀面积达到 46.3%，达到 165 万 km^2，风蚀面积达到 53.1%，在该侵蚀区域，水蚀风蚀复合侵蚀面积达到 26 万 km^2。按侵蚀强度来划分，在全国范围内，水土流失面积轻度为 162 万 km^2，中度 80 万 km^2，强度 43 万 km^2，极强度 33 万 km^2，剧烈为 38 万 km^2。从时间范围可以看出，全国水土流失总面积从 20 世纪 80 年代末的 367 万 km^2 减少至 90 年代末的 356 万 km^2，在 10 年期间总体呈现下降趋势，减幅为 11 万 km^2，水蚀减幅最大，达到 14 万 km^2，而风蚀相反，不减反增，10 年间面积增加了 3 万 km^2，风蚀面积呈现逐渐扩大的趋势。

在过去的 100 年中，中国持续开展土壤侵蚀观测、调查、监测和评估研究。特别是进入 20 世纪 80 年代，水利部组织专家在全国范围内开展了 4 次水土流失调查研究，积累了大量很有意义的研究成果，也对我国水土保持工作作出了突出的贡献。前三次全国土壤侵蚀遥感普查的结果显示（表 1.12），全国风蚀面积呈现持续增长趋势，轻度及以上风蚀面积从第一次普查的 187.61 万 km^2 增长到第三次的 195.70 万 km^2，15 年间共增加 8.09 万 km^2，年均增长 0.54 万 km^2，强度以上风蚀面积占风蚀总面积的比例从第一次普查的 34.98% 增加到第三次普查的 44.32%，增加了近 10 个百分点。

表 1.12 全国三次土壤风蚀遥感调查结果对比

侵蚀强度	第一次		第二次		第三次	
	面积（万 km^2）	百分比（%）	面积（万 km^2）	百分比（%）	面积（万 km^2）	百分比（%）
轻度	94.11	50.16	79.00	41.36	80.89	41.33
中度	27.87	14.8	25.00	13.09	28.09	14.35
强度	23.17	12.35	25.00	13.09	25.03	12.79

（续）

侵蚀强度	第一次		第二次		第三次	
	面积 （万 km²）	百分比 （%）	面积 （万 km²）	百分比 （%）	面积 （万 km²）	百分比 （%）
极强度	16.62	8.86	27.00	14.14	26.48	13.53
剧烈	25.84	13.77	35.00	18.32	35.22	18.00
轻度及其以上	187.61	100.00	190.67	100.00	195.70	100.00
强度及其以上	55.63	34.98	87.00	45.55	86.73	44.32

数据来源：杜鹏飞等（2012），依据中华人民共和国水利部于（2007）颁布的《土壤侵蚀分类分级标准（SL 190-2007）》对土壤风力侵蚀强度进行分级。

2. 中国土壤风蚀区域

第三次全国土壤风蚀强度遥感调查结果表明，我国土壤风蚀主要集中在以下四个区域：新疆、内蒙古西部、内蒙古中部和内蒙古东部地区。土壤风蚀最易发生的区域位于新疆、内蒙古、青海、甘肃和西藏五省（自治区）（水利部等，2010）。其中，新疆大部分地区遭受土壤风蚀，尤其体现在东部地区。随处可见大量的风蚀盆地、深风蚀槽和风蚀谷，而且植被覆盖率不足1%，以裸岩和砾质戈壁为主，而新疆中部的天山、北部的阿尔泰山以及新疆与青海、西藏交界的昆仑山脉南部土壤风力侵蚀较弱。风蚀强度较高的区域集中分布在各大沙漠区，如塔克拉玛干沙漠中部和东部、腾格里沙漠、古尔班通古特沙漠、柴达木盆地沙漠、库姆塔格沙漠、巴丹吉林沙漠以及浑善达克沙地和科尔沁沙地等，此外在植被盖度较低的草地等区域也是风蚀强度较大区域。具体见表1.13（张国平，2002）：

表1.13 全国土壤区域及面积

风蚀强度区域	风蚀面积 （万 km²）	分布地区
微度侵蚀区面积	29	内蒙古中部浑善达克沙地、内蒙古北部呼伦贝尔市地区、科尔芯沙地、新疆沙漠地区、柴达木盆地
轻度风蚀区域	35	河北中部、四川北部及西藏部分地区有少量零星分布
中度风蚀区域	38	以下沙漠地区的边缘处（新疆北部古尔班通古特沙漠地区及东部地区、柴达木盆地、腾格里沙漠以及巴丹吉林沙漠地区）；毛乌素沙地、内蒙古中部的浑善达克沙地、内蒙古东部和辽宁西部的科尔芯沙地；青藏高原北部也有零星分布
强度风蚀区域	37	北疆古尔班通古特沙漠地区、新疆东部地区、柴达木盆地、腾格里沙漠和巴丹吉林沙漠地区

（续）

风蚀强度区域	风蚀面积 （万 km²）	分布地区
极强度风蚀区域	39	塔克拉玛干沙漠、腾格里沙漠和巴丹吉林沙漠地区
剧烈风蚀区域	52	塔克拉玛干沙漠南缘、塔干沙漠东部、北疆古尔班通古特沙漠、新疆东部地区、内蒙古西部的腾格里沙漠和巴丹吉林沙漠地区

3. 典型风蚀区域风蚀强度

（1）全国

根据巩国丽（2014）的研究，我国多年平均土壤风蚀量为 160.06 亿 t，其中，西北地区发生土壤风力侵蚀的面积占到国土面积的 50% 以上；内蒙古自治区有超过 65% 的土地发生风蚀，其中，微度和轻度侵蚀区 $[0 \sim 25t/(hm^2 \cdot a)]$，占风蚀区总面积的 71.34%。全国土壤风蚀最严重的地区主要分布在内蒙古东部和南部、吉林、黑龙江、宁夏、河北、西藏、山西、陕西、青海以及新疆的林草区。

（2）北方

北方地区主要是温带大陆性气候和温带季风气候，极易发生中度和强度风蚀，研究结果见表 1.14（冯晓静，2006）。

表 1.14　典型风蚀地区的风蚀状况

研究区域	土地类型	风蚀量（t/hm²）	风蚀深度（mm）
晋陕蒙接壤区	/	16~43.6	1.33~3.63
青海共和盆地	/	12.556	0.873
黑龙江西部	风沙地	84~100	7~10
	农田	30~49.5	3~5
晋西北	农田	127.8	10.65
内蒙古乌盟干草原	草地，农田	20~100	/
内蒙古后山地区	农田	15~45	1~3
陕西神木六道沟	/	18.87	1.25
新疆南疆库尔勒	草地	31.71	2.47
	沙化耕地	59.87	3.99
北京平原	/	/	0.9

（3）甘肃

甘肃风力侵蚀面积 125074.84km²，按侵蚀强度分，轻度 24972.39km²，中度 11279.8 km²，强烈 11325.03km²，极强烈 33857.77km²，剧烈 43639.85km²。详

见表 1.15。

表 1.15　甘肃省风力侵蚀分布详表　　　　　　　　单位：km²

行政区划	风蚀面积	轻度	中度	强烈	极强烈	剧烈
甘肃省	125074.84	24972.39	11279.8	11325.03	33857.77	43639.85
嘉峪关市	691.36	99.09	158.15	199.06	141.06	94.00
金昌市	3358.42	1412.34	104.00	363.59	776.35	702.13
白银市	1408.92	1174.99	151.49	16.00	43.63	22.82
武威市	17180.35	4712.53	459.42	417.38	3638.21	7952.80
其中：民勤县	13806.80	3485.53	96.60	225.87	2831.17	7167.63
张掖市	3758.42	202.84	1217.17	2131.35	207.06	/
酒泉市	98677.37	17370.60	9189.57	8197.65	29051.45	34868.09

资料来源：栾维功和翟自宏（2014）。

4. 土壤风蚀空间分布规律

在多重影响因子的约束下，风蚀的空间分布有着很强的地带性。干旱半干旱地区是主要的风力侵蚀区，土壤侵蚀区域基本在 400mm 年降雨量线范围内，其中，微度侵蚀和轻度侵蚀面积占该区总面积的 95% 以上，具体见表 1.16。

表 1.16　甘肃省风力侵蚀分布详表　　　　　　　　单位：km²

侵蚀度	范围	年降雨量	土地覆盖方式
强度、极强度和剧烈侵蚀	200mm 年降雨量线范围内	低于 200mm	除绿洲外基本为天然裸露地、植被覆盖度极低或者无植被覆盖地区
微度、轻度和中度侵蚀	内蒙古中部、北部	200~400mm	中覆盖度和高覆盖度草地
	科尔沁沙地地区	400~800mm	沙地、低覆盖度草地、耕地

5. 中国土壤风蚀季节性分布规律

春季是中国北方土壤风蚀的多发期。以 2010 年的土壤风蚀量为例，春季（3~5 月）植被的土壤风蚀量占全年的 45.93%，夏季（6~8 月），秋季（9~11 月）和冬季（12 至翌年 2 月）分别占全年的 15.37%，11.51%，27.18%，说明研究区春季遭受的土壤风蚀危害最为严重，其次为冬季，而此时的植被覆盖度在全年中相对较低，在风蚀防治方面，应该区分重点时段与重点区域（巩国丽，2014）。从内蒙古高原多年平均的春、夏、秋、冬土壤风蚀量统计上看（吴晓光等，2020），土壤风蚀最为严重的季节为春季，冬季次之，土壤风蚀量最小的季节为夏季。

6. 中国土壤风蚀荒漠化现状

在我国，有 18 个省（自治区、直辖市）471 个县（旗、市）存在土壤荒漠化的潜在趋势，全国有 331.7 万 km² 地区发生潜在荒漠化，风蚀荒漠化发生面积达 160.7 万 km²，占比 48.45%，已超全国耕地面积总和（表 1.17）。

（1）按行政区划分

就区域而言，新疆、内蒙古两地的风蚀荒漠化土地面积共占全国风蚀荒漠化面积的 76.29%，尤其是内蒙古自治区，风蚀荒漠化更加严重，土地退化甚为普遍。

表 1.17 风蚀荒漠化土地面积统计

省区	风蚀荒漠化潜在发生范围		风蚀荒漠化土地		
	面积(hm²)	占比(%)	面积(hm²)	占比(%)	占潜在范围比例(%)
北京	9119	0.003	5390	0.003	59.11
天津	18793	0.006	1446	0.001	7.69
河北	6291271	1.93	905742	0.56	14.17
山西	2219099	0.67	98091	0.06	4.42
内蒙古	70112824	21.14	55019080	34.23	78.47
辽宁	1060609	0.32	26214	0.02	2.47
吉林	256360	0.08	41447	0.03	16.16
山东	1913670	0.58	130970	0.08	6.84
河南	69478	0.02	4245	0.003	6.11
海南	144463	0.04	15820	0.01	10.95
四川	619006	0.19	13413	0.008	2.17
云南	312011	0.09	1628	0.001	0.52
西藏	51614715	15.56	11296009	7.03	21.89
陕西	3280497	0.99	822366	0.51	25.07
甘肃	23000171	6.93	15287415	9.51	66.47
青海	23841445	7.19	8267045	5.14	34.68
宁夏	3935930	1.19	1339433	0.83	34.03
新疆	142903764	43.08	67465946	41.97	47.21
合计	331703224	100.00	160741698	100.00	48.46

资料来源：郭连生（1998）。

（2）按气候类型划分

风蚀荒漠化是荒漠化的一种主要类型，主要发生在干旱和半干旱地区，气候越干旱，越容易导致风蚀荒漠化。我国有 54.5% 的风蚀荒漠化发生在干旱地区、30.6% 的风蚀荒漠化发生在半干旱地区，而且我国具备潜在荒漠化发生气候条件的地区占到国土面积的 34.54%，已发生风蚀荒漠化的地域占比 16.74%，干旱地区因风蚀而退化的土地占比达 61.44%，高出平均值约 13%（表 1.18）。

表 1.18　风蚀荒漠化土地气候类型区面积统计

类型	干旱区 0.05≤MI<0.20	半干旱区 0.20≤MI<0.50	亚湿润干旱区 0.50≤MI<0.65	合计
潜在发生范围面积(hm²)	142665612	113921421	75116191	331703224
占国土面积比例(%)	14.86	11.86	7.82	34.54
占荒漠化潜在发生范围比例(%)	43.02	34.34	22.64	100.00
占荒漠化面积(hm²)	87670861	49200576	23870261	160741698
占国土面积比例(%)	9.13	5.12	2.49	16.74
占气候类型区面积比例(%)	54.54	30.61	14.85	100.00
占潜在发生荒漠化范围比例(%)	61.44	43.20	31.78	48.45

资料来源：郭连生(1998)；MI 为湿润指数。

在我国干旱地区，风蚀荒漠化普遍分布在内蒙古狼山西部、腾格里沙漠北部，覆盖河西走廊西部偏北、柴达木盆地及其北部、西部和西北部的大片土地。此外，它还分布在准格尔盆地、塔里木盆地、天山以南、孔雀河以北。

在我国半干旱地区，风蚀荒漠化主要从狼山以东到以南，再经河西走廊中东部到肃北蒙古族自治县向西连续分布，从行政区划上看，主要分布区域位于内蒙古东部西侧地区，在藏北高原也有斑块状分布。

亚湿润干旱区土壤风蚀沙化区域主要分布在毛乌素沙地东部至内蒙古东部（东北西部）一带，带宽 50~125km，然而，在东经 106°以西以及从青海到西藏北部部分地区也有斑块状分布。

第四节　风蚀与整个社会之间的关系

一、风蚀与整个社会资源之间的关系

风蚀在田间、景观、区域和全球尺度上均有发生，其产生是社会、土地利用和自然资源长期作用的结果(图 1.2)，而且所有过程之间都紧密联系在一起。风蚀过程影响土壤的发育、土壤的矿物学特征、土壤的物理、生物地球化学性质、土壤养分的再分配以及有机质和内在的污染物质的变化。风蚀也会影响地貌景观的演化、植物生产力、人类和动物的健康、太阳辐射和云属性等大气特性(Shao et al.，2011)、空气质量以及其他因素(Field et al.，2010；Ravi et al.，2011)。

在田间和景观尺度上，风蚀吹蚀了携带具有生物化学特性的更细、化学活性更强的土粒，这些生物化学特性包括植物营养、土壤碳和微生物。在某些情况下，风蚀过程通过沙粒含量的增加改变了土壤表面特性，降低了土壤持水能力和植物的生产力(Zobeck et al.，2011)。世界上绝大多数土地使用者，特别以个体所

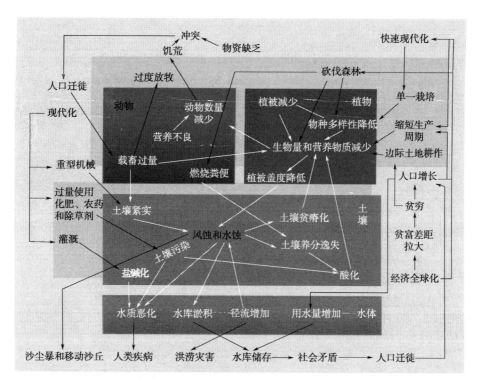

图 1.2 风蚀与整个社会资源之间的关系［引自：Ademolak et al.（2008）］

有制为基础的小农经济，其命运直接取决于土壤资源及其服务质量。农户往往没有采用恰当的手段保护和自己命运息息相关的土壤资源，不是他们缺乏环境保护的意识，而是由于生态系统保护的成本高昂且费时，因此通常以被动方式进行处理，也就是说，只有在退化迹象变得具有威胁性时才进行保护。在过去的几十年中，草地和农田的过度开发和利用导致了土壤退化。正如 Pimentel（1993）所言，"由于人类几乎完全依赖土地来获取食物，风蚀会最终切实威胁到我们的粮食安全。"

土壤风蚀的直接负面影响并不仅仅局限于当地。风蚀过程中产生的悬移质能通过大气作用输移更远的距离，这些长距离输移的尘埃在全球和区域范围内均会产生影响，由于风蚀作用，尘埃携带有机质、铁、磷和其他营养物质输移到海洋，进而影响到全球范围的能量平衡，同时也影响海洋生产力，以及海洋与大气圈二氧化碳的交换作用（Shao et al.，2011）。例如，在 1646 年，Wendelin 首次描述了布鲁塞尔的紫雨，我们可知这些带色彩的沙尘是从非洲输移到欧洲。在 19世纪 30—40 年代，Charles Darwin 研究了皇家海军比格尔号上落下的尘埃，并且将其收集，发现尘埃中含有活微生物，至今仍然存在（Gorbushina et al.，2007）。

二、人类的社会活动对风蚀的影响

在考虑缓解土壤风蚀的具体实施举措时，不仅要从生态安全的角度出发，同时还要兼顾经济可行性并在社会上可以接受。"人类引起的全球土壤退化的评估"（GLASOD）是迄今为止第一次在全球层面对土壤退化程度进行的尝试评估（Oldeman *et al.*，1990）。1990 年，Oldeman 等人公布了一个世界地图（GLASOD），显示了人为导致的土壤退化程度。经与专家协商，GLASOD 声称有 19.64 亿 hm^2，即总陆地面积的 15.1%，农用地面积的大约 1/3 受各种形式的土壤退化的影响。根据该报告，在受影响地区中有 55.6% 来自水蚀，27.9% 来自风蚀，12.2% 来自化学物质，4.2% 来自物理性退化（表 1.19）。上述数字代表了以前所有土壤退化的累积效应，最初将其定义为"自 1950 年以来"，但很可能是更早的时期。总结全球范围内土壤退化的主要原因，分别为森林砍伐（占 30%），过度放牧（占 35%）和不合理的农业活动（占 28%）。

表 1.19　人为活动导致的土壤退化百分比

项目	全世界	欧洲	北美洲和中美洲	南美洲	澳洲	亚洲	非洲
类别							
水蚀	55.6	52.3	67.0	50.6	8100	58.0	46.0
风蚀	27.9	19.3	25.0	17.2	16.0	30.0	38.0
化学性质恶化	12.2	11.8	4.0	28.8	1.0	10.0	12.0
物理性质恶化	4.2	16.6	4.0	3.4	2.0	2.0	4.0
诱因							
森林砍伐	29.5	38.3	11.3	41.3	12.0	41.0	14.0
过度放牧	34.5	22.8	24.0	27.8	80.0	26.0	49.0
过度开发	6.7	0.2	7.2	4.8	/	6.0	13.0
农业活动	28.1	29.3	57.2	26.1	8.0	27.0	24.0
工业化	1.2	9.4	0.3	/	/	/	/

资料来源：Oldeman et al.（1990）。

注："/"代表无数据。

参考文献：

曹馨元，2019. 农田风蚀大气颗粒物（PM_{10} 和 $PM_{2.5}$）排放模式优化及全球尺度排放评估［D］. 北京：中国科学院大学.

陈渭南，董光荣，2010. 中国北方土壤风蚀问题研究的进展与趋势［J］. 地球科展，9（05）：6-12.

丁国栋. 风沙物理学[M]. 北京：中国林业出版社.

董光荣，李长治，金炯，等，1987. 关于土壤风蚀风洞模拟实验的某些结果[J]. 科学通报，
　　32(04)：297-301.

董治宝，陈广庭，1997. 内蒙古后山地区土壤风蚀问题初论[J]. 土壤侵蚀与水土保持学报：3
　　(02)：84-90.

董治宝，1999. 土壤风蚀预报简述[J]. 中国水土保持(06)：17-19.

杜鹏飞，刘孝盈，2012. 中国土壤风蚀速率实测研究述评[J]. 水土保持研究，19(06)：
　　275-281.

冯晓静，高焕文，李洪文，等，2007. 北方农牧交错带风蚀对农田土壤特性的影响[J]. 农业
　　机械学报，38(05)：51-54.

冯晓静，2006. 北京地区农田风蚀与 PM_{10} 测试与控制[D]. 北京：中国农业大学.

巩国丽，刘纪远，邵全琴，2014. 基于 RWEQ 的 20 世纪 90 年代以来内蒙古锡林郭勒盟土壤
　　风蚀研究[J]. 地理科学进展，33(06)：825-834.

郭连生，1998. 荒漠化防治理论与实践[M]. 呼和浩特：内蒙古大学出版社.

哈斯，1997. 河北坝上高原土壤风蚀物垂直分布的初步研究[J]. 中国沙漠，17(01)：9-14.

胡立峰，张海林，陈阜，2006. 北方农牧交错带农田风蚀成因与防治[J]. 中国水土保持，
　　(05)：9-11.

胡孟春，王周龙，1994. 土壤风蚀的自然-社会复合系统动态过程模拟研究[J]. 科学通报，29
　　(12)：1118-1121.

黄富祥，高琼，2001. 毛乌素沙地不同防风材料降低风速效应的比较[J]. 水土保持学报，15
　　(01)：27-30.

刘贤万，1995. 实验风沙物理与风沙工程学[M]. 北京：科学出版社.

刘玉璋，胡孟春，1991. 科尔沁沙地土壤风蚀的风洞试验研究[J]. 中国沙漠，11(01)：
　　22-29.

鲁胜力，2006. 对我国水土保持技术标准体系建设的几点认识[C].//水利部国际合作与科技
　　司. 2006 水利技术标准体系建设研讨会论文集. 北京：出版社不详：240-245.

栾维功，翟自宏，2014. 甘肃省第一次全国水利普查成果[M]. 兰州：甘肃人民出版社.

濮励杰，HEGG D L，1998. 137Cs 应用于我国西部风蚀地区土地退化的初步研究[J]. 土壤学
　　报，35(04)：441-449.

荣姣凤，2004. 移动式风蚀风洞研制与应用[D]. 北京：中国农业大学.

孙悦超，麻硕士，陈智，等，2010a. 植被盖度和残茬高度对保护性耕作农田防风蚀效果的影
　　响[J]. 农业工程学报，26(08)：156-159.

孙悦超，麻硕士，等，2010b. 砾石覆盖对抑制旱作农田土壤风蚀效果的风洞模拟[J]. 农业工
　　程学报，26(11)：151-155.

SL190-2007，土壤侵蚀分类分级标准[S]. 北京：中华人民共和国水利部，2008-1-8.

万方秋，丘世钧，2003. 水蚀地区城市水土流失强度分级指标体系探讨[J]. 华南师范大学学
　　报(自然科学版)，(04)：115-120.

吴发启，王健，2017. 土壤侵蚀原理[M]. 第3版. 北京：中国林业出版社.

吴晓光，姚云峰，迟文峰，等，2020. 1990—2015 年内蒙古高原土壤风蚀时空差异特征[J].
　　中国农业大学学报，25(03)：117-127.

吴正，2003. 风沙地貌与治沙工程学[M]. 北京：科学出版社.

辛树帜，蒋德麒，1982. 中国水土保持概论[M]. 北京：农业出版社.

徐斌，刘新民，赵学勇，1993. 内蒙古奈曼旗中部农田土壤风蚀及其防治[J]. 水土保护学报：7(02)：75-80+88.

严平，董光荣，张信宝，等，2000. 137Cs 法测定青藏高原土壤风蚀的初步结果[J]. 科学通报，45(02)：199-204.

杨秀春，2004. 旱作农田土壤风蚀防治的保护性耕作技术研究[D]. 北京：北京师范大学.

袁建平，1999. 土壤侵蚀强度分级标准适用性初探[J]. 水土保持通报，19(06)：54-57.

臧英，2003. 保护性耕作防治土壤风蚀的研究[D]. 北京：中国农业大学.

张国平，2002. 基于遥感和 GIS 的中国土壤风力侵蚀研究[D]. 北京：中国科学院研究生院(遥感应用研究所).

张加琼，周学雷，张春来，等，2010. 张家口坝上地区农田土壤风蚀的-137Cs 示踪研究[J]. 北京师范大学学报(自然科学版)，46(6)：724-728.

张伟，2012. 基于遥感的土壤风蚀模型研究与应用[D]. 北京：北京林业大学.

张小冉，1996. 沙河洼农田地表风沙运动与土壤风蚀的初步研究[J]. 干旱区研究，13(01)：76-80.

赵存玉，1992. 鲁西北风沙化农田的风蚀机制、防治措施——以夏津风沙化土地为例[J]. 中国沙漠，12(03)：46-50.

赵羽，1989. 内蒙古土壤侵蚀研究[M]. 北京：科学出版社.

中国科学院. 生态功能区划技术暂行规程. 2002. http：//www. stsmep. gov. cn/stbh/stglq/200308/t20030815-90755htm. [2014-3-24].

中华人民共和国水利部. 土壤侵蚀分类分级标准[M]. 北京：中国水利水电出版社，1997.

ADEMOLA K. BRAIMOH, PAUL L. G. VLEK, 2008. Land Use and Soil Resources[M]. Dordrecht：Springer.

BERKEY C P, MORRIS F K, 1927. Geology of Mongolia[M]. New york：The American Museum of Natural History：33-69.

BOCHAROV A P, 1984. A Description of Devices Used in the Study of Wind Erosion of Soils [M]. New Delhi：Oxonian Press.

CHEPIL, W S, WOODRUFF, N P, 1963. The physics of wind erosion and its control[J]. Adv. in Agro., 15：211-302.

D. W. FRYREAR, J. D. BILBRO, A SALEH, et al., 2000. RWEQ：improved wind erosion technology[J]. Soil Water Conserv., 55：183-189.

FOSTER G R, 1991. Advances in wind andwater erosion prediction[J]. Journal of Soil and Water Conservation, 46(01)：27-29.

FREE E E, 1911. The movement of soil material by the wind[J]. U. S. D. A. Bur. Soils Bull, 68：45-78.

GLOTFELTY D E, LEECH M M, JERSEY J, et al., 1989. Volatilization and wind erosion of soil surface applied atrazine：simazine：alachlor：and toxaphene[J]. Journal of agricultural and food chemistry, 37(02)：546-551.

GOOSSENS D, RIKSEN M, 2004. Wind erosion and dust dynamics, observations, simulations, modelling[M]. Netherlands: Wageningen University.

GORBUSHINA, A A, KORT, R, SCHULTE, A, et al. , 2007. Life in Darwin's dust—Interconti-nental transport and survival of microbes in the Nineteenth Century[J]. Environmental Microbiolo-gy, 9: 2911-2922.

GREGOR J M, BORRELLI J, FEDLER C B, 1988. TEAM: Texas erosion analysis model[A]. Pro-ceedings of 1988 Wind Erosion Conference [C]. Lubbock, Texas: Texas Tech. University: 88-103.

JASON P FIELD, JAYNE BELNAP, DAVID D BRESHEARS, et al. , 2010. The ecology of dust [J]. Frontiers in Ecology and the Environment, 8 (08): 423-430.

OKIN G S, GILLETTE D A, HERRICK J E, 2006. Multi-scale controls on and consequences of ae-olian processes in landscape change in arid and semi-arid environments[J]. Journal of Arid Envi-ronments, 65(02): 253-275.

OKIN, C S, PARSONS, A J, WAINWRIGHT J, et al. , 2009. Do changes in conneclivity explain desertification? BioScience, 59(03): 237-244.

PIMENTEL, D, ALLEN, J, BEERS, A, GUINAND, et al. , 1993. Soil erosion and agricultural production. In: Pimentel, D: World soil erosion and conservation. Cambridge: Cambridge Uni-versity Press: 277-292.

RAVI S, D'ODORICO P, BRESHEARS D D, et al. , 2011. Aeolian processes and the biosphere [J]. Reviews of Geophysics, 449 (03): RG 3001.

SHAO Y, WYRWOLL K H, CHAPPELL A, et al. , 2011. Dust cycle: an emerging core theme in Earth system science[J]. Aeolian Research, 2(4): 181-204.

SHAO Y P, RAUPACH M R, LEYS J F, 1996. A model for predicting aeolian sand drift and dust entrainment on scales from paddock to region [J]. Soil Research, 34: 309-342.

Soil Science Society of America(SSSA), 1987. Glossary of Soil Science Terms[R]. Madison: Wis-consin.

TEGEN I, FUNG I, 1994. Modeling of mineral dust in the atmosphere, sources, transport, and op-tical thickness[J]. J Geophys Res, 99: 22897-22914.

WEBB N P, STRONG C L, 2011. Soil erodibility dynamics and its represenlation for wind erosion and dust emission models[J]. Aeolian Research, 3: 165-179.

ZOBECK T M, 1991. Soil properties affecting wind erosion [J]. Journal of Soil and Water Conservation, 46 (2): 112-118.

ZOBECK T M, 2011. Van Pelt R S. Wind erosion[M]. In, L Hatfield & T J Sauer. Soil Management: Building a Stable Base for Agriculture. Madison, WI: Soil Science Society of America: 209-227.

第二章 土壤风蚀的危害

风蚀主要发生在植被稀少、降雨量少、干旱或半干旱的地区，这些地区常年蒸发量大于降雨量，导致土壤水分和养分不足。为了稳定粮食产量，必须人为对耕作层进行养分补给，导致化肥和农药的使用量剧增，在生产资料投入的同时，含有大量有机物、氮、磷等营养成分和金属离子的沙尘在风力作用下形成气溶胶进入水体，对水体环境产生重要的影响，而且风蚀过程中粉尘大量释放，扰乱了当地居民的生产生活，危害当地居民的健康。在风蚀过程中，大气能见度降低，威胁接通安全。因此，土壤风蚀的危害及其防治措施成为生态学研究的热点和难点。

第一节 风蚀对土壤质量的影响

据估计，全球约 2/3 的国家，1/4 陆地面积和 9 亿多人口遭受土壤风蚀危害，沙质荒漠化以及灾害性风沙天气危害，导致每年经济损失达到 540 亿美元。土壤风蚀能够破坏了土壤表层，使耕作层变薄和土壤肥力大幅度下降，最终导致土壤生产力降低，在美国，风蚀每年导致 0.4~6Mha 土壤遭到破坏，其中有 2Mha 土壤演变为严重退化地。风蚀导致土壤退化主要体现在土地的荒漠化和沙漠化两个方面。

一、风蚀导致土地荒漠化

土壤风蚀不仅仅导致地表土壤的大量搬运和堆积，而且导致土壤肥力的丧失和土地退化，如果不采取相应的防护措施，长此以往，将导致土地荒漠化（如图 2.1 所示）。

表 2.1 列出了荒漠化面积的全球分布，我国是世界上受荒漠化危害最为严重的发展中国家之一。按照年度来估算，土地荒漠化造成的直接经济损失达到 423 亿美元，间接社会损失远远大于直接损失，是直接损失的 2~3 倍，部分地区甚至达到 10 倍以上。根据 1980 年估算，全球土壤侵蚀的代价为 260 亿美元，其中有一半损失来自发展中国家。根据 1992 年的统计结果，全球土地退化造成的代

图 2.1　风蚀导致农田逐步荒漠化

价为 280 亿美元，每年通过水分流失和沉积物损失造成的植物养分价值是每年农业生产总投入的 0.4%。

表 2.1　世界部分地区、国家荒漠化分布状况

区域/国家	旱地面积 ($\times 10^3$ km^2)	荒漠化面积 ($\times 10^3$ km^2)	荒漠化程度（$\times 10^3$ km^2）			
			轻度	中度	重度	极度
全球	51692	27455	4273	4703	1301	75
非洲	12860	10000	1180	1272	707	35
南美洲	5160	791	418	311	62	/
北美洲	7324	795	134	588	73	/
大洋洲	6633	875	836	24	11	4
亚洲	16718	14000	1567	1701	430	5
欧洲	2997	994	138	807	18	31
中国	3327	2622	951	641	1030	/

资料来源：1. CCICCD. 执行联合国防治荒漠化公约亚非论坛报告集，1996.

2. Proceeding of the expert meeting on rehabilitation of forest degraded ecosystems，1996.

3. CCICCD. China country paper to combating desertification. Beijing：China Forestry Publishing House，1997.

二、风蚀导致土地沙漠化

沙漠化既是土地荒漠化的重要组成部分，也是土壤风蚀危害的又一种表现形式（朱震达等，1981，1993；董光荣等，1987）。据研究，在全球有100多个国家与地区遭受不同程度的沙漠化危害，占陆地面积的25%，即35.92亿 hm^2 的土地受到沙漠化威胁。据研究报道，每年有100万 t 的沙尘从非洲的撒哈拉沙漠输送到欧洲大陆。我国有16%的土地属于沙化土地，总面积达到153万 km^2，该部分土地超过了国内耕地面积的总和。其中，在人类生产活动的不断干预下，风力侵蚀造成国土面积的3.9%处于沙漠化状态，总面积达到 $37.1 \times 10^4 km^2$（朱震达，1993）。我国沙化土地分布于西北内陆、东北和华北11个省（自治区），形成长达万里的风沙危害线，全国60%的贫困县也集中在这里。全国每年表土流失量相当于全国耕地每年剥去1cm的肥土层，而在地球表面形成1cm厚的土壤，约需要300年或更长的时间，表土流失过程中造成大量的土壤氮、磷、钾养分损失，损失量相当于4400万 t 化肥，超过了我国一年的化肥施用量。虽然近年治理沙漠化"点上有突破"，但沙漠化的蔓延"面上在扩大"。总体上说，"沙进人退"的局面仍未改变（李洪文等，2008）。

第二节　风蚀源气溶胶及其危害

一、风蚀源气溶胶

1. 风蚀源气溶胶的发生机制

大气气溶胶来源较为复杂，按照产生过程主要分为自然源和人为源，风蚀是自然源的主要类型。当平均风速超过临界值时，迎面阻力和上升力相应增大，并足以克服重力的作用，导致一些突出的沙粒起跳后进入气流，并根据风力大小和沙粒粒径、自身重量大小，开始做跃移和悬移运动。部分质量较轻的沙粒在悬移后很难沉降，在对流层上部至平流层移动很远的距离，有的可达2000km以上，形成沙尘气溶胶（如图2.2所示）。据估计，全球每年进入大气的沙尘气溶胶达10~20亿 t（D´Almeida G A，1987），约占对流层气溶胶总量的一半（North G R，1994），其中约有一半最后沉降于海洋。亚洲强沙尘暴造成的沙尘气溶胶随着西风气流，春季可输送到中国沿海、日本、朝鲜半岛，甚至跨越太平洋抵达美国（Uno I et al.，2001；Chen K Y，2010）。

2. 风蚀源气溶胶的主要组成

由于气溶胶的风蚀源头很多，部分来自农田的沙尘气溶胶粒子，含有大量的N、P、Fe和有机物等非生物营养成分（Zhu et al.，1999）。沙尘是大气气溶胶中

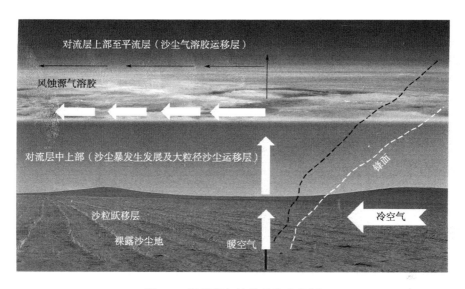

对流层上部至平流层（沙尘气溶胶运移层）

风蚀源气溶胶

对流层中上部（沙尘暴发生发展及大粒径沙尘运移层）

锋面

沙粒跃移层

裸露沙尘地

暖空气

冷空气

图 2.2　风蚀源气溶胶的发生机制

金属的主要来源之一，在沙尘暴的长途输移过程中，沙尘气溶胶与沿途的污染源所排放的气溶胶混合在一起，使 As、Pb、Cd，Zn、Cu、S 等污染元素含量比平时高出几倍，甚至 10 倍（孙业乐等，2004）。除了非生物组分，部分生物组分在风蚀过程中是从陆地生态系统释放到大气中共同组成生物气溶胶，典型的生物组分包括古菌、真菌、细菌、病毒、植物花粉、孢子、藻类等（Fröhlich-Nowoisky *et al.*，2016）。已有研究发现，生物气溶胶在沙尘的携带下可以进行远距离传输（Hervàs *et al.*，2009；Yamaguchi *et al.*，2012）。沙尘作为微生物传输载体，能为微生物提供一定的庇护所和养分，使得这些微生物可以随风漂移到下游的陆地、大气和水体环境中，甚至在某些环境条件下，一些潜在的入侵物种、耐受型物种和致病性微生物在沙尘的协助下扩散到全球（Kellogg and Griffin，2006；Behzad et al.，2018）。

3. 风蚀源气溶胶的输移路径

在我国，从南疆盆地、柴达木盆地、内蒙古西部沙地和蒙古国西部扬起的风蚀源气溶胶经长途输送，影响到我国东海、黄海、渤海，甚至影响到西北太平洋（Zhang X Y et al.，1997）。从我国内蒙古和蒙古国东部的沙地扬起的大部分沙尘悬移后沉降在渤海区域，部分沉降到东海和黄海区域，甚至影响到朝鲜海峡和日本海。估计每年输送至太平洋的沙尘 $6 \times 10^7 \sim 8 \times 10^7$ t（Zhang X Y et al.，1997）。另有研究报道，2000 年至 2002 年，超过 63.9% 的沙尘天气对我国东部的沿海区域构成了影响，对各海域的也构成了一定的影响，影响概率是：黄海 30.9%、渤海 27.4%、东海 12.3%、日本海 9.2%、朝鲜海峡 20.2%（张凯等，2005）。研究人员通过统计 1990—1999 年、1997—2000 年西北太平洋凯诺特（KNOT）站观测到的约 3000m 深度的硅藻等初级生产力要素资料、滞后或同期的沙尘暴能见度资料，发现相关性较高的区域集中在塔克拉玛干沙漠、河西走廊、青海三江源地区、华北平原和内蒙古高原，其相关性较高区域与沙尘暴高发中心几乎重合，除华北平原、青海三江源地区外（邓祖琴等，2008），表明沙尘对其生产力的大幅增加有重要的作用。

二、风蚀源气溶胶的危害

1. 对下游生态系统安全的影响

很多微生物在大气中的远途扩散是一种生存策略，在此过程中，微生物得以开展季节性迁徙（Gage et al.，1999）。在农作物种植区，当某些病原体在大气中快速、远距离扩散时，会在大范围内导致农业病害发生。特别是现在提倡的规模化种植，许多作物大面积种植，如果种植区域比较开阔，能够使这类病害的危害性大面积扩展。农作物上存在的真菌病原体的孢子在风的作用下可以传播数千千米，从而导致在世界范围内一些植物病害广泛传播，因此，在一些季节性气候区，会定期重现一些植物病害（Brown and Hovmøller，2002）。相较于野生物种，许多人工选育的作物遗传多样性的缺失增加了病害的全球扩散风险。最典型的案例就是香蕉和咖啡豆，单一物种大面积种植在热带地区，很容易侵染患黑丝虫病和叶锈病（Brown and Hovmøller，2002）。中国北方沙尘中携带了种类丰富微生物，沙尘发生期间，微生物浓度升高 1~2 个量级。再者，沙尘过程当地大气中的微生物种群结构也会显著改变，其可能显著影响到下游地区的生态安全（唐凯，2019）。

2. 对海洋生态系统的影响

风蚀源气溶胶在通过干湿沉降后，沙尘源气溶胶在下游大量入海，对海洋生态系统造成很大影响。另外，在长距离沙尘气溶胶的输移过程中，通过改变辐射收支，充当云凝结核等进而影响气候，并随着携带的化学营养成分，通过营养盐沉降，对海洋生态系统造成极其严重的影响（Moore C M et al.，2013；Huang J et al.，2015）。

（1）对海洋中珊瑚礁的影响

全世界范围内珊瑚礁正在逐渐减少，科学家试图通过一系列假说来解释其衰退的主要原因，目前较为权威的假说有以下几点：长期的低营养水平、通过压载水或洋流引入的病原体、长期高强度的捕鱼压力、全球变暖等。但截至目前，没有一个假说能够解释清楚全球珊瑚礁减少的原因。有学者认为，每年输送到美洲的外来沙尘达到数亿吨，该沙尘大部分来自亚洲和非洲。在沙尘输移过程中，一些人为造成的污染物、人工合成的有机化品、活体微生物、重金属等都有可能携裹在沙尘气团中，并随风力在陆地和海洋上沉积，沙尘中携带的多个组分或单一组分组合都可能对珊瑚礁改变发挥重要作用，这也可能是导致美洲地区珊瑚礁减少的一个重要因素（Garrison et al.，2003）。以加勒比海地区的珊瑚礁为例，20世纪70年代末以来，随着跨大西洋沙尘输送量的大幅增加，其活力持续下降。除了地壳元素，特别是硅、铁和铝硅酸盐黏土外，作为多种活孢子，尤其是土壤真菌曲霉的基质的沙尘，也可以造成该区海扇病的聚多曲霉菌从加勒比海空气样本中培养出来，它是造成海扇病变的主要因素（Shinn et al.，2000）。

（2）对海洋藻类藻华的影响

有研究表明，在营养盐贫乏的条件下，沙尘的沉积能够显著地促进东海原甲藻（*Prorocendrum donghaiense*）、小角毛藻（*Chaetoceros minutissimus*）以及旋链角毛藻（*Chaetoceros curvisetus*）的生长（孙佩敬等，2009）。统计分析（表2.2）发现，沙尘事件发生时，黄海区域能够早15天左右出现藻华，沙尘沉降事件发生后3~4天，黄海的浮游植物大量繁殖并出现了藻华（Shi 等，2012）。黄海南部开展的船基围隔培养实验发现，添加P、N、Fe三种营养元素和添加了大量沙尘颗粒都能促进浮游植物的生长（Liu 等，2013）。在沙尘沉降事件发生后的2~8天，南黄海中心海域的叶绿素a浓度出现了不同程度的增加，且其峰值均超过了藻华阈值（2.15mg/m³），有些甚至高达11.6mg/m³（张莉燕等，2020）。

表2.2　中国历年 AI>2 的沙尘事件及其对黄海藻类藻华的影响

序列	年	AI>2	沙尘暴对黄海的影响（Zhang et al.，2005）	中国北方发生的严重或非常严重的沙尘暴（Tan S C et al.，2011）	《沙尘天气年鉴》（中国气象局编）	沙尘过后叶绿素a浓度的状况
1	1999	4月5日	无记录	无记录	无记录	13天，藻华
2		3月27日	3月26~28日	无记录	3月26~21日，严重的沙尘暴发生在全国多个地方	7天，藻华
3		3月31日	3月26~28日			3天，藻华
4	2000	4月7日	4月5~7日	4月6日，严重，局部	4月7~9日，严重的沙尘暴发生在全国多个地方	4天，藻华
5		4月12~13日	4月12~13日	4月12日，非常严重，大范围	4月12~14日，严重的沙尘暴发生在全国多个地方	7~8天，藻华
6		4月21~22日		4月19日，非常严重，大范围	4月18~21日，发生严重的沙尘暴	1~2天，藻华

（续）

序列	年	AI>2	沙尘暴对黄海的影响（Zhang et al.，2005）	中国北方发生的严重或非常严重的沙尘暴（Tan S C et al.，2011）	《沙尘天气年鉴》（中国气象局编）	沙尘过后叶绿素a浓度的状况
7		3月21日	3月21~22日		3月21~22日，严重的沙尘暴发生在全国多个地方	21天，藻华
8		3月25日			3月23~25日，严重的沙尘暴发生在全国多个地方	17天，藻华
9	2001	4月7日	4月7~10日	4月8日，非常严重，大范围	4月7~10日，发生严重的沙尘暴	3天，藻华
10		4月13日			4月11~13日，严重的沙尘暴发生在全国多个地方	2~4天，藻华
11		4月22日			4月17~19日，严重的沙尘暴发生在全国多个地方	增加，未达到藻华
12		4月24日			4月22~23日，严重的沙尘暴发生在全国多个地方	增加，未达到藻华
13		3月17日	3月15~17日		3月15~17日，严重的沙尘暴发生在全国多个地方	18天，藻华
14		3月21~23日	3月18~22日	3月19~21日，非常严重，大范围	3月18~22日，严重的沙尘暴发生在全国多个地方	12~14天，藻华
15	2002	3月30日		3月29日，非常严重，大范围	3月28~30日，严重的沙尘暴发生在全国多个地方	5天，藻华
16		4月3日	4月1~3日		3月15~17日，严重的沙尘暴发生在全国多个地方	18天，藻华
17		4月8~9日	4月5~9日	4月6~8日，非常严重，大范围		增加，未达到藻华
18		4月13日	4月13~17日		4月13~17日，严重的沙尘暴发生在全国多个地方	增加，未达到藻华

（续）

序列	年	AI>2	沙尘暴对黄海的影响（Zhang et al.，2005）	中国北方发生的严重或非常严重的沙尘暴（Tan S C et al.，2011）	《沙尘天气年鉴》（中国气象局编）	沙尘过后叶绿素a浓度的状况
19		4月7日		4月5~8日，非常严重，大范围	4月5~7日，严重的沙尘暴发生在全国多个地方	14天，藻华
20	2006	4月17~19日		4月16~17日，非常严重，大范围	4月16~18日，严重的沙尘暴发生在全国多个地方	2~4天，藻华
21		4月23~24日			4月21~23日，严重的沙尘暴发生在全国多个地方	增加，未达到藻华
22		4月30日			4月28~30日，严重的沙尘暴发生在全国多个地方	增加，未达到藻华

资料来源：Tan S C et al.（2011），稍作调整。

注：AI 为气溶胶指数。

第三节 风蚀对农业生产活动的影响

一、风蚀对农田生态环境的影响

北方干旱和半干旱区是我国农田风蚀重灾区，特别是该地区的旱作农田表现尤为突出。在中度和强度风蚀的影响下，我国北方干旱和半干旱地区农田在风蚀过程中不断损失，例如，北京平原农田年风蚀量达到 0.9mm，内蒙古后山区域为 1~3mm，陕西六道沟流域年风蚀深度能达到 1.20mm，山西右玉县可达 0.4~1.43mm，山东夏津县的黄河故道沙化土地 1.40mm（董治宝，1999）。值得注意的是，当风蚀深度达到 1.50mm 时，因土壤风蚀导致的土壤有机质损失量就高于植物的吸收量（Zachar，1982）。纵观上述地区的风蚀深度都接近或超过了这一界限，已严重制约着当地农业生产的可持续发展。

二、风蚀对农事相关活动的影响

由于风蚀能够将地表土壤颗粒进行时空间上的重新分布和分选，所以必然会对所作用到的农业土壤以及与土壤有关的农业生产活动乃至社会经济的发展产生深刻、深远的影响，具体见表2.3。

表 2.3　风蚀对农事相关的物理性和经济性的影响

物理性影响	经济影响
对土壤的危害 ①细粒土壤物质，包括有机物可能被选择移除，导致地表粗粒化或者沙化 ②土壤结构性可能降低 ③肥料和除草剂可能损失或者重新分配	对土壤的危害 ①②③肥料长期损失，导致单位面积作物产量减少 ③肥料和除草剂的移动损失
对作物的危害 ①作物可能被沉积物掩埋 ②使幼苗根部裸露、枯死，甚至连根拔出，致使田严重缺苗 ③被风吹起的沙粒借助动能撞击幼苗．往往打坏嫩叶和茎秆，使其生长发育受到严重损害，叶面积减小而影响产量 ④肥料的重新分配，或造成含量过大，可能对作物有害 ⑤带病的土壤可能分散到别的农田 ⑥延误农时，轻则减产，重则颗粒无收	对作物的危害 ①~⑥，产量损失导致收入减低 ①~③，重植的投资和由于错过生长季造成的产量损失 ⑤增加了除草剂费用
其他危害 ①土壤被沉集在洼地、沙障边或路边 ②风蚀的同时，伴随着沙尘暴、扬尘和浮尘等天气现象，环境质量恶化 ③农业机械可能被磨蚀或阻塞 ④刮风时，由于不良天气条件，农事活动暂停	其他危害 ①清理和重新分配的支出 ④工作时间的限制，使得生产力降低

资料来源：Kirkby，M J(1987)。

第四节　风蚀对植物的影响

一、风蚀对植物生育进程的影响

　　风蚀对植物生长会产生直接的危害，一方面是风蚀过程中植株周围土壤被吹失，导致根系在地表裸露，而且在风力作用下大量细根被扯断，导致植物丧失了吸水能力，另一方面，在风力和风向作用下，植株粗根随风扭曲变形，影响了水分传导效率，造成植株水势整体下降(Wang et al.，2014；马洋等，2014)。在风蚀沙埋过程中，沙粒对植株的磨蚀也会导致植物水势下降。沙尘通过叶片气孔进入植物细胞，从而破坏叶肉组织，降低叶片含水量、叶绿素值、氨基酸和糖类，导致叶片黄化。在沙尘较为严重的情况下，细胞壁和细胞质会分离，叶片慢慢枯萎死亡。微尘中的一些有毒物质可以通过溶解渗透到植物中，对植物体造成伤害。

　　在风蚀过程中，空气中粉尘的浓度越高，植物的受害程度越严重，当粉尘的浓度达到一定程度时，它会在几天、几小时甚至很短的几分钟内损坏植物的叶片组织，并在叶片上留下一些明显的斑点，甚至在此过程中，部分植物的整个叶片都会枯萎和脱落，植物也会慢慢枯死。如果浓度较低，暴露在粉尘中植物叶片一般不会枯萎和脱落，但会导致叶片逐渐失绿或产生一些斑点，甚至根系变脆或产生腐烂根，导致作物生长发育不良。一般情况下，植物内部生理活动出现异常先于危害在植物外表表现。风蚀过程中粉尘大量附着在植物叶片上，不但使得外界环境与叶片之间的气体交换通道遭到堵塞，而且减少了叶片对光的吸收，降低了叶片的光合作用，从而使得植株的整个新陈代谢过程受阻，影响其生育进程。

二、风蚀对植物叶片特征的影响

鲁绍伟等(2019)在3条风沙进京路径上选取10个城市的植物为研究对象，应用气溶胶再发生器对植物叶片颗粒物吸附量进行了定量测定，同时应用环境扫描电镜观察了不同城市树木叶表面微形态特征结构，阐释了不同城市树木叶表面结构与吸滞颗粒物的关系。结果表明(表2.4)，从沙尘输移到北京的路线来看，沙尘暴的来源地和目的地城市并不是植物对PM_{10}和$PM_{2.5}$吸收量最大的城市，吸收量最大的城市位于风沙输移路径中间，如西线的银川、太原，中线的呼和浩特和北线的苏尼特右旗。通往北京的3条风沙输移路径植物吸附的$PM_{2.5}$约为$0.13\mu g/cm^2$，吸附的PM_{10}约为$1.53\mu g/cm^2$，在风沙运移中植物吸附的颗粒物主要为PM_{10}。另外需要注意的是，植物叶片的粗糙度不同，其对风沙的吸附程度也不同，凹凸不平、粗糙的叶片吸附的颗粒物量均较大。反之，植物吸附的颗粒物量均较低。这说明在沙尘暴频繁、污染严重、扬尘较重的城市和地区，应该种植叶片较为粗糙的植物来对颗粒物进行吸附，因为颗粒物吸附量与植物叶片表面粗糙度呈显著正相关。

表2.4　不同风沙进京路径植物叶表面形态差异

线路	采样地点	3月	5月	7月	9月	11月
北线	二连浩特	叶片上有颗粒物，气孔密度和开度较小，叶片粗糙	气孔密度和开度较大，纹理清晰可见，叶片较3月光滑	颗粒物较少，叶片光滑，气孔密度和开度较大，排列整齐	叶片纹理清晰，气孔排列整齐，气孔密度较大，无颗粒物	叶片表面附着大量颗粒物，分布不均匀，粗糙度大，气孔不明显
	苏尼特右旗	叶片表面较粗糙，气孔密度较大、开度较小，纹理清晰	气孔密度和开度较大，纹理模糊，叶表面较光滑，粗糙度小，少量附着颗粒物	气孔密度较大，叶片光滑，附着颗粒物较少	气孔密度和开度较小，叶片光滑，附着颗粒物较少，纹理清晰	叶面表面较粗糙，附着颗粒物，气孔开度较大，密度小
	张家口	气孔周围密布大量颗粒物，叶表面粗糙，文理不清晰	气孔的密度和开度比较小，具有较清晰的纹理并附着少量颗粒物	气孔密度较小，开度较大，纹路清晰可见，叶表面光滑，无颗粒物	具有较大的气孔密度，开度较小，叶表面较光滑，分布较少的颗粒物	叶表面粗糙，附着大量颗粒物，气孔密度和开度小

（续）

线路	采样地点	3月	5月	7月	9月	11月
中线	额济纳旗	叶面密布着大量颗粒物，叶片粗糙度高，气孔和纹理不可见	较小的气孔密度和开度，少量颗粒物分布在叶面，纹理模糊，粗糙度较小	纹理清晰可见，叶表面光滑，无颗粒物，气孔密度和开度较小	叶表面光滑，附着极少量的颗粒物，纹理清晰可见	叶表面较粗糙，附着大量颗粒物，纹理清不可见，气孔密度较小
	呼和浩特	叶面密布着大量颗粒物，叶片粗糙度高，气孔不可见	粗糙度较高，纹理模糊，少量颗粒物分布，气孔不明显	气孔和纹理清晰可见，气孔开度较大，叶表面光滑	叶表面较光滑，气孔密度较大，气孔开度较小，纹理清晰	叶表面较粗糙，气孔周围密布着大量颗粒物，气孔开度较大，纹理不清晰
	张掖	粗糙度较大，气孔密度较小，分布着大量颗粒物	纹理可见但不清晰，粗糙度较小，分布少量颗粒物，气孔开度小	纹理不清晰，叶表面粗糙，气孔被堵塞，表面分布颗粒物较少	表面较光滑，纹理清晰但不规则，气孔不可见，附着颗粒物较少	纹理排列整齐，气孔不可见，叶表面有凹槽
西线	银川	叶表面叫粗糙，附着颗粒物，气孔密度较大	气孔密度较小，开度较大，纹理不清晰，附着少量颗粒物	叶表面光滑，无颗粒物附着，气孔密度和开度较大，纹理清晰可见	叶表面较光滑，纹理清晰，气孔开度较小，气孔周围分布少量颗粒物	叶表面较粗糙，凹凸不平，附着大量颗粒物，纹理不规则，气孔密度小
	太原	叶表面粗糙，气孔内部和周围附着大量颗粒物，纹理不清晰	叶表面较光滑，气孔开度较大，纹理排列整齐，清晰可见	光滑的叶表面和开度大的气孔，纹理较为，无颗粒物附着	叶表面不光滑，气孔开度大，少量颗粒物分布在气孔周围，纹理模糊	叶表面粗糙，凹凸不平，气孔深陷，但气孔开度较大，气孔周围有颗粒物，纹理不可见
最终地	北京	表面分布大量颗粒物，粗糙度较高，气孔不可见，纹理不清晰	粗糙度较高，纹理不清晰，气孔不可见	具有清晰可见气孔和纹理，气孔开度较大，表面光滑，较少的颗粒物附着	气孔密度较小，叶表面轻微糙，分布少量颗粒物	气孔不可见，纹理不清晰，叶表面较粗糙，密布有大量颗粒物

资料来源：鲁绍伟等（2019）。

三、风蚀对植物生理代谢的影响

1. 风蚀对植物光合作用的影响

频繁的风沙流能够对植物的光合作用产生严重的危害，延长了"午休"时间（Yu Y J et al.，2002）。净风和风沙流胁迫均可使植物的净光合速率降低，吹袭的时间间隔越短，植物的净光合速率降幅越大，风沙流比净风的影响更大（于云江等，2002）。通过室内模拟试验，陈雄文（2000）发现北京地区常见的绿化植物在经过短时间的沙尘处理后，首先改变了叶片的生理指标，其次光合速率呈现下降的趋势，说明叶片覆盖尘土后，对作物光合也产生明显的影响，而且叶片表面覆尘越多、覆尘时间越久，沙尘的影响就越严重。

有研究通过不同滞尘量条件下玉米、小麦和棉花3种传统农作物的气孔导度、蒸腾速率、光合速率和呼吸速率的变化进行检测后发现（赵华军等，2011），不同滞尘量对不同作物呼吸强度都有影响。相关分析（表2.5）表明，在3种作物的气体交换参数损失率与单位叶面积的沙尘覆盖量之间，多项式方程具有良好的拟合效果，其相关系数 R 较高，覆尘量严重地影响玉米、小麦、棉花3种作物的气体交换参数损失率，气体交换参数损失率与覆尘量之间有着显著的正相关关系，叶片覆尘量越大，作物的气体交换参数损失越多，气孔导度、净光合速率、呼吸速率和蒸腾速率之间具有显著的相关性。

表2.5 作物单位叶面积覆尘量与气体交换参数损失率之间的关系

特征参数	作物	拟合方程	相关系数 R
光合速率	玉米	$Y=-0.225+0.0513x^2-0.0069x^3$	0.9503
	小麦	$Y=0.0083-0.0337x-0.0085x^2+0.0106x^3$	0.9271
	棉花	$Y=0.0362-0.1493x-0.0101x^2+0.0639x^3$	0.9012
蒸腾速率	玉米	$Y=0.0214+0.0155x-0.1218x^2-0.0003x^3$	0.9576
	小麦	$Y=0.126-0.1557x-0.0105x^3$	0.8326
	棉花	$Y=-0.3091+0.0964x^2-0.0108x^3$	0.8478
气孔导度	玉米	$Y=-0.8401+0.0587x-0.0012x^2$	0.9279
	小麦	$Y=-0.2156+0.0136x+0.0426x^2-0.002x^3$	0.9265
	棉花	$Y=-0.0055-0.087x^2+0.0066x^3$	0.8634
呼吸速率	玉米	$Y=-0.2309-0.0945x^2+0.0585x^3$	0.9262
	小麦	$Y=-0.1295-0.1792x+0.1464x^2$	0.8273
	棉花	$Y=0.0392-0.2351x-0.0833x^2+0.0685x^3$	0.8579

引自：赵华军等（2011）。

2. 风蚀对植物气孔开放的影响

沙尘天气不仅遮挡了阳光，影响了植物的光合作用，还通过留在植物叶片表面的一些沙尘颗粒堵塞了植物叶片的气孔，从而使得气孔导度降低，对植物的呼吸产生了影响，并导致叶片与外界环境之间的气体交换不畅，叶片表面温度随之升高。已有研究证实，覆尘后叶片的气孔导度比未覆尘的叶片明显下降，有的下降了 50%（王宏炜等，2007）。电镜扫描后发现，当沙尘覆着在叶片上时，沙尘颗粒会把大多数气孔阻塞，有的气孔甚至全部关闭。其次，由于叶片覆盖沙尘后，植物光合速率受到显著的影响，主要原因是沙尘阻挡了植物对红光的吸收（Sharifi M R et al.，1997），恰好红光也能影响叶片气孔的开闭，因此导致叶片气体交换通道同时被关闭。

再次，光能的强度和性质也对气孔的打开和关闭有间接或直接的影响（Sharkey T D et al.，1981），当叶片的光能吸收受阻时，光合速率的进程也会受到影响。在短时间内，细胞内的 CO_2 无法使用，细胞间 CO_2 浓度增加（Cook R J et al.，1981），进而促使叶片气孔发生关闭。

3. 风蚀对植物蒸腾作用的影响

蒸腾作用是植物水分吸收和转运的主要驱动因子，光照通过调节叶片气孔的开放，减少气孔阻力，从而对蒸腾作用产生影响。其次，光还可以调节叶片和大气的温度，使得叶内外蒸气压差发生变化，影响叶片的蒸腾速率。而当植物叶片大量覆被灰尘后，阻挡了叶片对光的正常吸收，蒸腾作用随之发生改变。综上所述，风蚀过程中产生的风沙流能够降低植物的气孔导度和净光合速率，蒸腾速率增大，而且这些指标的变幅随着风速的变化而变化。此外，风沙流将植物叶片气孔外的水汽带走，使植物叶片的扩散层不断变薄甚至消失，外部扩散阻力同步降低，从而诱发植物蒸腾速率加快，植物的水分利用效率随之发生改变（唐霞等，2011），进而抑制了植物的生长发育（管阳，2017）。但也有不同的研究结论，有学者发现植物叶片覆尘后，植物的蒸腾作用不降反升（Eveling et al.，1969），这可能是由于沙尘覆盖后叶片细胞内外的水蒸气压力增加导致蒸腾速率提高。同时，一些学者发现沙尘覆盖对某些植物的蒸腾作用没有影响（Gowin T et al.，1977）。

4. 风蚀对植物细胞内活性氧含量的影响

活性氧是植物体内产生的有氧代谢的副产物，在正常的生长环境条件下，植物通过产生活性氧调控不同的代谢反应，活性氧作为信号代谢分子参与病毒防御、细胞程序性死亡和气孔开闭等过程。当风沙流产生时，植物细胞内的稳定环境遭到破坏，胞内活性氧稳态也会受到严重的破坏，植物细胞内的活性氧含量增加，促使植物细胞内发生一系列的防御反应（管阳，2017）。但不同的植物敏感程度不同，细胞内的活性氧含量变化程度也有所差异。

5. 风蚀对植物水分利用率的影响

研究发现，挟沙风对植物的危害性远远超过净风，由于挟沙风的磨蚀作用导致植物叶水势降低，蒸腾速率提高，水分利用效率随之降低，间接导致植物面临干旱胁迫，而且挟沙风风速越大，吹蚀的间隔越短，其危害性越严重（于云江等，2002）。在风吹袭下，植物通常调节细胞渗透压以维持膨压（赵哈林等，2015）。老鼠苈在遭受风蚀后，其水分胁迫提前且强度变大，老鼠苈叶水势也较未风蚀植株显著降低（$p<0.05$），且与大气水势无显著相关性（$p>0.05$）（杨显基等，2017）。

6. 风蚀对植物色素含量、代谢的影响

环境中的各种因素，如气体、光照、土壤和水，影响植物的生长发育和新陈代谢过程。植物的色素含量对周围环境高度敏感，大气环境对其的影响尤为明显，因此科学界通常把色素含量常作为大气污染过程中植物生理生态状态变化的重要参考指标（Gowin T et al.，1977）。

众多研究表明，沙尘污染能够降低叶片的叶绿素含量（Mandre M et al.，1997）。一般条件下，植物中类胡萝卜素含量的提高会显著地降低叶绿素含量，它们之间呈现负相关关系，因此，风蚀过程中植物叶片叶绿素含量的下降也会导致类胡萝卜素的含量降低，表明植物叶片细胞内所有色素其代谢过程在沙尘天气均有不同程度的变化。另外，由于沙尘颗粒上有大量的碱性物质附着，遇水会迅速溶解，在细胞液中营造出一种碱性环境（Guderian R et al.，1986），从而使得叶片内部的 Mg^{2+}、Fe^{3+} 及 Mn^{2+} 的含量下降（Mandre M et al.，1997），进而对叶绿素前期的生化合成产生一定的抑制效应。

第五节　土壤侵蚀对粮食安全的影响

一、粮食安全的概念

粮食安全问题是由联合国粮食及农业组织（FAO）于 1974 年首次提出，其关注重点和政策目标一直随着本国经济发展和国际环境的变化而不断进行调整。粮食安全问题的提出，为各国政府敲响了警钟，1983 年，FAO 又修订了粮食安全概念，认为"粮食安全是确保所有人在任何时候既买得到又买得起他们所需的基本食品"。1996 年，FAO 根据新的国际形势需要，对粮食安全的概念再次做出了修订，提出了粮食安全的新概念："所有人在任何时候都能够在物质上和经济上获得足够、安全和富有营养的粮食，来满足其积极和健康生活的膳食需要及食物喜好时，才实现了粮食安全。"中国共产党第十八次全国代表大会以后，粮食安全成为全国面临的"一个永恒的课题"，粮食安全也是"国家安全的重要基础"。粮食安全的概念随社会发展而不断变化，从最开始的生存保障，到后来的营养需求，再到可持续发展(张士功，2005)，目前倡导"中国人要把饭碗端在自己手里"这一战略主动。

二、土壤侵蚀对粮食安全的影响

引起土壤侵蚀的 3 个主要因素(风、水和耕作方式)不同，导致侵蚀速率在全球是不均衡的。目前，风蚀程度尚未得到可靠的全球估计数据，人类对当前风蚀导致粉尘排放的贡献估计从北非的 8% 到澳大利亚的大约 75%。耕作侵蚀主要是导致土壤的重新分配和降低土壤含量和附近的山坡或梯田边界的生产力。全球规模的影响也需要考虑土壤侵蚀的因素，在一些河流冲积平原和三角洲地区，侵蚀沉积为这些地区带来了持久的非常高的肥力。

土壤侵蚀对作物生产有关的个别土壤特性有良好的文档记录，但总水土流失对作物产量的影响较小。在表 2.6 四个基于数据源的综合研究中，它的范围得到从实验区数据到 GLASOD 数据的重新解释。由于侵蚀估算造成一年生作物的损失范围为 0.1% ~ 0.4%，两项研究估计产量减少 0.3%。如果从 2015—2050 年农作物损失每年平均为 0.3%，那么预计到 2050 年可能总共减少 10.25%(假设没有其他的变化，例如，由农民采取额外的保护措施)。Foley 等(2011)按照全球 15.3 亿 hm² 农田计算，由于侵蚀所造成的产量损失将达到 10.25%，相当于减少 1.5 亿 hm² 农作物种植面积或每年减少 450 万 hm² 农作物种植面积。

然而，农作物因土壤侵蚀减产在不同的区域是有区别的，由于土壤侵蚀过程中养分流失非常容易引起产量变化(Bakker et al.，2007)，但作物产量变化对土壤侵蚀的敏感性差异很大(例如，在基岩浅层土壤中，高钠和/或密集的 B 层的土壤)。在一项模拟研究中发现，未来一个世纪欧洲南部减产幅度为 6% ~ 12%，而欧洲北部减产幅度为 0% ~ 1%。然而，对欧洲粮食生产的总体影响相对较小，因为欧洲南部的产量本身较低(Bakker et al.，2007)。此外，因人类引起的气候变化而出现的极端气候的增加，可能会导致风力和水力侵蚀影响的提高，但这些变化的影响在不同地区会有所不同。

表 2.6　2000 年以来的综述文章中侵蚀对作物产量减少的估算

作者	数据库	范围	估计
Den Biggelaar 等 (2003) ☆	179 项关于作物产量随侵蚀变化的研究	全球（37 个国家）	侵蚀平均率 12 ~ 15（每年 0.8 ~ 10mm），对应的由侵蚀引起的一年生作物产量每年降低 0.3%（6 种主要作物）
Bakker Covers 和 Rounsevell(2004)	24 项试验研究侵蚀对产量的影响	主要为北美洲和欧洲	由土壤侵蚀引起的产量降低大约 4%（每年 0.36%）

（续）

作者	数据库	范围	估计
Scherr(2003)	28 项关于土壤退化的局部研究和54 项全国或地方研究	全球	损失率农田每年大约0.3%，牧场每年大约0.1%~0.2%
Grosson(2003)	很多数据基于土壤侵蚀导致的全球范围内土壤退化	全球	按照47 亿 hm² 农田和永久牧场累计损失率5%计算，自1945 年以来90 年间平均每年损失0.1%

注：按照平均容重 $1.5×10^3 kg/m^3$ 和平均侵蚀率 $13.5 kg/(hm^2 \cdot a)$ 计算[Den Biggelaar et al. (2003)]。

三、风蚀对粮食安全的影响

风蚀导致一些地区的土地生产力下降了50%，非洲作物产量的减产幅度在2%~40%，整个非洲大陆的平均损失为8.2%（Eswaran H et al.，2001）。据估计，风蚀导致亚洲地区作物减产损失达18 亿美元，主要原因是风将表层肥沃的土壤带走后土壤肥力降低、土壤耕层变浅、作物根系暴露，最终影响作物生长发育，导致农作物减产。在不考虑水分亏缺和养分不足等前提下，通过样地比较发现，每10cm 土壤流失会导致作物生产力平均下降4.3%，样带法得出的结果平均为10.9%，平均面积方法得出的结果为26.6%（Rhodes C J，2014）。在美国，严重风蚀农田的农作物相关研究表明，棉花、红麻的产量减少了40%，高粱的产量减少了58%。风蚀导致作物减产的另外一个原因是风蚀区域耕地大面积撂荒，农作物种植面积减少。

第六节　风蚀对交通安全的影响

现代交通工具主要包括飞机、轮船、火车、汽车等。土壤风蚀造成的沙尘天气给不同交通工具的出行和使用带来了较大的交通隐患和问题。

一、风蚀对民用航空的影响

沙尘天气的最直接影响是能见度降低，导致在飞行过程中飞行员视觉受限甚至出现错觉和迷航，影响起飞和着陆。每当沙尘暴来临，在强风的直接作用下，直接影响飞机的起飞，原有的航班的起飞均受影响。一般情况下，当机场能见度小于350m 时，飞机就不能正常起飞，而当能见度低于500m 时，飞机无法完成正常降落。低于50m 时飞机不允许滑行，当飞行员处置不当就极易造成飞行事故。此外，强风会导致飞机飞行姿态的改变，在着陆过程中飞机接触地面时容易产生侧向摩擦，导致飞机不能按照正常跑道着陆，而且扬起的沙粒在与机身发生碰撞过程中会产生大量的静电，也会对机场的无线电通信产生一定的干扰。如果沙粒不幸被发动机吸入，将导致飞机部件的磨损或阻塞油路(蔡玥，2013)。2004年3月29日，很严重的沙尘天气在北京市出现，机场地面出现了9级的风力，大量沙尘导致机场能见度迅速下降。27架航班被迫降落到北京周边机场。首都机场的大多数航班延误超过1小时，130个航班延误。2010年3月12日上午，新疆和田市出现特大沙尘暴，下午5点左右，风力达到5~6级，并伴有黑风，航班被迫取消。2012年3月29日13时30分，内蒙古通辽市突发大风沙尘天气，风力6~7级，阵风7~8级，受其影响，原定于14时35分起飞的GS 6586次航班(哈尔滨到通辽)和CA 1124次航班(通辽到北京)被迫延误，直到次日上午，航班才正常起降。

二、风蚀对汽车交通的影响

沙尘暴对汽车交通的影响也很大，风沙天气由于能见度较低，造成驾驶员视线较差，尤其是沙尘暴或强沙尘暴天气里，天空往往一片昏黄，加上风大，对公路交通造成的影响不小。尤其是在高速公路上行驶的车辆，由于车速很快，路面出现轻微积沙就可能会造成交通事故。而风对于行车安全的直接影响主要表现在大风使得车辆行驶阻力和负载都增加，影响了行车的稳定性。大风天气导致路面能见度急剧下降，严重干扰了车辆行驶，并且在行驶过程中可能发生的障碍物坠落等对行车安全也会构成一定的影响。此外，在大风天气下，空气对流会在两辆高速行驶的车辆之间形成，车辆行驶的稳定性受到影响，导致交通事故多发。据统计，当有5级以上的大风对车辆横向侧面进行冲击时，很容易导致载货过高的货车易发生翻车。像京藏高速、京新高速、连霍高速以及青银高速都可能会受到风沙天气的影响。

三、风蚀对火车运行的影响

土壤风蚀引起的沙尘天气对火车运行也产生一定的影响，使火车车厢玻璃破损、停运或脱轨。例如，受大风沙尘天气影响，2018年5月24日，共6趟途经阿克苏火车站的列车停运。受沙尘大风天气影响，2014年4月25日，从乌鲁木齐方向开往兰州的20余趟旅客列车晚点，晚点时间在2小时至13小时。沙尘天气也影响到火车的动力性能(韩春刚等，2014)，在沙尘环境中，火车的液压系统及空气制动系统的零部件磨损加剧，而且当沙尘进入这些系统后，可能造成系统内部堵塞，出现系统内功能性障碍，对火车的使用造成影响。在大风天气中行驶的动车组，其表面风阻增大，不利于其运行的稳定性。戈壁地区的细沙也对动车的空调系统、冷凝器的清洁、齿轮箱、联轴器、通风管道以及动力设备工作状况等产生严重的影响。

第七节　风蚀对公众健康的危害

风蚀对人体健康的危害主要是通过风蚀过程中产生的强沙尘暴和有毒性作用的沙尘导致的。近年来，沙尘天气与人体健康的关系受到公众的广泛关注，国内外学者为此开展了大量的研究，发现沙尘天气尤其是沙尘暴，既对人体健康产生急性健康效应，引起呼吸系统、心脑血管以及过敏性疾病等的发病与死亡（Perez L et al.，2008），也可能引起非职业性尘肺即沙尘肺或沙漠肺的慢性健康效应。

一、大气颗粒物毒性

沙尘天气对人体健康的影响，一方面与沙尘颗粒的粒径大小有关，粒径越小越易进入呼吸系统深部甚至循环系统，对人体健康构成的危害性也越强；另一方面，沙尘颗粒在输移过程中，对传输路径中的有机物、重金属、细菌、病毒、花粉等有毒有害成分进行吸附，并与沿途的大气成分发生相互作用，进而对人体健康产生危害。大气颗粒物的几种主要毒性作用见表 2.7。

颗粒的粒径对它们能否进入呼吸道并沉积在身体的各个部位，从而产生毒性影响至关重要。粒径较大的颗粒难以进入呼吸道，对人体健康危害较小。颗粒粒径越小，越容易被呼吸系统吸收，可吸入颗粒（$D_p < 10\mu m$）借助呼吸进入呼吸道中后对人体健康产生较大的危害。可以把人的呼吸系统看成一个高效的分级采样器，当颗粒物吸入后，根据粒径大小，颗粒物沉积于呼吸道中的不同部位，粒径越下，进入呼吸道越深，小于 $10\mu m$ 的颗粒物能够穿过咽喉进入下呼吸道，粒径小于 $5\mu m$ 的颗粒物甚至可以穿过呼吸道沉积在呼吸道深部肺泡内，对人体产生更大的危害。

表 2.7　大气颗粒物主要的毒性作用

影响方面	毒性作用
肺功能	降低肺部呼吸氧气的能力，使肺泡内的巨噬细胞的吞噬能力和生存能力下降，导致肺部排除污染物的能力降低
呼吸系统	使鼻炎、慢性支气管炎、慢性咽炎、支气管哮喘、肺气肿、尘肺等呼吸系统疾病恶化，甚至引起哮喘等过敏性疾病和石棉肺、砂肺、肺气肿等肺病
炎症	刺激肺部，导致肺部出现急性炎症，表现为中性粒细胞大量局部渗出
免疫系统	引起巨噬细胞的活性和数量的改变，降低免疫功能，增加对病毒、细胞等感染的敏感性，使机体对传染病的抵抗力下降，病原微生物随可吸入颗粒物进入人体内后，可使机体抵抗力下降，诱发感染性疾病
癌症	可吸入颗粒物所吸附的多环芳烃化合物，是对人体危害最大的环境"三致"（致突变、致癌、致残）物质，其中，苯并芘能诱发肺癌、胃癌和皮肤癌

(续)

影响方面	毒性作用
神经系统	带有铅的颗粒物在肺内沉着后极易进入血液系统，大部分与红细胞结合，小部分形成铅的甘油磷酸盐和磷酸盐，然后进入肝、肺、肾和脑，几周后进入骨内，导致高级神经系统紊乱和器官调解失能，表现为头疼、头晕、嗜睡和狂躁的中毒性脑病
胎儿生长发育	胎儿增重缓慢
儿童生长发育	影响儿童的免疫功能和生长发育
死亡	导致患有呼吸系统疾病、心血管疾病和其他疾病的敏感体质患者过早死亡

资料来源：李红等(2002)。

二、沙尘天气导致公众死亡率提高

1. 沙尘天气导致意外死亡增加

当沙尘天气暴发时，一些有毒有害物质在空气中大量扩散，大气受到严重污染，这会导致患者死亡率和老年人发病率的增加。已有研究表明，空气污染颗粒的增加是导致心肺疾病突发率提高的主要因素之一，它主要增加高龄人群的死亡率(Schwartz J et al.，1992)。与此同时，严重的沙尘暴可能危害到公众的生命(表2.8)。

表2.8 典型沙尘天气造成的公众危害

发生时间	类型	发生地	死亡人数（人）	伤残人数（人）	失踪人数（人）	备注
1993年5月5日	特大沙尘暴	内蒙古、甘肃、宁夏和陕西4个省（自治区）的72个县，面积超过100万km²	85	264	31	70万人受灾
1998年4月19日	特大风沙灾害	新疆北部和东部吐鄯托盆地	6	256	44	
2000年3月27日	沙尘暴	北京	2	/	/	
2002年4月5-9日	强沙尘暴	河北、内蒙古及辽宁	9	/	/	
2010年4月24-25日	强沙尘暴或特强沙尘暴	新疆及甘肃部分地区	3	1		吐鲁番地区受灾最为严重

资料来源：根据佘峰等(2015)数据整理。

2. 沙尘天气导致超额死亡人数增加

沙尘天气造成心血管患者更容易发生呼吸道感染，增加心脏负担，严重时可导致心力衰竭。随着空气中沙尘颗粒的增加，心血管疾病患者的住院率显著增加，并造成心血管疾病的日死亡率和总死亡率提高。有研究表明，<10μm 的沙尘颗粒每立方米增加 10μg，心血管疾病的病死率增加 1.4%（William S et al.，2000）。王旗等（2011）以 A、B 两个城市为例，应用人力资本法和疾病成本法计算沙尘暴造成的超额死亡和患病的经济损失，计算结果见表 2.9，严重沙尘暴的沙尘天气引起人员的超额死亡，尤其以呼吸系统疾病和心脑血管疾病的患病率增加从而诱发心脑血管病为主，造成严重的经济损失。1991 年，在美国华盛顿地区发生沙尘暴两天时间里，鼻窦炎和支气管炎的急诊量分别增加 4.5% 和 3.5%；芝加哥库克县的研究发现，在沙尘天气期间，心肌梗塞和急性脑血管的意外的病例分别增加 2.5 倍和 1 倍，心绞痛和心律不齐增加了 50%，死亡增加了 20%（佘峰等，2015）。

表 2.9　2002—2006 年两城市沙尘天气引起的超额死亡人数和经济损失

城市	时间（年）	超额死亡人数（均值）				超额死亡经济损失（均值，万元）			
		总死亡	心血管疾病	脑血管疾病	呼吸系统疾病	总死亡	心血管疾病	脑血管疾病	呼吸系统疾病
A	2002	1274	405	566	118	78311.8	16420.9	34778.5	7270.8
	2003	80	25	35	7	5530.9	1760.1	2467.5	513.4
	2004	264	86	114	21	21618.3	7018.2	9357.0	1727.5
	2005	174	68	96	18	15772.3	6175.1	8654.5	1609.7
	2006	733	279	395	76	73606.4	28006.6	39698.6	7606.5
B	2002	377	140	192	54	23530.0	8714.9	11982.6	3384.2
	2003	34	13	17	5	2509.8	24864.1	1276.4	336.2
	2004	148	60	80	20	13217.8	955.5	7101.8	1809.3
	2005	102	43	54	11	10638.9	5320.6	5622.4	1195.9
	2006	335	137	189	36	40130.9	4443.2	22607.5	4321.8

数据来源：王旗等（2011）。

三、沙尘天气对人体呼吸系统的危害

长期反复的沙尘天气可导致慢性肺纤维化，增加呼吸道疾病的患病率，降低肺功能，并增加患肺癌的风险。印度研究发现，非职业性尘肺的患病率与沙尘天气的严重程度密切相关，空气沙尘中游离的二氧化硅浓度达到 60%～70%，3 个非职业性尘肺地区的患病率最高为 45.3%，最低为 2.0%（Saiyed H N et al.，1991）。长期居住在新疆部分易扬尘、浮尘环境地区的居民患有非职业性尘肺比例高于全国其他地区。中国大陆与蒙古的沙尘天气影响中国台湾地区台北市居民的健康,沙尘暴后 1 天呼吸系统疾病死亡风险升高 7.66%,2 天后总死亡风险升高 4.92%,循环系统疾病死亡风险升高 2.59%(Chen 等,2004)。

四、沙尘天气导致新发疾病、旧病复发的危险

在沙尘天气高发的河西走廊民勤县,沙尘天气使得因呼吸系统疾病(包括上呼吸道感染、肺炎等)住院的人数比非沙尘期间增加 14%~28%;甘肃武威沙尘天气研究发现,沙尘天气期间的 PM_{10} 可引起居民多种心血管系统疾病门诊人数明显增多;兰州市春季沙尘天气的研究表明,沙尘天气使得呼吸系统疾病的入院人数比非沙尘期增加 11.9%~26.6%,其中,老年人群增加最多(佘峰和陶燕,2015)。

以 A、B 两个城市为例(王旗等,2011),应用人力资本法和疾病成本法计算沙尘暴造成的超额死亡和患病的经济损失,计算结果见表 2.10。结果表明,沙尘期间儿科和内科门急诊人次急剧增加,心肺疾病住院人数在沙尘期较非沙尘期明显增加。

表 2.10　2002-2006 年沙尘天气引起的两城市超额患病人数和经济损失

城市	时间(年)	超额患病人数(均值)			超额患病经济损失(均值,万元)		
		儿科、内科门急诊	呼吸系统和心血管疾病住院	慢性支气管炎	儿科、内科门急诊	呼吸系统和心血管疾病住院	慢性支气管炎
A	2002	429599	3636	41	7223.7	4199.4	1284.0
	2003	26950	282	3	581.0	373.7	104.2
	2004	97396	903	9	2276.1	1250.0	388.8
	2005	74146	652	6	1834.0	965.9	300.9
	2006	354438	3122	30	9197.7	4634.3	1551.5
B	2002	69436	776	8	981.0	542.8	288.1
	2003	6224	81	1	101.5	62.1	30.2
	2004	31136	346	3	524.0	282.3	168.8
	2005	23060	251	2	405.4	228.9	134.4
	2006	68067	871	8	1159.2	822.1	517.3

数据来源:王旗等(2011)。

五、沙尘天气增加了一些传染性疾病传播流行的危险

无论在沙尘的策源地和影响区,风蚀过程中大气中的可吸入颗粒物增加,都会导致一些传染病的大范围传播,因为在沙尘颗粒物表面吸附着大量的有害病原体(如病毒和细菌等)。2006 年,美国《发现》月刊刊文指出,沙尘所载的细菌、病毒和真菌在绕地球半周后仍然可以存活。沙尘对环境的破坏远远不抵其对人类直接的侵害。特别是其在大型传染性疾患的传播方面,危害性极大,最典型的案

例要数口蹄疫在英国的登陆。起源于非洲北部沙漠中的口蹄疫病毒在沙尘暴的裹挟下跨越大西洋一周内到达了英国，并在半个月时间内在欧洲肆虐，致使数百万头牛受其感染后被宰杀、焚烧、掩埋，造成极大的社会恐慌。有研究发现，仅仅在 1/4 茶匙的尘埃中，就包含着几百万甚至几亿个微生物，非禽流感流行地区和非候鸟迁徙路线地区的人感染禽流感，主要始作俑者是沙尘暴的远距离传播。

韩晨等（2015）通过青岛近海沙尘天和邻近晴天的空气样本进行培养、分离、纯化后，依此对样本中的真菌种属进行鉴定，比较空气样本中真菌种类在晴天和沙尘天的差异，结果显示（表 2.11），虽然在晴天和沙尘天的空气样本中均能分离到链格孢菌、黄曲霉、黑曲霉、米曲霉等产毒真菌，但整体上晴天产毒真菌的数量少于沙尘天。沙尘天空气中产毒真菌数量增大的同时，其孢子产生毒素的总量也增大，对人类身体健康的危害也增大。因此，沙尘天人们应尽量减少户外活动，规避这种毒素的潜在危害。

表 2.11 在沙尘天和晴天与人类健康相关的产毒真菌的分布

毒素	生产者	沙尘天[1]	晴天[1]	沙尘天[2]	晴天[2]	健康效应
黄曲霉素 B1	黄曲霉			+ + +	+	毒性很强，主要致癌器官为肝脏，实验动物摄入有肝炎、肝癌症状，间质性肺炎及弥漫性肺损伤（Ross R K et al.，1992）
赭曲霉素 A	黑曲霉	+ + +	+ +			肾炎、肾肿大、肠炎、淋巴坏疽、免疫抑制、肝肿大、脂肪变性、透明变性及局部性坏死，长期摄入也有致癌、致畸和致突变性（Lougheed M D et al.，1995）
	黄曲霉			+++	+	
杂色曲霉素	黄曲霉				+	食道、肝、肺、胃等器官组织的癌前病变、诱导 DNA 损伤人食管上皮细胞（谢同欣等，1995）
	毛壳菌	+++				
环匹阿尼酸	黄曲霉			+++	+	急性毒性，对人体细胞的免疫抑制，产生的病变包括脾、肝、胰腺、肾脏、唾液腺、心肌、骨骼肌的退行病变和坏死（Nolwenn H et al.，1995）
	构巢曲霉	++				
	米曲霉	++	+	+	+	
交链孢酚单甲醚交链孢酚	链格孢菌	++++	+++		+	食道癌、细胞致突变和转化，胎儿的鳞状细胞癌，诱导 DNA 断链，影响哺乳动物的雌性激素的分泌（Tiessen C et al.，2013）

注：+表示 1~2 个菌落；++表示 2~4 个菌落；+++表示 4~6 个菌落；++++表示 6 个菌落以上；沙尘天[1] 取样时间为 2013 年 3 月 9 日，沙尘天[2] 取样时间为 2013 年 4 月 18 日，晴天[1] 取样时间为 2013 年 3 月 10 日，晴天[2] 取样时间为 2013 年 4 月 21 日。

资料来源：韩晨等（2015）。

雷泽林等(2017)通过选择门诊体检 52 例(65 岁以上)健康老年人为研究对象，分别在沙尘天气及非沙尘天气时对其咽部菌群进行定性、定量分析后发现(表 2.12)，沙尘天气对于呼吸道正常菌群(菌群屏障)有一定抑制作用，该类菌群的生长被抑制。与此同时，A 群链球菌、流感嗜血杆菌、金黄色葡萄球菌、革兰阴性杆菌、肺炎链球菌及酵母样真菌检出率较非沙尘天气增高($p<0.05$)，表明沙尘天气使得老年人的呼吸道局部抗外源性微生物定植的防御能力下降，致病菌和条件致病菌过度生长，导致其呼吸系统易受到致病菌的侵袭从而发生疾病。

表 2.12　沙尘及非沙尘天气老年人咽部正常和致病菌群检出率

菌种	咽部正常菌群			
	沙尘天气		非沙尘天气	
	检出例数(例)	检出率(%)	检出例数(例)	检出率(%)
草绿色链球菌	32	61.5a	41	78.8
奈瑟菌	33	63.4a	45	86.5
黏滑口腔菌	12	23.0a	29	55.7
棒状杆菌	11	21.2a	17	32.7

菌种	咽部致病菌群			
	沙尘天气		非沙尘天气	
	检出例数(例)	检出率(%)	检出例数(例)	检出率(%)
流感嗜血杆菌	13	25.0a	5	9.6
A 群链球菌	17	32.7a	4	7.2
金黄色葡萄球菌	12	15.4a	3	5.8
肺炎链球菌	6	11.5a	1	1.9
革兰阴性杆菌 (肺炎雷克伯菌、铜绿假单孢菌)	10	19.2a	2	3.8
酵母样真菌	16	7.7a	2	3.8

注：与非沙尘天气组比较，a 表示 $p<0.05$。
数据来源：雷泽林等(2017)。

六、沙尘天气可使人产生过敏反应和刺激症状

直径小于 10μm 的可吸入颗粒物对大气污染物有害物质具有吸附左右，其吸附率可以达到 60%~90%。直径小于 2μm 的细颗粒物对一些具有潜在毒性的元素(如 Pb、Ni、Ca、Mn 等)具有高度富集性。沙尘在输移过程中，还会顺道夹带一些具有刺激性的粒子，这些粒子容易使人产生流泪、咳痰、咳嗽等刺激症状。同

时，一些过敏原可以通过风沙流从远处传播到当地，一些在当地没有过敏史的人在沙尘天气中可能会出现许多过敏症状，如过敏性鼻炎、哮喘和过敏性皮肤瘙痒症等过敏性疾病。《时代周报》报道（李君等，2004），澳大利亚200万人产生哮喘病的元凶是风蚀引起的沙尘扩散。

七、沙尘天气对人的心理健康产生影响

沙尘天气产生的噪音主要来源于空气与沙尘摩擦碰撞，该噪音让人感到很不适应，尤其是直接影响人体的神经系统的低音频强风，每次出现都会使人烦躁、头痛、恶心。狂风和伴随的沙尘暴导致空气中负氧离子不足，使人感到神经疲劳和紧张。而且沙尘天气往往空气变得比较浑浊，能见度低，人们的视力受限，使人们感到胸闷和呼吸困难，因此，容易使人们产生一些心理疾病。

八、沙尘天气对人体健康其他方面的影响

当沙尘天气来临时，大气中的总悬浮颗粒物浓度明显增大，严重的沙尘暴可以使总悬浮颗粒物浓度提高到平时的 5~8 倍（全浩等，1994）。大气中的总悬浮颗粒物的浓度与人体免疫功能状况呈显著的相关性。若长期反复接触这些颗粒物，影响人体重要的免疫器官淋巴结出现病变，导致人体免疫功能下降，增加了人体对细菌感染的敏感性。人外露的皮肤暴露在沙尘中，能使皮肤腺和汗腺阻塞，可引起皮炎；落入眼中，会导致结膜炎。

第八节　风蚀导致空气污染发生

一、污染物来源

在我国西北干旱和半干旱地区，城市大气颗粒物污染的一个重要源头来自城郊农田（王颖钊，2009）。根据模型计算，半干旱地区约50%的大气粉尘来源于人为扰动的土壤，如森林砍伐、农田耕作等（Gomes L，2003）。农田地表粉尘释放与城市颗粒物污染相关分析研究表明（赖志强，2011），半干旱地区农田地表粉尘的大量释放是造成城市颗粒物污染的重要来源之一。

也有研究表明，区域乃至周边地区出现沙尘天气的重要尘源主要来自土壤风蚀过程中产生大量的气溶胶颗粒（张华等，2002）。城市中 20%~50% 的空气颗粒物来源于风沙尘和土壤尘，以山西省太原市为例，冬季和夏季土壤尘对总悬浮颗粒物的贡献率分别达到 35.2% 和 58.8%，天津市全面的总悬浮颗粒物大约有 27% 来自土壤尘（韩旸等，2008）。而且沙尘源的位置影响着城市空气中颗粒物浓度，上风向沙尘更容易导致城市中 PM_{10} 的浓度变化（任晰等，2004；叶宗波等，2002）。

二、污染区域

根据 2001 年的监测结果，当沙尘天气频繁时，沙尘对城市空气质量的影响是全国性的。其影响趋势表现为：北部和南部较低，中部较高，受影响最严重的地区有西北的西宁、兰州、银川，其次是呼和浩特和华北的北京、太原、石家庄等地。在强沙尘天气，华中的长沙、武汉和华东地区空气质量也会受到沙尘的影响。在风向的突变情况下，东北的哈尔滨地区偶尔也会受到影响。例如，2002 年 3 月 19 日，中国西北地区出现了近年来规模最大、范围最广的沙尘暴。东北的部分城市(沈阳、大连、哈尔滨等)的空气质量也同样受到了影响。

目前，在表示沙尘天气空气质量的影响程度时，通常采用沙尘影响指数，沙尘影响指数的计算方法为：参照无明显沙尘天气发生时 PM_{10} 浓度月均值(9 月)，以该值作为计算的对照值，以沙尘多发期(3、4、5 月)的 PM_{10} 月均值作为影响值，其比值为城市本身的沙尘影响指数。当出现严重沙尘天气时，根据沙尘来源，受影响的区域可分为 4 个区域，包括：沙尘源区、沙尘增强区、降尘集中区、飘尘影响区(表 2.13)。2001 年的沙尘影响指数显示，远离沙尘源的华东地区部分城市(南通、上海等地)存在明显的外来飘尘影响，说明在沙尘易发期间，通过高空输移方式来对非沙尘源区的空气质量产生影响(康晓风等，2002)。

表 2.13　沙尘影响地区分类

影响地区分类	特征描述
沙尘源区	先起风，后起尘，起沙时间多在午后到傍晚
沙尘增强区	沙尘浓度与风力正相关
降尘集中区	先起尘，后起风，风力最大时沙尘浓度不一定最大
飘尘影响区	远离沙尘源地，沙尘通过高空传输影响当地空气质量

资料来源：康晓风等(2002)。

三、污染方式

沙尘主要通过两个途径对空气产生污染，其一是通过空气中的总悬浮颗粒物(TSP，直径小于 $100\mu m$ 的颗粒物)对空气造成污染，在此过程中，空气变得浑浊，人们的视野及口鼻都受到影响，使得呼吸道等疾病人数增加。该污染方式除了对人体构成伤害外，沙尘还会对作物造成影响，覆盖在植物叶面上厚厚的沙尘影响正常的光合作用，造成作物减产。其二是以可吸入颗粒物 PM_{10} (空气动力学当量直径 $\leqslant 10\mu m$ 的颗粒物)的形式通过呼吸进入呼吸道，引发各种呼吸道疾病。

四、污染的结果

1. 降低能见度

沙尘天气发生时，对大气环境最显著影响为水平能见度急剧下降。离沙尘源地越近能见度下降越明显，新疆、青海和内蒙古等地区在发生沙尘天气时能见度下降最明显。

近沙尘源区的甘肃西部地区及宁夏等地饱受沙尘肆虐，离沙尘源较远的深圳也受沙尘天气影响，能见度降低，可见，沙尘对空气的污染是全国性的自然灾害，表 2.14 总结了近年来部分沙尘污染对空气能见度影响的具体数据。

表 2.14 沙尘污染对空气能见度影响的部分总结

时间	地点	等级	能见度
1993 年 5 月 5 日	金昌、武威、宁夏	特强沙尘暴	0m
2010 年 3 月 19~20 日	北京市	沙尘天气	平均为 5~10km
2010 年 4 月 24 日	敦煌、酒泉、张掖、民勤等地	强沙尘暴，民勤为特强沙尘暴	接近 10m
2010 年 3 月 23 日	深圳	等级不详	3km 左右
2011 年 4 月 30 日上午 10 点	北京	等级不详	1~2km
2011 年 3 月 17 日	青海格尔木	强沙尘暴	仅为 10m
2013 年 3 月 9 日	宁夏银川市	扬沙或浮尘天气	不足 100m，部分路段低于 50m
2013 年 4 月 17 日	新疆兵团	强沙尘暴	不足 20m
2014 年 5 月 22 日	南疆盆地	强沙尘暴	不足 500m
2014 年 4 月 23 日下午 14 时	敦煌	特强沙尘暴	小于 50m
2014 年 4 月 23 日	内蒙古西部额济纳旗	强沙尘暴	不足 300m
2015 年 3 月 4 日	新疆地处塔克拉玛干南源某兵团	强沙尘暴	不足 5m
2015 年 4 月 27 日上午	乌鲁木齐市	强沙尘暴	不足 100m
2015 年 4 月 15 日	北京市	强沙尘暴	小于 1km
2015 年 5 月 5 日 16 时	甘肃省酒泉市瓜州县	强沙尘暴	不足 50m
2015 年 5 月 16 日	内蒙古西部额济纳旗	强沙尘暴	不足 10m

资料来源：由李晓红(2013)，王式功等(2003)，康晓风等(2005)等文献中数据整理而来。

2. 大气颗粒物急剧增加

沙尘天气对大气环境的另一个显著影响为大气中颗粒物的急剧增加，且粗颗粒物增加更为显著，从而影响空气质量。沙尘天气暴发后，沿路推进时经常得到沙源补充，会造成下游城市中颗粒物污染程度加重，空气质量恶化。据观测，阿拉善地区和河西走廊的沙尘初始发源地为哈密盆地。沙尘东移后，在甘肃的张掖和金昌进一步增强，此时空气中的总悬浮颗粒物（TSP）含量是始发地的 5 倍以上，后沙尘掠过榆林地区、宁夏平原后对下游地区产生污染。内蒙古河套北部沙尘经过张北时，风沙流中的颗粒物浓度显著增加，成为北京沙尘污染的重要来源（杨东贞等，1996）。

第九节　风蚀对通信的影响

地球陆地面积的 1/3 是干旱和沙漠地区。沙漠气候异常炎热干燥，昼夜和季节之间气温差异很大。特别是在沙尘暴期间，空气中充满了悬浮的沙粒，它导致沙漠地区的大气电气特性和地面电气特性异常，从而使沙漠地区的通信传输信道特性与一般环境下的正常传输特性有明显差异。在沙尘暴期间，沙漠地区的通信都会受到严重的影响（陈祥占，1992），以 2008 年 5 月 2 日甘肃河西等地强沙尘暴为例，在此期间，当金昌市瞬间风力达到 10 级时，该地区的电力通信网遭到严重破坏，几乎瘫痪。因此，研究风蚀过程对通信的影响对我国沙漠油田的通信建设和发展也具有现实意义。

研究沙漠沙尘对无线电波传播特性的影响不仅对民用通信具有重要的现实意义，而且对军事通信具有非常重要的意义。以 1990 年的海湾战争为例，以美国为首的多国部队，依靠其强大的空中优势和武器优势以及在沙尘环境下无线通信的应对措施研究，在很短的时间内，伊拉克努力多年的指挥和通信系统被以美国为首的多国部队以极低的成本摧毁，使得伊拉克整个通信系统瘫痪。海湾战争能够如此迅速地结束，这不仅与美军采取了适当的应急措施密切相关，也与指挥和通信系统薄弱环节预见性的加强密切相关。

一、沙尘对电磁波传播的影响

在通信系统设计过程中，首先考虑的是准确预测不同环境条件下电磁波的衰减程度。随之人类对月球、火星和其他外行星探索的重视程度越来越高，颗粒系统对不同频段电磁波的散射、去极化、衰减等效应已成为相关研究领域关注的课题之一。当电磁波在含有沙尘颗粒的系统中传输时，根据颗粒的性质，可能会发生折射、反射、衍射、荧光等现象（图 2.3）。其中，拉曼散射效应通常弱于折射、反射和衍射的弹性散射效应，而荧光现象是特定颗粒的一种特殊现象。

二、沙尘对无线电波传播的影响

沙尘天气下悬浮颗粒对激光造成的吸收和散射会严重影响近地面无线光通信的有效性和可靠性。在激光信号波长不变的情况下，沙尘能见度越大，接收光强越强，在一定的能见度下，接受的光强趋于一个稳定值（王惠琴等，2015）。

红外光在大气衰减系数随着大气能见度的增加而减小。当能见度大于 5km 时，随着能见度的增加，衰减系数趋于 0.5 dB/km；当传输距离和能见度为 1km 时，

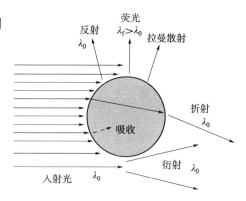

图 2.3　电磁波与单个颗粒的相互作用
［Haley E et al.（2010）］

无线光通信链路信噪比为 20dB，信噪比随能见度的增大也随之增大，但小于 115dB。沙尘天气情况下，大气气溶胶浓度变高，能见度变差，接收功率也变差，误码率随之提升（杨玉峰等，2018）。

三、沙尘对微波传播的影响

由于受地域限制，沙尘天气也是随机的。起初，人们没有注意到沙尘对无线电波传输的影响，认为沙尘颗粒太小，对运行中的微波系统没有明显影响，不是影响微波传输的主要因素，而且由于沙尘发生的随机性，进行现场无线电波传输的测量存在很大的困难，因此，国内外对这方面的研究和报道严重不足。

莱德（J. W. Ryde）是国外最早开展该方面研究的科学家，1941 年，J. W. Ryde 针对沙尘暴对微波散射开展了相关研究。研究发现，当沙尘暴对雷达的反射率（f）≤30GHz 时，低浓度的沙尘暴不会对雷达信号产生任何影响（S. O. Bashir et al.，1986）。伊拉克的 Al-Hafid 所开展的沙尘暴对微波衰减影响的研究发现，持续数十分钟的沙尘暴会使微波接收信号衰减 10~15dB。在一些严重的沙尘暴中，信号衰减将持续数小时，直到完全衰减。对于高于 10GHz 的微波信号，灰尘浓度越大，信号衰减越大。波长越接近沙粒粒径，信号衰减速率越大（陈祥占，1991）。

沙尘对微波传播的影响程度还和微波波长紧密相关，3mm 波通信对沙尘环境非常敏感，在沙尘环境中，该波长微波很容易产生很高的误码率，有时甚至会中断通信（周兆先，1994）。陆地毫米波、微波通信线路在大范围的沙尘暴和低能见天气传输性能衰减严重，累积的沙尘可能会严重削弱反射器天线的性能，降低天线增益，最终导致视线交叉极化、水平视觉恶化和方向图失真（尹文言，1991）。

四、沙尘对光传输信号的影响

由于激光脉冲信号具有传输速率快、精度高、保密性能好等优点，因此在导航、通信、测量和定位等工程领域中被广泛应用。然而，大气介质对激光信号的传输过程有着非常重要的影响，如沙、雨、雪、雾和雾霾等悬浮颗粒都会对激光信号产生多次的散射作用，从而导致激光脉冲的展宽和时延效应，最后致使接收信号出现严重失真。当激光脉冲信号在沙尘天气中传输时，由于沙尘颗粒的吸收和散射会降低光束能量，并使其形状畸变（王惠琴等，2015）。

随着物联网等新兴技术的兴起，以及救灾、军事等应急通信需求的增加，高速无线光传输系统及其应用越来越受到重视。无线光通信很容易受到外部环境的影响，光信号在沙尘气溶胶中的衰减速率随着地面能见度的提高而增加；光波长为 $0.65\mu m$ 时，其衰减系数明显比波长为 $10.6\mu m$ 大。因此，在一定范围内，衰减系数随波长的增加而减小，随着地面高度的增加，沙尘气溶胶的浓度降低，能见度增加，光信号的衰减也降低，沙尘天气对光信号传输影响也减弱（朱耀麟，等，2014）。

五、沙尘对通信链路和信道的影响

沙尘对通信链路的影响体现在 3 个方面：一是链路衰减方面；二是还存在一定的交叉去极化和相移效应；三是在这个频段的交叉去极化效应抵消了圆极化波和交叉极化的干扰（XPID），对散射通信影响较小，而相移并不是影响链路质量的主要因素（姚敏等，2016）。

沙尘沉积在天线表面时，不仅会衰减无线链路信号，还会导致信号模式失真和增益衰减（弓树宏，2008）。但目前对此问题研究的人很少，报道的也只有巴希尔（Bashir）、库玛（Kumar）与迈克埃文（McEvan），而且他们只在实验室环境中假设了几种理想状态下，几种沙尘沉积在无保护的反射器天线上以后对无线链路信号的影响，而没有通过沙尘环境中的长期实际测试数据进行验证。因此，此类研究目前还主要以室内模拟为主。

经过大量的分析发现，沙尘暴可能对通信天线存在物理影响。美军应用在伊拉克地区的散射装备（TRC-170、MTTS 等）的天线多采用实面，且为上偏馈和正馈方式。沙尘积聚在天线面上，其产生的效应可使其信号衰减达到数 dB 甚至 10 多 dB。在整个通信链路中这种量级的衰减可以充分说明沙尘对天线链路质量不可忽视的影响。

六、沙尘对量子卫星通信的影响

2001 年，中国科学技术大学潘建伟院士组建了如今全球闻名的研究量子通信团队。2006 年，光纤量子通信技术首次实现安全通信 100km，随后在 2016 年达到 400km。同年 8 月，"墨子号"发射，这是世界首颗量子科学实验卫星。2017年，全长 2000 余 km 的量子通信骨干网"京沪干线"建成，是世界上第一条量子通信保密干线。同年，交通大学金贤敏教授团队开展了首个海水量子通信实验，验证了水下量子通信的可行性。2021 年，中国科学技术大学郭光灿院士团队创造了 800km 光纤量子密钥分发的新世界纪录。我国第二颗量子通信卫星"济南一号"于 2022 年 7 月 27 日顺利上天，这是世界首颗量子微纳卫星。具有覆盖面广、安全保密的优势的量子卫星通信，成为当前通信领域研究的热点。

　　沙尘暴和雾霾等恶劣天气也会影响到量子信息在自由空间的传输过程。以半径分别为 1μm 和 25μm 的中尺度沙尘粒子为例，如果沙尘扩散 12h，则量子卫星的信道纠缠度依次为 0.6 和 0.4，信道容量分别为 0.95 和 0.8，信道利用率分别为 0.9 和 0.8。由于量子信道的各种参数与沙尘暴的特性密切相关，为了提高量子卫星的通信可靠性，应根据沙尘暴的程度自适应地调整卫星信道的各项参数（聂敏等，2014）。遗憾的是，国内外关于中尺度的沙尘暴对量子卫星信道影响的研究很少，也没能全面地了解沙尘暴灾害程度对量子卫星通道的影响机制。

七、沙尘对 5G 通信的影响

　　随着 5G 通信技术的发展，人们可以使用更广泛的高频和低频频谱资源来满足物联网、移动互联网等高传输速率的要求。同样，在 5G 通信技术中，天气因素（降水、大气气体以及沙尘等）是高频段电磁波衰减的一个不可忽略的因素。

　　刘西川等（2018）基于经验假设的微波传播模型，探讨了自然沙尘、车扬沙尘和爆炸沙尘对频谱的衰减系数。研究结果显示，自然沙尘最小，车扬沙尘较大，爆炸沙尘的衰减最大，3 类沙尘对频谱的衰减系数分别相差 1 个数量级左右。由此可得，在 5G 通信的实际应用过程中，必须优先考虑爆炸沙尘和车扬沙尘，尤其在高频段，而自然沙尘则可以近似忽略。并不是所有频段下，自然沙尘都不会对 5G 通信产生影响，有研究表明，5G 通信在 20GHz 频段以下时，特征衰减率随着频率的增加而明显增加，当 5G 通信高于 20GHz 时，特征衰减率不会随着频率的增加而快速增加，相比而言，增加幅度较为平缓（许光斌，2019）。

第十节　风蚀对全球气候环境的影响

　　风蚀过程中所产生的粉尘显著影响着大气环流和全球气候变化，它既是全球和区域气候变化的产物，也反过来对全球和区域气候变化产生重要的影响（韩永翔等，2006）。一方面，作为环境气候变化重要指标的大气中的微粒，与大气温度的变化有着非常密切的关系。在风蚀过程中，当粉尘随风送入大气中时，不但导致大气的浑浊度增加，也使得太阳辐射的反射作用提高了，即产生了阳伞效应，最终会导致气候逐渐变冷，气温随之降低。大气中粉尘的增多同时形成了许多凝结核，该凝结核也能阻挡太阳的辐射穿过大气层到达地球表面（Martin J H et al.，1988）。再者，由于风蚀增加了大气的粉尘，高纬度区域的冰川表面反照率也被降尘所挡而降低，冰期由此可能提前结束。

当大量的沙尘源气溶胶在传输过程中因风力减弱或者水汽凝结后沉降在海洋时，沙尘中的可溶性铁也随之沉入海洋并聚集在表层海水中，促进海水中的浮游生物过量繁殖，进而通过吸收大气中 CO_2 而降低温室效应（Zhuang G et al.，1992；Jickells T D et al.，2005）。然而，目前，沙尘源气溶胶对全球气候环境的影响评价仍存在很大的不确定性。一方面，这是由于对大气负荷、沙尘源和汇及其与气候的反馈机制的了解不足，另一方面是人们对沙尘理化性质、光学特性以及其在大气演变过程中的作用目前总体认识不足。

参考文献：

蔡玥，2013. 北京沙尘天气对飞行安全的影响分析[J]. 北京农业，15(551)：162-163.

陈祥占，1992. 从海湾战争看沙暴对无线通信的影响[J]. 计算机与网络，5(13)：53：74-77.

陈祥占，1991. 从海湾战争看沙尘暴对无线电通信的影响[J]. 电波与天线，6：1-4.

陈雄文，王凤友，2000. 林窗模型 BKPF 模拟伊春地区红松针阔叶混交林采伐迹地对气候变化的潜在反应[J]. 应用生态学报，11(4)：513-517.

邓祖琴，韩永翔，白虎志，等，2008. 中国大陆沙尘气溶胶对海洋初级生产力的影响[J]. 中国环境科学，28(10)：872-876.

董光荣，李长治，金炯，等，1987. 关于土壤风蚀风洞模拟实验的某些结果. 科学通报，3(04)：297-301.

董玉祥，朱震达，1993. 中国北方的沙漠化问题及其防治战略[J]. 生态农业研究（02）：40-45.

董治宝，1999. 土壤风蚀预报简述[J]. 中国水土保持（06）：19-21

弓树宏，2008. 电磁波在对流层中传输与散射若干问题研究[D]. 西安：西安电子科技大学.

管阳，2017. 风沙流胁迫对梭梭幼苗生理生化特性的影响[D]. 兰州：甘肃农业大学.

韩晨，祁建华，谢绵测，等，2015. 青岛近海春季沙尘天空气可培养真菌及其潜在健康风险[J]. 城市环境与城市生态，4(28)：18-23.

韩春刚，宋永顺，2014. 兰新高速铁路环境对动车组性能的影响分析及对策[J]. 铁路计算机应用，23(203)：51-53.

韩旸，白志鹏，姬亚芹，等，2008. 裸土风蚀型开放源起尘机制研究进展[J]. 环境污染与防治，30(02)：77-82.

韩永翔，张强，董光荣，等，2006. 沙尘暴的气候环境效应研究进展[J]：中国沙漠，26(02)：307-311.

朱震达，刘恕，1981. 我国北方地区的沙漠化过程及其治理区划[M]. 北京：中国林业出版社.

康晓风，张建辉，刘红辉，2002. 沙尘天气对我国城市空气质量影响的范围与强度分析[J].

资源科学，24(04)：1-4.

赖志强，2011. 半干旱区农田地表粉尘释放影响因素及应用研究[D]. 西安：西安建筑科技大学.

雷泽林，濮家源，白雪，等，2017. 沙尘天气对健康老年人呼吸道菌群及免疫功能的影响[J]. 兰州大学学报(医学版)，43(164)：43-46.

李红，曾凡刚，等，2002. 可吸入颗粒物对人体健康危害的研究进展[J]. 环境与健康杂志，19(01)：85-87.

李洪文，胡立峰，2008. 保护性耕作的生态环境效应[M]. 北京：中国农业科学技术出版社.

李君，范雪云，俘俊旺，等，2004. 沙尘暴特性及对人体健康影响[J]. 中国煤炭工业医学杂志，7(09)：897-898.

李晓红，2013. 沙尘天气对兰州市城区环境空气质量影响研究[J]. 安徽农业科学，41(419)：9367-9368+9397.

鲁绍伟，李少宁，陈波，等，2019. 3 条风沙进京路径植物吸附颗粒物能力[J]. 环境科学与技术，30(42)：38-46.

马洋，王雪芹，张波，等，2014. 风蚀和沙埋对塔克拉玛干沙漠南缘骆驼刺水分和光合作用的影响[J]. 植物生态学报，38(05)：491-498.

聂敏，尚鹏钢，杨光，等，2014. 中尺度沙尘暴对量子卫星通信信道的影响及性能仿真[J]. 物理学报，32(63)：41-47.

全浩，乔世俊，魏群，1994. 河西走廊1994-04-08 浮尘暴、黄沙的气象特征和大气气溶胶测定[J]. 环境科学，16：54-57.

任晰，胡非，胡欢陵，2004. 2002 年沙尘现象对北京大气中 PM_{10} 质量浓度的影响评估[J]. 环境科学研究，17(01)：51-55.

佘峰，陶燕，2015. 沙尘天气对大气环境和人体健康的影响[J]. 城市与减灾，45(103)：8-11.

孙佩敬，李瑞香，徐宗军，等，2009. 亚洲沙尘对三种海洋微藻生长的影响[J]. 海洋科学进展，27(01)：59-65.

孙业乐，庄国顺，袁蕙，等，2004. 2002 年北京特大沙尘暴的理化特性及其组分来源分析[J]. 科学通报，49(04)：340-346.

唐凯，2019. 中国北方沙尘传输路径上的生物气溶胶研究[D]. 兰州：兰州大学.

唐霞，崔建垣，曲浩，等，2011. 风对科尔沁地区几种常见作物幼苗光合、蒸腾特性的影响[J]. 生态学杂志，30(03)：471-476.

王宏炜，黄峰，王慧觉，等，2007. 蒙尘胁迫对植物叶片气体交换的影响[J]. 武汉理工大学学报(交通科与工程版)，23(04)：19-25.

王惠琴，王彦刚，曹明华，等，2015. 沙尘天气下大气能见度对激光光强的影响[J]. 光子学报，2(44)：91-96.

王旗，廖逸星，毛毅，等，2011. 沙尘天气导致人群健康经济损失估算[J]. 环境与健康杂志，28(195)：804-808.

王式功，王金艳，周自江，等，2003. 中国沙尘天气的区域特征[J]. 地理学报，58(02)：193-200.

王颖钊，2009. 西北半干旱区城郊农田地表粉尘释放模型的初步研究[D]. 西安：西安建筑科技大学.

谢同欣, 王凤荣, 谭少波, 等, 1990. 杂色曲霉素诱发小鼠肺腺癌和腺胃不典型增生[J]. 中华肿瘤杂志, 12(01): 21-23.

许光斌, 徐晓峰, 2019. 5G 信号在沙尘气候中的特征衰减率分析[J]. 信息通信, 9(201): 198-199.

杨东贞, 王超, 颜鹏, 等, 1996. 春季沙尘暴的发生源地及输送沉降的探讨[A]. 方宗义, 朱福伟, 江吉喜, 等. 中国沙尘暴研究[C]. 北京: 气象出版社: 111-117.

杨显基, 杜建会, 秦晶, 等, 2017. 福建平潭岛海岸不同演化阶段草丛沙堆表面老鼠芳叶水势日变化特征[J]. 应用生态学报, 28(10): 3260-3266.

杨玉峰, 秦建华, 2018. 沙尘对无线激光通信链路的影响[J]. 电子测量技术, 41(293): 122-125.

姚亮, 2006. 西安市建筑开挖工地地表粉尘释放通量及控制对策研究[D]. 西安: 西安建筑科技大学.

姚敏, 王东, 2016. 沙尘暴对对流层散射通信的影响分析[J]. 无线电通信技术, 42(252): 21-24.

叶宗波, 邵龙义, 立红, 2002. 北京市西北城区取暖期环境大气中 PM_{10} 的物理化学特征[J]. 环境科学, 23(01): 30-34.

尹文言, 肖景明, 1991. 沙尘暴对微波通信线路的影响[J]. 通信学报, 12(05): 91-96.

于云江, 史培军, 贺丽萍, 等, 2002. 风沙流对植物生长影响的研究[J]. 地球科学进展, 17(02): 262-267.

张华, 等, 2002. 春季裸露沙质农田土壤风蚀量动态与变异特征[J]. 水土保持学报, 16(01): 29-32.

张凯, 高会旺, 张仁健, 等, 2005. 我国沙尘的来源、移动路径及对东部海域的影响[J]. 地球科学进展, 20(06): 627-636.

张莉燕, 王文彩, 罗诚汉, 等, 2020. 沙尘传输路径和沉降量对南黄海叶绿素 a 浓度的影响[J]. 中国海洋大学学报(自然科学版), 50(312): 9-18.

张士功, 2005. 耕地资源与粮食安全 [D]. 北京: 中国农业科学院农业资源与农业区划研究所.

赵哈林, 李瑾, 周瑞莲, 等, 2015. 风沙流持续吹袭对樟子松幼树光合蒸腾作用的影响[J]. 生态学报, 35(20): 6678-6685.

赵华军, 王立, 赵明, 等, 2011. 沙尘暴粉尘对不同作物气体交换特征的影响[J]. 水土保持学报, 25(03): 5-10.

周兆先, 胡大璋, 1994. 战场沙尘环境中三毫米波通信的研究[J]. 电波科学学报, 9(04): 57-63.

朱耀麟, 安然, 2014. 光波在沙尘介质中传输的分析[J]. 应用科学学报, 32(06): 577-581.

BAKKER M M, COVERS G, 2007: et al. The effect of soil erosion on Europe's crop yields[J]. Ecosystems, 10 (07): 1209-1219.

BASHIR S O, MCEWAN, et al., 1986. Microwave propagation in dust storms: a review[J]. Microwaves, Antennas and Propagation, IEE Proceedings H, 133(03): 241-247.

BEHZAD H, MINETA K, GOJOBORI T, 2018. Global ramifications of dust andsandstorm microbiota[J]. Genome biology and evolution, 10(08), 1970-1987.

BROWN J K M, HOVMØLLER M S, 2002. Aerial dispersal of pathogens onthe global and continental scales and its impact on plant disease[J]. Science, 297(5581): 537-541.

CHEN Y S, SHEEN P C, CHEN E R, et al. , 2004. Effects of Asian dust storm events on daily mortality in Taipei, Taiwan [J]. Environ Res, 95: 151-155.

COOK R J, BARRON J C, PAPENDICK R, 1981. Letal Impacts on agriculture of Mount St Helens eruption[J]. Science, 211: 16-22.

D'ALMEIDA G A, 1987. On the variability of desert aerosol radiative characteristics [J]. Journal of Geophysical Research, Atmospheres, 92(D3): 3017-3026.

ESWARAN H, LAI R, REICH P, 2001. Land degradation: An overview[R]. Responses to Land Degradation. Proc. 2nd. International Conference on Land Degradation and Desertification. KhonKaen: Thailand: 20-35.

RHODES C J, 2014. Soil Erosion: Climate Change and Global Food Security: Challenges and Strategies[J]. Science Progress, 97(02): 97-153.

EVELING D W, 1969. Effectsof spraying plants with suspensions of inert dusts[J]. Annals of Applied Biology, 64: 139-151.

FOLEY J A, RAMANKUTTY N, BENNETT E M, 2011: et al. Solutions for a cultivated planet[J]. Nature, 478: 337-342.

FRÖHLICH-NOWOISKY J, KAMPF C J, WEBER B, 2016, et al. Bioaerosols in the Earth system: Climate, health, and ecosystem interactions [J]. Atmospheric Research, 182: 346-376.

GAGE S H, ISARD S A, COLUNGA G M, 1999. Ecological scaling of aerobiological dispersal processes[J]. Agricultural and Forest Meteorology, 97(04): 249-261.

GARRISON V H, SHINN E A, FOREMAN W T, et al. , 2003. African and Asian dust: from desert soils to coral reefs[J]. BioScience, 53(05): 469-480.

GOMES L, ARRUE J L, LOPEZ M V, et al. , 2003. Wind erosion in a semiarid agricultural area of Spain: the WELSONS project[J]. Science Direct, 52: 235-256.

GOWIN T, GORAL I, 1977. Chlorophyll and pheophytin content in needles of different age of tree growing under conditions of chronic industrial pollution[J]. Acta Socictatis Botanicorum Poloniac, 46: 151-159.

GUDERIAN R, 1986. Terrestrial ccosystems: particulate deposition. In: Legge A H. Krupa S V. Air pollutants and their effects on the terrestrial ecosystem[M]. New York: Wiley.

HALEY E, REDMOND, KATHY D, DIAL, JONATHAN E, et al. , 2010. Light scattering and absorption by wind blown dust: Theory: measurement: and recent data[J]. Aeolian Research, 2 (01): 5-26.

HERVàS A, CAMARERO L, RECHE I. , et al. , 2009. Viability and potential for immigration of airborne bacteria from Africa that reach high mountain lakes in Europe[J]. Environmental Microbiology, 11(06): 1612-1623.

HUANG J, WANG T, WANG W, et al. , 2015. Climate effects of dust aerosols over East Asian arid and semiarid regions[J]. Journal of Geophysical Research Atmospheres, 119(19): 11398-11416.

JICKELLS T D, AN Z S, ANDERSEN K K, et al. , 2005. Global iron connections between desert: dust: ocean biogeochemistry and climate [J]. Science, 308: 68-71.

KELLOGG C A, GRIFFIN D W, 2006. Aerobiology and the global transport of desert dust[J]. Trends in ecology & evolution, 21(11): 638-644.

LIU Y, ZHANG T R, SHI J H, et al., 2013. Responses of Chlorophyll a to added nutrients: Asian dust: and rainwater in an oligotrophic zone of the Yellow Sea: Implications for promotion and inhibition effects in an incubation experiment [J]. Journal of Geophysical Research, Biogeosciences: 118(04): 1763-1772.

LOUGHEED M D, ROOS J O, WADDELL W R, 1995. Desquamative Interstitial Pneumonitis and Diffuse Alveolar Damage in Textile Workers Potential Role of Mycotoxins[J]. CHEST Journal: 108(05): 1196-1200.

MANDRE M, TUULMETS L, 1997. Pigment changes in Norway Spruce induced by dust pollution[J]. Water, Air and Soil Pollution, 94: 247-258.

MARTIN J H, FITZWATER S E, 1988. Iron deficiency limits phytoplankton growth in the northeast pacific subarctic[J]. Nature, 331: 341-343.

MOORE C M: MILLS M M, ARRIGO K R, et al., 2013. Processes and patterns of oceanic nutrient limitation[J]. Nature Geoscience, 6(09): 701-710.

NAIDOO G, CHIRKOOT D, 2004. The effects of coal dust on photosyntheticperformance of the mangrove. Avicennia marina in Richards Bay. South Africa[J]. Environ. Poll., 127: 359-366.

NOLWENN H, FLORIANE M, GEORGES B, 2014. Cytotoxicity and Immunotoxicity of Cyclopiazonic Acid on Human Cells [J]. Toxicology in Vitro, 28(05): 940-947.

NORTH G R, 1997. Climate change 1994: Radiative forcing of climate change and an evaluation of the IPCC IS92 emission scenarios, intergovernmental panel on climate change(IPCC) [J]. Global and Planetary Change, 15(1-2): 59-60.

PEREZ L, TOBIAS A, QUEROL X, 2008: et al. Coarse particles from Saharan dust and daily mortality[J]. Epidemiology, 19: 800-807.

ROSS R K, YU M C, HENDERSON B E, 1992. Urinary Aflatoxin Biomarkers and Risk of Hepatocellular Carcinoma[J]. The Lancet, 339(8799): 943-946.

SAIYED H N, SHARMAY K, SADHU H C, et al., 1991. Non-occupational pneumoconiosis at high altitude villages in central Ladakh[J]. Br J Ind Med, 48: 825-829.

SCHWARTZ J, DOCKEY D W, 1992. Increased mortality in Philadephia associated with daily air pollution concentrations[J]. Am. Rev. Respir. Dis., 145: 600-604.

SHARIFI M R, GIBSON A C, 1997: Rundel P W. Surface dust impacts on gas exchange in Mojave Desert shrubs[J]. Journal of Applied Ecology, 34: 837-846.

SHARKEY T D, RASCHKE K, 1981. Separation and measurement of direct and indirect effects of light on stomata[J]. Plant Phy, 68: 33-40.

SHI J H, GAO H W, ZHANG J, et al., 2012. Examination of causative link between a spring bloom and dry/wet deposition of Asian dust in the Yellow Sea: China[J]. Journal of Geophysical Research, Atmospheres, 117: 17304.

SHINN E A, SMITH G W, PROSPERO J M, et al., 2000. African dust and the demise of Caribbean coral reefs[J]. Geophysical Research Letters, 27(19): 3029-3032.

TAN S C, SHI G Y, SHI J H, et al., 2011. Correlation of Asian dust with chlorophyll and primary productivity in the coastal seas of China during the period from 1998 to 2008[J]. Journal of Geophysical Research Biogeosciences, 116(02): 66-74.

TAN S C, LI J, CHE H, et al., 2017. Transport of East Asian dust storms to the marginal seas of China and the southern North Pacific in spring 2010 [J]. Atmospheric Environment, 148: 316-328.

TAN S C, YAO X H, GAO H W, et al., 2013. Variability in the correlation between Asian dust storms and Chlorophyll aconcentration from the North to Equatorial Pacific[J]. PLoS ONE, 8 (02): 57656.

TIESSEN C, FEHR M, SCHWARZ C, 2013. Modulation of the Cellular Redox Status by the Alternaria Toxins Alternariol and Alternariol Monomethyl Ether[J]. Toxicology Letters, 216(01): 23-30.

UNO I, AMANO H, EMORI S, et al., 1998. Trans-Pacific yellow sand transport observed in April 1998: a numerical simulation[J]. Journal of Geophysical Research, 106(16): 18331-18344.

WANG Y F, BERTELSEN M G, PETERSEN K K, et al., 2014. Effect of root pruning and irrigation regimes on leaf water relations and xylem ABA and ionic concentrations in pear trees[J]. Agricultural Water Management, 135: 84-89.

WILLIAM S, YAGA S, 2000. Air pollution and daily Hospital admissions in metropolitan Los Angeles [J]. Environ Health Perspect, 108: 427-434.

YAMAGUCHI N, ICHIJO T, SAKOTANI A, et al., 2012. Global dispersion of bacterial cells on Asian dust[J]. Scientific Reports, 2: 525.

YU Y J, SHI P J, HE L P, et al., 2002. Research on the effects of wind-sand current on the plant growth[J]. Advance in Earth Sciences, 17(02): 262-267.

ZACHAR, 1982. Soil Erosion. Developments in Soil Science 10 [M]. Amsterdam, Oxford, New York: Elsevier Scientific Publishing Company.

ZHANG X Y, ARIMOTO R, AN Z S, 1997. Dust emission from Chinese desert sources linked to variations in atmospheric circulation[J]. Journal of Geophysical Research, Atmospheres: 102 (D23): 28041-28047.

ZHU F K, JIANG J X, ZHENG X J, et al., 1999. Research about situation and development of sand dust storm[J]. Meteorological Science and Technology, 27(04): 1-8.

ZHUANG G, YI Z, DUCE R A, 1992. Link between iron and sulfur suggested by the detection of Fe (Ⅱ) in remote marine aerosols[J]. Nature, 355: 537-539.

第三章　风蚀的主要影响因素

风蚀，是一种自然地理的综合过程，其影响因子包括地形、气候、植被、土壤、地貌等，其变动会致使土壤风蚀过程、方向等发生与之相应的变化。风蚀的影响因素总体上可以归咎于自然因素、人为因素及其相互作用，其自然因素包含地形、土壤、植被和气候等，人为因素包含水资源过度利用、过度放牧、土地开垦、樵采等不合理的经济行为活动(表3.1)。国内外科学家在气候侵蚀因子方面研究取得了显著成果，他们在气候侵蚀因子对土壤侵蚀的影响进行了大量的试验，在自然因素方面，主要开展了人为砍伐森林、土地翻耕和牲畜践踏对土壤风蚀的影响研究。

表 3.1　影响土壤风蚀的主要因子

气候因子	土壤因子	植被因子	地表因子	人为因子
风速(↓)	土壤类型(↕)	植被类型(↕)	地表粗糙度(↕)	开垦(↓)
风向(↕)	颗粒组成(↕)		坡度(↕)	放牧(↓)
湍流度(↓)	土体结构(↕)	植被盖度(↑)	土垄(↕)	农田防护林(↑)
降雨量(↑)	有机质含量(↕)			作物残茬(↑)
蒸发量(↓)	碳酸钙含量(↕)			
温度(↑)	土壤容重(↕)			
气压变化(↓)	团粒密度(↕)			
冻融作用(↑)	土壤水分(↓)			

资料来源：史培军等(2002)。

注：表中符号的代表意义：(↑)表示土壤风蚀随该因子的增加而减弱；(↓)表示土壤风蚀随该因子的增加而增加；(↕)表示即有增加也有减少。

第一节　气候因子

一、风速

风蚀强度受多重因子影响，如风速、空气稳定度、地表粗糙度、沙粒或土粒粒径及其与地面物质连接程度等，其中，风速和风向是主要驱动因子。在风蚀过程中,风对土壤颗粒进行分选,并导致其在空间上重新分布。土壤风蚀是风动力条件在一定环境背景下影响沙面的结果。这一过程发生在特定的地理区域,并具有独特的气流。从地球表层物质循环的角度了解,它主要包括三个过程,即侵蚀、搬运、沉积。

风速对土壤风蚀的影响受限于土壤的微地形以及人为干扰强度,当地表比较粗糙、地形较为复杂时,风蚀虽然能够造成地表细微物质及有机质等养分大量散失,土地生产力下降等灾害,但不会把风蚀危害大面积扩散,危害程度相对较低。如果地形单一、地势开阔,在强大的风力作用下,很容易产生重度土壤风蚀现象,可能会在当地及周边地区引发大面积沙尘污染,产生诸如沙尘暴的自然灾害,而且风蚀发生时所产生的大量溶胶颗粒悬浮于空气中,污染人类及其他生物的生存生活空间,侵害人类的健康及生命财产安全。

除了风速因素以外,净风和挟沙风也是影响土壤风蚀的关键因子之一。目前,关于净风和挟沙风对土壤风蚀的研究主要在风洞中模拟开展。有研究表明,在同一风速下和同一粉沙质土壤或固定风沙土开展试验发现,挟沙气流与净风(不挟沙气流)作用于引起的风蚀量具有明显差异,前者是后者的 4.36~5.24 倍(Chipil W S,1951)。也有研究表明,净风不论风速多大,都不会对土壤自然结构比较稳定的沙土产生风蚀危害,但是挟沙风对该沙土产生一定的危害(胡孟春,等,1991)。可以看出,挟沙风能够破坏土壤表面结构,削弱了土壤的抗风蚀性,使地表风蚀量加大,对植物的生长造成不利影响,从而成为土壤风蚀的原动力。刘玉璋等人(1992)通过对青海共和盆地粉质土边坡和固定风沙土与山东省半固定风沙土进行了净风和风沙风的侵蚀对比试验后发现,在相同的风速条件下,挟沙风作用于同一土壤引起的风蚀是净风的 4.36~72.9 倍,挟沙风和净风对土壤风蚀的影响差异较大的主要原因是,净风吹蚀作用下土壤表面主要受到风的剪切应力作用,而当土壤受到挟沙风侵蚀时,除了遭受净风对土壤表面产生的剪切应力外,还有遭受挟沙风中沙粒运动过程对土壤表面产生的冲击力的影响。

二、水热条件

1. 气温

有研究表明,自 19 世纪末以来,全球温度一直在上升(图 3.1)。IPCC(2007b)推测,与 1961—1990 年相比,到 2017—2100 年,干旱区温度可能会升高 1~7℃,撒哈拉以南地区的降水可能会减少 10%~20%,中国沙漠化面

图 3.1 1880-2002 年地球表面温度变化
[Andrew S Goudie(2013)]

积会增加高达 10%~15%，干旱可能变成全球普遍现象（Dai，2011），美国西南部将变得更加干旱（Seager et al.，2007；Seager and Vecchi，2010）。全球气候模式预测表明，澳大利亚大部分地区将变得越来越干旱，而且旱灾越来越频繁发生，导致全球土壤风蚀面积增加。Zeng 和 Yoon（2009）提出，随着气候条件变得越来越干燥，植被覆盖率降低，这将加速全球干旱趋势，他们通过模型研究表明，到 2099 年，全球温带荒漠面积可能会扩大 850 万 km² 或 34%。

2. 降水

根据 IPCC（2007b）预测，世界上 10% 以上的地区降水量可能下降，同时预测到撒哈拉沙漠地区未来将变得越来越干燥。雨水可以湿润表层土壤，使土壤不易遭受风蚀。然而，表面湿润的持续时间很短，在强风中会很快干燥。即使底层非常潮湿，也会发生风蚀。间接减少风蚀还可通过降雨来促进植物生长的方式形成，这种作用在干旱地区表现较为明显。雨水可通过促进植物生长，尤其是在干旱地区，间接降低风力侵蚀。雨水也会促进风力侵蚀，主要原因是雨滴会腐蚀地基和组料，将泥土腐蚀，从而提高土壤的可逆性。

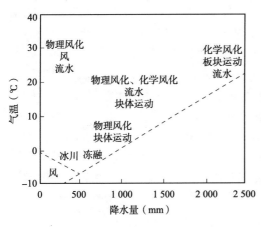

图 3.2　侵蚀形式和水，热关系

3. 降水和气温的叠加效应

将侵蚀形式与水、热状况叠置一起，如图 3.2 所示。可以看出，外营力的组合与气候密切相关，在不同的组合中，各种侵蚀营力的相对重要性明显不同。左上角表示高温少雨地区，侵蚀作用以风蚀最为突出，以物理风化为主，流水侵蚀次之；右上角则是高温多雨地区，以化学风化为主，由于水分多，块体运动非常活跃，因植被茂密水利侵蚀较弱；左下角是低温少雨的干寒地区，只有风的作用；近左下角部分，虽寒冷但有一定的降水，在冰川覆盖的区域，以冰川侵蚀为主，无冰川覆盖的区域，则冻融侵蚀突出。中部是湿润地区，水力侵蚀最强烈，块体运动也具有一定的强度，物理风化和化学风化同等重要。

三、水文和水资源

风蚀及其过程中尘埃的排放量受到水文过程和水资源的影响。Prospero 等（2002）对尘埃源的遥感研究发现，许多主要尘源起源于第四纪全新世的间歇性洪水形成的深层冲积物。由于水资源不足的原因，干旱区目前的大多数沉积物资源都成为风蚀的源头（Ginoux et al.，2012）。在许多地区，特别是在那些土壤管理不科学的地区，在临时滥伐之后，为风蚀提供了大量可蚀性沉积物，增加了风蚀物排放的潜力。然而，由于人类活动，许多河流的冲刷作用，使得尘埃源剥蚀，风蚀潜在危害增加，如美国的欧文斯（Owens）湖湖底（Reheis，1997）和乌兹别克斯坦咸海盆地（Singer et al.，2003）。

近地表土壤含水量长期以来被认为是显著影响风蚀发生的阈值（Akiba，1933；Chepil，1956）。土壤水一方面将土粒结合在一起以抵抗尘埃对风的剪切力，此外，土壤水分通过影响植被生长，进而影响风力侵蚀。研究结果发现，当土壤含水量在4%~6%时，就会发生风力侵蚀（Wiggs et al.，2004）。然而，对于风干土而言，风蚀对空气相对湿度的变化也是非常敏感的（Ravi et al.，2006），最近在大气粉尘浓度的研究方面，已经证实了这一结论，研究发现粉尘浓度随相对湿度的增加而增加，在达到25%时，却随着相对湿度的增加呈下降的趋势（Csavina et al.，2014）。气候变化引起的水文和土壤含水量的变化，可能会对风蚀产生深远的影响，风蚀和尘埃的排放量随着土壤可蚀性的变化而变化。

第二节　地表粗糙因子

一、地表粗糙度的概念

不同的学科对于地表粗糙度有不同理解。由于地面的高低起伏或地面附着物的影响，风速廓线在地表的风速并不为零，而是出现在距离地面一定高度的位置，这个高度就是地表粗糙度，也是空气动力学上的粗糙度，可由风速梯度和风速廓线方程计算得到。这种粗糙度广泛应用于气象学及相关学科中，另一种是土壤粗糙度的测定，又称表面微地形（吕悦来等，1992）。

Römkens 等（1986）根据不同的数量级，将地表粗糙度概括为四类。

第一类，微地形变化是由单个颗粒、大团聚体引起的。所有方向的粗糙度都是均匀的，大小为1mm，样本范围为0~2 mm；

第二类，表面变化是由大颗粒引起的。这种粗糙度没有方向，数量级为100mm，一般是由地面上的牵引力分散效应引起的；

第三类，地面有规则的起伏变化，由耕具引起的，牵引杆和沟渠等与土壤规则有关。这种起伏变化是有方向性的，且涉及整个区域。数量级 100~200mm，称有向粗糙度；

第四类，高粗糙度，意味着区域、盆地或地貌元素的高度变化。这类起伏变化通常没有方向性且非常大。

上述第二类和第三类粗糙度极易受到人为活动的影响，前三类也是土壤风蚀研究的主要对象，是影响风蚀的非常关键的因素。最后一类是地形学以及相关学科的研究内容。

二、粗糙因子和风力侵蚀力的关系

粗糙因子中有植被/残茬覆盖度、土块覆盖度、空气动力学粗糙度、砾石覆盖度、平铺残余物覆盖度、地形起度、植被平均高度、土块尺寸、土垄间距、土垄高度。粗糙元包括玉米茬、细石、粗沙、小麦茬、沙蒿、骆驼刺、牧草、灌木等。

1. 地面粗糙因子对风的摩擦切应力

设盖度为 λ（地表面积的覆盖率），分布密度为 n（单位面积的个数），地表的裸度为 η（$\eta = 1 - \lambda$），侧影盖度是 φ（在单位面积上所有粗糙元的迎流面积总和），边界层厚度为 δ，设 δ 处风速为 μ，则单个粗糙元的阻力公式为：

$$F = 0.5 C_r S_2 \rho_a u^2$$

式中：ρ_a 为大气密度，C_r 为粗糙干扰因子的阻力系数。

单位面积上粗糙元的总阻力公式为：

$$\tau_r = nF$$

再设粗糙元之间裸露地面对风的摩擦应力 τ_s 可表示为：

$$\tau_s = 0.5 C_s \rho_a u^2$$

式中：裸露地面阻力系数为 C_s，则地面对风的总摩擦切应力 τ_w 可写为：

$$\tau_w = \rho_a u_*^2 = \tau_r + \eta \tau_s$$

式中：u_* 为摩阻流速。

（1）阻力系数 C_r 和 C_s

根据文献（Mamshall J K，1971；Dong Z B $et\ al$，1999；慕青松等，2003）可定性得出，在 n 一定（φ 不变）时，随着 u 增大（粗糙元雷诺数 Re 增大），阻力系数 C_r、C_s 将逐渐降低并在 Re 较大时趋于常数。当 u（Re 不变）为一定值时，随着 n 增大（φ 增大），相邻粗糙元间的干扰越来越强烈，使得单个粗糙元的阻力下降，表现为 C_r 的降低。同时，粗糙元上，粗糙元间裸露地面的屏蔽作用变得越来越强，导致 C_s 电阻系数下降。慕青松等（2003）曾给出一个存在于阻力系数 C_r、C_s 与侧影盖度 φ 之间的关系如下式：

$$C_r = C_{r_0} e^{-\gamma_r \varphi}$$

$$C_s = C_{s_0} e^{-\gamma_s \varphi}$$

式中：C_{r_0} 为处于稀疏状态下孤立粗糙元阻力系数，雷诺数 Re 的函数。C_{s_0} 为全裸地面上的定床阻力系数, 只是雷诺数 $R_{e*} = \dfrac{\rho_a u_{*s} \overline{d}}{\mu}$ (u_{*s} 指为定床摩阻流速, $\overline{d}$ 为地面沙土的平均粒径)的函数。Re 与 R_{e*} 间为单调的函数关系, 因此也可将 C_{s_0} 看作 Re 的函数。

（2）粗糙元的空间格局

粗糙元的空间格局用侧影盖度 φ 表示, 即单位面积地表上粗糙元所占的迎风面积:

$$\varphi = bh/D^2 = nbh/S$$

式中: D 为粗糙元之间的间距, b 为粗糙元的密度, S 为 n 个粗糙元所占有的地表面积, h 为粗糙元高度。

（3）有效遮蔽面积和体积

就某一独立的粗糙元来说, 粗糙元于下风向形成的"有效遮蔽面积 A"和"有效遮蔽体积 V"分别表达为:

$$A = c'_1 \left(\frac{b}{h}\right)^p bh \frac{u_h}{u_*}$$

$$V = c'_2 \left(\frac{b}{h}\right)^p bh^2 \frac{u_h}{u_*}$$

式中: c'_1 和 c'_2 为相应的比例系数, p 与 b/h 有关(当 $b/h \to 0$ 时, $p=1$; 当 $b/h \to \infty$ 时, $p=0$), 粗糙元的高度 h 处的风速为 u_*。

（4）粗糙元分担的风力剪切力

当在地表面积内(S 范围)有 n 个粗糙元时, 其中, 某一粗糙元分担的风力剪切力公式为:

$$\tau_r(n) = \frac{n\tau_i}{S} \left(1 - \frac{V}{Sh}\right)^2$$

当 $n \to \infty$ 时, λ 值一定情形下, 粗糙因子分担的风力剪切力为:

$$\tau_r = \rho g C_r \cdot f_r(\lambda, u_h, u_*)$$

2. 农田粗糙度因子

田埂粗糙度 Kr、农田链状随机粗糙度决定了 C_{rr} 的土壤粗糙度因子为 K(杜鹤强等, 2015):

$$K = e^{(1.86K_{r\mathrm{mod}} - 2.41K_{r\mathrm{mod}}^{0.934} - 0.124C_{rr})}$$

式中: $K_r\mathrm{mod}$ 为粗糙度调整因子, 其值是田埂粗糙度(Kr)和转动系数(Rc)的乘积。其中, Kr 与 Rc 的计算方法为:

$$K_r = 4 \frac{RH^2}{RS}$$

$$R_c = 1 - 0.00032A - 0.000349A^2 + 0.0000258A^3$$

式中：RS 为垄间距，RH 为田坎高度。风向与田埂的夹角为 A，当风向垂直于田埂时，A = 0°；当风向平行于田埂时，A = 90°。

3. 空气动力学粗糙度对风蚀的影响

空气动力学粗糙度(z_0)是指贴近地面平均风速为 0 时所处的高度，表明地表与大气的相互作用，反映了地表对风速的减弱作用，以及地表对风沙活动的影响。中性条件下的大气层，近地层风速服从对数廓线。粗糙度只决定于地表粗糙元的排列、大小和几何形状等，它一般与气流无关。赵永来等(2007)采用对数廓线法，测得 5 个高度的风速，用最小二乘回归所测得的风速资料为：

$$u_z = a + blnz$$

式中：a、b 为回归系数；u_z 为高度在 z 处的风速。

在不同的风速下，空气的动力粗糙度不同；可见的风速和空气的动力粗糙度是土壤风侵蚀不可避免的制约因素。赵永来等(2007)研究同一植被覆盖地表的风洞试验表明，各种风速下，z_0 与土壤风蚀量之间存在显著相关性，土壤风蚀量随空气动力学粗糙度的增大呈非线性降低趋势。

第三节　植被因子

一、植被盖度和土壤风蚀的关系

植被对风蚀的影响是复杂的，在自然条件下，风影响植被和土壤的模式，反过来，这些模式也在景观尺度上影响风蚀(Okin et al.，2009；Munson et al.，2011)。在农业系统中，由于植被受到人为管理作用，故对风蚀的影响在时空分布方面不同于自然系统。植被对土壤具有保护作用是众所周知的。多种方法和模型被用来表征植被在土壤风蚀过程中的保护作用。一般而言，植被的高度和覆盖度越大，土壤风蚀性越低。

植被对风蚀影响作用如下：①采取降低风中动量的作用，从而降低到达土壤表面的风能；②通过增加地表覆盖、减少背风面风速直接保护土壤；③拦截风载土壤颗粒，减少水平和垂直方向沉积物的通量(Okin et al.，2006)。拦截的沉积物导致的土壤营养物质的再分配，并改变了表层土壤的水分入渗率、土壤容重等属性。

1. 临界侵蚀风速与盖度的关系

慕青松等(2007)利用粗糙度边界层内阻力分解的方法，建立了一种数学模型，揭示了植被密度和临界侵蚀风速之间的关系。该模型给出：地表土壤的临界侵蚀风速与植被盖度之间呈指数依赖关系，即随着植被盖度的增大，临界侵蚀风速呈指数增加。

$$u_t = \exp(\beta\lambda)\ \widetilde{u_t}$$

式中：u_t 为临界侵蚀风速；λ 为植被盖度；$\widetilde{u_t}$ 为裸露地表的临界侵蚀风速；β 决定于粗糙元的形态和分布。可见，临界侵蚀风速 u_t 与植被盖度 λ 之间呈指数依赖关系。

张春来等（2003）在风洞实验中，利用青海共和盆地的半干旱地带的栗钙土原状表层土样本，测量了该土壤侵蚀样的临界速度，以检验上述公式。结果是，实验数据与理论公式相符合，此研究表明，公式可以计算出临界侵蚀风速和地表植被覆盖情况之间的联系，具有一定的合理性。

2. 植被盖度和土壤风蚀量的关系

植被盖度会影响土壤养分的流失，进而影响植物的生产力。Li 等（2007）研究表明，在沙漠系统中，仅在三个多风的季节后，由于风蚀作用，表层 5cm 土层的总有机碳和氮素降低了 25%。在干旱地区，气候的变化会减少植被的覆盖，这将会增加风蚀和尘埃的排放量，可能进一步加剧了区域土壤退化和降低作物的产量。表 3.2 列出了几个典型的植被盖度与风蚀量变化的函数关系模型（表 3.2 为植被覆盖条件下地表输沙率模型的研究成果）。

表 3.2 植被覆盖条件下地表输沙率模型的研究成果

作者	公式	参数说明
Lylesl& Allison(1981)	$R_Q = e^{-dLc}$	q 为风蚀输沙率，u、u_t 分别为处于一定高度上的风速和沙粒起动风速，Vc 为地表上植被的覆盖率，Lc 为植被粗糙元的密集度，a、b、c、d 为相应系数，R_Q 为输沙通量比率，指处于植被覆盖和无植被覆盖下的风蚀输沙率之比
Fryear(1985)		
董治宝(1996)	$q = 830.14 \times (8.20 \times 10^{-5})^{Vc}$	
Lancaster & Bass(1998)	$q = 300 \times (u - u_t)3e^{-25Lc}$	
何兴东(2002)	$q = 827.26e^{(-0.094Vc)}$	
张春来(2003)	$q = a + be^{(-Vc/c)}$	
张华(2004)	$q = 3.93 + 93.66e^{-0.60Vc}$	

二、植被覆被类型与土壤风蚀的关系

土壤风蚀对我国的环境危害严重，土地利用方式不同，对土壤风蚀的影响也表现出显著的差异性（表 3.3）。根据巩国丽等（2014）的研究结论可以发现：①林地、农田和草地的土壤风蚀模数显著小于荒漠区，有林地的土壤风蚀模数最小，为 1.89t·hm²/a，其次为其他林地、疏林地和灌木林，分别为 4.97t·hm²/a、5.21t·hm²/a 和 5.08t·hm²/a。②农田的土壤风蚀模数较林地高，为

8.11t·hm²/a。草地的土壤风蚀模数随覆盖度的增加显著减小，高、中、低覆盖度的土壤风蚀模数分别为13.18t·hm²/a、16.14t·hm²/a和30.11t·hm²/a。③荒漠区缺乏植被覆盖，土壤抗风蚀能力低，土壤风蚀模数显著高于其他地类，达63.15t·hm²/a。不同年际间的风蚀模数对比可以看出，2000—2010年，不同土地覆被类型的土壤风蚀模数同1990—2000年类似，表现出显著差异，风蚀模数呈现有林地<疏林地<灌木林<农田<其他林地<高覆盖草地<中覆盖草地<低覆盖草地<荒漠的变化规律。

表3.3　不同土地覆被类型的土壤风蚀模数　　　　　t·hm²/a

土地覆被类型	风蚀模数（1990—2000年）	数据来源
农田	8.11	巩国丽，2014
有林地	1.89	
灌木林	5.21	
疏林地	5.08	
其他林地	4.97	
高覆盖草地	13.18	
中覆盖草地	16.14	
低覆盖草地	30.11	
荒漠	63.15	
内蒙古奈曼旗中部玉米农田	44~116	赵羽等，1988
内蒙古奈曼旗中部荞麦、黑豆等作物农田	218~261	
内蒙古科尔沁沙地	174~349.5	
青海共和盆地	57~1510	董光荣等，1993

三、植被迎风面指数与土壤风蚀的关系

植被迎风面积指数对摩阻起动风速的影响函数 $f_v(\lambda)$，可由 Raupach 等（1993）提供的方法来计算：

$$f_v(\lambda) = \frac{u_{*t}(\lambda)}{u_{*t}} = (1 - m_r\sigma_r\lambda)^{\frac{1}{2}}(1 + m_r\beta_r\lambda)^{1/2}$$

式中：$u_{*t}(\lambda)$ 表示沙粒（粒径）在植被影响下的摩阻起动风速，m/s；λ 为植被的迎风面积指数；$f_v(\lambda)$ 表示植被对摩阻起动风速的影响函数；β_r 表示单株植被上的阻力与地表的阻力的比值；σ_r 为植被基部的面积与迎风的面积的比值；m_r 为调整参数，其值小于1，具体大小是由作用于地表不均一的应力来决定。可根据

SPOT-VGT 数据计算植被的迎风面积指数（Shao Yaping，2001）。

四、农作物残茬因子与土壤风蚀的关系

农作物残茬因子是作物残茬腐解、直立残茬 SLR_s、平铺残茬 SLR_f 和植被盖度 SLR_c 这 4 个残茬因子的乘积。

1. 平铺残茬因子

平铺残茬因子是平铺残茬的地表与无平铺残茬的风蚀量之间的比值。其计算方法为（杜鹤强等，2015）：

$$SLR_f = e^{-0.0438SC}$$

式中：SC 表示平铺残茬的盖度，%。直立残茬在 IWEMS 模型中，将其称为不可蚀物体的迎风面积指数，也是指单位面积上植被侧向投影的面积。

2. 直立残茬因子

直立残茬因子表征的是直立残茬下的地表风蚀量与直立残茬的风蚀量的比例。RWEQ 模型中，直立残茬因子 SLR_s 的计算方法为（杜鹤强等，2015）：

$$SLR_s = e^{-0.0344SA^{0.6413}}$$

式中：SA 为单位面积上（m²）直立残茬的侧向投影面积，cm²，相当于 IWEMS 模型中 10000 倍的迎风面积指数 λ。

3. 植被盖度因子

植被盖度指植被的冠层面积与所占的土地面积之间的比值。植被盖度因子 SLR_c 的计算方法为（杜鹤强等，2015）：

$$SLR_c = e^{-5.614Cc^{0.7366}}$$

式中：Cc 表示植被盖度。

胡孟春等（1991）研究结果表明，在一定的植被盖度下，风蚀模数随风速增加而增大，植被盖度小于 60%时，伴随风速的增大风蚀模数迅速增加。植被盖度大于 60%时，风蚀模数增加速度放缓，每小时最大不超过 60t/亩[①]。此研究表明，植被盖度对沙土地的抗风蚀强度有一定极限值，植被盖度 60%是风蚀速率变化的重要转折点。当盖度小于 60%时，抗风蚀极限风速增大的速度随盖度增加放缓。而当盖度大于 60%时，抗风蚀极限风速迅速增大。

基于植被覆盖多年均值与土壤风蚀多年均值建立回归关系，吴晓光等（2020）发现植被覆盖度处于 20%~25%时可迅速降低土壤的风蚀模数；当植被覆盖超过 75%时，伴着植被覆盖度的增加，土壤风蚀模数变化幅度并不大；当植被覆盖达到 75%时则能有效抑制土壤风蚀。在秋季耕地和草地收割的过程中，适当留茬

[①]　1 亩＝1/15hm²。以下同。

可增加植被残茬，在抑制土壤风蚀上具有积极作用。

4. 作物残茬腐解

通过指数分解方程测量的茎的数量，评估类似于生物损失的作物残茬腐解。当时间超过腐烂的临界值时，直立的残茬开始倒下。随着直立的残茬倒下，生物量从垂直状态转移到倒伏状态，作为额外的表层覆盖。由作物残茬所形成的地表覆盖是通过使用类似于 Greogy 的方法来计算的，运用残茬的量与表面区域和生物量之间的关系回归方程（Fryear D W et al.，2001）；土表覆盖比例计算如下：

$$C_f = 100(1 - e^{M_{cf} \times M_f})$$

式中：M_{cf} 为作物覆盖转化的量；C_f 为倒放残茬的土壤覆盖比例；M_f 表示为倒放的残茬的量。随着分解作用的进行，原来的地表覆盖物逐渐减少，而当直立残茬加入到倒伏区域时，表面覆盖增加。

5. 残茬高度

孙悦超等（2010）利用移动式风蚀风洞对内蒙古武川县保护性耕作农田和对照秋翻地进行了原位测试，重点考察植被盖度、残茬高度这 2 个风蚀因子，结果见表 3.4。在 30cm 残茬高度下，随植被盖度的增加，对风力侵蚀的影响增加，对风力侵蚀的影响也增加；在 50% 的植被覆盖下，防风侵蚀的平均效率为 80.55%，防止风力侵蚀的效率得到了很大提高。在 30% 的植被覆盖情况下，随残茬高度的增加，农田抗风蚀效率大幅度提升。随着残茬高度降低，处理风力侵蚀的效率也会跟着降低，抗风蚀的效果也随之变差。

表 3.4　不同植被盖度和残茬高度下保护性农田的抗风蚀效率　　　　　%

风速 （m/s）	植被盖度（%）					残茬高度（cm）			
	20	30	50	70	10	15	20	25	30
12	45.23	67.31	79.46	86.53	39.15	45.84	60.04	65.08	67.31
14	43.46	65.53	78.18	84.91	43.28	47.91	55.80	61.37	65.53
16	51.25	73.68	80.91	88.88	48.32	49.38	59.21	63.69	73.68
18	55.73	77.35	83.66	90.80	41.20	46.72	62.29	66.18	77.35
平均值	48.92	70.97	80.55	87.78	42.99	47.46	59.34	64.08	70.97

注：不同植被盖度试验为 30cm 的固定残茬高度，不同残茬高度试验为 30% 植被盖度时研究的。

五、作物的屏障作用对风蚀的影响

作物风力屏障对风力侵蚀的影响可以从报道的文献资料中计算出来，同时可以通过对相关风力侵蚀的实地研究而得到验证。被用来描述风屏障的有屏障高度、定位、透光系数＼间距，而透光系数是作物占有的垂直区域（Fryear D W 等，2001）：

$$P_{UV} = 100 \times e^{-\lambda_d 0.423 D_d - 1.098}, \quad r^2 = 0.86$$

式中：P_{UV} 为迎风向风速的百分比；λ_d 为透光系数（28%～100%之间变化）；D_d 为在风屏障高处顺风向的距离。其局限性是：①P_{UV} 不大于100；②保护距离不要大于屏障高度的30倍。光学密度越大，风速减少越大。

谢时茵（2019）以北京延庆康庄地区为研究区域，通过收集称重集沙仪中不同高度的风蚀物研究发现，留茬农田表面的输沙曲线呈现出翻转的"C"字形，而伴随着高度的增加，无留茬地表的输沙量则迅速减少。这可能是由于一些来自地表的气流受到直立残茬的影响，导致靠近地表的风速迅速下降，由于直立残茬的存在，流动的气流层增加，风力侵蚀导致的输送通量最大值也被相应地提高。

第四节　土壤因子

土壤特性通常包括土壤湿度、土壤颗粒尺寸分布、有机质质量含量、土壤比重、土块密度、结皮覆盖、pH值、盐分质量含量。而土壤可蚀性通常用有机质含量、土壤沙粒、$CaCO_3$、黏粒含量以及粉粒等指标表示（Larney et al.，1998）。

一、土壤含水率对风蚀过程的影响

1. 主要原理

地表含水率是影响风沙运动的另一个关键因素。许多科学家针对此进行了研究，Chepil（1956）的研究给我们提供了土壤含水率在对抗风侵蚀方面的基础认知。他们认为，风侵蚀与土壤吸收的水量是直接相关的，土壤吸收的水分会充斥颗粒间的空隙进而增强相应的内聚力，从而使土壤的可蚀性发生相应的改变。与此同时，需要加强对土壤颗粒的流动，使空气动力颗粒能够从粒子之间释放出来，并通过增加水分加强黏附（图3.3）。

土壤湿度对摩阻起动风速的影响函数 $f_w(\theta)$ 可以根据 Fecan 等（1999）提出的公式进行计算：

$$f_w(\theta) = [1 + A(\theta - \theta_r)^b]^{1/2}$$

式中：A 和 b 均为无量纲参数；θ_r 表示风干土壤的含水率，g/cm^3。日均土壤湿度 θ 可根据模型进行计算（Sheikh V et al.，2009）。

2. 土壤含水率对风蚀的影响

Belly（1964）研究发现，存在线性关系的是发生风蚀的临界风速以及地表的

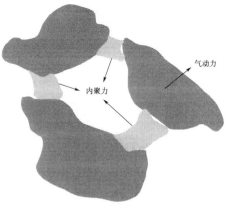

图3.3　水分对土壤可蚀性的影响

土壤含水率，当含水率>0.5%时，风力侵蚀的临界初始速度随着土壤湿度的增加而指数级增长；Nickling(1978)研究了加拿大育空地区的沙尘暴及其原因(尤其关注地表含水率)，发现土壤的临界含水率为3%~4%，低于此不足以保护土壤颗粒免受风侵蚀。Leuven(1982)，在风洞实验中发现，处于5cm高处风速为50 km/h风场时，湿地表抵抗风蚀的时间因地表含水率呈现出线性递增趋势；针对此结果，他认为在风速不变的情况下，地表土壤颗粒经历先吹干再风蚀，而在一定的地表含水率的前提下，风速较大也会使湿润的地表发生风蚀。Hagen等人(1988)研究了含水率对风侵蚀系数的影响，并在土壤含水率和土壤颗粒衰变能量之间建立了指数关系。Neuman等(1989)将锥形水箱密封在土壤颗粒中，研究土壤含水率的虹吸作用，提出了土壤含水率和风蚀临界风速关系的理论模型并进行风洞实验验证，结果显示，大部分沙土壤含水率超过0.2%时，能够有效抵抗风侵蚀。Chen(1991)的实验结果显示，沙丘和沙壤土中含水率增加1倍的情况下，其风蚀系数可增加380%。然而，依据报道的文献可知，相关研究结果有明显的差异，甚至相互矛盾，所以湿润土壤颗粒在风的作用下的力学运动机制尚不清楚。

胡孟春等(1991)研究结果表明，当沙土含水量超过2%时，土壤抗风蚀能力会呈稳定状态，当沙土含水量小于2%时，抗风蚀能力波动很大，所以，沙土含水量为2%时为风蚀强弱的转折点。当沙土含水量达到饱和持水量4.73%时，抗风蚀极限风速会持续稳定在14m/s左右，相当于6~8级大风。在风速一定的前提下，沙土风蚀模数与含水量呈现显著的负相关性。荣姣凤等(2004)研究表明，农田土壤的含水量降低一半，风蚀量就相应翻倍，而沙地的含水量相应地降低一半，风蚀量的数值变化很小。由此可知，农田土壤的风蚀量和含水量之间为明显的负相关，而沙的风蚀量和含水量这两者的相关关系则不明显。

二、土壤可蚀性因子

1. 土壤可蚀性因子计算

土壤可蚀性碎屑物因子 EF 可依据土壤的结构进行计算(杜鹤强等，2015)：

$$EF = \frac{\mu EF + 0.31Sa + \dfrac{0.33Sa}{Si} - 0.29OM - 0.95CaCO_3}{100}$$

式中：OM表示有机质含量，%；μEF 表示土壤可蚀性因子的调节参数，%；Si 表示粉粒含量，%；$CaCO_3$ 表示碳酸钙的含量，%；Sa 表示沙粒含量，%。

2. 土壤可蚀性对风蚀的影响

1950—1951年，Chepil W S进行了一系列关于土壤性质对风蚀影响的实验，结果显示，土壤可蚀性受到细粉粒含量的显著影响，当其他因素一致时，风蚀量随土壤中易蚀部分与不易蚀部分的比例而呈现正比例变化。董治宝、李振山于1998年通过对不同沙粒的组成进行风洞模拟实验，发现了风成沙的风蚀可蚀性伴随粒度的变化服从分段函数关系，其中，0.09mm 粒径颗粒最易被风蚀。风成沙颗粒按可蚀性可以分为 3 种类型：大于 0.7mm 和小于 0.05mm 为难蚀粒；0.7~0.4mm，0.075~0.05mm 范围内的为较难蚀颗粒；0.4~0.075mm 为易蚀颗粒。有研究结果表明，随着风速的增大，被吹蚀掉的物质中增加最多的主要粒径为 0.2~0.08mm 的细沙。也就是说，大量有机物质和其他微量元素伴随风速的增大不断被快速搬运，并被输移到其他的地方。同时，由于风蚀造成表层土壤粗化，表层聚集的大于 0.63 毫米的大沙粒则属于难蚀部分，具有极大的消蚀作用，它明显地抑制了土地沙漠化的进一步发展。

总而言之，表层土壤的理化性质与土壤风蚀的发生、发展有着密不可分的关系。风蚀过程的许多力学特征和强度是由表层土壤颗粒物的粒度特征所决定的。不同的粒度组合产生不同的表面支持强度显著影响土壤的侵蚀状况。

三、土壤结皮因子

1. 土壤结皮因子计算

土壤结皮因子 SCF 由土壤黏粒和有机质含量决定（杜鹤强等，2015）：

$$SCF = \frac{1}{1 + 0.0066Cl^2 + 0.021OM^2}$$

式中：Cl 表示黏粒含量，%。

2. 土壤结皮因子对土壤风蚀的影响

Williams 等（1999）的研究认为，在半干旱地区，土壤风蚀的起动风速能够被提高是与该地区发育的生物结皮显著相关的。王学圻等（2004）在古尔班通古特的研究中，得出的结论是在生物结皮无破损条件下，风速为 25~30m/s 时无法起动沙粒；其中，苔藓结皮的起动风速最大，其次为地衣，最小为藻的结皮，而流沙的起动风速仅为 8.42m/s。当时，对生物结皮的抗风蚀能力无显著影响的条件是生物结皮破损率低于 20%。研究人员通过针对生物结皮对地表粗糙度的影响的研究认为，在净风下，地衣结皮防风效果最好，最好保护土壤不受风侵袭，其次是苔藓皮，藻类最差。毛旭芮等（2020）研究表明，土壤结皮率达到 50% 能够有效抑制土壤颗粒跃移现象，显著降低土壤风蚀量。总之，土壤结皮发育演替有利于该区生态环境的改善，具有重要的生态功能，能够有效提高土壤抗蚀性。

四、裸露地块的长度

风侵蚀强度随侵蚀的长度而增加，在风吹入土壤颗粒并将其引入气流的大片和无保护的土地上，风开始将土壤颗粒吹入气流中，然后将所有的土壤颗粒吹入气流中，并将越来越多的风带走，直到饱和为止。然而，饱和路径的长度取决于土壤侵蚀强度。土壤的侵蚀性越高，饱和路径就越短。其中，在一定风力作用下，风蚀颗粒的迁移能力是恒定的，若当风沙流达到饱和后，还可将土壤风蚀物带入气流，同时也会有相同质量的土壤物质从风沙流中沉积下来。Shout（1994）通过理论分析得出，近地表输沙率与田块长度间呈指数关系，Fryear（1996）在试验中发现两者呈"S"型曲线关系，以上研究均表明，在顺风方向上，近地表气流含沙量随田块长度的增加而增大，直到区段长度没有达到饱和状态时的平衡侵蚀。但纵观整个研究历程可以发现，对近地表输沙率与田块长度关系的研究较少。

五、地形和坡度因子

在植被水平或土壤质地不变的情况下，去评估一个地形或斜坡对风力侵蚀的影响需要考虑斜坡的坡度以及长度。在实际运用中，若存在这样一个斜坡很小，平滑剖面的斜坡，此地球的旋转作用和山的对流层可以忽略，且高度不超过地基长度的10%。在斜坡不同点上，可用以下式公式进行计算 2m 高处风速的大小（Fryear D W et al.，2001）：

$$v_x = v \left\{ 1 + \left[\frac{H_h a}{a^2 + x'^2} \right] \times \frac{(a^2 - x'^2)}{(a^2 + x'^2)} \right\}$$

式中：v_x 代表地块距离迎风向边缘 x、距地表高 2m 处的风速，m/s；v 是地平面的开阔风速，m/s；H_h 为山高，$H_h = L/\sin\theta$，m；a 代表斜坡 1/2 宽度的特性，$a = 1/2L\cos\theta$，m；x' 代表到山中心的水平距离，$x' = x - x_h$，m；θ 是斜坡角度（°）；L 为斜坡长度，m；x_h 表示从试验地块边缘到山头中心的距离，m；x 为距迎风向边缘的距离，m。

研究表明，在上升过程中，气流往往会加速，上升速度与坡长是线性关系，而坡度上的粒子发射速度也随着坡度的增加而增加，这意味着风侵蚀的增加或减少。在地形起伏不大、坡度小于 25° 的情况下，风蚀量随坡度增加而加大。在水平地面和坡度为 1.5% 的缓坡地形上，风速梯度和摩阻流速几乎无变化（董治宝，1994；李振山，1999）。然而，对于较短和较陡的斜坡，在山坡的顶部，风速的强度和风速的梯度会变得更高，从而使高风速层更接近于地面，进而增加与其他部分的摩擦速度，终致风力侵蚀加重。

六、土壤碳酸钙含量

研究表明，在不同质地的土壤中，不同的 $CaCO_3$ 含量对土壤结构和抗风蚀能力影响程度不同；土壤中 $CaCO_3$ 含量过多，易蚀部分的含量就会增加，土壤机械稳定性也会相应变差，土壤抗风蚀能力也会伴随 $CaCO_3$ 含量的增加变弱，当含有适量的 $CaCO_3$ 时，土壤中黏粒和团聚体的含量会相应增加，从而可以提高土壤的抗风蚀能力。因此，在美国农业部修正风蚀方程（RWEQ）中，碳酸钙含量被认为是土壤侵蚀的一个关键因子。

董苗等（2018）选取内蒙古东部的两种土壤，经过后期的培育使土壤中的 $CaCO_3$ 含量分别达到0%、2%、5%、8%、10%，通过风洞试验分析了 $CaCO_3$ 含量与起动风速、风蚀速率之间的关系。结果表明：①随着 $CaCO_3$ 含量的增加，土壤的起动风速呈现先增加后减小的趋势，当土壤中的 $CaCO_3$ 含量约为5%时，起动风速达到最大；②不论土壤中 $CaCO_3$ 含量如何变化，风蚀速率都随着风速的增大而增大，但不同风速下，当 $CaCO_3$ 含量约为5%时，风蚀强度最小，风蚀强度随风速的变化趋势较平缓；③风蚀速率与 $CaCO_3$ 含量的关系符合二次函数。当碳酸钙含量约为5%时，风蚀速率较小，但由于土壤性质的差异，两种土壤累积风蚀强度不同。

Kanliang Tian 等（2018）通过研究微生物诱导的方解石沉淀对风沙土抗蚀性影响发现，碳酸钙晶体分布在沙粒表面或填充在砂粒之间的空隙中，将沙粒胶结在一起，导致疏松风沙土强度增强，密度增大，孔隙度减小，渗透性降低，成为一个整体固体（图3.4）。图3.4（c）和图3.4（d）为放大倍率为2000倍的扫描电镜图像，显示碳酸钙晶体呈多面体球状或花簇状晶体形态。图3.4（e）及图3.4（f）为放大5000倍及10 000倍的扫描电镜图像，显示碳酸钙晶体的外观。晶体表面的小孔是微生物诱导碳酸钙沉淀（MICP）功能菌巴氏芽孢杆菌（*Sporosarcina pasteurii*）菌的残留物，小孔的长度为 $1 \sim 3\mu m$，表明碳酸钙晶体是借助脲酶细菌这个中间体产生的。

七、土壤和沙尘粒度特征

1. 土壤粒度特征

在干旱气候条件下，风力侵蚀伴随着风沙活动而发生的。风力侵蚀过程是风力作用将物质从表面分离、转移和再沉积，具体到粒子夹带、输送和沉降等过程，且此过程与粒子的物理和化学特性相关。通过把耕地地表各粒径区间百分含量分别与收集的3次沙尘暴风蚀物粒径区间进行相关性分析发现，地表各粒径区间百分含量与风蚀物各区间的百分含量紧密关联，呈指数函数的分布关系。

即：$y = ae^{bx}$，且 $R^2 > 0.8$

式中：y 代表风蚀物粒径区间的百分含量；x 代表地表各粒径区间百分含量；a、b 为回归系数。根据二者的关系式充分表明土壤风蚀物的各粒径百分含量与母质

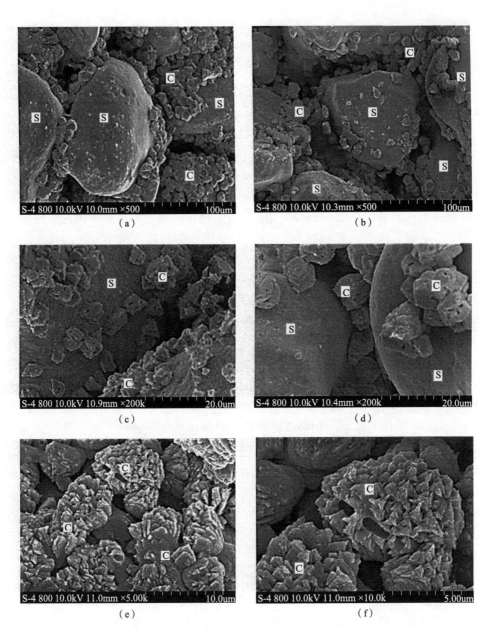

图 3.4 胶结处理风沙土电子显微镜扫描图[引自：Tian Kanliang et al. (2018)]
注：(a)及(b)放大 500 倍，(c)及(d)放大 2000 倍，(e)放大 5000 倍，(f)放大 1000 倍，
(s)为沙粒，(c)为碳酸钙晶体。

土壤的颗粒级配显著相关。在母质中有较大含量的土壤颗粒，在土壤风蚀物中的含量亦然(李晓丽，2007)。

地表颗粒粒径组分限制着地表的风蚀、传输和沉积过程。小于 0.063mm 颗粒很容易被转移到很远的地方，导致其从地面损失和受风侵蚀影响的沉积物数量显著减少；大于 0.063mm 颗粒不容易从很远的距离运输，容易被局部分离和包围，因此沉积中的颗粒含量显著增加；大于 0.5mm 颗粒组分通常指的是沉积物中的难风蚀部分。风沙活动过程的强度和不同强度风沙活动发生的频率会显著影响各组分相对含量的变化。

2. 沙尘粒度特征

广泛的研究表明，沙尘颗粒的颗粒特征是各种物理特征中最重要的特征之一。沙尘颗粒性粒子的大小被称为颗粒的粒度；沙尘颗粒性粒子的直径被称为颗粒的粒径，这两个指标通常表示沙尘颗粒的大小。沙尘粒度不仅决定了沙尘的机械性能和强度，也最终影响地表的可蚀性、沙尘运输方式和传输距离。风沙物理学研究表明，在沙尘移动过程中，当地大气或地形植被等因素会影响气流的速度，进而呈现局部和区域性的变化特征。沙尘起动和搬运的动力会受到影响，最终改变风蚀过程中沙粒的粒径组分特征。

早在 1941 年 Bagnold 就提出了风沙输移模型，他认为风蚀率与颗粒的平方根呈正比关系，并得出相关结论；与均匀沙相比，颗粒分布更广的沙子更容易受到风蚀（Bagnold，1941）。Chepil 于 1952 年在进行的风洞实验研究中将土壤颗粒按其抗风蚀的能力分为三类，即土壤颗粒在风洞中的作用：颗粒<0.42mm 为高度可蚀因子；0.42~0.84mm 为半可蚀因子；>0.84mm 为不可蚀因子（Chepil W S，1952）。然而，在 1998 年的风洞模拟实验中，董治宝等按可蚀性将风成沙颗粒分为：0.4~0.075mm 为易蚀颗粒；0.7~0.4mm，0.075~0.05mm 为较难蚀颗粒；>0.7mm和<0.05mm 为难蚀颗粒，并最易被风蚀的是在 0.09mm 粒径处；其中，混合沙粒较均匀粒径者易风蚀，但这是在相当粒径条件下的情况（董治宝等，1998）。Tsoar H（1987）对粉尘动力学的研究表明，不同的粉尘颗粒需要不同的动力学条件才能进行远距离迁移。在一般风力条件下，小于 10μm 的粒子可以在大气中被传输数千公里。当平均风速达到 15 m/s 时，10~20μm 的粒子在空气中的传输距离可以达到 500 到几千 km。大于 30μm 的粒子被携带的距离大都小于100km。理论上，在极强的风力条件下，30μm 的粒子只能在大气中传输几百千米。土壤粒度分析结果表明，沙粒颗粒（大于 63μm）在黄土沉积物中较难见到，在距离沙漠较近的黄土沉积物中可以发现沙粒，但在距离沙漠几百千米的黄土地区（如黄土林壤），沙粒颗粒在沙漠周围的黄土沉积物中很少见。即使在冬季大风期间，黄土层也主要由 5~50μm 的颗粒组成，这表明大于 63μm 的颗粒很难远距离运输（熊尚发等，1999 年）。

李宽（2017）对阿拉善区域绿洲退化过程中风沙活动模式的研究结果表明，风蚀沙尘释放组分含量越高，地表风蚀残余组分含量越低，在高风能环境下地表风沙活动频繁，土壤易于风蚀。毛乌素沙地风沙活动过程中，地表风蚀残余组分含量偏高于戈壁地表，悬移粒径组分含量与戈壁地表相似，区域平均悬移粒径上限值为 0.147mm，显著高于研究区平均值。阿拉善戈壁地表风沙活动过程中，悬移粒径组分含量也较高，风蚀悬移粒径上限的平均值为 0.113mm，表明这些区域地表风沙活动过程以高风能输沙过程为主。

八、土壤类型

丁肇龙等（2018）通过野外考察和土壤 ^{137}Cs 取样分析，对淮东地区不同土地利用类型下风力侵蚀、土壤 ^{137}Cs 分布特征进行了初步探究。结果显示，两个耕地样点风蚀速率基本相等，均值为 744.50t/（km^2·a），土壤侵蚀较轻。非耕地风蚀速率在 945.06~4404.01t/（km^2·a）之间，平均值为 2589.96t/（km^2·a），从总体上看为中度风力侵蚀。无植被情况下，灰漠土表土已完全被吹蚀，达到了强烈侵蚀（表 3.5）。

南岭等（2017）通过模拟试验发现，在风蚀条件（12m/s）后，沙土产生的风蚀量远远高出其他土样，达到 97 860g，是其他土样的 60 倍以上。在弱风蚀条件下（3m/s 和 6m/s），所有土壤的风蚀强度受风速的影响不明显。风速增大到 9m/s 后，所有土壤的风蚀强度明显增加。张胜邦等（1999）研究表明，不同地表类型在相同风力作用下，因抗风蚀力不同，其风蚀强度亦有明显的差别，流动沙丘（地）在相同条件下的风蚀量是耕地的 292.6 倍（表 3.6）。

表 3.5　不同土壤类型 ^{137}Cs 总量和风蚀速率

土壤类型	地貌类型	植被状况与覆盖	^{137}Cs 总量（Bq/m^2）	侵蚀速率[t/（km^2·a）]
灌耕土	耕地	小麦	57322	73966
风沙土	灌丛沙堆	梭梭、琵琶柴、白麻，5%	113678	94506
灰漠土	砾石戈壁	无植被	60025	440401
风沙土	固定沙地	琵琶柴，2%	31216	353801
棕漠土	砾石戈壁	无植被	81291	172008
风沙土	半固定沙地	蛇麻黄、梭梭，3%	17152	364422
灰漠土	风蚀裸地	无植被	/	/
风沙土	固定沙地	琵琶柴、梭梭、蒿类，1%	4148	264408
风沙土	半固定沙地	梭梭、沙拐枣、蒿类，2%	10509	385557

（续）

土壤类型	地貌类型	植被状况与覆盖	^{137}Cs 总量（Bq/m^2）	侵蚀速率[t/(km^2·a)]
灌耕土	耕地	小麦	59234	74935
盐碱土	盐碱地	芦苇、盐角草、白麻，65%	69043	187113
棕漠土	砾石戈壁	无植被	70651	184009
灰漠土	荒漠草地	芨芨草、白刺、蒿类，30%	916.29	143738
草甸土	低平地草甸	羊茅、针茅等，95%	169829	/

资料来源：根据丁肇龙等（2018）研究成果重新整理。

表 3.6　不同农田土壤在不同风速下的累计风蚀

农田类型	种植作物	土壤质地	不同粒径范围（μm）的粒度组成（%）							不同风速（m/s）下的累计风蚀强度[g/(m^2·h)]				
			<10	10~50	50~100	100~250	250~500	500~1000	>1000	3	6	9	12	15
沙区农田	玉米，喷灌	沙土	1.4	1.991	2.879	44.761	41.769	7.173	0	30	90	540	97860	/
非沙区农田	马铃薯，旱作	沙质壤土	9.823	26.318	40.916	22.943	0	0	0	90	120	390	1110	2610
非沙区农田	小麦，旱作	壤质沙土	7.892	17.154	34.359	24.257	10.811	5.526	0	60	90	300	1020	3000
非沙区农田	小麦，旱作	沙质壤土	9.669	25.064	22.392	19.822	9.171	9.524	4.358	60	120	480	2010	6330

资料来源：南岭等（2017）。

第五节　人为因素

一、人为因素对土壤风蚀的加剧效应

在中国北部，特别是在半干旱的农牧区，人口的快速增长、过度放牧、耕作、森林砍伐和过度使用水资源严重损害了脆弱的生态环境。植被密度的下降和土壤抗蚀性的改变是导致土壤风蚀加剧的主要原因。风洞实验结果显示，同样的风速下，土地开发可以导致风蚀加剧 10 倍以上，过度放牧导致风蚀加剧 1.14 倍，伐木导致风蚀加剧 22.8 倍（董光荣等，1987；胡孟春等，1991；刘玉璋等，

1992)(表 3.7);严平(2000)通过^{137}Cs 法测定证明,10~20 年开垦了的旱地的风土侵蚀率是附近牧场的 5~8 倍。据估计,人为因素的影响导致风蚀的加剧效应占到总风力侵蚀的 78%(刘玉璋等,1992;王涛等,1999)。

表 3.7　人为因素对土壤风蚀的加剧效应(风洞实验)

人为因素	风速条件(m/s)	加剧倍数
滥垦(翻耕)	9.4~32.6	14.8
	16.43~23.03	11.3
过牧(践踏)	6.7~32.6	1.14
樵采	26.5	22.8

资料来源:董光荣等(1987);胡孟春等(1991);刘玉璋等(1992)。

二、耕作对土壤风蚀的影响

1. 不同风力等级下耕作措施对风蚀的影响

影响农田土壤风蚀的主要人为因素是农田土壤的翻耕。翻耕使土壤松软,翻耕与未经耕种土地的风蚀速率截然不同,风蚀量差异悬殊,翻耕后侵蚀速率是非翻耕的 15 倍(刘玉璋等,1992)。然而,过度开采是另一个重要因素,加剧了人类活动对土壤的侵蚀。传统农业导致土壤表面侵蚀的颗粒数量增加,且由于耕作后地面湍流增加而导致的风侵蚀强度显著增加。

董光荣等(1987)等研究表明,在各种等级的风力作用下,翻耕与未翻耕土壤的风蚀量,在 7 级风力以下差别较小,7~12 级风力之间相差悬殊,翻耕地总风蚀量相当于未翻耕地的 14.8 倍。也有研究表明,翻耕面积每增加 1%,风蚀量增加 19.32kg/(hm^2·a)(张雪松等,2003),主要原因是翻耕彻底破坏了地表植被和土壤结持力,因此,无防护措施的开垦,是加剧农田土壤风蚀的主要原因。

2. 不同耕作方式下农田土壤风蚀率和风速的关系

通过对以往研究得出的经验方程比较分析看出(表 3.8),无论是保护性耕作农田还是传统耕作农田,随着风速的增加,土壤风蚀强度呈指数规律增大的概率较大,黄绵土土壤风蚀率都随风速的增加呈幂函数规律增加。翻耕条件下,栗钙土土壤风蚀率与风速呈线性关系。

表 3.8　不同农田输沙量(风蚀速率)与风速的关系

地点	土壤类型	耕作方式	测定方法	曲线拟合结果	来源
柴达木盆地	不详	小麦留茬	室内风洞模拟	指数函数[a]	张胜邦等(1999)
甘肃省古浪县	沙壤土	模拟翻耕	室内风洞模拟	指数函数	Liu et al.(2003)

（续）

地点	土壤类型	耕作方式	测定方法	曲线拟合结果	来源
不详	不详	先用铧式犁翻地，再用圆盘耙整平地表	野外风洞原位测试	指数函数	荣姣凤等（2004）
内蒙古太仆寺旗	栗钙土	翻耕和留茬	室内风洞模拟	指数函数	杨秀春等（2005）
阴山北麓	栗钙土	传统耕作和保护性耕作	野外风洞原位测试	指数函数[b]	孙悦超等（2007）
北京	不详	玉米留茬地、秋季翻耕地和春季翻耕地	室内风洞模拟	指数函数	王仁德等（2012）
河北省坝上地区康保县兴隆村南	栗钙土	翻耕耙平(不耙平)莜麦留茬	野外观测风洞模拟	指数函数	王仁德等（2015）
陕西省榆林市榆阳区	沙质壤土	不详	风洞模拟	指数函数	南岭等（2017）
内蒙古自治区包头市固阳县	壤质沙土	不详			
陕西省杨凌区	塿土	一年两熟的耕作制度，裸露	风洞模拟	幂函数	范清成（2011）
		一年两熟的耕作制度，留茬高度20cm		指数函数	
		一年两熟的耕作制度，秸秆覆盖量		指数函数	
		一年两熟的耕作制度，垄向与风向垂直		指数函数	
		一年两熟的耕作制度，垄向与风向平行		指数函数	

（续）

地点	土壤类型	耕作方式	测定方法	曲线拟合结果	来源
陕西省延安市安塞区	黄绵土	一年两熟的耕作制度，留茬高度20cm	风洞模拟	线性函数	范清成（2011）
		一年两熟的耕作制度，秸秆覆盖量		幂函数	
		一年两熟的耕作制度，垄向与风向垂直		幂函数	
		一年两熟的耕作制度，垄向与风向平行		幂函数	
内蒙古武川县旱农试验站	栗钙土	翻耕	风洞模拟	线性函数	秦红灵等（2007）
		免耕	风洞模拟	幂函数	
北京市延庆区康庄镇	不详	玉米留茬+覆盖	风洞模拟	指数函数	吴姗姗等（2020）
		玉米留茬			
		玉米秸秆覆盖			
		传统翻耕			

注：其中 a，b 结果根据文中数据拟合得出。

3. 不同耕作方式下土壤风蚀量对比

北部干旱的农田土壤质地疏松，加上人类的强烈活动，最能形成土壤沙化。特别是在春季，气温迅速上升，没有降雨且风力强劲，翻耕后的农田就会慢慢解冻并呈干燥疏松状态，遇到风季就越发易风蚀。因为颗粒状土壤一直在侵蚀，地表只是碎石，形成了荒漠化的土壤。研究表明，与传统翻耕相比，留茬免耕地（北京市延庆区和大兴区）土壤风力侵蚀分别下降了 31.5% 和 45.61%（表3.8）。在北京市昌平区进行的免耕地与翻耕地比较试验发现，免耕地比翻耕地的风蚀量减少 13.43%，免耕不覆盖、免耕秸秆覆盖处理的区域风蚀量均小于传统耕作，其中，免耕秸秆覆盖处理的风蚀量最小，说明从抑制土壤风蚀量的效果来看，最佳的防风蚀效果就是免耕秸秆覆盖保护性耕作措施（李菁菁等，2017）。随风速增大，传统耕作地与保护性耕作地农田风蚀量均会增加，但保护性耕作农田风蚀增幅较传统耕作小。当风力为 5~8 级时，免耕覆盖地比传统翻耕地可减少田间风蚀 53%~78%（李洪文等，2008），说明保护性耕作，免（少）耕及秸秆残茬覆盖是减少农田风蚀的有效措施(李洪文等，2008)。

保护农田土壤不受风力侵蚀除了改变耕作方式之外，通过增加地表粗糙度也能有效地控制风蚀。研究结果显示(表3.9)，玉米根茬地土壤风蚀量比裸露翻耕地降低了15.29%(李琳等，2009)。翻耕地的风蚀模数远远大于留茬地，其风蚀量是留茬地的5.56倍(陈健，2012)。同一风速条件下，翻耕耙平地的风蚀强度是莜麦留茬地的1.5~2.5倍，平均为2.1倍(王仁德等，2014)。翻耕过程中对土壤的扰动会致使地表粗糙度增加，但对风力侵蚀速率却影响不大。在耕地和打碎土块之后，同样的风力在地面吹蚀，风蚀的速度会迅速增加(杨秀春等，2005)。

表3.9　不同耕作措施土壤风蚀量监测试验结果

耕作方式	风蚀量	地区	文献来源
翻耕地	123.37[kg/(hm^2·d)]	北京市延庆区	根据李洪文(2008)著作中的数据进行整理
免耕地	84.5[kg/(hm^2·d)]		
翻耕地	56.50[kg/(hm^2·d)]	北京市大兴区	
免耕地	30.73[kg/(hm^2·d)]		
翻耕地	64.43[kg/(hm^2·d)]	北京市昌平区	
免耕地	55.78[kg/(hm^2·d)]		
裸地	53(t/hm^2)	内蒙古阴山北麓地区	赵举(2002)
带状留茬田	7.9(t/hm^2)		
裸露翻旋地	65.02(g/min·m)	北京市顺义区	李琳等(2009)
玉米根茬地	55.08(g/min·m)		
传统耕作	16.43(g/s；风速为12m/s)	甘肃省武威市民勤县	李菁菁等(2017)
免耕不覆盖	7.10(g/s；风速为12m/s)		
免耕秸秆覆盖	6.45(g/s；风速为12m/s)		
翻耕耙平地	444[10^3 kg/(km^2·h)]	河北坝上地区康保县	王仁德等(2014)
莜麦留茬地	217[10^3 kg/(km^2·h)]		
耕地(小麦留茬)	105.11(g/min)	柴达木沙漠东南部香日德、巴隆地区	张胜邦等(1999)
流动沙丘(地)	30756.17(g/min)		
含水量为3.11%的农田土样	8(g/m·s；风速为22m/s)	不详	荣姣凤等(2004)
含水量为6.27%的农田土样	3.56(g/m·s；风速为22m/s)		
含水量为1.52%的沙样	7.2(g/m·s；风速为22m/s)		
含水量为3.89%的沙样	6.44(g/m·s；风速为22m/s)		

（续）

耕作方式	风蚀量	地区	文献来源
翻耕 3cm	10.33[g/(m² · s)]	内蒙古自治区锡林郭勒盟太仆寺旗	杨秀春等，2005
翻耕 8cm	13.42[g/(m² · s)]		
翻耕碾碎	79.02[g/(m² · s)]		
传统翻耕	0.81[10³ kg/(km² · h)；风速 10m/s]	北京市周边农田	李洪文，等，2008
玉米免耕留茬	0.37[10³ kg/(km² · h)；风速 10m/s]		
传统翻耕	8.19[10³ kg/(km² · h)；风速 14m/s]		
玉米免耕留茬	1.8[10³ kg/(km² · h)；风速 14m/s]		
传统翻耕	9.70[10³ kg/(km² · h)；风速 18m/s]		
玉米免耕留茬	3.82[10³ kg/(km² · h)；风速 18m/s]		
翻耕地	17.68(10³ kg/hm²)	河北坝上康保县	陈健，2012
留茬地	6.82(10³ kg/hm²)		
草原农垦区	1500~4500[t/(km² · a)]	内蒙古后山	董治宝等，1997

4. 种植面积扩展对土壤风蚀的影响

美国 19 世纪 30 年代出现沙尘暴的原因除了自然灾害之外，最主要是西部大平原上小麦种植种植面积的迅速扩张。第一次世界大战期间，耕地面积翻了 1 倍以上，仅在堪萨斯州，小麦的种植面积就从 1910 年的不足 200 万 hm² 增加到 1919 年的近 500 万 hm²。在美国各地，沙尘暴仍然是一个严重的问题，例如，1977 年，在加利福尼亚州的圣华金河谷地区，一场沙尘暴造成该地区约 2000Km² 的土壤侵蚀，在 24 小时内，超过 2500 万 t 的土壤从牧场上剥离。干旱和强风的结合是该地区土壤风蚀发生的主要自然诱因，过度放牧和农田防风林的缺失加重了这一自然灾害。

三、播种作业对土壤风蚀的影响

对土壤扰动最大的活动之一就是播种作业，不仅影响到地表土壤的结构，还会导致植被减少、起沙速度下降和风力侵蚀等。但播种作业是人类必须进行的生产活动，因此，必须研究不同的播种方式下（保护性和传统性）农田抗风蚀能力，依此探索合理的播种作业模式。

1. 播种作业前后土壤风蚀变化

中国西部的干旱、半干旱地区，播种作业的时间与大风和干旱季节同步，传统的耕作方法和保护性耕作方法都导致了地表结构的破坏，增加地表土壤风蚀量，降低地表土壤的抗风蚀能力。研究发现，传统耕作地表风速分别为 9m/s、12m/s、15m/s 和 18m/s 时，播种作业后输沙量分别为播种前的 2.26 倍、2.81 倍、3.45 倍和 3.04 倍。而保护性耕作风速为 12m/s 和 18m/s 时，播种后的输沙量分别为播种前的 7.76 倍和 11.73 倍。播种作业的前后，保护性耕作输沙量分别是传统耕作地表的 16.64%~5.21% 和 28.55%~20.13%（刘汉涛，2006）。

2. 整地过程对土壤风蚀的影响

播种前农田需经过犁耕、耙磨、磨平 3 个整地过程是中国传统种植模式，虽然保护性耕作农田地表在播种作业前后的土壤风蚀量均比传统耕作农田要小得多，但是，保护性耕作过程中的整地过程对土壤风蚀的影响还是很明显。因此，研究和推广使用对土壤表层扰动越小的保护性耕作播种机具，对提高保护性耕作农田的抗风蚀能力就越有现实意义。

由于传统耕作下犁耕后的翻耕耙平处理导致的地表非可蚀性土块破损，风蚀输沙率明显加大，农田土壤养分的损失明显高于留茬条件下，平均为留茬条件下的 3.23 倍，强沙尘时增加幅度可达数十倍（苑依笑，2019）。翻耕后地表的土壤结构可对风蚀和风沙流起到一定程度的阻碍作用，后面的耙磨磨平则破坏土块结构，导致表土疏松破碎，可蚀性显著增强，随着风蚀的发展，磨平地表上可蚀物逐渐减少，风沙流的发育与风速和农田地表可风蚀物质的量密切相关。同时，地表可蚀物质的增多，使耙磨磨平地块风沙流迅速接近饱和状态（表 3.10）。所以，我国北方传统耕作中不同整地步骤对农田土壤风蚀的影响较大。

表 3.10 整地过程对土壤风蚀的影响

地表类型	平均风速（m/s）	最大风速（m/s）	风蚀动力（m³/s）	总风蚀动力（m³/s）
犁耕	8.10	10.13	195.03	70210
犁耕耙磨磨平	6.18	9.26	66.55	11979
犁耕耙磨磨平	7.64	11.33	201.35	12081
犁耕耙磨磨平	8.90	11.80	344.00	41619

数据来源：杨东方（2009）。风蚀动力采用 Fryberger（1979）提出的计算公式计算：$q = \sum V^2 (V - V_t) t$，式中，V 是起沙风速；V_t 是临界起沙风速（5m/s）；t 代表的是观测期间起沙风频数。

四、土地利用方式改变对风蚀的影响

高睿瑜等（2021）以河南省兰考县为研究对象，通过高分辨率遥感影像解译 2018，2019 年土地利用信息，采用耕地风蚀模型计算风蚀模数，分析土地利用方式年度变化对耕地风蚀的影响。结果显示（表 3.11），将水浇地变为其他土地后，耕地风蚀分布面积减少，侵蚀强度减弱；林园草地变为水浇地时会导致耕地风蚀面积上升，侵蚀模数增加；水田、建设用地等变为水浇地后无风蚀的区域出现微度或轻度风蚀，耕地风蚀面积上升。水浇地转为其他的土地利用类型往往会导致土壤侵蚀强度升高，其他用地类型转变为水浇地则会导致土壤侵蚀强度降低。

表 3.11　兰考县 2018—2019 年土地利用变化、土壤侵蚀动态变化对应关系

土地利用类型		侵蚀强度降低（km²）	侵蚀强度升高（km²）
2018 年	2019 年		
水田	水浇地	/	0.02
果园	水浇地	/	0.28
有林地	水浇地	/	0.63
农村建设用地	水浇地	/	0.03
采矿用地	水浇地	/	0.02
水浇地	水田	0.03	/
水浇地	果园	0.09	/
水浇地	有林地	0.12	/
水浇地	其他林地	1.21	/
水浇地	人工牧草地	0.17	/
水浇地	其他草地	0.15	/
水浇地	城镇建设用地	0.15	/
水浇地	农村建设用地	0.18	/
水浇地	采矿用地	0.71	/
水浇地	其他交通用地	0.08	/
水浇地	河湖库塘	0.46	/
水浇地	沙地	0.01	/

资料来源：根据高睿瑜等（2021）研究成果整理。

　　李少昆等（2008）研究表明（表 3.12），在各种各样的土地利用方式中，弃耕、裸露农田的土壤输沙量最多，土壤输沙量较多的是活化灌丛沙堆、乡村道路、沙漠边缘的活动沙丘，而冬小麦、封育沙质农田、棉秆留茬地、覆膜棉田、林地、苜蓿地、棉秆与地膜相间覆盖棉田输沙量较少。由此可见，风蚀程度最严重的是裸露的耕地和弃耕的农田，最严重的沙尘暴来源是开放的农田（包括新垦荒地的、废弃的）、活化灌木、移动的沙丘和农村道路。

表 3.12　不同利用方式对土壤的风蚀量的影响

地区	地表类型	输沙量(g/cm²)	输沙率(%)
阿拉尔, 农一师 12 团	裸露农田	0.375	100
	活化灌丛沙堆	0.314	83.7
	封育沙质农田	0.244	65.1
	覆膜棉田	0.236	62.9
	覆盖膜田(地膜+棉秆)	0.220	58.7
巴楚	活化灌丛沙堆 I	0.389	100
	活化灌丛沙堆 II	0.337	86.6
	覆膜棉田	0.291	74.8
	林地	0.236	60.7
	冬麦地	0.236	60.7
麦盖提, 农三师 45 团	弃耕沙质农田	0.549	100
	苜蓿地	0.338	61.6
	覆膜棉田	0.233	42.4
	林地	0.213	38.8
	棉秆留茬休闲	0.213	38.8
和田	弃耕沙质农田	4.665	100
	活化灌丛沙堆	2.929	62.0
	沙漠边缘活动沙丘	2.069	44.4
	乡村道路	2.102	45.1
	覆膜棉田	0.145	3.1
	苜蓿地	0.125	2.7

注: 输沙率(%)为测定各地表类型输沙量占同次测定的所有地表类型输沙量的百分率。

资料来源: 李少昆等(2008)。

五、放牧对土壤风蚀的影响

1. 我国草地生态系统防风固沙服务功能保有率

要了解放牧对草地土壤抗蚀性的影响,首先必须对我国草地生态系统风蚀防治能力进行分析,以评估现有草地系统的生态服务潜能。

(1)防风固沙服务功能

当风经过有植被覆盖的地表时,会受到来自植被的阻挡,使得风力削弱,风蚀量降低。为了探求草地生态系统对土壤风蚀的防治作用,将无植被状况下的潜在土壤风蚀量(SLs)与植被覆盖条件下的土壤风蚀量(SLv)的差值定为防风固沙服务功能量($SLsv$)，其表达式可以概括为：

$$SLsv = SLs - SLv$$

（2）防风固沙服务功能保有率

防风固沙服务功能量表明，由于受植被的影响，风力侵蚀发生变化，但对减小风蚀的影响大小难以确定。因为防风固沙服务功能量与潜在土壤风蚀量和现实风蚀量相关，而潜在与现实的土壤风蚀量均受风蚀力等气候因素的影响，因此，不能有效地强调生态系统本身对固沙的贡献，防风固沙服务功能量与裸土条件下土壤风蚀量的比值被定义为该项服务功能的保有率(F)且以此来判断生态系统本身的固沙作用。

$$F = \frac{SL_{SV}}{SL_S} \times 100$$

2000—2010 年，我国草地生态系统防风固沙服务功能保有率东北区最高，达到 92.15%；其次为华北区，达到 82.03%；再次为西北区，分别达到 70.30%；西南区最低，在 60% 以下。2000—2010 年我国草地生态系统防风固沙服务功能保有率为 72.57%，较 1990—2000 年提升了 2.02%。且与 1990—2000 年的分布趋势一致，为东北区最高，达到 94.47%；其次为华北区，达到 82.59%；再次为西北区，达到 74.49%；西南区最差，仅为 60.70%。

2. 放牧对草地风蚀的影响

草地生态系统最重要的管理方式是放牧，全球陆地面积超过 50% 是归放牧管理的土地，大洋洲甚至超过 2/3。研究表明，植被盖度降低是因为草原上增加的放牧强度，随植被盖度降低，在同等风速条件下（大于临界风蚀风速）风蚀率迅速增加；较轻的利用强度下，当植被盖度保持在 60% 时，25m/s 的大风条件下风蚀率也很小，而当植被盖度小于 35% 时，在大风（20~25m/s）条件下风蚀率会随着植被盖度的下降迅速上升。

可以从两个方面来分析放牧对土壤风蚀的影响，一方面放牧不仅会直接影响草原植被的生物学特性，而且会对草原的群落特征造成影响，例如，群落组成、群落高度与盖度、地上生物量以及地下生物量等。另一方面放牧会对草原土壤结构产生一定的影响，动物践踏会导致表土松动，同时也会引起土层板结。重度放牧会对土壤有极大的影响，最主要的就是导致土壤衰退，减少牧场对风蚀的抵抗力，进而加剧土壤退化（Zhou J et al., 2010; Mekuria W et al., 2013），而轻度和中度放牧[<400 只羊/(hm² · a)]会导致地上群落高度、盖度、生物量明显的降低，但不会诱发风蚀，恰恰相反，它可以提高生态系统服务功能，如减少温室气体排放、改善土壤营养成分、增加"草原"生物多样性等（Zhang Y et al., 2015; Bardgett R D et al., 2001），主要原因是轻度放牧过程对根系生物没有重大影响，

植物的覆盖层和根密度还没有下降到不能够保护土壤的某个阈值。持续放牧不仅导致地面植物属性如植被覆盖、高度和地面生物的显著变化，而且其根系生物比"无草地"状态显著下降，进而会造成土壤风蚀发生，土壤粗粒化明显、有机碳含量大幅下降(闫玉春等，2008)。因此，在干旱、半干旱区草原，过度放牧是土壤风蚀的诱发因素(Zhao H L et al.，2005)，当放牧强度达到一定限度时自然会导致地面植被退化、根部密度急剧下降，引起土壤的风蚀。有研究表明，长期过牧的典型草原在 16m/s 的风速下的土壤侵蚀率达到了 0.402 kg/(min·m^2)，锡林浩特地区每年大风(≥17.2m/s)日数一般在 70 天以上，通常会导致非常惊人的草地土壤风力侵蚀(许中旗等，2005)。

3. 放牧和风蚀对草地微生物群落的影响

马星宇(2018)依托长期野外试验站和温室试验平台，模拟干旱草原、半干旱草原人为干扰后土壤风蚀的变化，通过 16SrRNA 基因高通量测序技术获取土壤中微生物群落的组成，功能基因芯片技术收集功能基因相对丰度等信息，同时结合土壤的物理化学特性和植被特性，阐释多因子环境扰动下土壤微生物的响应特征。研究结果表明：在土壤风蚀条件下，大多数碳降解基因的相对丰度显著($p<0.05$)降低或基本保持不变。功能基因的大幅下降包含有与碳降解相关的功能基因，如 *pulA*，*apu*，*isopullulanase*，*cda*，*glucoamylase*；可稳定碳分解相关的功能基因有：*cutinase*，*pectate_ lyase*，*endochitinase*，*pectinase*，*camD CBA*，*pme*，*rgl* 和 *rgh*。在分析具体功能基因时发现，土壤风蚀和放牧可对 48% 的碳降解基因产生明显的交互作用，其中 5% 为拮抗作用，如芳香化合物降解基因 *LMO* 和半纤维素降解基因 *xylA*；43% 为协同作用，放牧与土壤风蚀对多数氮循环基因为叠加作用，但对硝化基因 *amoA* 和 *hao* 为协同作用。

参考文献：

范清成，2011. 保护性耕作对农田土壤风蚀影响的风洞实验研究[D]. 北京：中国科学院研究生院(教育部水土保持与生态环境研究中心).

陈健，2012. 河北坝上农田土壤风蚀及释尘研究[D]. 石家庄：河北师范大学.

丁肇龙，汪君，胥鹏海，等，2018. 基于 ^{137}Cs 的新疆准东地区不同土地利用类型土壤风蚀特征研究[J]. 土壤，50(02)：398-403.

董光荣，李长治，金炯，等，1987. 关于土壤风蚀风洞模拟实验的某些结果[J]. 科学通报，32(04)：297-301.

董苗，严平，孟小楠，等，2018. 碳酸钙含量对土壤风蚀强度的影响[J]. 水土保持研究，25(05)：18-23.

董治宝，陈谓南，李振山，等，1997. 风沙土开垦中的风蚀研究[J]. 土壤学报，34(01)：74-80.

董治宝，李振山，1998. 风成沙粒度特征对其风蚀可蚀性的影响[J]. 土壤侵蚀与水土保持学：

4(04)：1-12.

董治宝，高尚玉，FRYREAR D W，2000. 直立植物-砾石覆盖综合措施的防风蚀作用[J]. 水土保持学报，14(01)：7-11.

董治宝，1994. 陕北沙漠黄土带典型区风蚀流失量模型[D]. 兰州：中国科学院兰州沙漠研究所。

杜鹤强，薛娴，王涛，等，2015. 1986-2013 年黄河宁蒙河段风蚀模数与风沙入河量估算[J]. 农业工程学报，31(10)：142-151.

FRYREAR D W，BILBRO J D，高丽，等，2001. 改进后的风蚀预测模型(Ⅰ)[J]. 水土保持科技情报，2：20-22：28.

高睿瑜，张芷温，李文龙，等，2021. 2018—2019 年河南省兰考县土地利用变化对耕地风蚀的影响[J]. 水土保持通报，41(01)：112-117+124.

何文清，高旺盛，妥德宝，等，2004. 北方农牧交错带土壤风蚀沙化影响因子的风洞试验研究[J]. 水土保持学报，18(03)：1-8.

胡孟春，刘玉璋，乌兰，等，1991. 科尔沁沙地土壤风蚀的风洞实验研究[J]. 中国沙漠，11(01)：22-29.

李洪文，胡立峰，2008. 保护性耕作的生态环境效应[M]. 北京：中国农业科学技术出版社.

李菁菁，李毅，李银科，等，2017. 河西绿洲灌区保护性耕作防风蚀效应的风洞试验研究[J]. 中国水土保持，1：45-47：68.

李宽，2017. 古西部风蚀地表沙尘释放与输沙过程研究[D]. 呼和浩特：内蒙古农业大学.

李琳，王俊英，刘永霞，等，2009. 保护性耕作下农田土壤风蚀量及其影响因子的研究初报[J]. 中国农学通报，25(15)：211-214.

李少昆，路明，王克如，等，2008. 南疆主要地表类型土壤风蚀对形成沙尘暴天气的影响[J]. 中国农业科学，41(10)：3158-3167.

李晓丽，2007. 阴山北麓土壤风蚀的影响因素及运动特性的试验研究[D]. 呼和浩特：内蒙古农业大学.

李振山，1999. 地形起伏对气流速度影响的风洞实验研究[J]. 水土保持研究，6(04)：75-79.

刘汉涛，2006. 阴山北麓保护性耕作地表抗风蚀效果的试验研究[D]. 呼和浩特：内蒙古农业大学.

刘玉璋，董光荣，李长治，1992. 影响土壤风蚀主要因素的风洞实验研究[J]. 中国沙漠，12(04)：41-49.

吕悦来，李广毅，1992. 地表粗糙度与土壤风蚀[J]. 土壤学进展，6：38-42.

马星宇，2018. 我国典型草原和森林土壤微生物对多因子扰动的响应[D]. 北京：清华大学.

毛旭芮，杨建军，曹月娥，等，2020. 土壤结皮面积与结皮分布对风蚀影响的风洞模拟研究[J]. 水土保持学报，34(3)：1-7.

慕青松，王建成，苗天德，2003. 粗糙度动力学特性的初步研究[J]. 力学学报，35(2)：129-134.

慕青松，陈晓辉，2007. 临界侵蚀风速与植被盖度之间的关系[J]. 中国沙漠，27(4)：534-538.

南岭，董治宝，肖锋军，2017. 农牧交错带农田土壤风蚀 PM(10)释放特征[J]. 中国沙漠，37(6)：1079-1084.

秦红灵，高旺盛，马月存，等，2007. 免耕对农牧交错带农田休闲期土壤风蚀及其相关土壤理化性状的影响[J]. 生态学报，27(9)：3778-3784.

荣姣凤，张海涛，毛宁，2004. 土壤风蚀量随风速的变化规律研究[J]. 干旱地区农业研究，22(02)：149-153.

史培军，严平，袁艺，2002. 中国土壤风蚀研究的现状与展望[R]. 北京：第十二届国际水土保持大会.

孙悦超，麻硕士，陈智，等，2007. 阴山北麓干旱半干旱区地表土壤风蚀测试与分析[J]. 农业工程学报，123(12)：1-5.

孙悦超，麻硕士，陈智，等，2010. 植被盖度和残茬高度对保护性耕作农田防风蚀效果的影响[J]. 农业工程学报，26(8)：156-159.

王仁德，肖登攀，常春平，等，2014. 改进粒度对比法估算单次农田风蚀量[J]. 农业工程学报，30(21)：278-285.

王仁德，肖登攀，常春平，等，2015. 农田风蚀量随风速的变化[J]. 中国沙漠，35(5)：1120-1127.

王仁德，邹学勇，赵婧妍，2012. 半湿润区农田土壤风蚀的风洞模拟研究[J]. 中国沙漠，32(3)：640-646.

王涛，吴薇，1999. 我国北方的土地利用与沙漠化[J]. 自然资源学报，14(4)：355-358.

王雪圻，张元明，张伟明，等，2004. 古尔班通古特沙漠生物结皮对地表风蚀作用影响的风洞实验[J]. 冰川冻土，26(5)：632-638.

吴姗姗，牛健植，蔺星娜，2020. 京郊延庆农田保护性耕作措施对土壤风蚀的影响[J]. 中国水土保持科学，18(01)：57-67

吴晓光，姚云峰，迟文峰，等，2020. 1990-2015年内蒙古高原土壤风蚀时空差异特征[J]. 中国农业大学学报，25(3)：117-127.

谢时茵，2019. 保护性耕作对土壤风蚀扬尘的防治作用研究[D]. 北京：北京林业大学.

熊尚发，丁仲礼，刘东生，1999. 赣北红土与北京邻区黄土及沙漠砂的粒度特征对比[J]. 科学通报，44(11)：1216-1219.

许中旗，李文华，闵庆文，等，2005. 典型草原抗风蚀能力的实验研究[J]. 环境科学，26(05)：164-168.

闫玉春，唐海萍，常瑞英，等，2008. 典型草原群落不同围封时间下植被、土壤差异研究[J]. 干旱区资源与环境，22(02)：145-151.

严平，2000. ^{137}Cs 法在土壤风蚀研究中的应用——以青海共和盆地为例（博士论文摘要）[J]. 中国沙漠，20(01)：102

杨东方，陈豫，2009. 数学模型在生态学的应用及研究[M]. 北京：海洋出版社.

杨秀春，严平，刘连友，等，2005. 农牧交错带不同农田耕作模式土壤风蚀的风洞实验研究[J]. 土壤学报，42(05)：35-41.

苑依笑，2019. 坝上地区风蚀对农田土壤理化性质的影响[D]. 石家庄：河北师范大学.

张春来，邹学勇，董光荣，等，2003. 植被对土壤风蚀影响的风洞实验研究[J]. 水土保持学报，17(03)：31-33.

张胜邦，董旭，刘玉璋，等，1999. 柴达木盆地东南部土壤风蚀研究[J]. 中国沙漠，19(03)：293-295.

张雪松，郝芳华，杨志峰，等，2003. 基于 SWAT 模型的中尺度流域产流产沙模拟研究[J].
水土保持研究，10(04)：38-42.

赵举，2002. 阴山北麓农牧交错带风蚀荒漠化治理的保持耕作模式研究[D]. 北京：中国农业
大学.

赵永来，麻硕士，陈智，2007. 植被覆盖地表的空气动力学粗糙度及对土壤风蚀的影响[J]. 农
机化研究，142(02)：36-39.

AKIBA, M, 1933. The threshold wind speed of sand grains on a wetted sand surface[J]. Journal of
Agricultural Engineering in Japan, 5: 157-174.

ANDREW S GOUDIE, 2006. The Human Impact on the Natural Environment: Past, Present, and
Future[M]. 6th Edition. USA: Blackwell Publishing.

BAGNOLD R A, 1941. The Physics of Blown Sand and Desert Dunes[M]. Chapman and Hall: Lon-
don.

BARDGETT R D, JONES A C, JONES D L, et al., 2001. Soil microbial community patterns related
to the history and intensity of grazing in sub-montane ecosystems[J]. Soil Biology and Biochemis-
try, 33(12): 1653-1664.

BELLY P Y, 1964. Sand movement by wind [J]. U. S. Army Coast Engineering Research Center,
Technical Memo, 1: 38.

CHEN W, 1991. Desertification in the Ordos coal mine region [J]. Journal of Desert Research in Chi-
na, 11: 50-60.

CHEPIL W S, WOODRUFF N P, 1963. The physics of wind erosion and its control[J]. Advance in
Agronomy, 15: 211-302.

CHEPIL W S, 1952. Dynamics of wind erosion: initiation of soil movement by wind I: soil structure[J].
Soil Sci, 75: 473-483.

CHEPIL W S, 1956. Influence of moisture on erodibility of soil by wind[J]. Proceedings of the Soil
Science Society of America, 20: 288-292.

DAI A, 2011. Drought under global warming: a review[J]. Wiley Inter disciplinary Reviews:
Climate Change, 2: 45-65.

DONG Z B, FRYREAR D W, GAO S Y, 1999. Modeling the roughness properties of artificial soil
clods[J]. Soil Science, 164(12): 930-935.

FECAN F, MARTICORENA B, BERGAMETTI G, 1999. Parametrization of the increase of the
aeolian erosion threshold wind friction velocity due to soil moisture for arid and semi-arid areas[J].
Annales Geophysicae, 17: 149-157.

FRYREAR D W, SALEH A, 1996. Wind erosion: field length [J]. Soil Science, 161 (06):
398-404.

GINOUX Paul, PROSPERO Joseph M, GILL Thomas E, et al., 2012. Global scale attrihution of
anthropogenic and natural dust sources and their emission rates based on MODIS Deep Blue
aerosol products[J]. Reviews of Geophysics, 50(03): RG 3005.

HAGEN L J, SKIDMORE E L, LAYTON J B, et al., 1988. Wind erosion abrasion: effects of ag-
gregate moisture [J]. Transactions of the ASAE, 31(03): 725-728.

JANAE Csavina, JASON Field, OMAR Félix, et al., 2014. Effect of wind speed and relative humidity on atmospheric dust concentrations in semi – arid climates [J]. Science of the Total Environment, 487: 82-90.

LARNEY F J, BULLOCK M S, JANZEN H H, et al. , 1998. Wind erosion effects on nutrient redistribution and soil productivity[J]. Journal of Soil and Water Conservation, 53(02): 133-140.

LI Wei, WANG Fang, BELL Simon, 2007. Simulating the sheltering effects of windbreaks in urban outdoor open space[J]. Journal of Wind Engineering and Industrial Aerodynamics, 95(07): 533-549.

MAMSHALL J K, 1971. Drag measuraments in roughness arrays of varying density[J]. Agricultural Meteorogy, 8: 269-292.

MEKURIA W, AYNEKULU E, 2013. Exclosure land management for restoration of the soils in degraded communal grazing lands in northern ethiopia[J]. Land Degradation & Development, 24 (6): 528-538.

MUNSON S M, BEL Nap, JOKIN G S, 2011. Responses of wind erosion to climate induced vegetation changes on the Colorado Plateau[J]. Proceedings of the National Academy of Sciences, 108 (10): 3854-3859.

NEUMAN C M, NICKLING W G, 1989. A theoretical and wind-tunnel investigation of the effect of capillary water on the entrainment of sediment by wind [J]. Canada Journal of Soil Science, 69: 79-96.

NICKLING W G, 1978. Eolian sediment transport during dust storms: Slims River Valle: Yukon Territory [J]. Canada Journal of Earth Science, 15: 1069-1084.

OKIN G S, PARSONS A J, WAINWRIGHT J, 2009: et al. Do changes in connectivity explain desertification? [J]. BioScience, 59(03): 237-244.

OKIN G S, GILLETTE D A, 2006: HERRICK J E. Multi-scale controls on and consequences of aeolian processes landscape change in arid and semiarid environments[J]. Journal of Arid Environments, 65: 253-275.

OLDEMAN L R, HAKKELING R T A, et al. , 1990. World map of the status of human-induced soil degradation: An explanatory note[M]. Wageningen: The Netherlands and Nairobi, Kenya, International Soil Reference and Information Centre and United Nations Environment Programme.

PROSPERO J M, GINOUX P, TORRES O, et al. , 2002. Environmental characterization of global sources of atmospheric soil dust identified with the Nimbus 7 Total Ozone Mapping Spectrometer (TOMS) absorbing aerosol product[J]. Reviews of Geophysics, 40 (03): 1002-1032.

RAUPACH M R, GILLETTE D A, LEYS J F, 1993. The effect of roughness elements on wind erosion threshold[J]. Journal of Geophysical Research, 98(D2): 3023-3029.

RAVI S, TED M Zobeck, THOMAS M, 2006. On the effect of moisture bonding forces in air-dry soils on threshold friction velocity of wind erosion[J]. Sedimentology, 53: 597-609.

REHEIS M, 1997. Dust deposition downwind of Owens (dry) Lake, 1991-1994: Preliminary findings[J]. Journal of Geophysical Research, 102: 25999-26008.

RICHARD Seager, MINGFANG Ting, ISAAC Held, et al. , 2007. Model projections of an imminent transition to a more arid climate in southwestern North America[J]. Science: 316: 1181-1184

RÖMKENS M J, WANG J Y, 1986. Effect of tillage on surface roughness[J]. Transactions of the

Asae, 29 (02): 429-433.

SEAGER R, VECCHI G A, 2010, 2001. Green house warming and the 21st century hydroclimate of southwestern North America[J]. Proceedings of the National Academy of Sciences of the United States of America, 107: 21277-21282.

SHAO Yaping, 2001. A model for mineral dust emission [J]. Journal of Geophysical Research: 106 (20): 236-254.

SHEIKH V, VISSER S, STROOSNIJDER L, 2009. A simple model to predict soil moisture: Bridging Event and Continuous Hydrological (BEACH) modeling[J]. Environmental Modelling & Software, 24: 542-556.

SHOUT J E, 1994. Wind erosion within a simple field[J]. Tran ASAE, 33: 1597-1600.

SINGER A, ZOBECK T, POBEREZSKY L, et al., 2003. The PM 10 and 2.5 dust generation potential of soils/ sediments in the southern Aral Sea Basin: Uzbekistan[J]. Journal of Arid Environments, 54 (04): 705-728.

TIAN Kanliang, WU Yuyao, ZHANG Huili, et al., 2018. Increasing wind erosion resistance of aeolian sandy soil by microbial induced calcium carbonate precipitation[J]. Land Degradation & Development, 29(12): 4271-4281.

TSOAR H, PYE K, 1987. The mechanics and geological implications of dust transport and deposition in deserts: with particular reference to loess formation and dune sand diagenesis in the northern Negev: Israel[M]. In: Frostick, L E, Reid, I. Desert Sediments: Ancient and ModernSpecial Publication-Geological Society of London 35. Blackwell: Oxford: 139-156.

WIGGS G F S, BAIRD A J, ATHERTON R J, et al., 2004. The dynamic effects of moisture on tlie entrainment and transport of sand by wind[J]. Geomorphology, 59: 13-30.

WILLIAMS J D, DOBROWOLSKI J P, WEST N E., 1999. Microbiotic Crust influence on unsaturated hydraulic conductivity[J]. Arid Soil Research and Rehabilitation, 13: 145-154.

ZENG N, YOON J, 2009. Expansion of the world's deserts due to vegetation-albedo feedback under global warming[J]. Geophysical Research Letters, 36: L17401.

ZHANG Y, HUANG D, BADGERY W B, et al., 2015. Reduced grazing pressure delivers production and environmental benefits for the typical steppe of north China [J]. Sci Rep, 5: 16434.

ZHAO H L, ZHAO X Y, ZHOU R L, 2005. Desertification processes dueto heavy grazing in sandy rangeland: Inner Mongolia[J]. Journal of Arid Environments, 62: 309-319.

ZHOU J, DENG Y, LUO F, et al., 2010. Functional molecular ecological networks[J]. MBio: 1 (4): e00169-10.

第四章 风蚀和土壤环境

第一节 风蚀过程中土壤养分变化

一、风蚀过程中土壤养分损失量计算

风蚀造成的土壤养分损失量可表示为风蚀量与风蚀物中养分含量的乘积，用公式表达为：

$$F_i = Q \times p_i$$

式中：F_i 为风蚀造成的第 i 种养分的损失量 $[t/(hm^2 \cdot a)]$；Q 为年内土壤风蚀量 $[(t/hm^2 \cdot a)]$；p_i 为第 i 种养分在风蚀物中的含量（%）。

二、风蚀区不同耕作土壤养分损失量

严重的土壤风蚀会剥离农田中富有营养的细微颗粒，造成农田土壤粗粒化和土地质量下降，这是目前所倡导的循环农业和耕地质量提升所必须面临的一个环境问题。若继续采取粗放的管理模式，农田土壤风蚀问题将得不到有效的防治，农田土壤的风蚀问题将越来越严重。农业部保护性耕作研究中心对河北坝上、内蒙古正蓝旗以及北京三地的不同耕作地风蚀研究表明，保护性耕作相较传统耕作可以降低土壤损失量，为传统耕作的 1/2 以下，土壤有机质、氮、磷、钾等养分的损失也显著减少，风蚀导致的沙化使农田全氮处于衰减的动态过程中。有研究表明，沙漠化程度每增加 1 级，全氮含量下降 0.059g/kg（苏永忠等，2003）。而且同一地区不同耕作处理农田土壤风蚀也有很大差别，表 4.1 总结了不同地区土壤风蚀过程中土壤养分损失状况的一些研究成果，从中可以看出，风蚀区采用适当的保护性耕作能显著抑制风蚀过程中土壤养分损失。因此，通过采取适当措施减少风蚀，可以保护土壤，从而保证能够长远地提高土壤的质量和生产力，确保中国粮食生产的长远可持续性发展和农业的总体经济效益。

表 4.1 部分地区风蚀造成的土壤养分损失比较

地表类型	有机质	全氮	全磷	全钾	土壤损失量	资料来源
河北坝上传统耕作	8.899 t/hm²	0.5325 t/hm²	0.1101 t/hm²	7.014 t/hm²	347.626 t/hm²	农业部保护性耕作研究中心 李洪文(2008)
河北坝上保护性耕作	6.136 t/hm²	0.3773 t/hm²	0.0746 t/hm²	2.377 t/hm²	130.142 t/hm²	
内蒙古正蓝旗传统耕作	3.818 t/hm²	0.2245 t/hm²	0.0470 t/hm²	2.507 t/hm²	126.891 t/hm²	
内蒙古正蓝旗保护性耕作	1.955 t/hm²	0.1144 t/hm²	0.0242 t/hm²	1.240 t/hm²	62.893 t/hm²	
北京传统耕作	6.036 t/hm²	0.5977 t/hm²	0.2203 t/hm²	5.430 t/hm²	256.14 t/hm²	
北京保护性耕作	2.757 t/hm²	0.2814 t/hm²	0.1129 t/hm²	2.529 t/hm²	114.08 t/hm²	
山东夏津(鲁西北)	0.09~0.17t/hm²	0.007~0.014t/hm²	0.017~0.034t/hm²	0.3~0.6t/hm²	14~28t/hm²	赵存玉(1992)
甘肃秦王川	2 t/hm²	0.1 t/hm²	0.19 t/hm²	2.65 t/hm²	106.08 t/hm²	肖洪浪(1998)
内蒙古后山地区	/	0.0407 t/hm²	0.0315 t/hm²	/	30~60 t/hm²	董治宝(1997)
晋西北	/	1.11 t/hm²	/	/	127.8 t/hm²	李建华(1991)
河北坝上康保县翻耕耙平地	0.24~1.56 t/(hm²·a)	0.02~0.10 t/(hm²·a)	/	/	/	苑依笑(2019)
河北坝上康保县留茬地	0.08~0.50 t/(hm²·a)	0.01~0.03 t/(hm²·a)	/	/	/	
内蒙古科尔沁沙地	/	0.0215 g/kg	/	/	/	苏永忠等(2003)
极严重荒漠化农田(与非荒漠化农田相比)	27.3%	39%	24%	/	/	魏林源等(2013)

三、风蚀过程中土壤养分损失量年际差异

1980—2015 年中国北方因风蚀每年引起的土壤有机质（SOM）、全氮（TN）与全磷（TP）流失量分别为 0.07Tg、0.004Tg 和 0.005Tg，2001 年 SOM、TN 和 TP 的流失量达到 0.1Tg、0.006Tg 和 0.007Tg，为历年最高。但在该时间段内，中国北方地区因沙尘排放引起的土壤养分流失量除了在年际间出现较大波动之外，总量的变化趋势并不明显。纵观全国各个地区，因风蚀导致 SOM、TN、TP 流失较严重的地区主要位于甘肃西北部、内蒙古西部和新疆东部地区，而且大部分区域的流失量呈现逐年增加的势头（赵海鹏等，2019）。鉴于此，如果中国干旱和半干旱地区大量的农田不及时采取有效的风蚀防治措施，按照现在的趋势发展，几十年之后，这些旱作农田将无法再耕种，作为中国的主要耕地，它们将彻底丧失生产能力。

四、风蚀过程中土壤养分迁移规律

风蚀过程中土壤肥力迁移规律通常采用风蚀物的有机质及养分富集率来表示，富集率的计算方法为土壤风蚀物有机质及养分含量与相应的土壤表层有机质及养分含量之比。通过把近几年关于风蚀过程中土壤养分富集率的一些研究进行总结归纳后发现（表 4.2），土壤风蚀过程中造成大量的土壤有机质和养分损失，其中以全磷的损失最为明显，风蚀物中富集率达到 2.35，其次是有机质的损失，而且传统耕作农田土壤风蚀物的有机质及养分富集率都略高于保护性耕作农田（周建忠，2004）。冯晓静等（2007）通过对内蒙古正蓝旗哈毕日嘎镇小麦秸秆残茬覆盖保护性耕作农田和传统翻耕耙碎农田土壤风蚀物的理化参数分析得出，传统耕作农田和保护性耕作农田一样，风蚀过程中土壤风蚀物中的有机质和养分的富集率变化规律一致，随高度增加，土壤地表有机质、全氮、全磷和全钾呈现增高的趋势。该研究结果和李胜龙等（2019）对黑土风蚀物有机质含量随高度变化规律的研究结果高度一致，通过该研究结果还可以发现，风蚀过程中风蚀物中有机质和养分平均含量是表层土壤的 1.50~1.68 倍，而且，风蚀物中全氮和全磷含量均高于表层土壤。

表 4.2　风蚀过程中不同耕作农田土壤养分平均富集率

耕作方式	有机质	全氮	全磷	全钾	数据来源
传统耕作	2.18	1.74	2.38	1.08	
保护性耕作	1.72	1.73	2.32	0.98	周建忠（2004）
平均	1.95	1.74	2.35	1.03	

（续）

耕作方式	有机质	全氮	全磷	全钾	数据来源
传统耕作	1.84	1.74	2.20	1.08	冯晓静等（2007）
保护性耕作	2.01	1.83	2.32	0.98	
平均	1.925	1.785	2.26	1.03	
黑土垄作无覆盖	1.682601	1.296296	2	/	根据李胜龙等（2019）数据整理（10cm 高度风蚀物）
黑土免耕留茬	1.468568	0.852273	1.1	/	
平均	1.575584	1.074285	1.55	/	
风沙土垄作无覆盖	1.002225	0.913043	3	/	
风沙土垄作覆盖	0.686972	1.027778	4	/	
风沙土免耕留茬	1.047656	0.970588	3.666667	/	
平均	0.912284	0.97047	3.555556	/	

第二节　风蚀对土壤碳库的影响

一、风蚀对土壤有机碳稳定性的影响

近年来，陆地生态系统碳循环过程和大气 CO_2 的碳汇效应的变化成为土壤生态学、气象学和地理信息学研究的热点问题。土壤有机碳储量比土壤无机碳储量更容易受人为和自然因素的影响。天然系统转为农业生态系统导致表层土壤有机碳储量下降，大多数情况下整个土壤剖面中的土壤有机碳总量也会下降。但在不同土壤和气候条件下，损失程度也有所不同。在易受侵蚀、盐渍化、养分耗竭或不平衡、结构破坏和压实、酸化、毒害、污染的土壤中，土壤的有机碳损失的速度和幅度会加剧。LaI R（1999）指出自 1850 年以来，土壤中的有机碳损失量在66~90Pg，通过侵蚀作用所损失的碳 19~31Pg（表4.3）。于贵瑞等（2003）研究后指出，世界干旱区遭受强烈侵蚀和严重侵蚀的土壤面积为 1.036 亿 hm^2，中度侵蚀的土壤面积为4.239 亿 hm^2。轻度侵蚀、中度侵蚀、强烈侵蚀、严重侵蚀导致的碳损失量分别为 0.08~0.10PgC/a、0.11~0.14PgC/a、0.0015~0.002PgC/a、0.206~0.262PgC/a。

一般观点认为，风蚀过程中养分会彻底损失，造成整个生态系统养分不平衡，其实不然，风蚀过程导致养分在不同的生态系统之间再分配。在风蚀过程中，风力的作用导致地表一些微细小颗粒随风漂移，进行不同距离的输送和沉积，从而促使养分在不同大小的生态系统之间重新分配：部分养分在生态系统内部之间重新分配，还有一部分沉积到低凹的区域，也有可能在风力的作用下被带到其他的生态系统，甚至其他的圈层。风蚀过程中，土壤碳的迁移规律遵循养分的迁移规律，在整个过程中大部分土壤中碳由于风蚀作用会在地表重新分配或者由于人为作用导致土壤碳重新分配后被埋于地下，部分碳还会以气态 CO_2 或者是 CH_4 的形式散失到大气中去。有研究估算，风蚀导致每年有 0.4~0.6Gt C 在地表进行重新分布，其中有 0.8~1.2Gt C 进入大气圈（Lal R，2004）。Duan 等（1935）的估算结果更高，估算结果表明，近 40 多年来，我国荒漠化土地 CO_2 的净排放量达到了 9.019Mt 的碳，导致温室效应发生。由此表明，风蚀过程中陆地表面碳积累和排放的微小变化不但影响土壤碳的重新分配，而且导致温室效应发生和全球变暖。

表 4.3　水和风侵蚀过程中土壤有机碳损失的估算

侵蚀	面积		历史土壤有机碳的损失 Pg C
	水（$10^5 \times hm^2$）	风（$10^5 \times hm^2$）	
轻度	343	269	2~3
中度	527	254	10~16
重度	224	26	7~12
合计	/	/	19~31

来源：Lal R（1999）。

二、土地利用类型对风蚀区土壤有机碳稳定性的影响

土壤有机碳稳定性指在一定的外力扰动和水热条件下，土壤有机碳抗逆性强弱的具体表现形式。土壤有机碳稳定性不仅取决于有机碳内部的化学结构、有机碳的类型、有机碳的微生物可利用性以及于环境的互作形式，还取决于有机碳对环境变化的敏感程度。土地利用类型不同，导致风蚀过程中有机碳稳定性不同，进而影响有机碳的再分配规律。目前，针对风蚀过程中有机碳稳定性的研究已开展了大量的工作，丁肇龙（2018）通过 ^{137}Cs 活度计算出不同土地利用类型下风蚀过程中净土壤有机碳再分配速率以及土壤有机碳流失速度（表 4.4），结果显示，在所研究的五个地类土壤中，有机碳流失速率最大的为耕地，其次为荒漠草地，最低的为固定沙地，耕地样点的土壤有机碳流失速度达到 54.17t/（$km^2 \cdot a$），其主要原因可能是相较于沙地，耕地有机碳含量较高，而且具备一定的可蚀性。

人类耕作活动虽然能通过有机物料的输入导致大量土壤有机碳输入，但在风蚀作用的影响下，也会造成土壤有机碳的快速流失。可以通过改变耕作方式来减缓有机碳损失速率，例如，通过免耕、休耕等保护性耕作措施，也可以改变易蚀区土地的利用方式（退耕还林等）来调整地表的有机质含量，从而减缓风蚀总有机碳损失，主要原因是土壤有机质含量随土壤风蚀相对强弱指数的变化而出现规

律性的波动，随着土壤有机质含量的不断提高，土壤风蚀相对强弱指数减小，表土物质损失减小，其土壤的抗风蚀能力增强(袁晓宇等，2007)。但纵观整个土壤剖面，风蚀主要影响表层土壤有机碳含量，有研究表明，土壤风蚀强度的持续增加主要危害表层土壤有机质含量，其随风蚀强度的增加呈现逐渐减小的趋势，平均减少幅度为1.37%。这也是土壤热点风蚀区域表层土壤有机质含量低、土壤趋于贫瘠的一个主要原因。

表4.4 不同土地利用类型下土壤有机碳流失速度 $t/(km^2 \cdot a)$

土地利用类型	有机碳流失速率	计算公式
荒漠草地	10.06	$C_R = E \times OC$
裸地	6.51	式中：C_R 是土壤有机碳流失速率，$t/(km^2 \cdot a)$；
固定沙地	3.60	E 代表土壤再分配速率，即风蚀期间土壤侵蚀速
半固定沙地	4.62	率，$t/(km^2 \cdot a)$；OC 代表土壤有机碳含量，
耕地	54.17	g/kg

资料来源：丁肇龙(2008)。

三、风力侵蚀土壤有机碳的空间分布

一般把风力作用下导致土壤及其松散母质被剥蚀、搬运和聚积的整个过程称之为风力侵蚀(表4.5)。风力侵蚀发生在世界上大多数干旱和半干旱地区。在中国，西北(新疆、内蒙古、甘肃河西5市、陕西北部)和东北(辽宁、吉林、黑龙江)是主要发生区域。在中国的这些地区中，新疆北部和东部、甘肃西部、青海西北部和内蒙古西部地区土壤有机碳风力侵蚀最大，平均超过了$30g \cdot C/m^2$，相较而言，内蒙古东部地区土壤有机碳的风蚀量较小，一般不超过$4g/C \cdot m^2$。如果以年净第一性生产力(NPP)为参比对象，研究中国不同风蚀强度影响下的土壤有机碳侵蚀量的空间分布，结果显示，新疆、青海、甘肃和内蒙古西部这4个地区土壤有机碳风蚀量超过年净第一性生产力(NPP)，差值为$5 \sim 60g \cdot C/m^2$。而内蒙古中部和东部地区土壤有机碳风蚀量小于NPP，其中，内蒙古中部地区差值为$-5 \sim -150g/C \cdot m^2$。宁夏、河套地区土壤有机碳风蚀量与NPP基本相当，属于过渡带(延昊等，2004)。

表4.5 不同土壤风蚀强度影响下有机碳的变化

土壤风蚀强度	表层土壤平均有机质含量(%)	土壤有机碳的风蚀量($g \cdot C/m^2$)	NPP($g \cdot C/m^2$)	土壤有机碳的风蚀量与NPP差值($g \cdot C/m^2$)
微度侵蚀	2.02	2.3	243.9	−241.6
轻度侵蚀	1.90	11.0	187.7	−176.7

（续）

土壤风蚀强度	表层土壤平均有机质含量(%)	土壤有机碳的风蚀量($g \cdot C/m^2$)	NPP($g \cdot C/m^2$)	土壤有机碳的风蚀量与NPP 差值($g \cdot C/m^2$)
中度侵蚀	1.38	29.7	108.3	-78.6
强度侵蚀	0.86	32.6	56.4	-23.8
极强度侵蚀	0.47	30.6	24.7	5.9
剧烈侵蚀	0.65	61.6	30.7	30.9

注：NPP 为净第一生产力。

资料来源：延昊等（2004）。

四、风蚀对农田生态系统固碳的影响

土壤的水蚀和风蚀等侵蚀作用引发的水土流失破坏了农田生态系统的土壤结构及其稳定性，减少了土壤生物、土壤养分和土壤有机质，直接导致土壤碳库的流失和 CO_2 排放。土壤养分的减少还影响作物正常生长，导致作物固碳能力随之降低。因此，和植被遭受破坏（砍伐、开荒、水土流失）一样，风蚀也是导致农田生态系统碳遗失的一个主要原因，因为风蚀加剧了土壤有机质的氧化和矿化过程，导致土壤 CO_2 排放增加，影响农田生态系统固碳保肥。

1. 风蚀作用下农田碳损失量的估算

土壤碳损失量（C_{lose}）由下式计算：

$$C_{lose} = \sum_{i=0}^{i=n} R_w \times S \times SOC \times t \times 10$$

式中：C_{lose} 为风蚀导致土壤碳的损失量（kg/hm²）；R_w 为风蚀速率，即在单位时间内和单位面积上发生的侵蚀量[$g/m^2 \cdot min$]；S 为农田面积（hm²）；t 为风蚀作用时间（一天中风速 $\geq 5.28m$ 的持续时间，min）；SOC 为 0~20cm 平均碳含量（g/kg）。

土壤有机碳密度由下式计算：

$$SOC_i = (C_i \times D_i \times E_i)/100$$

式中：C_i 为土壤有机碳含量（g/kg）；D_i 为容重（g/cm³）；E_i 为土层厚度（cm）。

通常采用一定的土层中，单位面积中土壤有机碳的贮量来表示土壤有机碳密度，一般用 t/hm² 或 kg/m² 表示。目前，在衡量土壤中有机碳贮量时，通常采用土壤碳密度这一关键性指标。某层位 i 的有机碳密度（SOC_i，kg/m²）的计算公式为：

2. 风蚀对农田生态系统固碳的影响

土壤侵蚀造成的农田碳损失严重区域主要分布在美洲中部、非洲中东部、中国西南部和东南亚。避免土壤侵蚀，可以增加农田固碳。全球土壤侵蚀造成农田生态系统碳损失量约为 0.12PgC/a，碳损失速率为 $0 \sim 0.2tC/(hm^2 \cdot a)$（Oost et al.，2007），全球湿润区避免土壤侵蚀农田的固碳速率为 $0.2 \sim 0.5tC/(hm^2 \cdot a)$，半干旱区避免土壤侵蚀农田的固碳速率为 $0.1 \sim 0.2tC/(hm^2 \cdot a)$（Lal，1999a）。风蚀过程中表层土壤有机碳的侵蚀量从微度侵蚀的 $2.3g \cdot C/m^2$ 到剧烈侵蚀的 $61.6g \cdot C/m^2$，侵蚀量平均每平方米增加了约 $59.3g \cdot C/m^2$（延昊等，2004），说明风蚀成为农田地表土壤碳损失的动力之一，随着土壤风蚀的加剧，土壤有机碳的侵蚀量在增加，农田土壤中的大量营养物质损失，土地生产力下降，进而促进地表养分的再分配，促进碳在土壤圈、生物圈和大气圈中的循环。

第三节　风蚀对土壤机械组成的影响

一、风蚀过程中土壤细颗粒流失量计算方法

通常采用风蚀量与风蚀物中细颗粒含量的乘积来表示风蚀造成的土壤细颗粒损失量，采用以下公式来计算：

$$q_i = Q \times p_i$$

式中：q_i 表示第 i 种细颗粒在风蚀中的损失量 $[t/(hm^2 \cdot a)]$，Q 表示年内土壤风蚀量 $[t/(hm^2 \cdot a)]$；p_i 表示风蚀物中第 i 种细颗粒的含量（%）。

二、风蚀区耕作过程中土壤细颗粒流失量

土壤颗粒不但通过粒径大小、组合比例与排列状况直接影响土壤的基本物理和化学性状，而且能够起到支撑植株生长的作用。土壤颗粒可分为粗骨沙质、粗骨壤质、粗骨黏质、沙质、壤质、粗壤质、细壤质、粗粉质、细粉质、黏质、细黏质、极细黏质等。耕作措施是影响土壤颗粒组成的关键，已有研究表明，风蚀过程导致翻耕耙平地农田地表黏粒的年均损失量为 $1.17 t/(hm^2 \cdot a)$，粉沙的年均损失量为 $7.64 t/(hm^2 \cdot a)$。而留茬条件下，损失量明显变小，农田地表黏粒的年均损失量降低为 $0.37t/(hm^2 \cdot a)$；粉沙的年均损失量平均为 $2.44t/(hm^2 \cdot a)$（苑依笑，2019）。可以看出，翻耕耙平条件下农田土壤细颗粒的损失明显高于留茬条件，因此秋季农作物收获后，应尽量减少翻耕，在农田中保留残茬，这样既能抑制土壤风蚀，也能减少富含养分的细颗粒随风流失。

李胜龙等（2019）通过对吉林省四平市梨树县中国农业大学吉林梨树实验站黑土和风沙土风蚀过程中风蚀物的颗粒组成变化研究表明（表4.6），风蚀物砂粒含量整体高于表层土壤。各样地风蚀物砂粒含量为表层土壤的 $1.03 \sim 1.37$ 倍，表明风蚀过程中，大多以跃移为主的粒径都在区域内部被截留。黑土风蚀物黏粒含

量较表土层高，表明黑土风蚀物主要以砂粒与黏粒为主，通过免耕、地表留茬以及秸秆覆盖等保护性耕作方式能有效降低黑土风蚀区土壤风蚀程度。风沙土样地表现为风蚀物粉粒和黏粒含量极低，而且不同耕作措施下的土壤风蚀强度差异巨大。

表 4.6　不同耕作方式下土壤风蚀物颗粒组成及风蚀程度

耕作方式	土壤质地	风蚀物中沙粒/表土沙粒	风蚀物中粉粒/表土粉粒	风蚀物中黏粒/表土黏粒	风蚀模数 $[t/(km^2 \cdot a)]$	风蚀程度
黑土垄作无覆盖	粉沙质壤土	1.22	0.83	2.09	181.72	微度
黑土免耕留茬	粉沙质壤土	1.37	0.81	3.56	34.91	微度
平均值		1.29	0.82	2.82	108.32	
风沙土垄作无覆盖	沙土	1.08	0.74	0.92	86582.93	剧烈
分沙土垄作覆盖	沙质壤土	1.04	0.85	0.215	344.8	轻度
风沙土免耕留茬	沙土	1.09	0.69	0.53	8342.53	极强度
平均值		1.07	0.76	0.55	31756.75	

资料来源：根据李胜龙等（2019）研究成果整理。

注：风蚀物收集高度为 10cm。

杨彩红、王军强等（2019）通过对民勤绿洲区不同年限撂荒农耕地土壤风蚀速率对不同土壤颗粒组成的影响研究发现，土壤风蚀速率与不可蚀性颗粒（粒径≥1mm 的团聚体及粗砂砾）的含量之间存在显著相关关系，土壤风蚀速率随不可蚀性颗粒含量的增加呈非线性减低趋势（图 4.1）。

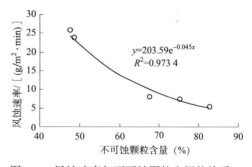

图 4.1　风蚀速率与不可蚀颗粒之间的关系

三、风蚀过程中土壤颗粒组成变化

Chepil 和 Woodruff（1941）在水稳性团聚体和干土块与风蚀度之间的关系方面开展了大量的研究，研究结果表明，直径小于 0.84mm 的颗粒最易于风蚀。不同粒径大小的团聚体对地表的保护程度是不同的，只有不易被风搬运出的大团聚体，才能对土壤提供最大程度的保护。由于在土壤风蚀过程中，首先发生地表颗粒分选和通过风沙流的磨蚀作用打破地表结皮层，因而，大团聚体和结皮层的动态抗蚀性就显得尤其重要，因此，必须采取措施增加土壤的聚合稳定性，例如增加土壤含水量。荣姣凤等(2004)研究表明，风蚀过程中沙地和农田土壤中散失的细沙粒成分都明显大于原始土样(表4.7)，由此可见，风蚀主要导致直径较小的细微小颗粒的流失，从而导致地表粗糙度越来越大，分形维数越大，养分遗失区域明显。

表4.7　农田土样及其沙样风蚀前后颗粒组成

项目	颗粒组成					
	2~1mm	1~0.5mm	0.5~0.25mm	0.25~0.1mm	0.1~0.045mm	0.045~0.02mm
土样	12.52	16.72	12.92	14.74	34.10	9.00
风蚀样	2.83	5.83	10.25	19.54	55.69	5.86
风蚀样/土样	0.23	0.35	0.79	1.33	1.63	0.65
沙样	20.5	13.83	55.46	23.73	4.64	0.29
风蚀样	0.48	7.71	47.93	28.45	15.43	/
风蚀样/土样	0.23	0.56	0.82	1.19	3.33	/

资料来源：根据荣姣凤等(2004)研究成果整理。

参考文献：

丁肇龙，2018. 新疆准东地区风蚀对土壤有机碳的影响[D]. 乌鲁木齐：新疆大学.

董治宝，陈渭南，李振山，等，1997. 风沙土开垦中的风蚀研究[J]. 土壤学报，34(01)：74-80.

冯晓静，高焕文，李洪文，等，2007. 北方农牧交错带风蚀对农田土壤特性的影响[J]. 农业机械学报，38(05)：51-54.

李洪文，胡立峰，2008. 保护性耕作的生态环境效应[M]. 北京：中国农业科学技术出版社.

李建华，1991. 晋西北丘陵风沙区风力侵蚀规律及防治途径[J]. 中国农业科学，5：71-77.

李胜龙，李和平，林艺，等，2019. 东北地区不同耕作方式农田土壤风蚀特征[J]. 水土保持学报，33(04)：110-118+220.

荣姣凤，2004. 移动式风蚀风洞研制与应用[M]. 北京：中国农业大学.

苏永中，赵哈林，2003. 农田沙漠化过程中土壤有机碳和氮的衰减及其机理研究[J]. 中国农业科学，36(08)：928-934.

魏林源，刘立超，唐卫东，等，2013. 民勤绿洲农田荒漠化对土壤性质和作物产量的影响[J]. 中国农学通报，29(323)：315-320.

肖洪浪，1998. 甘肃秦王川大规模农垦中风蚀与养分、盐分变化[J]. 土壤通报，29(04)：148-150.

延昊，王绍强，王长耀，等，2004. 风蚀对中国北方脆弱生态系统碳循环的影响[J]. 第四纪研究，24(06)：672-677；734.

杨彩红，王军强，柴强，等，2019. 民勤绿洲区撂荒农耕地抗风蚀效果[J]. 水土保持学报，33(01)：57-61+67.

于贵瑞，何念鹏，王秋风，等，2013. 中国生态系统碳收支及碳汇功能——理论基础与综合评估[M]. 北京：科学出版社.

袁晓宇，海春兴，刘广通，2007. 阴山北麓不同用地土壤有机质含量对抗风蚀的作用研究[J]. 水土保持研究，14(06)：306-312.

苑依笑，2019. 坝上地区风蚀对农田土壤理化性质的影响[D]. 石家庄：河北师范大学.

赵存玉，1992. 鲁西北风沙化农田的风蚀机制、防治措施——以夏津风沙化土地为例[J]. 中国沙漠，3：49-53.

赵海鹏，宋宏权，刘鹏飞，等，2019. 1980—2015年风蚀影响下中国北方土壤有机质与养分流失时空特征[J]. 地理研究，38(11)：2778-2789.

周建忠，2004. 土壤风蚀及保护性耕作减轻沙尘暴的试验研究[D]. 北京：中国农业大学.

DUAN Z H, XIAO H L, DONG Z, 1935. Bet al. Estimate of total CO_2 output from decertified sandy land in China[J]. Atmospheric Environment, (34)：5915-5921.

LAI R, 1999a. Global carbon pools and fluxes and the impact of agricultural intensilication and judicious land use. Prevention of Land Degradation：Enhancement of Carbon Sequestration and Conservation of Biodiversity Through Land Use Change and Sustainable Land Management with a Focus on Latin America and the Caribbean [R]. Rome：FAO：45-52.

LAI R, 1999. Soil Management and restoration for C sequestration to mitigate the acclerated greehouse effect[J]. Progress in Environment Science, 01(04)：307-326.

LAL R, 2004. Soil carbon sequestration impacts on global climate change and food security[J]. Science, 304：1623-1627.

OOSTK V, QUINE T A, GOVER G, et al., 2007. The impact of agricultural soil erosion on the global carbon cycle[J]. Science, 318(5850)：626-629.

第五章 风力侵蚀及侵蚀强度

第一节 全球地面风场特点

一、地球表面风带

深入分析和探讨大尺度风蚀的过程和根本原因，必须研究全球地面风场的分布特征和规律。全球有 7 个主要风带，分别是赤道无风带、（南北）信风带、（南北）西风带、（南北）极地东风带。信风带分别分布在南纬 20°～30°和北纬 20°～30°地带。由于地球是以 23.5°的倾斜角绕太阳公转，因而南北信风带的位置也是随着季节的变化而有规律地移动着。信风带在北半球盛行东北风，在南半球则盛行东南风，风向稳定。西风带分别分布在南纬 40°～50°和北纬 40°～50°地带，长年盛行西风，而且风力较大。极地东风带分别分布在南纬 60°～70°和北纬 60°～70°地带，长年盛行东风，风力也较大。当风蚀发生时，影响亚洲沙尘输移的主要风向是西北风或西风，在该风向的影响下，沙尘主要飘移方向是中国的华北和东北地区，在强劲风力的作用下，可以远飘到太平洋沉落。从这个路线可以看出，中国的中部和西南地区遭受沙尘侵袭的概率很小，但随着未来气候条件的变化，有可能中国的中部和西南部也会遭遇沙尘侵袭。

二、地球表面风况特征

风况是影响风沙地貌发育的重要因子，但同时地貌特征极大地影响地球表面风况特征。风况特征决定着风能资源的分布，地球表面风能高值区（8 级以上）主要分布在以下几个地区：北半球的北大西洋、南半球中高纬度洋面、北太平洋以及北冰洋的中高纬度部分洋面上，而大陆上风能则一般都小于 7 级，大陆上多风地带主要分布在西北欧沿海、美国西部、黑海地区以及乌拉尔山顶部，这些地区大多位于沿海和开阔大陆的收缩地带。美国科罗拉多大学博尔德分校（University of Colorado Boulder）的研究人员发现，未来全球风况将受气候变化的显著影响，该变化有可能导致在下一个世纪，风能资源在南半球一些地区急剧增长，而与此相反，北半球许多地区的风能资源会逐渐减少，该结果发表在《自然·地球科学》杂志上。作为全球土壤风蚀的关键影响因素，地球表面风况的研究有重要的科学意义。

也有研究人员提出了不同的观点，研究结果显示，最近地表风速的增长速度是 2010 年以前下降速度的 3 倍，出现一个快速反弹，也表明经过几十年的静止后，全球地表风速在短短 8 年间恢复到了 1980 年左右的水平。其中，全球提速较为明显的 3 个区域分别为北美洲、欧洲和亚洲，亚洲地区提速较为明显的地区是东南亚地区，风速提速高于全球，并在 2000 年以后开始提速进一步加快。该团队总结了全球陆地风速从静止到快速提速的潜在因素，研究发现，大规模的海洋/大气振荡是驱动地表风速变化(包括先前的静止和最近的逆转)的关键，其中，最为明显的是太平洋年代际涛动、北大西洋涛动和热带北大西洋指数变化，对全球风速变化起到关键性作用。该研究有力地反驳了植被生长活动增强或城市化扩张引起的地表粗糙度增强从而导致全球风速减缓甚至静止的假设(Zeng et al.，2019)。

三、中国风况特征

我国风况的分布地域特性明显，一是低海拔地区的年大风日数明显少于高海拔地区，二是大风主要集中在一些峡谷地带，平原区大风日数相对较少。我国目前有三个大风多发区，一是青藏高原地区，该地区是我国大风日数最多、分布范围最广的地区，年大风日数可达到 75 天以上；二是内蒙古中北部以及新疆西北部地区，该地区年大风日数能达到 50 天以上；三是东南沿海及其岛屿，年大风日数高达 50 天以上。此外，一些山地隘口和孤立山峰处也是大风的多发地带。因此，导致我国的阿拉善高原、河套平原及鄂尔多斯高原为全国主要沙尘源区之一。而如果从一年四季风速空间分布格局来看，多年季节性平均风速的空间分布特征与多年平均风速空间分布特征相似，在一年四季中，春季的平均风速普遍大于其他三个季节，表现最为明显的是华北南部、云南东部、四川西部以及东北地区，而除了云南东部及沿海地区外，西南地区和华南地区大部分站点四季风速都较小(王楠，2019)。

四、风速剖面特征

1. 充分扰动条件下风速剖面

早在 1894 年，尤德就指出：由于植被和其他障碍物的阻挡作用，近地表风速最低，随高度增加而加大。奥尔森西弗尔(1908)也观测到粗糙地表面以上 3cm 处的风速大于平滑地表面相同高度上的风速，这两条规律被综合到普兰特和冯卡曼方程中。该方程描述了在充分扰动条件下，地面以上150cm以下的平均风速剖面计算方程如下(柯克比等,1987)：

$$u_z = (2.3/k) u_* log \left(\frac{z}{z_1}\right) \tag{1}$$

式中：u_z 为在平均空气动力面以上任一高度 $z(z<150cm)$ 处的风速；z_1 为平均空气动力面以上风通为零时的高度(按砂粒粗循高度 Ad 的 $1/30$ 计)；u_* 为摩阻流速；k 为卡曼紊流通用常数，对于清洁流体，k 约等于0.4。

而当 $k_s \leqslant 1.5mm$，

$$u_* = \left(\frac{\tau_0}{\rho}\right)^{\frac{1}{2}}$$

式中：τ_0 为地面基部的剪切力；ρ 为流体质量密度。

公式(1)适用于流体动力粗糙边界，这时雷诺数 R_k 大于90，即：

$$R_k = \frac{u_* k_s}{v} \geqslant 90$$

式中：v 为流体的运动黏滞系数。

当 $R_k \leqslant 3.5 \sim 4.0$ 时，边界是"光滑的"，其粗糙度元素仍保持在层流(无扰动)底层。

2. 侵蚀表面的风速剖面

一旦沙粒开始移动，则运动的沙粒对气流产生阻力影响，反过来，气流又改变风速剖面。从式(1)可见，在某一给定的稳定表面上空，风速为零的高度保持恒定，而与摩阻流速的任何变化无关。然而，在一个被侵蚀的表面上，拜格诺(1941)发现，风速剖面可用下式表示(柯克比等,1987)：

$$u_z = \left(\frac{2.3}{k}\right) u'_* \cdot log\left(\frac{z}{z_t}\right) + u_t$$

式中：u'_* 为摩阻流速(某一被侵蚀的表面之上)；u_t 为起动风速(沙粒开始移动时的风速)；z_t 为平均空气动力面以上高度，此高度时，风速等于 u_t

如果表面糙度和起动风速不变，对于所有的摩阻流速值，z_t 点都是常数。

正如上面指出的，在对沙粒输送机理的解释方面，z_t 点及其以下的风速剖面的准确性质是非常重要的。拜格诺(1941)认为，在焦点 z_t 处，风速剖面发生聚合，这种观点也得到切贝尔和伍德拉夫(1963)的支持。他们认为，在焦点下方，随着摩阻流速增加，风速减低。这一点可以这样来解释：假设摩阻流速的增加，会引起沙粒移动的增加，反过来，沙粒移动又增加了对焦点以下气流的拖曳力(或阻力)。但是，津格(1953)认为，当 z_t 小于15.2mm时，风速剖面呈现出一种弧形聚合。

第二节　风力作用过程

风力侵蚀的前提是区域有侵蚀风产生，其作用过程主要包括风力侵蚀、风力输移以及风力沉积作用。在风力的 3 种作用下极易造成土壤风蚀，从而导致风蚀荒漠化。

一、风力侵蚀

1. 侵蚀风界定

风对地表岩石、风化物和土壤的破坏作用称为侵蚀，作用于土壤表面的风能根据其破坏性可分为两种，一种是非侵蚀风能，另外一种是侵蚀风能。非侵蚀风能是消耗于土壤颗粒之间及颗粒本身阻力的风能，侵蚀风能是能够驱动颗粒发生运动并在不同大小生态系统之家搬移的风能，因此可以看出，侵蚀性风能和非侵蚀性风能之间的关键区分点是起动风速，侵蚀性风能的风速一定是起动风速。弗雷伯格（Fryberger）提出了计算区域侵蚀性风能的公式（麻硕士，2010）。

$$E = \sum v^2 (v - v_t) t$$

式中：E 为侵蚀性风能；v 为大于起动风速的风速（m/s）；v_t 为起动风速（m/s）；t 为 v 的作用时间，以频率表示。

2. 风力侵蚀计算

风力侵蚀简称风蚀，是指在风力作用下，对地表土壤及其松散母质进行剥蚀、搬运和再次聚积的过程。风力的侵蚀作用除了吹蚀，还有风力携带的沙石颗粒与地面不断摩擦产生尘埃进入大气，简称磨蚀。风的侵蚀能力可以表示为摩阻流速的函数，其表达式为：

$$D = f(u_*)^2$$

式中：D 代表风的侵蚀力；u_* 代表侵蚀床面上的摩阻流速。

梯度风是研究风场和气压场平衡关系时经常需要考虑的，地表附近具有较大的风速梯度，导致较强的风力直接作用于凸出于气流中的颗粒，从而使颗粒产生分离和运动。一般情况下，颗粒粒径越大，在气流中暴露出的高度也越高，风侵蚀面积越大，因此风对其的作用力也越大，但是，体积较大的颗粒的质量也较大，所以不容易被风分离，分离过程中需要的风力也较大。通过对风移动颗粒的粒径大小与颗粒质量之间的关系研究发现，粒径介于 0.05~0.5mm 的土壤颗粒都可以被风分离，其中最易被分离侵蚀的颗粒粒径为 0.1~0.15mm，分离后土壤颗粒的运动形式主要以跃移为主，风蚀量主要由垂直于风向的颗粒切面面积和颗粒本身的质量来决定。

3. 土壤的抗剪强度

由两方向施力于同一物体的相邻部分，使两部分沿各自的着力方向发生相对位移的力称为剪切力。风力侵蚀过程中风对地表土壤颗粒物产生剪切力是导致土壤颗粒从地表抬升到空中的关键因素之一。土壤可能因过度拉伸而开裂，也可能因过度剪切而破坏，主要原因是土壤中每个点的剪切强度或剪切应力可能不均匀。因此，在了解剪切力之前，必须首先了解土壤的抗剪强度。土壤颗粒之间的内摩擦力和土壤颗粒间的黏聚力共同决定土壤抗剪强度的高低，土壤剪切力表达式为：

$$\tau_w = u_*^2 \rho_g$$

其中，$u_* = k u_z / ln(z/z_0)$，该参数确定的一个前提条件是地表平坦且没有植被覆盖，公式中的 k 为常数（0.4），u_z 代表高度 z 处的风速，z_0 代表空气动力学粗糙度。

目前，针对粗糙元对土壤风蚀的影响研究中，通常采用 Oke（1988）提出的方法进行描述，该方法也大量地应用于大气数值模型和陆面模式中：

$$\frac{u_z}{u_*} = \left\{ ln\left[\frac{z-d}{z_0} \right] + \psi\left(\frac{z}{l} \right) \right\} / k$$

式中：d 为零平面位移高度，$\psi(z/l)$ 为大气稳定性函数。

这种方法虽然在土壤风蚀的研究中被大量应用，但同时存在以下主要问题，一是 d 值并不确定，当风速和粗糙元不同时，它的值也随之变化（刘小平等，2002），而且该值也无法通过一些常用的方法进行计算得出。为此，通过简化后得出如下表达式来描述风力的侵蚀因子：

$$u_* = k(u_z - u_{de}) / ln~(z/d_e)$$

式中：u_{de} 表示高度 d_e 处的风速（$de > d$）。在实际应用的过程中，u_* 的计算通常选取高度 de 以上的风速廓线来确定，而且这部分风速廓线还要符合对数分布。通过对 u_* 再计算以后可以得出相应的剪切力 τ_w，即为风力侵蚀力。

4. 摩阻流速与风力侵蚀的关系

摩阻流速（friction velocity，U）的计算公式为：

$$U = \frac{u}{k} \times ln(z) + B$$

式中：u 为距水面 z 高度处的风速大小（m/s），k 为卡曼系数。

摩阻流速的实质是风对地面剪切力的大小，最初的风蚀模型主要以模拟土壤风蚀量（输沙率）与摩阻流速（U）之间的关系为主。代表性的有 Bagnold（1941）公式、河村公式及 Zingg（1953）公式等，这些模型都有一个共同点，就是风蚀过程中摩阻流速与输沙率的三次函数成正比。但在实际应用中存在一定的难度，因为侵蚀面附近的摩阻流速不易获得，因此，通常以点带面，通过采用侵蚀面上某一固定高度处风速来代替上述公式中的摩阻流速。通过大量的风洞试验后验证，在其他条件不变的前提下，试验区风速越大，摩阻流速越大，风蚀愈加强烈。尽管样品类型不同，即使在相同风力的作用下，风蚀量差异较大，但就单纯讨论风蚀与风速的关系可以看出，它们都呈现出正相关的变化趋势（刘玉璋，等，1992）。

5. 风力侵蚀过程中的磨蚀强度

由于在风蚀过程中存在跃移现象，导致风沙流对土壤颗粒的侵蚀力不断地增加，在风蚀过程中，跃移颗粒不仅要将易蚀的土壤颗粒从土壤中分选出来，而且通过风沙流的磨蚀作用，一些不易侵蚀的颗粒、不稳定的小颗粒以及粒径较大的颗粒在跃移磨蚀过程中被分离出来带入气流，从而完成整个风力侵蚀过程。目前，通常采用被蚀物上磨掉的单位质量的运动颗粒来表示风力侵蚀过程中的磨蚀强度，简而言之，就是整个侵蚀过程中潜在的运动颗粒损失量大小。

风蚀过程中磨蚀强度（磨蚀量）通过以下函数来表示：

$$W = f(V_p, \ d_p, \ S_a, \ \alpha)$$

式中：W 表示磨蚀强度，g/kg；V_p 表示颗粒输移速度，cm/s；d_p 为颗粒粒径，mm；S_a 为被蚀物稳定性高低，J/m²；α 为颗粒的入射角，°。由此可以看出，当土壤颗粒或者被蚀物确定时，风蚀过程中磨蚀强度大小主要由以下 3 个因素来决定：颗粒的输移速度、粒径及入射角。

二、风的输移作用

风输移作用的强弱主要取决于风速，对于某种特定的地表土壤，只有当风速达到某一值时土壤和沙粒物质随风运动。科学界把土壤颗粒开始移动时的风速称为临界起动风速，有时也称为临界剪切风速。在条件一定的前提下，风速是限制风的搬动能力的关键，待搬用颗粒的粒径大小和风输移能力高低关系不密切。也可以理解为，在相同的风速前提下，虽然在风的输移过程中搬动的颗粒粒径不同，数量也不同，但其能够搬动的总质量是基本不变的。

1. 输移量

拜格诺研究了得出风的输移能力与摩阻流速的三次方成正比，既：

$$Q = f\left(\frac{\rho}{g}u^3_*\right)$$

式中：Q 为输沙量，g/（cm.s）；u_* 为摩阻流速，m/s；g 为重力加速度，m/s²；ρ 为密度，kg/m³。

2. 临界启动风速

（1）Fletcher 提出的临界启动风速表达式

沙粒或土壤颗粒从地表脱离后进入运动所需要的最小风速被称为沙粒的临界

启动风速，一般用摩阻风速来表示。为了弄清颗粒启动的物理本质，明确作用到颗粒上的作用力，必须准确了解临界起动风速，自然界中沙粒呈不规则的分布，导致标志着地表对启动颗粒的束缚的黏性力差异很大，尽管颗粒粒径以及形状与颗粒启动的黏性力显著相关，但在实际研究过程中不容易理解，也很难用具体的数据来表征（Iversen and White，1982），因为当地表沙粒被其他沙粒的包裹时，在沙粒启动过程中颗粒间的作用过程非常复杂，这是决定沙粒临界启动风速的另一个关键因素。

Fletcher 首次注意到黏性力对颗粒启动的关键影响，在 Bagnold 研究基础上，研究了黏性力对临界启动风速的影响（Fletcher，1976），并给出了临界启动风速的表达式：

$$u_* t = \frac{v}{d} \left\{ A \left[\frac{(\rho_s - \rho) g d^3}{\rho v^2} \right]^m + B \left[\frac{(\rho_s - \rho)}{\rho} \left(\frac{C}{\rho_s} \right)^{\frac{1}{2}} \frac{d}{v} \right]^n \right\}$$

式中：由风洞实验确定表达式中的参数 $A = 0.13$，$B = 0.057$，$m = n = 0.5$。

（2）Greeley 和 Iversen 提出的临界启动风速表达式

Greeley 和 Iversen 1985 年在 Bagnold 原有模型的基础上，综合考虑了作用与颗粒表面的有效重力、拖曳力、上升力以及颗粒之间的黏结力对临界启动风速的影响，并结合力矩平衡原理推导出了临界启动风速的表达式：

$$u_{*t} = A_1 \sqrt{\delta_p g d} F(R_{et}) G(d)$$

式中：$\delta_p = \frac{\rho_s}{\rho}$。

此公式虽然理论上适用于全粒径范围内，但由于在表达式中有大量的参数计算起来较为复杂，也很难确定，例如 $(R_{et}) G(d)$，不便于今后的应用。

（3）Shao 提出的临界启动风速表达式

Shao 和 Lu（Shao and Lu，2000）在综合考虑了各种作用力对土壤临界启动风速的影响后，给出了较为简洁的表达式：

$$u_* t = \sqrt{A_N \left(\delta_p g d + \frac{\gamma}{\rho d} \right)}$$

式中：$A_N = 0.0123$，$\gamma = 1.65 \times 10^{-4} - 5 \times 10^{-4}$。

该公式的主要优点体现在以下几个方面：该表达式不但克服了 Greeley 和 Iversen 提出的临界启动风速表达式中参数复杂、不易确定的缺点，而且模拟结果与实验结果吻合度极高，且表达式较为简洁，能够被研究者快速掌握。

（4）Kok 和 Renno 提出的临界启动风速表达式

Kok 和 Renno 在 2006 年研究外电场作用下颗粒启动规律时发现，在外电场力持续增加到一定程度，颗粒可以被直接提起（Kok and Renno，2006），因此，他们把静电力的作用添加到 Shao 和 Lu（Shao and Lu，2000）给出的临界启动风速的表达式中，给出了电场存在下的颗粒临界启动风速表达式：

$$u_* t = \frac{A_N}{\rho} \left(\rho_s g d + \frac{6\beta G}{\pi d} - \frac{8.22\varepsilon_0 E_{tot}^2(0)}{C_s} \right)$$

式中：$A_N = 0.0123$，$\beta = 10^{-5} - 10^{-3} \text{kg/s}^2$，$G = 1$，$C_s$ 是非球状比例系数，E_{tot} 是总电场场强。

（5）岳高伟提出的临界启动风速表达式

通过对比发现，在上述研究中，研究者均没有考虑自然界中沙粒形状的真实形状，把不规则的沙粒全部简化成规则的圆盘或者圆球，但是在模型中将沙粒假设为圆球或者圆盘均影响其模拟准确性，随后岳高伟等将沙粒的不规则形状也考量进去（岳高伟等，2003），提出了计算临界启动风速的表达式：

对于粒径较大的沙粒：$u_* t = \sqrt{C_1(\mu_k - 2x\cos\alpha)D - C_2/D^2}$

对于极小沙粒：$u_* t = \sqrt{C_1(\mu_k - 2x\cos\alpha)D - \frac{C_2}{D^2} + C_3 e_1^k \theta/\theta_{max}}$

其中：$C_1 = \frac{27(\rho_s - \rho)}{16\rho C_D}$，$C_2 = \frac{24qE\mu_k}{\pi\rho C_D}$，$C_1 = \frac{24k_0\beta\mu_k}{\rho C_D}$。公式中，$E$ 表示风沙电场场强，α 表示偏心角，$\mu_k = 0.4$，θ 表示实际含水率，θ_{max} 表示饱和含水率，k_1 代表常系数，k_0 表示含水率为零时单位面积的凝聚力，q 表示沙粒带电量。

（6）其他临界启动风速表达式

Chepil（1961）研究发现，土壤颗粒在启动过程中不但受限于风场水平阻力，还受风场垂向升力的影响，该升力标度风场湍流程度是需诺数的函数。随后，按照湍流程度的不同并结合不同学者的研究成果，给出了针对湍流影响下土壤颗粒启动的临界启动风速表达式；Phillip 根据力平衡（Phillip，1980）原理，按照雷诺数区域给出了分段形式的临界启动风速表达式。

（7）理论公式的验证结果

由上述研究可以看出，对于沙粒临界启动风速的公式来说，其表达形式不相同，导致结果也存在一定的差异性（图5.1），图中给出了不同临界启动风速的理论值（实线）和实测值（空心离散点）。从图中可以看出，Kok 和 Shao Yaping 的模拟效果最好，理论结果与观测结果基本一致（Kok and Renno，2006；Shao and Lu，2000），尽管在定量表达方面还不能全部统一。

目前，针对临界启动风速的定义和模拟大多数假设土壤颗粒是规格的并且土壤之间存在着均衡的黏着力，沙粒形状的不规则性以及由于地表起伏导致沙粒包裹的随机性不存在，导致理论值和实测值之间有点偏差。另外，由于自然环境条件下大气湍流、颗粒粒度比例以及颗粒在床面位置的随机性，造成理论导出的土壤颗粒临界启动风速很可能不等于或低于实验测量值。因此而言，理论值推导出的自然界土壤颗粒临界启动风速只代表一种变化范围和趋势，不存在绝对的临界启动风速。

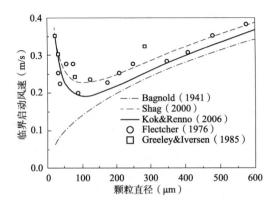

图 5.1　不同临界启动摩擦风速表达式以及试验结果的对比［引自：段绍臻（2013）］

3. 粒径与风输移作用的关系

作为沙粒运动的直接动能，风对沙粒的作用力可以表述为：

$$P = \frac{1}{2} C \rho V^2 \alpha$$

式中：P 代表风的作用力；C 代表风与沙粒形状有关的作用系数；ρ 表示空气密度；V 表示气流速度；α 表示沙粒迎风面面积。

由上式可以看出，起沙风（一切大于临界风速的风）的形成虽然是沙粒开始移动的必需条件，但是起沙风的大小除了风自身的气流速度、空气密度之外，还要根据沙粒粒径的大小、土壤表层的水分含量以及地形地貌特征和地表粗糙度来确定，一般而言，沙粒粒径愈小，表土沙层愈干，地面粗糙度越差，植被覆盖度越低，起动风速响应要求越低。另外，风对沙粒的作用力大小还和沙粒的形状、沙粒凸出地面的高度相关，因为这些因素影响沙粒的迎风面面积，也左右着风与沙粒形状有关的作用系数。沙粒在启动过程中自身的惯性力以及吹蚀角度和时间都会影响沙粒的输移距离。

对于输移过程中的沙粒而言，移动不同大小的沙粒需要不同的起动风速的理论已被认识许多年了。欲移动逐渐增大的沙粒，需要逐渐增大气流流速，对于一定的风速，则有一个最大可移动沙粒尺寸。拜格诺（1941）从理论上探讨了起动风速问题，他对作用于地表面最高部位沙粒的拖曳阻力与环绕沙粒支持轴的位移量建立等式，从而得到 u_* 的起动值表达式：

$$u_* t = A \sqrt{\frac{(\sigma - \rho)}{\rho} g d}$$

式中：u_*t 为起动速度；σ 为沙粒密度；ρ 为空气密度；g 为重力常数；d 为沙粒直径；A 为经验常数。

拜格诺发现，当 d 大于 0.2mm 时，$A < 0.1$，但当 d 小于 0.2mm 时，A 值反而增大，因此，当 d = 0.08mm 时，u_*t 平均值开始增加。所以，沙粒直径小于 0.08mm 时，移动沙粒就需要有较大的风力。拜格诺认为，沉积的尘土和黄土的稳定性就是这种现象。大小颗粒混合的沙子中，对于混合沙中的优势颗粒，拜格诺使用了"初始起动风"，而对于混合沙中的最粗沙粒，则使用"最终起动值"概念。自然界影响风的搬动能力的因素除了临界起动风速和搬运颗粒的粒径，而且还受沙粒粒径、沙粒的形状、沙粒的比重以及水分含量，地表粗糙度以及空气稳定度等的影响。

三、风的沉积作用

风速的大小、土壤颗粒或团聚体的粒径、土壤质量以及地表状况共同决定土壤颗粒随风输移的距离和高度。风的沉积作用主要包括沉降堆积和遇阻堆积两个过程。

1. 沉降堆积

输移过程中的挟沙风在遇到风速逐渐减弱时，导致重力产生的沉速大于紊流旋涡时的垂直风速，在自身重力作用下，气流中悬浮运行的沙粒会降落堆积在地表，该过程称为沉降堆积。决定沙粒的沉速的关键因素主要有两个：一是土壤颗粒自身的粒径和质量，一般而言，沉降速度随粒径增大而增大；二是气流的特征，干热气流有助于沙粒远距离输移，当遇到湿润或较冷的气流时，部分沙粒会因自身质量原因不能随气流上升而继续爬升，最终沉积下来。在风沙流经常发生的地区，粒径比较小的沙粒(粒径小于 0.05 mm)一般能在较高的大气层中悬浮，当遇到冷湿气团时，作为雨滴的凝结核，粉粒和尘土会随降雨大量沉降，成为气象学上的降尘现象。另外，在两股风沙流相遇后，在互相干扰条件下导致风速逐渐降低，相应的输沙能力也减弱，部分沙粒因自身重力降落到地面，这个现象即使在风向几乎平行也会无法避免地发生。

2. 遇阻堆积

风沙流运行时，遇到障阻(如树林、沙丘、植被、大石块、陡坎等)使沙粒堆积起来，该过程称为遇阻堆积。遇阻堆积过程中因阻碍物高度和形状不同，风速遇阻后变化不同，当遇阻后风速突然发生减慢现象，就会把部分沙粒提前卸积下来后堆积到障碍物之前，当遇阻后风速不减缓，甚至造成风速的提升，可能把沙粒全部(或部分)带入障碍物之后，在障碍物的背风坡形成涡流而堆积(图 5.2)。

遇阻堆积的影响因素主要有以下几个方面，一是地形，二是地表灌丛和土

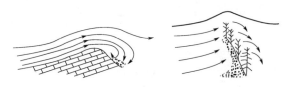

图 5.2　遇阻堆积

埂，三是气流稳定性。风沙流行进过程中遇阻堆积和地形角度有很大的关系，如果山体的迎风坡小于 20°，沙粒可以被风沙流带到山坡堆积下来。当风沙流在吹蚀过程中，其方向与山体构成锐角时，其中一股风沙流会顺着山势前进，另一股风沙流会沿着山体迎风坡面方向倾斜攀升，在此过程中，风沙流不断地与山体产生摩擦，导致风速减缓，粒径较大的粗沙粒在迎风坡面堆积，粒径较小的细粒翻过迎风坡，在背风坡面沉积。地表的在灌丛和土埂主要通过降低土壤风速导致沙粒堆积，跃移产生的颗粒多沉积在被蚀地块附近，而在灌丛、土埂的背后堆成沙垄。从输移距离来看，蠕移只是近距离搬运，除非在蠕移过程中由于磨蚀作用导致大颗粒崩解成细小颗粒，在打击崩解的过程中，所崩解的细小颗粒成为悬移质进而汇入气流成为新的悬浮颗粒，搬动距离会显著加长，虽然这部分颗粒占整个输移颗粒比例很少，但这部分颗粒含有大量的有机物质和营养物质，是导致土壤养分损失的关键。另外，冷暖气流和干湿气流的碰撞也是导致遇阻堆积的另外一个因素，如两股气流相遇，即使在风向不会相交的条件下，气流也会相互干扰后导致风速降低，部分较粗沙粒也可堆积；部分沙粒也可卸落。这些都是属于遇阻堆积的特例。

第三节　风蚀气候侵蚀力

　　风蚀气候侵蚀力主要用来有效度量气候影响风蚀的潜在程度，是潜在风力侵蚀强度的重要表现形式，也是经典土壤风蚀方程（WEQ）中的基本参数，风蚀气候侵蚀力计算模型经多次修正后已基本发展成熟，广泛应用于干旱半干旱地区风蚀气候条件评估与响应机理分析及其与风沙地貌、风沙灾害的相关性研究等方面。

一、计算及分析方法

1. Chepil 公式

1962 年，Chepil 在大量研究的基础上，首次提出了风蚀气候侵蚀力的计算方法。

$$C = 34.483 \frac{v^3}{(P-E)^2}$$

式中：C 为风蚀气候侵蚀力（无量纲）；系数 34. 483 是 100 除以 2.9 的计算结果，其中，2.9 为美国堪萨斯州加尔登城 $\dfrac{v^3}{(P-E)^2}$ 计算结果的多年平均值；v 为 9.14m 高处的年均风速（m/s）；$P-E$ 为 Thornwaite 提出的 P-E 指数。

$$P - E = 3.16 \sum_{i=1}^{12} \left(\frac{P_i}{1.8T_i + 22} \right)^{\frac{10}{9}}$$

式中：P_i 代表 i 月的降水量（mm）；i 代表月份；P-E 为 P-E 指数（无量纲）；系数 3. 16 是为了避免计算结果出现小数，将原公式系数 0. 316 扩大 10 倍的结果；T_i 代表 i 月的气温（℃）。

2. FAO 公式

1979 年，针对 Chepil 公式中水分条件限制的不足，FAO 对 Chepil 公式进行了大量修正，提出了能在更强的风蚀气候侵蚀力条件下可以适用的计算方法。

$$C = \frac{1}{100} \sum_{i=1}^{12} \bar{u}^3 \left(\frac{ETP_i - P_i}{ETP_i} \right) d$$

式中：C 为风蚀气候侵蚀力（无量纲）；$\bar{u}$ 为 2m 高处的月均风速（m/s）；ETP_i 为 i 月的潜在蒸散量（mm）；P_i 为 i 月的降水量（mm）；d 为 i 月天数。该公式受水分条件影响较小，根据该公式，当降水量趋于 0mm 时，风速成为风蚀气候侵蚀力的关键影响因子；当降水量接近蒸发量时，风蚀气候侵蚀力趋于 0，代表不再发生风蚀。

3. Skidmore 公式

Skidmore 在 1986 年对对 Chepil 公式中的参数进行了进一步优化和补充，提出了理论基础更强、参数更明确的计算方法，也就是后来经过进行修正后的第 3 种风蚀气候侵蚀力计算方法。

$$CE = \rho \int_{R}^{\infty} \left[u^2 - \left(u_t^2 + \frac{\gamma}{\rho \alpha^2} \right) \right]^{\frac{3}{2}} f(u) \, du$$

式中：u_t 代表临界风速（m.s^{-1}）；ρ 代表大气密度（kg/m^3）；CE 代表风蚀气候侵蚀能（J/m^2），经换算可得到风蚀气候侵蚀力；u 为风速（m/s）；γ 代表吸附水黏聚抗力（N/m^2），与土壤含水量有关；R 代表积分下限（$R = u_t^2 + \frac{\gamma}{\rho \alpha^2}$）；$\alpha$ 为常数（与 Von. Karman 常数、风速观测仪器高度、地表粗糙度参数有关）；$f(u)$ 为风速概率密度函数，一般情况下 $f(u)$ 服从于 Weibull 分布，但中国存在不服从 Weibull 分布的情况。

$$f(u) = (k/c) \left(\frac{u}{c} \right)^{k-1} exp \left[- (u - c)^k \right]$$

式中：c 为尺度参数（$c=1.12\bar{u}$，m/s）；k 为形状参数（$k=0.52+0.23c$，无量纲）。

各风蚀气候侵蚀力的计算方法及其优缺点见表 5.1。

表 5.1　风蚀气候侵蚀力的计算方法及其优缺点

计算方法	所需数据	优缺点
Chepil 公式	风速、降水量、气温	优点：计算简单，数据容易获取 缺点：不适用于寒冷、极端干旱地区
FAO 公式	风速、降水量、ETP	优点：计算简单，数据易获取，适用范围较广 缺点：暂未确定 ETP 的最佳计算方法
Skidmore 公式	风速、大气密度、吸附水黏聚抗力、a 常数、风速概率密度函数	优点：理论基础坚实，计算结果准确 缺点：数据获取难度大，就算方法复杂，可能不适用于中国部分地区

资料来源：陈首序等（2020）。

4. 气候因子（WF）计算

气候因子（WF）也可根据 2m 高度风速进行（杜鹤强等，2015）：

$$WF = \frac{SW \times SD \times \sum_{i=1}^{N} u_2(u_2 - u_t)^2 \times N_d \times \rho}{Ng}$$

式中：N 表示模拟期间的风速的观测次数；SW 是一个无量纲参数，表示土壤湿度因子；u_2 为 2m 高度风速，m/s；u_t 为土壤颗粒的临界起动风速，m/s；SD 为积雪因子，无量纲；N_d 为模拟天数（一般为 15 天）。Skidmove 和 Tatarko 建议 N 值最小为 500（Skidmore E L et al.，1990）。

二、风蚀气候侵蚀力的影响因素

风速、降水量、蒸发量、干旱状况等都会影响风蚀气候侵蚀力的变化（Blanco H et al.，2008）。20 世纪 80 年代至今，通过综合分析发现，由于受风速、降水量、蒸发量、干旱等因子的作用，中国干旱半干旱地区年际风蚀气候侵蚀力呈下降趋势（王遵娅等，2004），在众多因子中，风速是主要的驱动因子（表5.2）。

表 5.2　风蚀气候侵蚀力影响因素

影响因素	相关性
风速	正相关
风向	视情况而定
降雨量	负相关

（续）

影响因素	相关性
降雪覆盖	负相关
湍流	负相关
蒸发	负相关
气温	正相关
气压	负相关
冻融过程	正相关

资料来源：Blanco H et al.（2008）。

三、世界各国风蚀气候侵蚀力水平

作为土壤风蚀强度重要的潜在表征之一，风蚀气候侵蚀力在评估区域风蚀气候条件方面起到了非常重要的作用，已经作为一个重要的参数广泛应用于美国、中国等干旱半干旱地区风蚀气候条件评估与响应机理分析、风沙地貌、风沙灾害等相关性研究方面，为各国风蚀研究与防治提供了重要的理论基础支撑，表 5.3 列出了世界上主要风蚀区域气候侵蚀力水平及计算方法。

表 5.3　世界各地风蚀气候侵蚀力水平

国家	风蚀气候侵蚀力	地区	计算方法	数据来源
美国	大部分地区 0~150 部分地区 150 以上	美国南部和中西部地区、加拿大南部地区、莫哈韦沙漠和索诺兰沙漠地区	Chepil 公式	Chepil W S et al.（1962） Woodruff N P et al.（1968）
中国	10.00~100.00 2.00~166.00	中国干旱半干旱地区	FAO 公式	董玉祥等（1994） Yang et al.（2016）
阿根廷	1961-2004 年：92.00 1985-2004 年：80 1995-2005 年：14.9	潘帕斯高原半干旱区	Chepil 公式	Buschiazzo D E et al.（2008） Mendez M J et al.（2010）
阿尔及利亚	1990-2014 年：5.73~76.71	艾格瓦特地区	Chepil 公式	Saadoud D et al.（2017）
奥地利	1976-1990 年：5.64~7.75	马尔克菲尔德地区	Chepil 公式	Klik A（2004）
南非	1973-1987 年：10.00~130.00	/	Chepil 公式	Hallward J（1988）
蒙古国	2010 年：0.10~39.50	/	Chepil 公式	Mandakh N et al.（2016）

（续）

国家	风蚀气候侵蚀力	地区	计算方法	数据来源
匈牙利	1961－1990 年 3、4 月：0.00~100.00		Chepil 公式	Mezosi G et al. (2016)
伊朗	65.40~134.60	法尔斯省	Skidmore 公式	Pouyan S et al. (2011)

参考文献：

陈首序，董玉祥，2020. 风蚀气候侵蚀力研究进展[J]. 中国沙漠，40(05)：65-73.

董玉祥，康国定，1994. 中国干旱半干旱地区风蚀气候侵蚀力的计算与分析[J]. 水土保持学报，8(03)：1-7.

杜鹤强，薛娴，王涛，等，2015. 1986—2013 年黄河宁蒙河段风蚀模数与风沙入河量估算[J]. 农业工程学报，31(10)：142-151.

段绍臻，2013. 风沙流中近地表沙粒运动的实验以及理论预测[D]. 兰州：兰州大学.

胡孟春，刘玉璋，乌兰，等，1991. 科尔沁沙地土壤风蚀的风洞实验研究[J]. 中国沙漠，11(01)：22-29.

刘小平，董治宝，2002. 湿沙的风蚀起动风速实验研究[J]. 水土保持通报(02)：1-4+61.

刘玉璋，董光荣，李长治，1992. 影响土壤风蚀主要因素的风洞实验研究[J]. 中国沙漠，12(04)：41-49.

麻硕士，陈智，2010. 土壤风蚀测试与控制工程[M]. 北京：科学出版社.

王楠，2019. 近 36 年中国地面风速及风能的长期变化趋势[D]. 南京：南京信息工程大学.

王遵娅，丁一汇，何金海，等，2004. 近 50 年来中国气候变化特征的再分析[J]. 气象学报，62(02)：228-236.

岳高伟，黄宁郑，晓静，2003. 沙粒形状的不规则性及静电力对起动风速的影响[J]. 中国沙漠(06)：18-24.

BAGNOLD R A, 1941. The Physics of Blown Sand and Desert Dunes[M]. London：Chapman and Hall.

BLANCO H, LAI R, 2008. Principles of soil conservation and management[M]. New York, USA：Springer.

BUSCHIAZZO D E, ZOBECK T M, 2008. Validation of WEQ：RWEQ and WEPS wind erosion for different arable land management systems in the Argentinean Pampas[J]. Earth Surface Processes and Landforms, 33(12)：1839-1850.

CHEPIL W S, SIDDOWAY F H, ARMBRUST D V, 1962. Climatic factor for estimating wind erodibility of farm fields[J]. Journal of Soil and Water Conservation, 17(04)：162-165.

CHEPIL W S, WOODRUFF N P, 1963. The physics of wind erosion and its control[J]. Adv. in Agro, 15：211-302.

CHEPIL W S, 1951. Properties of soil which influence wind erosion：State of dry aggregate structure[J]. Soil Science, 72：387-401.

CHEPIL W S, 1961. The use of spheres to measure lift and drag on wind-eroded soil by wind[J].

Proceedings of the Soil Science Society of America，25：343-345.

FAO，1979. A Provisional Methodology for Soil Degradation Assessment［M］. Rome，Italy：FAO.

FLETCHER，B，1976. The incipient motion of granular materials［J］. Journal of Physics D（Applied Physics），9：2471-2478.

GREELEY R，IVERSEN J D，1985. Wind as a geological process：on Earth，Mars，Venus，and Titan［M］. Cambridge：Cambridge University Press.

HALLWARD J，1988. An Investigation of the Areas of Potential Wind Erosion in the Cape Province：Republic of South Africa［D］. South Africa：University of Cape Town.

IAN LIVINGSTONE，2019，Andrew Warren. Aeolian geomorphology：a new introduction［M］. Hoboken，NJ：Wiley-Blackwell.

IVERSEN J D：AND WHITE B R，1982. Saltation threshold on Earth：Mars and Venus［J］. Sedimentology，29：111-119.

KIRKBY M J，MORGAN R P C，1987. 土壤侵蚀［M］. 王礼先，等译. 北京：水利电力出版社.

KLIK A，2004. Wind Erosion Assessment in Austria using Wind Erosion Equation and GIS［R］. Paris：France.

KOK J F，RENNO N O，2006. Enhancement of the emission of mineral dust aerosols by electric forces［J］. Geophysical Research Letters，33（19）：1-5.

MANDAKH N，TSOGTBAATAR J，DASH D，et al.，2016. Spatial assessment of soil wind erosion using WEQ approach in Mongolia［J］. Journal of Geographical Sciences，26（04）：473-483.

MENDEZ M J，BUSCHIAZZO D E，2010. Wind erosion risk in agricultural soils under different tillage systems in the semiarid Pampas of Argentina［J］. Soil and Tillage Research，106（02）：311-316.

MEZOSI G，BLANKA V，BATA T，et al.，2016. Assessment of future scenarios for wind erosion sensitivity changes based on ALADIN and REMO regional climate model simulate on data［J］. Open Geoscience，8（01）：465-477.

OKE T R，1988. Street design and urban canopy layer climate［J］. Energy and Buildings，11（1-3）：103-113.

PHILLIPS M，1980. A force balance model for particles entrainment into a fluid stream［J］. Journal of Physics，13：221-233.

POUYAN S，GANJI A，BEHNIA P，2011. Regional analysis of wind climatic erosivity factor：a case study in Fars province：southwest Iran［J］. Theoretical and Applied Climatology，105（03）：1-10.

SAADOUD D，GUETTOUCHE M S，HASSANI M，et al.，2017. Modelling wind erosion risk in the Laghouat region（Algeria）using geomatics approach［J］. Arabian Journal of Geosciences，10：363.

SHAO Y P，LU H A，2000. Simple expression for wind erosion threshold friction velocity［J］. Journal of Geophysical Research，105：437-443.

SKIDMORE E L，TATARKO J，1990. Stochastic wind simulation for erosion modeling［J］. Transaction of ASAE，33（06）：1893-1899.

SKIDMORE E L，1986. Wind erosion climatic erosivity［J］. Climatic Change，9（01）：195-208.

WOODRUFF N P, ARMBRUST D V, 1968. A monthly climatic factor for the wind erosion equation[J]. Journal of Soil and Water Conservation, 23(03): 103-104.

YANG F B, LU C H, 2016. Assessing changes in wind erosion climatic erosivity in China's dryland region during 1961-2012[J]. Journal of Geographical Sciences, 26(09): 1263-1276.

ZENG Z, ZIEGLER A D, SEARCHINGER T, et al., 2019. A reversal in global terrestrial stilling and its implications for wind energy production[J]. Nature Climate Change, 9: 979-985.

ZINGG A W, 1953. Wind tunnel studies of the movement of sedimentary materials[C] // Kansas America: Proceedings of the 5th Hydraulic Conference Bulletin. Inst. of Hydraulics, Iowa city: 111-135.

第六章　土壤风蚀机制及过程

风蚀研究伴随着风沙现象有关研究领域(风沙物理、风沙地貌和风沙沉积)和气象学相关领域(大气科学、动力气象学以及气象监测等)的发展而逐步完善,系统开展土壤风蚀机制和过程的研究开始于 20 世纪 40—50 年代。从目前的研究成果可以看出,主要开展如下 6 个方面的研究:风速廓线确定、土壤颗粒启动过程和条件、边界层及边界层流动、风蚀过程中颗粒之间的作用力、风沙颗粒的输送路径和方式、跃移层的输沙量及驱动机制,而且每一部分不是独立开展的,各个方向交叉融合。

第一节　边界层流动

边界层的概念由近代流体力学的奠基人 Ludwig Prandtl(普朗特,德国)于1904 年首先提出。边界层又称流动边界层或附面层,是高雷诺数绕流中紧贴物面的黏性力不可忽略的流动薄层。自从 Ludwig Prandtl 提出其概念以后,边界层研究开始成为流体力学研究中一个非常重要的课题。具体到大气边界层,是指大气最底层,靠近地球表面、受地面摩擦阻力、热过程和蒸发显著影响的大气层区域。在大气物理学中,把具有很大的风速垂直梯度的大气层并且该大气层中的空气运动明显受地面黏附(外摩擦)作用的层位称为"大气边界层",又称"摩擦层"。大气边界层的厚度随气象条件、地形、地面粗糙度而变化,大致为 300~1000m。

大气边界层的底层为数毫米厚,对人类无较大影响;再往上为近地面层,厚度为 100m 左右,该层内湍流黏性力为主导力,风速与高度同增;100m以上为摩擦层,地球自转形成的科里奥氏力在该层中起重要作用(图 6.1)。目前关于风蚀研究主要关注大气边界层的近地面层。

边界层理论在应用过程中的突出

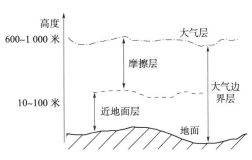

图 6.1　大气边界层示意图

成就体现在对流动阻力机理的系统阐述，为后期的流动阻力计算以及减小流动阻力方式提供了理论依据。大气边界层流动在长度和时间尺度上都较宽，其长度可以从数毫米至数千米，时间尺度从数秒至数分钟。风蚀过程中所释放的颗粒物大多集中在大气边界层下部（约为其高度的 10%），也把该部分边界层称为表面层。在该层中，一些物理量指标（风速、温度等）都会随着高度迅速变化，就目前研究而言，热分层对边界层的影响还没有进行系统的考量，大多数研究认为大气呈中性状态，所有的研究都是在此基础上开展的。

第二节　风速廓线

　　通常把风速随高度的变化而产生的曲线称为风速廓线。风速廓线和观测地的地形地貌、层结稳定度、气候特点等密切相关，风速廓线主要考虑垂直方向上一定时间节点风速的变化规律。在近地层，由于地面摩擦阻力的影响，导致风速和地面阻力呈负相关关系。一般而言，随高度不断增加，摩擦力的作用将逐渐减弱，因此，风速也应该随测量高度的增大而增大。对同一高度风速实测值对比后可以发现，尽管在短时间内各观测点的风速随时间的不断变化而变化，但如果进行长期观测就会发现，它们始终在某一个平均值上下波动（齐志伟，2008），而且波动幅度并不明显，因此，现有关于近地层大气风速研究中，大多采用一定时间间隔的平均速度来取代瞬时速度。而在表述不同高度的风速时，也大部分采用平均风速，而不是瞬时风速（吴正，2003）。大量的实测结果表明，风速与高度的对数值成正相关性，风速廓线随高度成对数或幂指数规律分布（朱朝云等，1992）。

　　对数规律风速廓线方程：

$$u = \frac{u_*}{k} \ln \frac{z}{z_0}$$

式中：τ 为地面的剪切力（拖曳力）或阻力 N；u 为高度 z 处的平均风速，m/s；u_* 为摩阻速度（或剪切速度），m/s，$u_* = \frac{\sqrt{\tau}}{\rho}$；$z_0$ 为光滑床面与空气的黏滞性有关的参数，即空气动力学粗糙度，在床面粗糙时则等于标志床面粗糙度的特征长度，m；ρ 为空气密度，kg/m³；k 为卡曼常数，其值为 0.4。

　　指数规律风速廓线方程：

$$\frac{u}{u_r} = \left(\frac{z}{z_r} \right)^{\alpha}$$

式中：z_r 为风速廓线上的参考点 r 距地面的高度，m；u 为高度 z 处的平均风速，m/s；α 为幂律指数（地面粗糙度系数）；u_r 为风速廓线上参考点 r 处的风速，m/s；z 为风速廓线上的某点距地面垂直高度，m。

第三节　颗粒作用力

在气固两项流中，土壤颗粒除了受碰撞产生的摩擦力、颗粒撞击力以及颗粒剪切力之外，还要受气体对颗粒的作用力（主要包括拖曳力、上举力、旋转力、形状阻力以及、振动力、粒间离散力）等外力作用。颗粒自身在场产生的内力（主要包括重力、万有引力、静电引力、水膜吸附力、生物黏结力等）在颗粒运动过程中也至关重要。

一、静止颗粒的受力分析

要全面理解土壤颗粒的起尘机制，了解风蚀的危害程度，必须首先研究土壤颗粒的受力状况。目前，众多科学家针对该问题开展了大量的研究，也产生了几种假说，其中以冲击碰撞假设最为突出，代表科学家有伊万诺夫、拜格诺、邵亚平和兹纳门斯基等。邵亚平（2004）认为空气拖曳力（aerodynamic force）、自身重力（gravity force）和颗粒之间的粘结力（cohesive force）是静止在地表的土壤颗粒主要作用力量。研究发现，当空气拖曳力大于颗粒自身重力或者颗粒间的黏结力小于微粒受到的撞击力时，土壤颗粒便会脱离地表被风力输送到大气中。因此可以看出，土壤颗粒能否在脱离地表后释放到大气中，和这三种力的共同作用密切相关，当然，土壤颗粒的粒径不同，导致以上三种力对其的影响过程也是不同的，它们从地表起动过程中所牵扯到的一些物理机制也存在很大的差异性。空气拖曳力、颗粒自身重力以及颗粒间的黏结力与颗粒粒径的关系如下式所示。

空气拖曳力（ F_A ）与颗粒粒径的平方成正比（王小伟，2018）：

$$F_A = K_a \rho_a u_*^2 d^2$$

式中： K_a 为系数（无量纲）， ρ_a 代表空气密度； u_* 代表摩擦速度； d 代表颗粒的粒径。重力 F_G 和颗粒粒径的三次方成正比例：

$$F_G = \frac{\pi \rho_g d^3}{6} g$$

式中： ρ_g 为土壤颗粒密度， g 为重力加速度。

颗粒之间的黏结力不仅仅单指某一种力，它是范德华力、表面张力和电荷力等的集体作用，而且黏结力是一个随机变量。计算范德华力的理想状态前提是假设两个颗粒之间存在真空状态，则黏结力 F_C 的公式可以表达为：

$$F_C = \frac{h_w}{32\pi r_{min}^2} d$$

式中： h_w 为一个固定参数， r_{min} 为两个颗粒间的最小距离。

邵亚平（2004）给出了空气拖曳力、重力和颗粒间的黏合力随颗粒粒径的变化趋势，该变化趋势是在无量纲化系数等于 50，ρ_a 等于 $1.2\text{kg}/\text{m}^3$，u_* 等于 $0.4\text{m}/\text{s}$，ρ_g 等于 $2650\text{kg}/\text{m}^3$，$g = 9.8\text{m}/\text{s}$，$\dfrac{h_w}{r_{\min}^2}$ 等于 $0.2\text{J}/\text{m}^2$ 这种特定的参数下确定的。该研究成果发现，空气拖曳力、重力和颗粒间的黏合力这 3 种力和颗粒粒径的变化趋势是一致的，都是随着这 3 种力的变小而变小，但不同粒径颗粒其主导力不同，对于粒径小于 $20\mu\text{m}$ 的颗粒来说，颗粒间的黏合力起主导作用；对于粒径位于 $20\mu\text{m}$ 到 $700\mu\text{m}$ 之间的中等颗粒，空气拖曳力起主导作用；对于颗粒粒径大于 $700\mu\text{m}$ 的大尺度土壤颗粒，重力起主导作用。总体而言，其中，空气拖曳力、重力比颗粒间的黏合力更能主导流场中沙粒的运动。

二、跃移过程中颗粒受力分析

1. 跃移过程中颗粒受力过程

风沙流中的颗粒运动不仅具有受力决定的确定性方面，也有床面和场地造成的随机性方面。沙尘和土壤颗粒在地表跳跃一段距离后重回地面的过程被称为跃移运动。沙粒在流场中的跃移运动规律与其受力机制密切相关，目前已经对跃移过程中的任意沙粒的受力开展了大量的研究。有研究认为，流场中的沙粒跃移主要受沙粒受重力（G）、拖曳力（F_D）以及 Magnus 力（F_m）的联合作用（辜艳丹，2009），具体受力过程如图 6.2 所示。

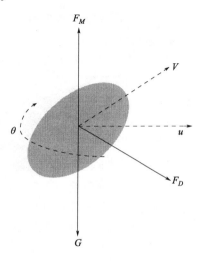

图 6.2　跃移沙粒的受力示意图

$$G = \frac{1}{6}\pi d_p^3 \rho_p g$$

式中：d_p 为与非球形沙粒等体积的球形沙粒的直径，或称等效直径；ρ_p 为沙粒的密度，g 为当地的重力加速度。

一般意义上认为拖曳力是沙粒跃移运动的主要气动力，由沙粒与气流的相对速度产生，非球形沙粒的拖曳力可表示为：

$$F_D = \frac{1}{8}C_D \rho \pi d_p^2 V_r^2$$

式中：C_D 为拖曳力系数；V_r 为沙粒与气流的相对速度。可由下式计算：

$$V_r = \sqrt{(\dot{x} - u)^2 + \dot{y}^2}$$

式中：$\dot{x}$、$\dot{y}$ 分别为沙粒在 x 和 y 方向的速度分量。拖曳力系数 C_D 可由下式计算：

$$C_d = \frac{24}{R_e} + \frac{6}{1 + \sqrt{R_e}} + 0.4$$

式中：R_e 为雷诺数，可由下式表示：

$$R_e = \frac{d_p}{v} V_r$$

式中：v 为空气的动力黏度。

非球形沙粒旋转产生的 Magnus 力及转动力矩可如下表示：

$$F_M = \frac{1}{8} S \rho \pi d_p^3 V_r^2 \left(\theta - \frac{1}{2} \frac{du}{dy} \right)$$

$$M = \pi d_p^3 v \left(\theta - \frac{1}{2} \frac{du}{dy} \right)$$

式中：θ 为沙粒的角速度；S 为非球形沙粒的修正系数。

基于对在空中跃移运动的沙粒受力分析，可得非球形旋转沙粒跃移运动的控制方程如下：

$$\begin{cases} m_p \dfrac{d^2 x}{dt^2} = L \dfrac{\dot{y}}{V_r} - F_D \dfrac{\dot{x} - u}{V_r} \\[2mm] m_p \dfrac{d^2 y}{dt^2} = L \dfrac{\dot{x} - u}{V_r} - F_D \dfrac{\dot{y}}{V_r} - m_p g \\[2mm] I_p \ddot{\theta} = M \end{cases}$$

式中：$I_p = 8/(5 M d_p^2)$ 为沙粒的转动惯量，$\ddot{\theta}$ 为沙粒的角加速度。

也有研究认为，风沙流中的颗粒除了受到有效重力（G），拖曳力（F_D），Magnus 力（马格纳斯力）F_M 的作用外，还和 Saffman 力（萨夫曼力）息息相关，根据这一研究，重新给除了风沙流中沙粒的受力图（黄社华等，2000），具体如

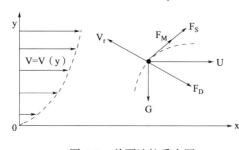

图 6.3　单颗沙粒受力图

图 6.3 所示。

在二维的坐标系中，跃移风沙颗粒的运动方程为：

$$I_s \dot{\omega} = M$$

$$I_s = \frac{1}{10} D^2 m$$

$$m \frac{d\omega}{dt} = 10 \pi \mu D \left(\omega - \frac{1}{2} \frac{dV}{dy} \right)$$

$$m \frac{d^2x}{dt^2} = -\frac{1}{8}\rho_s \pi D^2 \left(\frac{24\mu}{D\sqrt{(\dot{x}-V)^2 + \dot{y}^2}} + \frac{6.0}{1 + \sqrt{D\sqrt{(\dot{x}-V)^2 + \frac{\dot{y}^2}{\mu}}}} + 0.4 \right) \times$$

$$(\dot{x}-V)\sqrt{(\dot{x}-V)^2 + \dot{y}^2} + \frac{1}{8}\rho_s \pi D^3 \dot{y}\left(\omega - \frac{1}{2}\frac{dV}{dy}\right) + 1.615\mu D^2 \dot{y}\sqrt{\frac{dV}{dy}}/v$$

式中：$\dot{x}$，$\dot{y}$ 代表沙粒在 x，y 方向上的速度分量；D 代表沙粒直径；t 代表时间；ω 代表沙粒的旋转角速度；I_s 为沙粒的转动惯量；m 代表沙粒质量；g 代表重力加速度；$\dot{\omega}$ 代表角加速度；V 代表风速；ρ 为空气密度；M 为沙粒受到的旋转力矩；x、y 为沙粒的位置坐标值；ρ_s 为沙粒密度；μ、v 为空气动力黏性系数和运动黏性系数。

2. 跃移过程中颗粒受力后的运动形式

通过风洞模拟试验并借助高速摄影方法，吴正和凌裕泉(1980)对风沙颗粒运动过程进行了研究，结果显示，颗粒的运动存在一个明显的临界值，当平均风速达到该临界值时，个别突出的沙粒开始在原地来回振动或摆动，主要作用力是湍流速度和压力波动的驱动力。当风速持续增加直至超过临界值时，振动也会随之加强，导致颗粒的迎面阻力(拖曳力)和上升力相应增大，由于气流的旋转力矩，使得某些最不稳定的沙粒开始沿着沙面进行滚动或滑行。出于沙粒几何形状是不规则的，而且它们所处空间位置也不固定，所以它们的受力状况也不确定，因此，风沙颗粒滚动不是按照流线型进行的，一部分风沙颗粒会和地面上凸起的沙粒产生碰撞后在冲击力的作用下获得巨大冲量，而被碰撞的沙粒在冲击力的瞬间作用下从水平运动急剧地转变为垂直上升运动，或者直接起跳后进入风沙流，风沙颗粒在气流作用下，进而由静止状态转变成跃移状态(图6.4)。

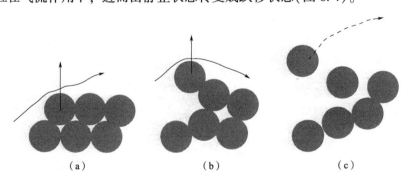

（a）　　　　　　　　（b）　　　　　　　　（c）

图 6.4　沙粒跃移启动过程

注：(a)滚动沙粒撞击沙粒；(b)滚动沙粒向上垂直运动；(c)滚动沙粒进入气流运动。

三、气固两相流中颗粒的受力分析

颗粒受力分析是研究颗粒运动的基础，随着试验技术和研究手段的进步，目前更侧重于研究复杂流动条件下颗粒的受力过程并对其做出准确的描述和科学的估算。在所有相变中，气固两相流间的作用力对风沙颗粒运动最为重要，同时，这两相流中也具有较为复杂的作用力，这些作用力包括空气拖拽力、重力、马格纳斯力（Magnus force）、浮力、表观质量力、巴塞特力（Basset force）、萨夫曼力（Saffman force）以及科里奥利力（Coriolis force）和压力梯度力等，这些力之间互相作用和制衡。在所有这些力中，排在首位的要数空气拖曳力，它在相对流动过程中起着十分重要的作用，下面就对每一个力做一个系统的解释和分析。

1. 空气拖曳力

物体在流体中移动遭受到平行移动方向之阻力称为拖曳力（F_D）。在均匀流场中，颗粒一般会做匀速运动，这时作用于颗粒上的力主要来自于气流导致的摩擦阻力和压差阻力。空气拖曳力（F_D）大小按下面公式计算：

$$F_D = C_d \frac{\pi \rho_c d_p^2}{8} (u_c - u_s)^2$$

式中：C_d 为阻力系数；ρ_c 为连续相密度，由颗粒的表观形状决定；u_c 为连续相速度；d_p 为颗粒的粒径；u_s 为颗粒的运动速度。

2. 巴塞特力

巴塞特力为两项流中颗粒与流体之间做变速运动时产生一定的作用力，该作用力是一种非恒定的气动力，也是颗粒在运动中作用于颗粒上的一种附加力。它使颗粒受到流体作用力的影响，该作用力随时间而变化，而且由于该力的大小还和颗粒运动历史有直接相关性，所有被称为"历史力"。经历了一个半世纪的研究，目前对巴塞特力的研究取得了一些显著的成果，但由于其表达式较为复杂，在实际用于过程中遇到很多麻烦。巴塞特力（F_B）的方向与颗粒加速度方向相反，计算公式见下：

$$F_B = \frac{3}{2} \sqrt{\pi \mu \rho_c} \, d_p^2 \int_{t_p0}^{t_p} \frac{1}{\sqrt{t_p - \tau}} \frac{d(u_c - u_s)}{dt} d\tau$$

式中：t_p0 为加速运动的开始时间；t_p 为加速运动的结束时间；τ 为加速运动期间的随即时刻；μ 为气体动力黏度。

3. 表观质量力

表观质量是惯容的宏观内力与其两端点相对加速度之比，也称惯容系数。表观质量力（F_m）可以理解为产生惯容系数时附加到流体附近的一种力，表观质量力的计算方程为：

$$F_m = \frac{1}{12}\pi d_p^3 \rho_c \frac{d(u_c - u_s)}{dt}$$

4. 马格纳斯力

球在流体(例如水或空气)中移动时，会以其质心的轴为中心，进行移动并旋转，并在此过程中产生升力，导致球的运转方向发生转变，从而产生马格纳斯力(F_M)。马格纳斯力也是在黏性不可压缩流体中运动的旋转圆柱受到举力的一种现象，这个效应是德国科学家 H. G. 马格纳斯于 1852 年发现的，其计算方法为：

$$F_M = k d_p^3 \rho_c \omega u_c$$

式中：k 为一个常数，颗粒较大时其数值等于 0.9，颗粒较小时其数值等于 $\pi/8$；ω 为颗粒的旋转角速度；u_c 为颗粒相对于连续相的速度。

5. 萨夫曼力

当颗粒与其周围的流体存在速度差并且流体的速度梯度垂直于颗粒的运动方向时，由于颗粒两侧会产生不一样的流速，导致低速一端会产生一个指向高速方向的升力，称为萨夫曼升力(F_s)。萨夫曼力是气流作用于土壤颗粒上的横向剪切力。计算方法为：

$$F_s = 6.46(\rho_c u_c)^{\frac{1}{2}} d_p^2 \left| \frac{\partial u}{\partial y} \right|^{\frac{1}{2}} |u_p - u_c|$$

式中：F_s 所指方向与萨夫曼力的方向一致，y 代表垂直于运动方向的坐标。

6. 科里奥利力

科里奥利力简称为科氏力，是对旋转体系中进行直线运动的质点由于惯性相对于旋转体系产生的作用于地球上运动粒子的偏向力，也称为地转偏向力。

7. 压力梯度力

由于气压分布不均匀，作用于单位空气质量上的力，事实上并不是真正意义上的力，而是由于气压的差异而产生的空气加速度，该力称为压力梯度力(F_p)。它的存在，使得颗粒运动过程中承受来自高气压区和低气压区之间产生的空气加速度，其计算公式为：

$$F_p = \frac{\pi}{6} d_p^3 \rho_c \frac{d_p}{d_y}$$

式中：p 表示来自流场的压力。由于气体的密度小于颗粒的密度，因此在固相运动中气动阻力远远大于压力梯度力、表观质量力和气动升力，因此，压力梯度力、表观质量力和气动升力可忽略不计。

四、剪切流中颗粒的受力分析

假设质量为 m 的颗粒随气流速度 u 以 u_p 的速度移动，颗粒的加速度取决于以下作用到颗粒上的力：气动阻力 F_D，气动升力 F_L，重力 G，马格努斯力 F_M 和电场力 Fe。因此，颗粒的运动方程为：

$$m\frac{du_p}{dt} = F_D + F_L + G + F_M + F_e \tag{1}$$

在公式(1)中，忽略了空气中跃移颗粒碰撞的影响。

$$F_D = -\frac{1}{2}C_d\rho A u_r U_r$$

式中：C_d 为空气阻力系数；A 为 u_r 方向上的颗粒横截面(对于球形颗粒等于 $\pi d^2/4$)；U_r 为 u_r 的大小；u_r 为相对流体来说，颗粒的相对速度。

$$F_L = \frac{1}{2}C_l\rho A(\nabla U^2)d$$

式中：∇U^2 是 $U \equiv |u|^2$ 的梯度。∇ 为梯度算子；C_l 为空气动力升力系数。

$$F_M = C_m\pi\rho\frac{d^3}{8}(\Omega_p \times u_r)$$

式中：Ω_p 为颗粒的角速度；C_m 为一个系数，用于计算马格努斯力对 Re_p 和 u_s/U_r 的依赖性。

$$Fe = mC_eE$$

所以，颗粒的运动方程可以表示为：

$$m\frac{du_p}{dt} = -\frac{1}{2}C_d\rho A u_r U_r + \frac{1}{2}C_l\rho A(\nabla U^2)d + mg + C_m\pi\rho\frac{d^3}{8}(\Omega_p \times u_r) + mCeE$$

颗粒在剪切流中运动时所受的力，随着高度增加，流动速度加快(图6.5)。

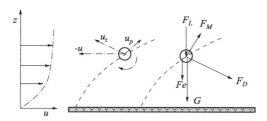

图6.5　颗粒在剪切流中运动时受力示意图[引自：Shao(2008)]

第四节　颗粒起动机制

关于土壤颗粒如何脱离地表进入气流的机理研究已经成为风沙物理学和大气科学研究的热点和重点。自英国物理学家拜格诺于1941年风洞试验和长期野外风沙观测确定了沙粒运动的力学机制之后，随即出版了风沙物理学的著名论著《风沙和荒漠沙丘物理学》，应用空气动力学的理论机制来研究风沙起动机制并建立了一个崭新的理论体系。后期邵亚平在出版《Physics and Modelling of Wind Erosion》中，从全新的角度阐述了风蚀过程中沙尘的物理起动机制，为后期沙尘暴的预报和起尘量的估算奠定了基础。

一、颗粒的来源

颗粒物广泛的区域来源和远距离输移特性决定了其已经成为影响一个地区空气质量的重要因素（Potier *et al.*，2019）。在对流边界层中，气体排放通量、天气环流类型以及中尺度气象过程决定空气污染物的浓度，进而引发区域气流模式的相互作用（Wang et al.，2016c），但是气流的扩散模式主要由气团的远距离传输左右（Kulmala et al.，2000）。颗粒传输导致的跨界空气污染已严重影响区域的空气污染负荷，该现象在过去的 10 年里逐渐被人们所重视（Wang et al.，2016c）。其中，典型的案例是，美国宇航局（NASA）在 2014 年 2 月 20 日拍摄的亚洲上空发现，颗粒物在 7 天时间内持续扩散，使整个区域笼罩灰色之下。因此，颗粒物的来源不仅是本地源，外地源或者远距离源也不容忽视（Fang et al.，2017）。

二、颗粒起动机制假说

由于风沙运动形式较为复杂，现有的研究形式和研究手段无法全面做出解释，大量学者通过研究土壤颗粒从静止状态到悬浮状态的变化，从而探讨风沙颗粒启动的全过程，归纳起来，目前的颗粒起动机制假说主要有以下几种。

1. 湍流的扩散与振动学说

代表人物是哈德逊、莱尔斯和克劳斯。该学说的核心观点是，在湍流中：①土壤颗粒脱离地球表面是气流的湍流扩散作用的结果，向上运动的气流能够使沙粒脱离地表进入气流中，埃克斯纳认为，沙粒起动是气流湍流扩散作用的结果。②假设认为，颗粒起动过程中的振动幅度与风速成正比，当地表风速接近颗粒的起动风速时，会导致一部分土壤颗粒开始震动，两个震动的沙粒相遇时，其中一个弹射进入气流，随后颗粒从地表中脱离并随风移动。该学说对沙尘起动的力学机制没有进行系统的分析，只是对起动过程做了简单的描述。而且理论上湍流的垂直分量远比水平量小，不足以带动沙粒进入气流，所以该理论还有一定的局限性。

2. 压差升力学说

主要代表人物是普朗特、兹纳门斯基、伊万诺夫等。该学说认为：沙尘脱离地表的运动可以通过绕流机翼理论和马格努斯效应（Magnus Effect）予以解释，而沙尘的起动机制可以通过贴地表垂直梯度气流的向上推力予以说明。该学说虽然强调了压力差对沙粒启动的重要性，同时详细分析了各种力在沙粒脱离地表时的作用过程，但由于在风蚀过程中气流会和沙粒之间产生一定的摩擦力，地表上的沙粒开始滚动、摩擦并产生碰撞，滚动沙粒产生的旋转升力一般都很小，其力量不可能将沙粒抬升到搬运高度而脱离地表，有可能期间产生的冲击力是沙粒的另外一个关键起动力。所以说，该学说对起尘机制的分析还存在一定的不足，需要在后续的研究过程中进一步完善和提升。

3. 冲击碰撞学说

代表人物主要有伊万诺夫、拜格诺、邵亚平和兹纳门斯基等。该学说认为：地表沙粒脱离地球表面而进入风沙流主要借助运动过程中沙粒的冲击力，也是风沙起动研究中占主导地位的学说。该学说认为冲击力作用是土壤颗粒进入大气中的主要推动力量，并就此开展了大量的研究，推导出了临界风速值与粒径之间的关系，同时通过试验验证告诉移动的粒子在运动中的方式和冲击方式，有结果显示，冲击碰撞产生的力量不容忽视，6 倍于自身直径或 200 倍于自身重量的沙粒在冲击碰撞作用下都能开始运动。邵亚平等（1996）和李万源等（2007）研究结果表明，跃移运动过程中导致的沙粒运动主要有两种形式，一种是单纯的跃移颗粒的地表冲击使得受冲击沙粒飞溅悬浮于空中；另一种是在冲击碰撞的过程中，导致一些大粒径的聚合体受撞击破裂，在碰撞过程中表面的微小尘粒剥落后随风悬浮于空中，进而进入气流。该学说是目前公认的风蚀沙尘起动机制和过程的最好解释，但沙粒脱离地表进入气流中的运动不单单只依赖于一种力量，除此之外，还受其他作用力的共同作用，所以该学说还不能很好地解释风蚀尘的起动机制，有待进一步完善。长期以来，中外科学家针对静止状态的沙粒受力起动机制开展了大量的研究，也取得了诸多卓有成效的研究成果，在此过程中也形成了多种假说，但都存在一定的不足之处有待进一步完善和补充。

三、颗粒运动的高度

切贝尔（1963）测量了风洞床面到其上部数厘米范围内，球面体各点上的上升力（由沙粒上部负压引起）与拖曳力的比率。在夹带运动的瞬间，这个比率为0.75，但随着床面沙粒跃起高度增加，该比率迅速降低，直到达到数个沙粒直径高度时，上升力可以忽略不计，而急速气流的拖曳力增加。当到达其最大高度时，沙粒落下来。

李晓丽等（2009）根据内蒙古四子王旗北部属于典型的农牧交错带已翻耕的裸露旱作耕地野外实测资料分析得出，颗粒能够在风蚀中漂移取决于颗粒的粒径，一般粒径均小于 0.15mm 的颗粒直接发生漂移，小于 0.25mm 粒径的颗粒在漂移之前会先发生下沉，无论旋转角速度和垂直起跳初速度多么大，沙粒跃移高度多么高，大于 0.25mm 的沙粒都会随着下沉而返回地面。这也验证了颗粒运动的高度和粒径有直接的相关性，当沙粒粒径大于 0.25mm 时，沙粒只能以跃移或蠕移形式运动，即使风再大，也很难产生悬移现象。

四、颗粒运动距离和时间

颗粒离开床面后随气流运动的时间 T 和运动距离 L 可采用冯·卡门公式下式表示（姬亚芹等，2015）：

$$T = \frac{40\varepsilon\mu^2}{\rho^2 g^2 d^4}$$

$$L = \frac{40\varepsilon\mu^2 u}{\rho^2 g^2 d^4}$$

式中：ε 为湍流交换系数（一般取 $10^4 \sim 10^5 \, cm^2/s$）；μ 为空气动力黏滞系数，$g/(cm \cdot s)$；ρ 代表颗粒密度；d 代表颗粒的粒径；u 代表平均风速，cm/s；g 代表重力加速度（m/s^2）。

根据上面两式可以计算得出颗粒的悬浮高度和距离，以平均风速为 15m/s 为例，粒径为 1μm 的颗粒在空中的悬浮时间可以达到 0.95～9.5 年，悬浮距离达到 $4.5 \times 10^5 \sim 4.5 \times 10^6 \, km$，悬浮高度可达 7.75～77.5km。这也不难理解在 1847 年，有研究者就提出了在风力作用下，非洲的尘粒可以在欧洲大陆出现（Pye. K，1990）。当颗粒粒径增加到 10μm 的，颗粒在 78～775m 悬浮高度可以坚持 0.83～8.3h，悬浮距离可达 45～450km。当颗粒粒径增大到 100μm 时，颗粒在空中的悬浮时间仅为 0.3～3s，悬浮距离也只有 4.5～45m，并且悬浮高度降为 0.75～7.75m。

韩旸等（2008）采用冯·卡门公式，测算了风蚀型开放源不同粒径颗粒物在流场中的扩散距离。结果显示（表 6.1），在不同的风速条件下，粒径为 10μm 以下的颗粒可以在空气中较长时间飘浮，对整个环境的影响范围很大。而且，在远距离输移过程中，粒径较小的颗粒比粒径较大的颗粒输移距离更远。

表 6.1 不同粒径颗粒物扩散距离

粒径（μm）	扩散距离（m）
90	<15
60	2-70
30	30-1000
20	150-5000
10	2000-80000
2.5	$>10^6$

五、颗粒运动的角度和速度

1. 起跳速度

在研究风沙输运过程中必须首先了解沙粒与床面的相互作用过程，目前有关沙粒的跃移运动模型主要有两种，它们分别是粒-床碰撞概率分布函数（Shao，2000；Kok and Renno，2009）和起跳初速度概率分布函数（Huang et al.，2008；Dong et al.，2002；Wang et al.，2014）。现有的常用粒-床碰撞概率分布函数主要是理论值推导的结果，在推导过程没有考虑不规则形状沙粒的运动过程，是在假设沙粒是球形的前提下开展的，因此并不适用非球形沙粒的研究对象。而且当沙粒下降的末速度（取决于沙粒大小、形状和密度）小于气流中的平均上升涡流时，沙粒还可能以悬浮状态移动（拜格诺，1941）。以这种形式运动的沙粒，其直径一般都小于0.1mm。起跳初速度可表示为粒径与风速的函数（Dong et al.，2002）：

$$f(v_p) = f(u_0, v_0) = f(u_0)f(v_0) = \left(f + \left(\frac{E}{\omega\sqrt{\frac{\pi}{2}}} \right) e^{-2\frac{(u_0-u_c)^2}{\omega}} \right)$$

$$\left(E_1 e^{\frac{-(v_0-x_0)}{t_1}} + E_2 e^{\frac{-(v_0-x_0)}{t_2}} + f_1 \right)$$

式中：f，E，ω，u_c，f_1，E_1，t_1，E_2，t_2 为实验参数。

2. 起跳角度

当一个沙粒接触到地面时，其动量被分散为几部分。首先，沙粒可能重新弹回气流中，通常是垂直的或接近垂直的运动分量，并可能与下降气流的主风向有一横向偏移（津格，1953）。这个反跳运动，拜格诺（1941）称为跃动。第二，一个沙粒打击松散物质的表面时，可能把这种地面上的沙粒撞入气流，如果没有这一辅助作用，单靠气流也许不能引起沙粒的夹带，由于撞击引起的夹带作用在摩阻流速低于初始运动所需要的起动风速时，由撞击引起的夹带作用可能继续下去，拜格诺（1941）称与此值有关的临界值为"撞击起动值"。动量可能被分散的第三个途径是引起地表的破裂，从而使团粒破裂（磨蚀）。若从沙粒后部打击沙粒，它就可能向前移动。拜格诺称此为"表层蠕动"。比冲击沙粒大6倍的沙粒都可能以这种方式被移动。因此，沙粒起跳的角度受下垫面及气流的影响而多变，沙粒起跳角度的研究比较少。

根据拜格诺（1941）的研究，沙粒冲击地面的角度明显是一常量，即与地平面成10°~16°，而与所达到的高度无关。他指出，这个角度所以为一常数，是由于向下作用的重力和最大前进速度达到了平衡（这两者均随高度而增加）。切贝尔（1963）对沙粒下落角度的研究，所得出的角度范围稍小一些，在6°~12°。沙粒起跳角速度可以采用以下公式计算：

$$f(\theta_0) = cf(\theta_A) + df(\theta_B)$$

式中：θ_0 为沙粒的起跳角速度；θ_A 为反弹沙粒的起跳角速度；θ_B 为击溅沙粒的起跳角速度。$f(\theta_0)$、$f(\theta_A)$、$f(\theta_B)$ 分别是 θ_0、θ_A、θ_B 的分布函数；系数 c 和 d 分别为反弹和击溅系数，该系数随粒径与风速变化，均可由实验测量得到。

六、颗粒沉降规律

斯托克斯定律用于描述颗粒通过空气或水等分散介质的沉降规律：

$$V = [D^2 \times (\rho_p - \rho_1) \times g] / 18\eta$$

式中：V 为沉降速度，cm/s；g 为重力加速度，980cm/s^2；D 为颗粒直径，cm；ρ_p 为颗粒密度；ρ_1 为分散介质的密度（空气为 0.001213g/cm^3，水为 1g/cm^3）；η 为分散介质的黏滞系数（空气为 1.83×10^{-4} 泊或 g/(cm·s)，水为 1.002×10^{-2} 泊）。

使用斯托克斯定律，可以计算出颗粒在空气中的沉降的速率（表 6.2）。由于小颗粒在空气中的停留时间更长，输移距离更远，这些都提升了小颗粒的危害风险，而且小颗粒还能通过进入呼吸系统危害人身体健康，这些导致目前科学家对微小颗粒的关注超越大颗粒。

表 6.2　根据斯托克斯定律计算出的不同粒径颗粒在空气中的对沉积速度

颗粒直径（mm）	颗粒类型	空气中的沉降速度（cm/s）
1	沙粒	7880
0.1	粉粒	79
0.001	黏粒	7.9×10^{-5}

第五节　风沙颗粒的运移及输送方式

一、风沙颗粒输送方式

自 20 世纪以来，针对静止状态沙粒受力起动机制，中外科学家开展了大量的研究，其中以拜格诺在 1941 年通过实验得出的冲击碰撞说较有代表性。该学说认为冲击碰撞作用是风蚀过程中沙粒起动的主要原因，并详细阐述了沙粒起动的动量理论，依据该理论，粒径不同的土壤颗粒在风蚀过程中的运移方式也是不同的。目前，依据风力、颗粒大小和质量不同，将沙粒吹离地表，进入气流中运动形成风沙流的方式概括为悬移（suspension）、跃移（saltation）和蠕移（surface creep）3 种（图 6.6）。在三种方式中，跃移方式是风沙主要的物质搬运方式，风沙物中总沙量的 70%~80% 属于跃移质，20% 左右属于蠕移质，悬移质一般不足 10%，甚至低于 1%，属于风沙物中最少的物质。从高度来看，绝大部分风沙搬运物是在 30cm 的高度范围内的近地表进行的，而且距地面 10cm 以下的风沙流最为集中。

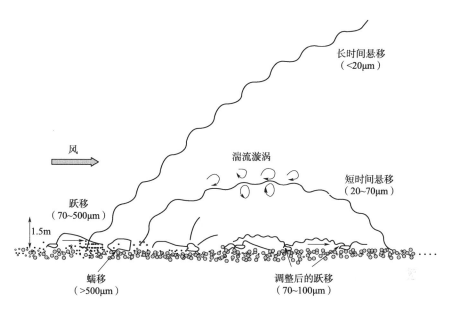

图 6.6　风蚀事件中土壤颗粒悬移，跃移和蠕移示意图

注：引自 Pye(1987)，稍作修改。

1. 悬移

悬移是指沙粒随风起动后，在空气中进行较长时间悬浮而不降落，在悬浮过程中以与风速相同的速度向前运动的过程。当细微颗粒在内部黏结力的作用下沙粒能够经受住碰撞破坏时，尘粒在空中悬浮一般不是空气动力直接抬升的结果，但当沙粒在随风跳跃过程中，内部黏结力会被较强的跃移冲击力所破坏，其起支配力量转化为空气动力，尘粒会随风被释放到大气中并随风扩散开来，尘粒之间的黏结力完全消失。在此过程中，尘粒自身的重力越小，抬升的高度越大，悬浮的时间越久。因此，悬移质(悬移运动的沙粒)的粒径一般<0.1mm，该粒径的沙粒在风速为 5m/s 时就能悬移在大气中。

悬移质是沙尘暴的主要构成部分，其土壤损失最明显。一旦沙尘颗粒被带入大气，由于其极小的终端速度，它们通常会悬浮在空气中。它们可以相对容易地借助湍流从地表扩散到大气边界层中，然后由大气环流进行长距离输移动达数千千米。由于粉尘颗粒在大气中的代表性的停留时间取决于其最终速度，因此悬移可进一步分为长时间悬移和短时间悬移。观察结果表明，只有非常细的颗粒(通常大小为几微米，上限为 20μm)可以长时间保持悬浮状态，通常情况下，该时间段可以长达几天，从而有利于沙尘的长距离输移。小于 20μm 的土壤颗粒称为长期悬移颗粒。直径在 20~70μm 的土壤颗粒仅能在短时间内(通常为数小时)保持悬停状态，并且输移距离几乎不会超过数百千米，除非天气状况极为有利，因此，将 20~70μm 的悬移颗粒称为短期悬移。

2. 跃移

跃移运动是风沙运动的主要形式，也是其他风蚀形式的前提。由于空气的密度比沙粒的密度小，沙粒在运动过程中受到的阻力较小，因此，会以相当大的动能降落到地面。而且沙粒脱离地表进入气流后，会在气流中动量的推动下加速前进，其落地时又以很小的锐角砸向地面。因此，不但会导致其落地后快速反弹，继续跳跃前进，而且因其冲击作用有可能把周围的一部分沙粒冲击撞击后飞溅起来，造成周围的沙粒产生连续跳跃式运动。跃移运动的沙土颗粒称为跃移质。

跃移是在主风向大量土壤颗粒输移的主要方式，从而导致了沙海、沙丘和波纹的形成和演变。典型的跃移轨迹如图 6.7 所示：即开始时沙粒急速垂直上升被夹带到大气层表面，然后水平移动，最后以较小的冲击角度返回地面。观察表明，典型的起飞角约为 55°，典型的冲击角约为 10°。在每次跃移过程中，沙粒都会沿着土壤表面跳几毫米到几米。由于跃移质的速度最快可以达到每秒数百厘米左右，因此，其称为风沙运动的主要形式，在风沙流中有 70%～80% 的运动沙量来自跃移。因此，在土壤颗粒的 3 种运动形式中，跃移运动一直是土壤风蚀研究的关键和重点内容，并且由于跃移是导致其他类型输送的主要原因，也是植物受撞击伤害的主要原因，所以在控制措施里要对跃移充分加以考虑。

对于稳态跃移运动，在假设跃移颗粒的轨迹是相同的前提下，Bagnold 在 1936 给出了跃移输沙率以及颗粒剪切力 $\tau_q(z=0)$ 的计算方法：

$$\tau_g(z=0) = \frac{Q_s}{L_s}(u_{s0\downarrow} - u_{s0\uparrow})$$

式中：$u_{s0\downarrow}$ 和 $u_{s0\uparrow}$ 分别为跃移颗粒在床面下降和起飞的水平速度；Q_s 为输沙率；L_s 为跃移长度。

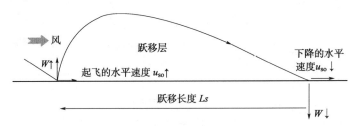

图 6.7　跃移颗粒轨迹示意图

Bagnold 假设 $\tau_g(z=0) \approx \rho_a u^{*2}$，跃移长度 $L_s \propto u^{*2}/g$，床面颗粒速度 $u_{s0\downarrow} \propto u^*$，得到了著名的 Bagnold 跃移输沙率，与摩阻风速呈三次方的标度律（王鹏，2020）：

$$Q_s \propto \frac{\rho_a}{g}u^{*3}$$

式中：Q_s 为输沙率；ρ_a 为颗粒密度；g 为重力加速度；u^* 为摩阻风速，cm/s。

3. 蠕移

在正常的大气条件下，大于 $1000\mu m$ 的颗粒太重，无法被风从表面抬起。但是，它们可能会被风或跃移颗粒撞击后在地表滚动，在受到跃移沙粒的冲击后，地表沙粒获得能量并沿地面向前移动或滚动，该种运动方式被称为蠕移。产生蠕移运动的沙粒称为蠕移质，蠕移质的运动形成并不是连续的，在某一单位时间内可以是间断的。在风速不断增大时，蠕移速度可以由慢到快发展，从最初的每秒几毫米到有一层沙粒在整个地表缓慢向前移动，蠕移速度和风速呈显著的相关性。在整个风沙运动中，总沙量的20%左右来源于蠕移质。粒径不同，沙粒随风的运动形式不同，研究发现，蠕移运动最容易产生的沙粒粒径范围为 0.5~2mm。造成这些沙粒做蠕移运动的力不仅来自迎风面的压力，也可能来自跃移过程中沙粒的碰撞冲击力，观测表明，跃移过程中高速运动的沙粒在对地面进行冲击后，可直接将比它自身直径大6倍或200倍于它的质量的粗沙粒推动而发生蠕移运动。

目前，主要通过陷阱式集沙仪对蠕移运动过程中的通量进行研究。早在1941年，Bagnold 设计了一种用于蠕移的特定收集器，然后在风洞中开始蠕移通量研究，由于当时设计的蠕移集沙仪不但能够收集到蠕移质，也能同时收集到大量的跃移颗粒，因此高估了蠕移通量，导致研究结果和现实不符。而且之后的学者也采用该设备进行蠕移通量测定，但所收集的蠕移通量都不准确，其中，最具代表性的学者是 Chepil，究其原因，主要还是和集沙仪的设计有关系，集沙仪入口宽度的不合理设计导致无法实现蠕移和跃移的分离。Cheng 等(2015)为了消除 Bagnold 陷阱式集沙仪准确性不高的影响，重新设计了一套研究方法，其原理是通过调整蠕移收集器的宽度来考察蠕移颗粒收集量的变化，同时通过收集的颗粒质量与收集器入口宽度之间的关系来确定收集仪的设计：

$$q_i = q_c + q_s D_i$$

式中：q_s 为跃移通量；q_i 为收集器收集到的总通量；q_c 为蠕移通量；D_i 为收集器入口宽度。试验过程中总共设计了六种不同宽度的收集器，通过不断测量后拟合出了蠕移通量随宽度变化的方程。

二、流场对颗粒运动的影响

上述土壤颗粒运动的分类在概念上很重要，但没有明确考虑流场对颗粒运动的影响。为了进行风蚀建模，需要对悬移和跃移进行更客观的定义。空气中悬浮颗粒保持悬浮的必要条件是其沉降末速等于或小于裹挟颗粒的拉格朗日速度的平均垂直分量。在中性大气表面层，典型的拉格朗日垂直速度大约是 κu_*（Hunt and Weber, 1979）。因此，对于具有 $w_t/\kappa u^* \ll 1$ 的颗粒，向上的湍流分散超过重力沉降，因此，这些粒子近似于悬移状态。对于具有 $w_t/\kappa u^* \gg 1$ 的颗粒，重力沉降超过湍流分散，因此这些颗粒不可能呈悬移状态。

基于 $w_t/\kappa u_*$ 引入粉粒和砂粒的定义，即粉粒是那些直径小于 d_1 的颗粒而沙粒是直径大于 d_1 的颗粒，d_1 的解释为：

$$w_t(d_1) = 6_d \kappa u^* \tag{1}$$

式中：$w_t(d_1)$ 表示 d_1 粒径颗粒的垂直终端速度；κu^* 表示拉格朗日垂直速度。在这个定义中，不在机械的按照大小去区分沙粒和粉粒（例如 63μm），而是根据于大气湍流的强度去区分，表现为 u^*。在具有强风切变和湍流的流场中，d_1 较大，因此可以将相对较大的颗粒视为沙尘颗粒，而在具有弱的风切变和湍流的流场中，d_1 较小，因此只能将小颗粒视为沙尘颗粒。但是，6_d 的选择具有一定程度的随意性。在某些研究中（例如 Shao 等，1996 年），6_d 设置为 0.5，而在其他研究中（例如 Scott，1995 年），其设置为 1。$6_d = 0.5$ 的选择是沙尘颗粒的保守定义，几乎可以确保一旦从沙尘颗粒从地表弹起，可以在空气中保持悬移状态一段时间。根据公式（1），在大约 $6_d = 1.25$（$w_t = 0.5u^*$）时发生悬移，在 $0.25 < 6_d < 1.25$ 时发生短时间悬移，而当 $6_d < 0.25$ 时开始长时间悬移（图 6.8）。

仅当大气表层的湍流波动对颗粒轨迹的影响可忽略不计时，才会发生单一的跃移。在这种情况下，跃移被视为确定性过程，并且颗粒轨迹仅取决于颗粒运动的初始条件和气流平均特性。通常存在一种过渡，但轨迹不确定。$1.25 < 6_d < 5$ 的部分被认为是调整后的跃移，而 $6d > 5$ 的部分被认为是单一跃移。

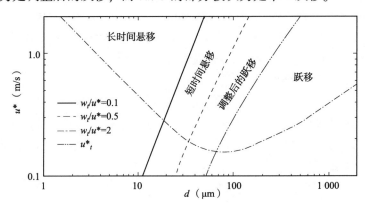

图 6.8　不同的摩擦速度下各种粒径土壤颗粒在空气中的运动模式［引自：Shao(2008)］

三、跃移和悬移运动的临界条件

对沙尘进入跃移和悬移运动的临界条件进行研究是了解风沙运动的随机特征的关键，更是计算沙尘暴预报模式中一个重要输入参数——沙尘通量的基础，进而直接影响沙尘暴预报的准确性，跃移和悬移运动的临界条件不仅取决于起沙风速和沙粒粒径，而且还和地表粗糙度、土壤含水率以及植被覆被特征等自然条件息息相关。

目前，主要采用两种方式来划分沙尘的跃移和悬移，一是以比较简单直观的沙尘粒径作为判别依据（Bagnold R A，1941），这种方法虽然具有简单直观的优点，但没有综合考虑风场和沙尘进入风场的速度这些直接相关因素，因此，这种判据显然不足。

另一种划分方式是基于沙尘最终沉降速度与流体垂直扩散速度的比值来确定。人们认为，只有当该比值远远小于一定的参考值时，粒子才会停留在悬浮状态，否则粒子就会跳跃。与前者相比，该划分方式考虑了风场的影响，为风蚀沙尘悬浮量的测量提供了更为合理的无量纲参数，但该参考值的选择仍然很随意。例如，Gillette 等（1972）给出的比值小于等于 0.12，Shao 等（1996）认为当比值小于等于 0.5 时沙尘会保持悬浮；而 Scott（1995）认为该比值应该小于等于 1.0。此外，这种判断方法更适合流体-固体密度比较小的情况，例如固体颗粒在水中的运动（Niño Y et al.，2003），即流体起始占据主导地位。对于风沙流，流体起动风速很大，实验也证明沙尘主要是由冲击引起的，跃移颗粒的"轰击"效应是起尘的主要机制（Shao Y P et al.，1993）。因此，沙尘从床面的起跳的初始速度也会对其进入气流后的运动状态产生一定的影响。

四、跃移和悬移运动的力学原理

跃移过程中，沙粒获得风力提供的动量，开始做跃移运动。根据跃移过程中作用于沙粒表面上的力，当床面粒子的临界剪切力 τ_{Thres} 小于靠近床面的风产生的剪切力 τ（对于松散颗粒的床面，临界剪切力一般为 0.05N/m^2）时，沙子开始跳动并进入风沙流。Bagnold 于 1941 年针对松散的沙床上沙子的跳跃运动，提出了床面临界剪切力速度公式（也被称为无黏性沙粒的摩阻速度）：

$$u_* = \sqrt{\frac{\tau_{\text{Thres}}}{\rho_a}} = A\sqrt{\frac{(\rho_p - \rho_a)}{\rho_a}gD_P}$$

式中：A 为无量纲尺度参数；ρ_p 为沙粒的密度；ρ_a 为空气的密度；g 为沙粒的重力加速度；D_P 是与不规则的单颗沙粒体积相同的球体的直径。

当沙粒在跃移过程中从水平方向以 $5° \sim 15°$ 的冲击角对床面进行撞击后，通常会以更大的垂直速度和角度进行反弹（Rice et al.，1995）。经过几次跳跃之后，这些跃移沙粒逐渐开始被风沙流中的拖曳力加速并撞击床面，并导致其他沙粒飞溅起（Ungar and Haff，1987）。飞溅的沙粒进入空气后，在风场拖曳力的加速作用下，沙粒将继续与床面进行碰撞，在此过程中由更多的沙粒飞溅出。因此，在跳跃运动初始阶段，空气中跳跃沙粒的数量呈现出指数增长的趋势（Shao and Raupach，1992）。随着空气中跃移沙粒数量的增加，也开始出现风沙流对流场的阻力作用（McEwan and Willetts，

1993)。当空气中的风沙流与流场提供的动量达到平衡时，风沙流将呈现稳定状态。该风场廓线低于没有粒子流的风场剖面(Owen，1964)。在风沙流稳定的情况下，临界摩擦速度往往高于床面附近的摩擦速度，因此风很难把床面上的沙直接带入空气中。其中，大部分被其他跳跃粒子击溅到空气中(Bagnold，1974；Ungar and Haff，1987；Shao and Raupach，1992；Mc Ewan and Willetts，1993)。

当风沙流较为稳定时，沙粒对风场将会产生抑制作用，床面的剪切力很难达到临界剪切力水平。摩擦速度也只能达到临界摩阻速度的 80%~85%，通常把这种在稳态风沙流中的摩擦速度称为冲击临界摩阻速度(Bagnold，1941)。同时，跃移小颗粒会对床面进行蠕移运动的大颗粒进行持续冲击，使大颗粒获得能量后向前滚动(孙其诚和王光谦，2001)。在悬移过程中，粒子的沉降速度都不高，一般不会超过气流向上的脉动速度分量。而且气流的运动状态影响着悬移粒子的运动状态，所以悬浮粒子可以在气流中进行较长时间的远距离运动。

五、跃移动力学模型

跃移是风蚀过程中土壤颗粒运动的三种主要模式(其他两种为悬移和蠕移)之一。由于跃移发生在大气表层，跃移颗粒的运动涉及强垂直气流剪切力，如果负载比很高(例如非常贴近地表)，跃动颗粒从大气中获得动量，并在风力的作用下加速度撞击地表，则可能发生粒子间碰撞。跃移颗粒的撞击是粉尘排放的主要机制之一，被称为跃移轰击(Gillette，1974；Nickling and Gillies，1989；Shao et al.，1993b；Alfaro，1997)。颗粒从表的剥离以及颗粒对地表的冲击涉及颗粒与地表以及流体与地表之间相互作用，由于剥离条件和和大气湍流的影响，导致跃移过程包含很大程度的随机性。在本小节中，主要讨论跃移动力学，并根据大量的风洞和野外观测资料回顾跃移模型。

1. Owen 模型

Owen(1964)跃移模型是基于 Bagnold 模型概念的扩展。Owen 的单粒子性质模型假设如下。

①颗粒为球形，大小和形状均一；

②颗粒运动是二维的，离地角大；

③所有粒子的运动轨迹相同且不受时间和地表距离的影响；

④假设颗粒的跃移是平衡的，在跃移过程中，颗粒的流向和距离无关，垂直水平输移通量为零。

Owen 模型没有考虑颗粒初始化之类的问题，也不考虑跃移过程中其他颗粒因撞击而导致的夹带输移问题。Owen 模型将跃移视为一种自控过程，受颗粒的气动夹带，颗粒动能转换和颗粒运动过程中风速廓线的调整。Bagnold-Owen 跃移模型的核心公式为：

$$Q(d_s) = c_0 \frac{\rho_a}{g} u_*^3 \left(1 - \frac{u_{*wt}^2(d_s)}{u_*^2}\right)$$

$$c_0 = 0.25 + \frac{v_t}{3u_*}$$

式中：d_s 为跃移颗粒的粒径；$Q(d_s)$ 为跃移通量；u_{*wt} 为在考虑地表含水率情况下的临界摩阻风速；$v_t = 1.66(\sigma_\phi gd)^{1/2}$ 为颗粒的沉降末速度；σ_ϕ 为颗粒密度与空气密度之比。

图 6.9 显示了使用 Owen 跃移模型和实测值的拟合效果评价（Leys，1998）。从拟合结果来看，证明 Owen 模型可以很好地模拟沙粒跃移过程。

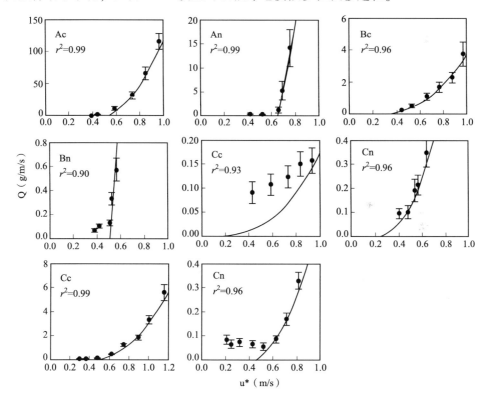

图 6.9 Owen 跃移模型拟合检验[图片引自：Leys(1998)]

注：拟合检验选择在 A，B，C 和 D 四种不同质地的土壤上进行，按照美国分类学的标准，这四种土壤分别对应黏淀干旱土（agrid），正常干旱土（calic orthidf），变性土（Vertisol）和简育黏淀干旱土（haplargid）。每种土壤设两种耕作处理：裸露未耕作（表示 n）和裸露耕作（表示 c），总共有 8 种土壤处理组合。

2. 其他跃移方程

目前较为成熟的跃移方程主要有以下 6 种（表 6.3）：

表 6.3 其他跃移方程汇总

来源	方程	常数
Bagnold（1937）	$c_o \left(\dfrac{d}{D}\right)^{1/2} \dfrac{\rho}{g} u_*^3$	$D = 250 \, \mu m$
		$c_o = 1.5$，均匀沙粒
		$c_o = 1.8$，天然沙粒
		$c_o = 2.8$，不易分类沙粒
Zingg（1953）	$c_o \left(\dfrac{d}{D}\right)^{3/4} \dfrac{\rho}{g} u_*^3$	$c_o = 0.83$，$D = 250 \mu m$
Kawamura（1964）	$c_o \dfrac{\rho}{g} u_*^3 \left(1 - \dfrac{u_{*t}}{u_*}\right)\left(1 + \dfrac{u_{*t}}{u_*}\right)^2$	$c_o = 1.8 \sim 3.1$
White（1979）	参照 Kawamura（1964）的方程	$c_o = 2.6$
Owen（1964）	$c_o \dfrac{\rho}{g} u_*^3 \left(1 - \dfrac{u_{*t}^2}{u_*^2}\right)$	$c_o = 0.25 + \dfrac{w_t}{3u_*}$
Lettau（1978）	$c_o \left(\dfrac{d}{D}\right)^{1/2} \dfrac{\rho}{g} u_*^3 \left(1 - \dfrac{u_{*t}}{u_*}\right)$	$c_o = 4.2$

跃移方程在实际应用过程中，必须估算 u_{*t} 值，它不仅取决于颗粒粒度大小，而且取决于一系列的地表条件因子，因此存在很大的不确定性。因此，难以确定那个方程最好。目前，主要推荐应用跃移方程有 Kawamura（1964），Owen（1964）以及 Lettau 和 Lettau（1978）的方程（表 6.3），虽然方程表达不同，但预测结果可能一致（图 6.10）。

六、风沙颗粒输送和粒径的关系

地表沙粒开始移动并形成风沙流的前提条件是风速达到或超过沙粒的启动风速。在此过程中，导致地表颗粒从一处搬运到另一处的关键是风沙流。风沙流能够搬运小于 2mm 的沙粒（粗沙、中沙和细沙）、粉粒和黏粒脱离地表。通常情况下，随风输移的沙粒粒径大小与风速成正比。风沙流中的含沙量与高度有关。观测得出，风沙流中沙粒大部分位于近地表 10cm 以下，并随着风速的增加而增加。风沙流中颗粒的运动方式有 3 种（王小伟，2018）。

1. 粒径较小的颗粒在风沙流中的运动方式

粒径较小的颗粒在风沙流中主要以悬移动方式运动，悬移质粒径一般为小于

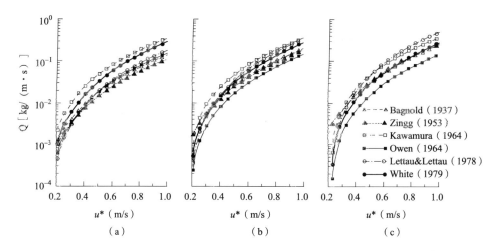

图 6.10　使用表(3)中列出的各种跃移方程模拟计算不同粒径土壤颗粒的跃移通量(粒径分别为 100μm、200μm 和 300μm)

0.10mm 的沙粒，甚至小于 0.05mm 的粉粒和黏粒，当风速为 5m/s 时，<0.2mm 的沙粒也会呈悬浮状态。悬移质体积小、重量轻的特性导致其在空气中自由沉降的速度也非常小，一旦被风吹扬起进入风沙流就不会轻易下沉，有些时候甚至可以达到 2000km 以上的长距离搬运。例如，中国黄土在风蚀过程中不但可以从西北地区悬移到江南，甚至可以漂洋过海漂移到日本。悬移质虽然在风蚀总量中占比不足 10%，但其危害性不容小觑。

在正常情况下，飘浮在空气中的土壤颗粒输移距离存在很大的差异，其主要原因是土壤颗粒的粒径不同。如图 6.11 所示，图中框内数字为不同的湍流交换系数。

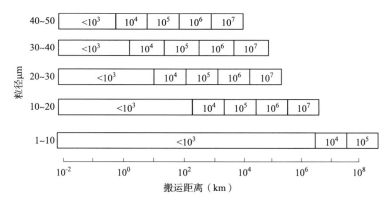

图 6.11　不同粒径尘粒在正常情况下的搬运距离[引自：Tsoar H and Pye K(1987)]

2. 粒径较大的颗粒在风沙流中的运动方式

较大的土壤颗粒主要做跃移和蠕移运动，当自身重力较大，无法被空气抬升脱离地表时，部分颗粒可能被跳跃过程中的颗粒碰撞而发生飞溅，开始做短途跃移运动后缓慢向前移动，或者沿着床面滚动。该运动方式和沙粒粒径显著相关。研究表明，一般来说，当颗粒直径为 0.10~0.15mm 时，跃移质运动的高度在 30cm 以内，大部分跃移质的飞行高度在 5cm 或更小的范围内，跃移的沙粒下落时候的角度通常为 10°~16°。而且，飞行的距离与起飞高度成正比。当颗粒粒径超过 1mm 时，其移动方式主要依靠比它小得多的颗粒在跃移过程中的冲击碰撞获得能量而向前蠕移。

七、跃移层的输沙量

由于跃移运动是风蚀过程中沙粒输移的主要方式，因此，沙粒跃移能够直接表征沙区地表风蚀特征以及风沙流的基本特点。当风速超过沙粒的临界摩阻速度时，地表沙粒在风场流的激发作用下跳入空中随风在风沙流中做出跃移、滚动等一系列非常复杂的输移运动，而且风力越大，近地面沙粒群在水平方向的移动速度越大，但同时跃移层的输沙量也影响着风沙流的风速分布，最终达到一种稳定状态后开始输移。在边界层中，由于湍流扩散和锋面附近的上升气流的作用，导致悬浮状态的沙粒自下向上输送沙粒，最终在垂直方向形成近沙粒群的移动（周秀骥等，2002）。因此，沙尘的排放量取决于能够进行跃移运动的沙粒的量。

以跃动，蠕动和悬浮等形式被携带的物质的比例，主要依风速和沙粒大小的分布而变化。在风沙输运过程中，依据颗粒的粒径大小，学术界一般根据沙粒粒径大小，将沙粒在风沙流中的运移模式分为以下几个物理机制：粒径小于 $20\mu m$ 的风沙颗粒一般做长距离悬浮运动；当粒径大于 $20\mu m$ 小于 $70\mu m$ 时，颗粒一般采取短距离的悬移方式进行移动；当粒径超过 $70\mu m$ 但小于 $500\mu m$ 时，风沙颗粒的运移方式主要为跃移。由于粒径小于 $500\mu m$ 的颗粒在极小的风力作用下都会起动，在完成跳跃运动后通过冲击床面引起其他粒径沙粒的运动，因此，跃移运动是风沙流中沙粒运动的主要形式。切贝尔（1945）研究发现，风蚀过程中，跃移占 50%~75%；悬移占 3%~40%；蠕动占 5%~25%，因此，跃移在数量上是沙粒运动的最主要的过程，没有跃动，大量的蠕移和悬移将不可能出现。

第六节　风蚀过程中跃移通量变化

一、不同摩阻风速下跃移通量变化

通过对不同摩阻风速下表土微团粒的粒度分布的跃移通量研究发现，当摩阻风速小于 0.40m/s 时，粉细沙、细沙、砾质沙和壤质土及粗沙的跃移通量差异明显，其中，粉细沙的跃移通量最大，粗沙最小，它们之间最大差值约为 400g/（m·min）；当摩阻风速大于 0.40m/s，粉细沙、中沙和细沙的跃移通量相近，而与粗沙、砾质沙和壤质土差异明显，跃移通量差值为 $10^2 \sim 10^3$ g/（m·min）（梅凡民等，2004）。

跃移通量随表土微团粒的粒度分布变化的趋势为粗沙、砾质沙和壤质土，不同土壤类型之间的跃移通量差异最大，而且随着摩阻风速愈大，跃移通量差异愈大，粉细沙、细沙和中沙的跃移通量在摩阻风速较小的情况下差异明显，当摩阻风速较高时（>0.60m/s），它们之间的差异较小。对此可以进行如下解释：随着土壤微团粒的粒度增大，起动摩阻风速增加，粉细沙、细沙、中沙和粗沙群体的起动摩阻风速分别约为 0.20m/s，0.25m/s，0.30m/s，0.40m/s，粉细沙、细沙和中沙群体的起动摩阻风速差异较小，较高的摩阻风速下跃移通量接近。粗沙、砾质沙和壤质土都分别包含了粗沙和极粗沙颗粒，它们的起动摩阻风速存在显著的差异，一般沙粒粒径越大，需要的起动摩阻风速就越大，因此，富含细沙和中沙的土壤更易受到风蚀影响，在较高的摩阻风速下它们的跃移通量也会小于粉细沙等表土类型。

二、土壤质地和表层覆盖对跃移通量的影响

比较毛乌素沙地、尼日尔和西班牙风蚀实验的数据可以看到（梅凡民等，2006），当摩阻风速在 0.25 ~ 0.40m/s 时，毛乌素沙地的跃移通量大于尼日尔农田，当摩阻风速介于 0.40m/s 和 0.50m/s 之间时，毛乌素沙地的跃移通量才和尼日尔农田接近或略小于尼日尔农田，而只有当摩阻风速提升到 0.48m/s 以上时，西班牙地区的农田地表有明显的跃移过程发生，但跃移通量远远低于乌素沙地和尼日尔农田。

上述差异的主要原因可以归于土壤类型及表面特性的不同，毛乌素沙地的土壤为沙土，地表都是 840μm 以下的可蚀性颗粒，而且地表比较疏松。尼日尔的沙质土壤在观测期遇到降雨，在表面形成了结皮，并出现大于 840μm 的粗颗粒。较毛乌素沙地而言，由于表土粗糙要素覆盖导致摩擦风速增高。通过上述 3 地的实验观测结果，可以对表土覆盖状况和土壤质地对跃移通量的影响过程有一个初步地了解，在相同的风况的条件下，表土越松散，粗颗粒越大，跃移通量越大，随着表土粉沙和黏粒的越多，跃移通量呈现降低的趋势。

参考文献：

辜艳丹，2009. 干旱半干旱地区土壤的粉尘释放研究[D]. 兰州：兰州大学.

韩旸，白志鹏，姬亚芹，等，2008. 裸土风蚀型开放源起尘机制研究进展[J]. 环境污染与防治(02)：77–82.

黄社华，李炜，程良骏，2000. 任意流场中稀疏颗粒运动方程及其性质[J]. 应用数学和力学，21(03)：265-276.

姬亚芹，单春艳，王宝庆，2015. 土壤风蚀原理和研究方法及控制技术[M]. 北京：科学出版社.

李万源，沈志宝，吕世华，等，2007. 风蚀影响因子的敏感性试验[J]. 中国沙漠(06)：984-993.

李晓丽，申向东，解卫东，2009. 土壤风蚀物中沙粒的动力学特性分析[J]. 农业工程学报，25(6)：71-75.

李振山，倪晋仁，1998. 风沙流研究的历史：现状及其趋势[J]. 干旱区资源与环境，12(03)：89-97.

梅凡民，J. rajot，S. alfaro，等，2006. 毛乌素沙地的粉尘释放通量观测及 DPM 模型的野外验证[J]. 科学通报，51(11)：1326-1332.

梅凡民，张小曳，鹿化煜，等，2004. 中国北方表土微团粒粒度分布及其对粉尘释放通量的影响[J]. 科学通报，49(17)：1776-1784.

齐志伟，2008. 典型风蚀地表风速廓线风洞模拟系统的优化[D]. 呼和浩特：内蒙古农业大学.

邵亚平，2004. 沙尘天气的数值预报[J]. 气候与环境研究(01)：127-138.

王鹏，2020. 贴地表风沙输运及沙波纹形成演化机理研究[D]. 兰州：兰州大学.

王小伟，2018. 基于 CLM4.5 的河北省土壤风蚀尘释尘量模拟研究[D]. 石家庄：河北师范大学.

吴正，2003. 风沙地貌与治沙工程学[M]. 北京：科学出版社.

周秀骥，徐祥德，颜鹏，等，2002. 2000 年春季沙尘暴动力学特征[J]. 中国科学(D 辑：地球科学)，04：327-334.

朱朝云，丁国栋，1992. 风沙物理学[M]. 北京：中国林业出版社.

ALFARO S C, GAUDICHET A, GOMES L, et al., 1997. Modeling the size distribution of a soil aerosol produced by sandblasting[J]. J Geophys Res, 102(D10), 11239-11249.

BAGNOLD G A, 1937. The transport of sand by wind[J]. Geogr J, 89：409-438.

BAGNOLD R A, 1941. The Physics of Blown Sand and Desert Dune[M]. London：Methuen.

CHENG Hong, LIU Chenchen, ZOU Xueyong, 2015. Aeolian creeping mass of different grain sizes over sand beds of varying length[J]. Journal of Geophysical Research：Earth Surface, 120(07)：1404-1417.

CHEPIL W S, 1956. Influence of moisture on erodibility of soil by wind[J]. Proceedings of the Soil Science Society of America, 20：288-292.

CHEPIL W S, WOODRUFF N P, 1963. The physics of wind erosion and its control [J]. Adv. inAgro, 15：211-302.

DONG Z, LIU X, LI F, 2002. Impact/entrainment relationship in a saltating cloud [J]. Earth Surface Processes and Landforms, 27(06)：641-658.

FANG X, BI X, XU H, et al., 2017. Source apportionment of ambient PM_{10} and $PM_{2.5}$ in Haikou：China[J]. Atmospheric Research, 190：1-9.

GILLETTE D A, 1974. On the production of soil wind erosion aerosols having the potential for long range transport[J]. Journal De Recherches Atmospheriques, 8：735-744.

GILLETTE D A, IRVING H B, 1972. The influence of wind velocity on the size distributions of aerosols generated by the wind erosion of soils[J]. J Geophys Res, 79：4068-4079.

HUANG N, REN S, ZHENG X J, 2008. Effects of the mid-air collision on sand saltation [J]. Science in China (Series G), 38(03): 260-269.

HUNT J C R, WEBER A H, 1979. A Lagrangian statistical analysis of diffusion from a ground-level source in a turbulent boundary layer[J]. Quart J Roy Meteor Soc, 105: 423-443.

KAWAMURA R, 1964. Study of sand movement by wind[M]. In: Hydraulic Eng. Lab. Tech. Rep: University of California: Berkeley: 99-108.

KOK J F, RENNO N O, 2009. A comprehensive numerical model of steady-state saltation [J]. Journal of Geophysical Research, 114: D17204.

KULMALA M, RANNIK Ü, PIRJOLA L, et al., 2000. Characterization of atmospheric trace gas and aerosol concentrations at forest sites in southern and northern Finland using back trajectories[J]. Boreal Environment Research, 5(04): 315-336.

LETTAU K, LETTAU H H, 1978. Experimental and micrometeorological field studies of dune migration[M]. In: LETTAU H H. Lettau K. Exploring the World's Driest Climate. Madison, WI: University of Wisconsin: 110-147.

LEYS J F, 1998. Wind erosion processes and sediments in southeastern Australia[D]. Brisbane: Griffith University.

MCE Wan I K, WILLETTS B B, 1993. Adaptation of the near-surface wind to the development of sand transport[J]. J. Fluid Mech, 252: 99-115.

NICKLING W G, GILLIES J A, 1989. Emission of fine-graned particulates from desert soils[M]. In: Leinen M, Sarnthein M. Paleoclimatology and Paleometeorology: Modern and Past Patterns of Global Atmospheric Transport. Kluwer Academic: Dordrecht.

NIÑO Y, LOPEZ F, GRACIA M, 2003. Thresholdfor particle entrainment into suspension[J]. Sedimentology, 50: 247-263.

OWEN P R, 1964. Saltation of uniform grains in air[J]. J. Fluid Mech, 20: 225-242.

POTIER E, WAKED A, BOURIN A, et al., 2019. Characterizing the regional contribution to PM_{10} pollution over northern France using two complementary approaches: Chemistry transport and trajectory-based receptor models[J]. Atmospheric Research, 223: 1-14.

PYE K, TSOAR H, 1990. Aeolian Sand and Sand Dunes [M]. London: Unwin Hyman.

PYE K, 1987. Aeolian Dust and Dust Deposits[M]. London: Academic Press.

RICE M A, WILLETTE B B, MC EWAN I K, 1995. An experimental study of multiple grainsize ejecta produced by collisions of saltating grains with a flat bed[J]. Sedimentology, 42: 695-706.

SCOTT W D, 1995. Measuring the erosivity of the wind[J]. Catena, 24: 163-175.

SHAO Y P, 2000. Physics and Modeling of Wind Erosion[M]. Buston: Kluwer Academic Publishers.

SHAO Yaping, 2008. Physics and Modelling of Wind Erosion [M]. Amsterdam: Springer Netherlands.

SHAO Y P, RAUPACH M R, FINDLATER P A, 1993. The effect of saltation bombardment on the entrainment of dust by wind[J]. J Geophys Res, 98: 12719-12726.

SHAO Y P, 2004. Simplification of a dust emission scheme and comparison with data [J]. Journal of Geophysical Research, 109(D10): D10202.

SHAO Y, RAUPACH M R, LEYS J F, 1996. A model for predicting aeolian sand drift and dust entrainment on scales from paddock to region[J]. Aust J Soil Res, 34: 309-342.

SHAO Y, RAUPACH M R, 1992. The overshoot and equilibrationof saltation[J]. J. Geophys. Res, 97: 20559-20564.

SHAO Y, LU H, 2000. A simple expression for wind erosion threshold friction velocity [J]. Journal of Geophysical Research: Atmospheres, 105(D17): 22437-22443.

TSOAR H, PYE K, 1987. The mechanics and geological implications of dust transport and deposition in deserts: with particular reference to loess formation and dune sand diagenesis in the northern Negev: Israel[M]. In: FROSTICK L E, REID: I. Desert Sediments: Ancient and Modern Special Publication—Geological Society of London. Blackwell: Oxford: 139-156.

UNGAR J, HAFF P K, 1987. Steady state saltation in air[J]: Sedimentology, 34(02): 289-299.

WANG Y, ZHANG Y, SCHAUER J J, et al., 2016. Relative impact of emissions controls and meteorology on air pollution mitigation associated with the Asia-Pacific Economic Cooperation (APEC) conference in Beijing: China[J]. Science of the Total Environment, 571: 1467-1476.

WANG Z, REN S, HUANG N, 2014. Saltation of non-spherical sand particles [J]. PLOS One, 9 (08): e105208.

WHITE B, 1979. Soil transport by winds on Mars[J]. J Geophys Res, 84: 4643-4651.

ZINGG A W, 1953. Wind-tunnel studies of the movement of sedimentary material[M]. In: Proceedings of the 5th Hydraulic Conference: University of Iowa Studies in Engineering. Iowa City, IA: 34: 111-135.

第七章　土壤风蚀和粉尘释放

粉尘，又称为"尘埃"，统指在空气中悬浮的固体颗粒。在实际研究中，粉尘又被冠以多个别称，例如灰尘、粉尘、矿物粉尘等，这些别称并没有明确的区分方式，但是根据国际标准化组织的规定，一般把粒径不超过75μm的固体悬浮物定义为粉尘。也有研究表明(邬光剑等，2006)，大气粉尘粒径的完全分布包括3个体积众数粒径，即半径为1～10 μm 颗粒来源于土壤的气溶胶、半径为10～100μm 的颗粒(成土母质的粒径分布，只有在大气粉尘负载极高时出现)和半径为0.02～0.5 μm 的颗粒(与土壤无关，为本底气溶胶)。风力侵蚀是影响粉尘粒径分布的主要因素，除此之外，尘源区也决定着粉尘粒径的范围。

粉尘是大气气溶胶的最重要来源，占大气气溶胶的20%～50%(Andreae，1995)。粉尘释放主要发生在干旱半干旱地区，该地区约占世界总面积的1/3。据估算，全球的粉尘释放量累计每年可达到1000～2000Mt(Shao et al.，2011)。粉尘释放是全球矿物尘埃循环和相关养分循环的关键组成部分。粉尘颗粒一旦被空气传播，就可以通过湍流扩散到大气层，然后被风夹带很长一段距离，最终沉积到地面。

第一节　粉尘释放机制

粉尘主要通过释放、运输和沉积三个过程在地球大气系统进行循环(Shao，2008)。粉尘的主要来源为在陆地表面广泛分布的松散尘埃颗粒，其在风力或其他运移颗粒的冲击碰撞下，脱离地表后进入地表附近的风沙流中，并在空气湍流扩散以及其他力的综合作用下向高层大气中移动，最终形成自然界中较为常见的风蚀粉尘释放行为(朱升贺，2018)。

早期研究认为，粉尘释放主要取决于两种物理机制，即跃移颗粒的冲击释放和粉尘团聚体碰撞碎裂后的再次释放，其释放量主要由风沙运动的水平跃移通量来决定，基于此，目前已经有一些经验半经验公式被提出。随着风蚀研究不断深入，人们对风蚀过程中的粉尘释放机制及流体力学原理开展了大量的研究，发现引起地表粉尘释放的物理机制主要有3个方面(图7.1)，一般情况下，这3种物理机制不可能单独存在，粉尘释放过程是这三种机制共同作用的结果，但是人们通常对跃移轰击和团粒破碎所引起的粉尘释放量比较重视，而对空气夹带引起的粉尘释放考虑不周(Klose and Shao，2012)。

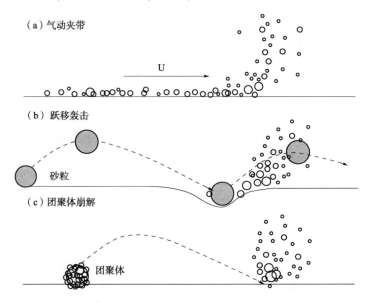

图 7.1　地表粉尘释放的物理机制[引自：Shao(2008)]

一、空气夹带引起的粉尘释放

空气夹带也称为气动夹带，是指在气流的直接推动下，地表的粉尘颗粒脱离地表进入地表附近大气的过程(Shao，2001)。

1. 粉尘释放通量的计算

空气夹带粉尘释放通量 F_p 的计算方式如下(Ginoux et al.，2001)：

$$F_p = CSs_p u_{10m}^2 (u_{10m} - u_t)，\text{如果 } u_{10m} > u_t，F_p = 0$$

式中：C 为空间结构要素；S 为基于裸露的地形图确定的经验系数；u_{10m} 为 $10m$ 处的水平风速；u_t 为粉尘排放的阈值速度；s_p 为粉尘的粒径。C 和 u_t 在某些情况下可以凭经验指定。

2. 空气夹带引起的自由粉尘的释放

现有的粉尘释放模型大多假设土壤的结构为沿垂直方向均匀分布的，但实际情况并非如此，自由尘层的颗粒构成与其下部分土壤的颗粒构成不一致，以这种假设为前提，只能在粉尘释放模拟过程中重点研究跃移轰击和团粒破碎，而对空气夹带过程引起的微小自由尘的释放过程无法进行合理的描述。目前所有的粉尘释放模型中，很少有模型描述空气夹带如何引起自由尘释放，因此导致对该物理过程的认识不足，也缺乏关于风蚀过程中自由尘释放的更深层次机理上的理解，由于数据是通过风洞或现场实验收集、分析并适用于经验公式的，很难根据基本理论确定相应的释放模型。由于液体滞留，自由粉尘层被完全消耗后，土壤颗粒的跃移传输过程驱动的跃移轰击和颗粒破碎机制成为粉尘释放过程中的关键环节。

（1）自由粉尘

在风蚀过程中，表层土壤颗粒由于风沙流的磨蚀作用分解出若干微小自由粉尘，简称自由尘。自由尘在重力作用下在更下一层的土壤颗粒间隙中分散填充，形成了自由粉尘层，该层空间分布极不均匀。土壤表面自由尘层具有保持土壤颗粒吸湿水和薄膜水的作用，同时能够促使土壤颗粒稳定性形成，主要是由于该层的产生阻挡了太阳辐射对下一层土壤的进一步影响，并有助于微粒间内聚力的产生和持续提供。在干旱半干旱地区，土壤颗粒间空隙中的吸湿水与薄膜水能够迅速被强烈的太阳辐射逐渐排干，导致矿物微粒间内聚力彻底丧失，原有薄层中的土壤颗粒逐渐解体成为新的微小自由尘，这些自由尘的粒径一般小于 $60\mu m$。自由尘层的内部简化结构如图 7.2 所示。

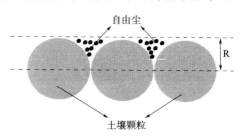

图 7.2　自由尘层的内部结构示意图

（2）自由粉尘释放的计算方法

Zhang 等（2016）通过风洞实验得出的用于描述自由尘流体释放速率的结果：

$$F_{free} = D \cdot u_*^n \left(1 - \frac{u_{*t}}{u_*} \right)$$

式中：u_*^n 为摩阻风速；D、n 为实验测量得出的参数。

根据 Zhang 等（2016）的研究可以看出，目前关于土壤表面自由尘的存在规律逐渐受到学术界的关注。通过对不同类型的地表进行风洞实验后发现，在实验初期阶段，跃移颗粒轰击引起的粉尘释放通量有可能低于跃移粒子冲击释放后形成的粉尘释放通量。这种现象主要得益于土壤表面的自由尘限制。

二、跃移轰击引起的粉尘释放

跃移轰击指在风蚀过程中粒径稍大的颗粒（100~500μm 的颗粒）在跃移过程中对地表其他颗粒构成轰击，促使地表上粒径较小的粉尘颗粒（1~100μm）受力后离开地面的过程（Shao et al.，1993；Marticorena and Bergametti，1995）。

风蚀过程中由跃移轰击主导的释放过程主要由跃移过程来完成，无论粉尘自身跃移还是被其他跃移颗粒冲击导致的粉尘释放，都被称为沙爆。由于野外条件多变和不稳定，一些学者选择条件比较稳定可控的风洞来开展试验，重现粉尘释放过程，并对相关的一些物理量进行测量，但是，由于复杂的流场特征和地表条件无法在风洞中再现，无法揭示跃移轰击和团粒破碎机制的现实过程，因此，科学家开始通过模拟手段对对粉尘释放的物理机制进行分析和研究。其中，最有代表性的要数粉尘释放模型（DPM）和跃移轰击弹坑体积模型。

在DPM粉尘释放模型中，假设粉尘释放的主要源动力来自跃移颗粒的冲击作用，通过粉尘释放过程中粒度的分布规律，在研究了颗粒的动能消耗过程和粉尘颗粒在跳跃过程中的结合能后，提出了一种基于能量分布的粉尘释放模型。该模型目前公认为国际上较为成熟的模拟粉尘释放的模型，可以用于模拟大尺度范围内的地表粉尘释放，但不足之处在于目前还不能完全从理论角度对土壤颗粒的结合进行推导或试验验证，导致该模型在微观层面应用较为困难。Alfaro（2008）通过风洞试验，检验了DPM模型的适应性，结果表明，DPM模型适应于大尺度下的粉尘释放模拟，但在小尺度范围内该模型具有一定的局限性。

跃移轰击过程中团粒破碎后释放到风沙流的过程一般认为是在沙粒冲击地表时发生，根据跃移轰击弹坑体积模型（Lu and Shao，1999）和能量守恒的过程，可以了解跃移轰击过程团粒的破碎机制及破碎后团粒的去向，从较为清晰的微观物理机制解释了跃移轰击下团粒破碎对土壤粉尘释放的贡献，但该模型的开发条件过于理想，在一定程度上限制了模型的应用。

三、团粒破碎引起的粉尘释放

土壤风蚀在本质上是风力对土壤表层的剪切侵蚀，因此，了解土壤抗剪强度不但能够明确土壤风蚀抗性，还能建立以风蚀动力学理论为基础的土壤风蚀，要达到这一目的，必须明确土壤颗粒聚合稳定性这一关键参数。团粒破碎指在跃移中的颗粒或者团聚体在与地表其他颗粒进行碰撞的过程中，导致跃移颗粒或团聚体发生自身破碎后，微小颗粒脱离原来颗粒输移到空气中，从而引起的粉尘再次释放（Shao，2008；Kok，2014）。近年来，学者从侵蚀动力学角度，在对团聚体破碎诱发的粉尘释放过程及其机理进行研究后，通过相关理论推导和数值模拟计算，提出了一个全新的粉尘释放模拟方程（Kok et al.，2014）：

$$F = C_{K14} \cdot f_{bare} \cdot f_{clay} \frac{\rho_a (u_*^2 - u_{*t}^2)}{u_{*st}} \left(\frac{u_*}{u_{*t}} \right)^\alpha, \ (u_* > u_{*t})$$

$$C_{K14} = C_{d0} \cdot \exp\left(-C_e \frac{u_{*st} - u_{*st}0}{u_{*st0}} \right), \ \alpha = C_a \frac{u_{*st} - u_{*st0}}{u_{*st0}}$$

式中：f_{bare} 为裸露地表比例；f_{clay} 代表黏土的质量分数；u_{*st} 为临界摩阻风速（无量纲）；a 为团聚体破碎指数；C_{d0}，C_e，C_a 均为无量纲常数。

基于跃移颗粒撞击导致团聚合破碎引起粉尘释放的前期理论研究基础，考虑到土壤作为一个不同粒级颗粒组成的集合体，因而充分研究了风蚀过程中跃移通量的贡献与每一粒级的可蚀性土壤微团粒之间的关系，将粉尘粒度分布用 3 个对数正态群体来表示，Alfaro 等（2001）建立了粉尘释放模型 DPM，在建模过程中加入了颗粒粒径分布、团聚体动能及团聚体内部微粒结合能等因素。该模型的方程如下：

$$F_{\text{dust}, i} = (\pi \rho_p d_i^3 / 6) N_i$$

$$N_i = \frac{\beta}{e_i} \Big/ \int_{D_p=0}^{\infty} p_i(D_p) dF_h(D_p)$$

$$F_h = E \times C \times \frac{\rho_a}{g} u_*^3 \int_{D_p}^{\infty} (1 + R)(1 - R^2) dS_{rel}(D_p) dD_p$$

式中：$F_{\text{dust}, i}$ 为第 i 种粉尘粒子的释放通量，$\mu g/(m^2 \cdot s)$；N_i 为第 i 种粉尘粒子；ρ_p 代表土壤微团粒的平均密度，一般取 2.65 g/cm^3；d_i 代表从第 i 个对数正态分布，粉尘颗粒的质量中值粒径，μm；u_* 是反映风切应力大小的摩阻风速，m/s；D_p 为土壤可蚀性组分中的颗粒直径，cm；ρ_a 为空气密度；$p_i(D_p)$ 为跃移颗粒的动能分配比例，该动能主要来源于 3 个呈对数正态分布的粉尘粒子群体之间，其获得的动能大小主要由粉尘粒子的粒度和个数通量来决定；$\beta = 16300$ cm/s^2，为比例系数；e_i 为 3 个呈对数正态分布的粉尘粒子的结合能；F_h 为颗粒的跃移通量；E 为可蚀性部分与整个风蚀地面的比率；$R = u_{*t}(D_p, Z_0, Z_0 s) / u_*$；$dS_{rel} = \dfrac{dS(D_p)}{S_{\text{total}}}$ 为粒径为 D_p 的颗粒占整个颗粒表面面积的相对比例，它取决于土壤可蚀性组分的粒度分布；c 为经验常数，取 2.61。

四、跃移轰击和团聚体破碎共同引起的粉尘释放

Shao（2001）提出了一种粉尘释放模型，该模型同时考虑了跃移轰击和团聚体破碎的影响。此模型在 Shao（2004）中进行了简化，总结如下：

$$F_b + F_c = \sum_{i=1}^{I} F(d_i)$$

$$F(d_i) = \int_{d_1}^{d_2} F(d_i, d_s) p(d_s) \delta d_s$$

$$F(d_i, d_s) = c_y \xi f_i [(1 - \gamma) + \gamma \sigma_p](1 + \sigma_m) \frac{g Q(d_s)}{u_*^2}$$

$$Q(d_s) = c_0 \frac{\rho}{g} u_*^3 \left(1 - \frac{u_*^2 t(d_s)}{u_*^2}\right)$$

$$c_0 = 0.25 + \frac{v_t}{3u_*}(Owen, 1964)$$

式中：d_i 为第 i 个区间中颗粒的平均粒径；d_s 为呈跃移状态的颗粒粒径；ξf_i 为分布在第 i 个区间内的粉尘含量；σ_m 为在轰击过程中，由于轰击效应而导致的颗粒溅射总质量与入射颗粒总质量之比；σ_p 为地表土壤中粉尘团聚体与自由尘的比值；v_t 为颗粒的沉降末速度；$Q(d_s)$ 为跃移通量，该值由 Owen(1964) 模型计算得出；c_y 和 γ 为经验参数。

杨兴华等（2020）利用 DPM 模型计算粉尘释放通量，以期揭示塔克拉玛干沙漠地表土壤微团粒结构特征及其对粉尘释放通量的影响，研究结果显示，在塔克拉玛干沙漠中，粉尘释放量最大的为粉细沙和细沙，其次为中沙粗沙，极粗沙最少，其最大差值能达到 $10^{-2}\mu g/(m^2 \cdot s)$ 的数量级。

第二节　风蚀过程中粉尘释放量

土壤风蚀导致干旱和半干旱地区大量粉尘颗粒被释放，大量土壤养分流失、最终导致该地区土壤贫瘠，沙漠化进程加快。同时，粉尘在输移过程中会凝聚大量的化学和生物污染物，长期处于该环境中会对人体健康造成极大的伤害。作为气溶胶的一个主要来源，风蚀产生的粉尘在大气中首先形成尘埃气溶胶，通过影响大气的物理化学变化来改变全球气候环境。要确定大气中的气溶胶浓度必须首先准确估算粉尘排放率，要明确沙尘暴源对沙尘暴的贡献必须首先了解沙尘排放率，因为它是沙尘暴预报的重要输入项（Gillette，1997），是沙尘输送方程的下边界条件。

一、粉尘释放率估算

对粉尘释放率的估算是开展粉尘释放模拟的关键。粉尘释放率的计算开始于 20 世纪 40 年代左右，但研究进展相对缓慢。总体而言，广泛应用的粉尘释放率公式主要有以下三类。

1. 经验公式

在没有完整的理论推导过程之前，科学家通过数据拟合得到一种应用性比较强的公式，该公式称为经验公式。早期粉尘释放经验公式假设粉尘释放率和摩阻风速的幂函数存在着一定的线性相关性。如下所示：

$$F = \alpha(u_*^n - u_{*t}^n)$$

式中：F 为粉尘释放率；u_* 为摩阻风速；u_{*t} 为临界摩阻风速；α 为经验系数，是一个固定值。

Gillette 和 Passi(1988) 通过野外观测数据，建议 n 一般在 3 到 5 之间，通常设为 4。

2. Marticorena 和 Bergametti(1995)提出计算方法

$$\frac{F}{Q} = a_1 exp\ (a_2 \eta_c - a_3)$$

式中：月 η_c 为粘土含量(%)；Q 为单宽水平输沙率；a_1，a_2，a_3 都为系数。通过 Gillette(1977)研究得出的拟合方程，计算出 a_1，a_2，a_3 分别为 0.01，0.31，13.82。

因为该模型在模拟过程中重点解决了以下两个关键点：①粉尘释放与风沙流强度的关系；②黏土含量在粉尘释放过程中的主要作用。因此，此公式较经验公式更为合理。但不足之处在于参数 a_1，a_2，a_3 的确定，它们不是理论推导的结果，所以不具有普遍性和权威性。

3. Shao(2004)提出的计算方法

$$\widetilde{F}(d_j,\ d_s) = c_y \eta f j \big[(1 - \gamma) + \gamma \sigma_p \big] (1 + \sigma_m) \frac{gQ}{u_*^2}$$

式中：$\widetilde{F}(d_j,\ d_s)$ 为第 j 组内的粉尘的释放率，该组内的粉尘释放主要是由粒径为 d_s 的颗粒跃移产生的；c_y 为经验系数；γ 为权重函数；Q 为粒径为 d_s 的水平单宽跃移输沙通量；g 为重力加速度；$\sigma_p = \dfrac{p_m(d_i)}{p_f(d_i)}$，其中 $p_m(d_i)$ 为不破坏土壤中团粒的粉尘颗粒的粒径分布，$p_f(d_i)$ 为完全破坏土壤中团粒后的粉尘颗粒的粒径分布；σ_m 为跃移轰击效率。由以下公式得到：

$$\sigma_m = 12u_*^2 \frac{\rho_p}{P} (1 + 14u_* \sqrt{\frac{\rho_b}{P}})$$

式中：ρ_b 为土壤密度；ρ_p 为土壤颗粒密度；P 为土壤塑性压强。此公式是一个谱模型，因为 F_j 由以下公式确定：

$$F_j = \int_{d_1}^{d_2} \widetilde{F}(d_j,\ d) \delta d$$

整体的粉尘释放率为：

$$F = \sum_{j=1}^{J} F_j$$

该公式较其他公式而言，更为复杂合理，因为在模拟过程中把粉尘释放的物理过程进行了考量，因此，模拟的物理意义更加的明显。但是，该模型在应用过程中还是存在一定的困难，因为没有输入土壤和地表特征数据，这些数据恰好是较易获得的数据，而且在整个模拟过程中，没有涉及土壤塑性压力、粉尘粒径分布的描述。

4. 基于粒度对比的释放量估算法

该估算法假设风蚀过程中，农田表层土壤具有均一的粒度组成，风蚀对土壤颗粒的主要影响是不可蚀颗粒含量增加，可蚀性颗粒含量相对减少。王仁德等（2013）以耕地表层和下层土壤为例，通过比较可蚀颗粒和不可蚀颗粒相对含量在一个风蚀季前后的变化，估算当年的土壤风蚀量和风蚀过程中的粉尘释放量，并给出了关于土壤风蚀量与粉尘释放量之间的关系表达式：

$$q_E P = \frac{t'_{\mathrm{NEP}}}{S}\left(\frac{p^{\circ}_{\mathrm{EP}}}{p^{\circ}_{\mathrm{NEP}}} - \frac{p'_{\mathrm{EP}}}{p'_{\mathrm{NEP}}}\right)$$

$$q_{\mathrm{TSP}} = \frac{t'_{\mathrm{NEP}}}{S}\left(\frac{p^{\circ}_{\mathrm{TSP}}}{p^{\circ}_{\mathrm{NEP}}} - \frac{p'_{\mathrm{TSP}}}{p'_{\mathrm{NEP}}}\right)$$

式中：$q_E P$ 为单位面积上的风蚀量，g/m^2；t'_{NEP} 为在表层土壤中，不可蚀颗粒物的质量，g；S 为取样面积，m^2；p°_{NEP} 为下层土壤中不可蚀颗粒物所占的比值，%；p°_{EP} 为下层土壤中可蚀颗粒物所占的比值，%；p'_{NEP} 为表层土壤中不可蚀颗粒物所占的比值，%；p'_{EP} 为表层土样中可蚀颗粒物的质量分数，%。q_{TSP} 为单位面积上的粉尘释放量，g/m^2；p°_{TSP} 为下层土样中粒径<0.1 mm 的粉尘的质量分数，%；p'_{TSP} 为表层土样中粒径<0.1mm 的粉尘的质量分数，%。

二、风蚀对土壤粉尘释放的影响

王仁德等（2013）人采用粒度比较法估算了 2013 年河北省坝上地区主要几类农田的土壤风蚀量和粉尘释放量，估算结果（表 7.1）显示，翻耕过程能加剧土壤的风蚀进程，相比于留茬地，翻耕地的风蚀量平均提高 1.6~2.6 倍。研究区农田平均风蚀量为 2852.14g/（m^2·a），年风蚀深度平均达到 0.21cm，如果依据 D. Zachar 所确立的土壤风蚀强度分级标准来划分，该地区属于重度风蚀区。而且土壤风蚀量与粉尘释放量之间线性相关，相关系数达到 0.95，说明土壤风蚀过程中粉尘的释放量与跃移颗粒流量成正比。

表 7.1 应用粒度对比法计算的农田粉尘释放量和风蚀量

地类	土壤容重（g/cm³）	风蚀量[g/（m²·a）]	粉尘释放量[g/（m²·a）]	风蚀厚度（cm）
翻耕地	1.3685	1616.20	492.60	0.12
留茬地	1.3922	960.50	−168.12	0.07
翻耕地	1.3637	4739.07	1168.51	0.35
留茬地	1.3901	1889.64	510.09	0.14
翻耕地	1.3569	3617.65	1056.72	0.27
留茬地	1.3883	2107.14	616.28	0.15

（续）

地类	土壤容重(g/cm³)	风蚀量[g/(m²·a)]	粉尘释放量[g/(m²·a)]	风蚀厚度(cm)
翻耕地	1.3562	5673.34	1780.02	0.42
留茬地	1.3825	2213.59	689.21	0.16
平均	1.3700	2852.14	768.16	0.21

对不同风速下粉尘释放规律研究表明，低风速时，粉尘释放强度较弱。随着风速增大，农田粉尘释放强度呈指数规律快速增加。14m/s 风速时达到 61.3g/(m²·h)，是 4m/s 风速时的 5 倍多。低风速时，粉尘在风蚀物中的含量较高，4m/s风速条件下达 59.95%。随着风速的逐渐增大，风蚀物中粉尘中的比例不断降低，当风速达到 14m/s 时，其含量仅为整个风蚀物的 22.63%。说明随风速的增加，一些粒径较大的跃移颗粒开始逐渐在风沙流中占据主导(王仁德等，2012)。

三、风蚀过程中粉尘释放模型

大气颗粒物主要包括三种类型：沙尘颗粒物、生物燃烧颗粒物和工业排放颗粒物。研究表明，土壤风蚀不但能够造成空气污染，危害人类身体健康，还能破坏土壤表层结构，造成土壤养分流失和粗粒化，加剧土壤荒漠化进程，风蚀还通过污染大气，降低能见度，在强风蚀天气，大气中的风蚀颗粒物扩散导致整个生态系统遭到破坏。

国内外的风蚀粉尘释放模型是在野外观测、室内风洞模拟以及风沙物理学理论的共同支撑下开展的，经过多年的发展，已经取得了许多研究成果，形成了许多风蚀模型，并对参数化方案提出了科学的思路和方法，而且国内近年来在开展风蚀研究中，也更加注重风蚀模型的应用，例如，有研究者采用 DPM 模型对民勤绿洲荒漠区沙尘暴期间的粉尘释放通量进行了模拟计算(辛艳丹，2009)。也有研究通过模拟计算土壤粒度分布和粉尘释放的关系，来确定不同风速下粉尘释放通量的变化规律和释放过程(邢茂等，2008)。典型粉尘释放模型的主要参数及优缺点见表 7.2。

表 7.2　典型粉尘释放模型比较

模型名称	模型方程	参数说明	优点	缺点
Gillette 粉尘释放模型	$F_v = C \times u_*^3(u_* - u_{*t})$	u_{*t} 为起动摩阻速度 u_t 为起动风速 C_d 是与粗糙度有关的物理量	输入参数少，公式简便	没有反映出粉尘释放中跃移颗粒所产生冲击作用的微观机制

（续）

模型名称	模型方程	参数说明	优点	缺点
EPA 粉尘释放模型	$Fv = ecCKLV$（计算 PM_{50} 粉尘粒子的释放通量） $F'v = 0.2058esf/P_e^2$（计算 PM_{30} 粉尘粒子的释放通量） $C = 0.504u^3/P_e^2$	u 为年平均风速；e 为土壤可蚀性指数；c 和 s 分别是土壤中 $<50\mu m$ 和 $<75\mu m$ 粒子的百分含量；V 为植被覆盖因子；K 是粗糙度因子；L 为裸露地表的长度；f 是平均风速超过起动风速的时间占全年的比例，起动风速取 5.4 m/s；Pe 是 Thorn-thwaite 降水蒸发指数；C 为风蚀的气候指数，它是风速和土壤含水量以及有效降水量的函数	全面考虑了以下影响土壤风蚀的因子：土壤质地（土壤可蚀性指数和可悬浮颗粒含量）、地貌特征（主要为裸露地表的长度）、植被覆盖（植被覆盖因子 V）和相关气候因素对风蚀强度的影响	考虑因子很多，但好多因子意义不是很明确，很多参数无法和野外实测数据进行对应。也没有粉尘释放的微观机制的描述
邵亚平的粉尘释放模型	$F(d_i, d_s) = c_y\left[(1-\gamma) + \gamma\dfrac{P_m(d_i)}{P_f(d_i)}\right]$ $\dfrac{Q_g}{U^{*2}m}(\rho_b\eta_{fi}\Omega + \eta_{ci}m)$ （直径 d_i 的粉尘释放通量方程） $F(d_i) = \int_{d_1}^{d_2}F(d_i, d)$ $P_s(d)\delta_d$ $F = \sum_{1}^{l}F(d_i)$ $Q = c_0\rho_c/gu_*^3$ $\left(1 - \dfrac{u_{*t}^2}{u_t^2}\right)$	η_{fi} 和 η_{ci} 分别为直径为 d_i 的粉尘在最小和最大分散状况下的分布概率之和与之差；Ω 为跃移颗粒冲击导致的弹坑体积；m 为直径为 d_s 的跃移颗粒的质量；$\eta_{ci}m$ 代表了跃移过程中粉尘团粒分离对粉尘释放通量的影响；Q 代表跃移通量；g 代表重力加速度；u_* 为摩阻速度；$P_m(d_i)$、$P_f(d_i)$ 分别代表 d_i 粉尘直径在最小和最大分散状况下的分布概率；γ 代表直径为 d_i 粉尘在最大和最小分散情况下的分布概率的权重比例系数；ρ_b 和 ρ_c 分别代表土壤容重和土壤颗粒密度；c_y 为 c_0 的 $1/7$，约为 0.1，c_0 为 Owen（1964）跃移通量方程的经验系数	描述了跃移颗粒在粉尘释放过程中的撞击效应和物理机制，给出了独立的粉尘释放方程和跃移通量方程；通过引入反映跃移冲击强度的经验参数，描述了粉尘在跃移颗粒冲击中的结合能和跃移产生的弹坑体积 Ψ 以及土壤粒径变化和粉尘释放的关系；把风动力条件、土壤性质与粉尘释放很好地联系在一起，从微观角度模拟了粉尘释放的吹沙机制，建立了真正意义上的粉尘释放模型	模型中涉及了大量的参数，而目前还没有方法能准确地计算这些参数，因而导致模型具有不确定性

（续）

模型名称	模型方程	参数说明	优点	缺点
DPM 粉尘释放模型	$F_{dust,\,i}=\pi\rho_p d_i^3/6N_i$（粉尘释放通量公式） $N_i=\beta/e_i\int_{D_P=0}^{\infty}$ $P_i(D_P)dF_h(D_P)$（粉尘个数通量公式） $F_h=$ $\dfrac{EC\rho_a}{gu_*^3\int_{D_P}^{\infty}(1+R)(1-R^2)}$ $\times dS_{rel}(D_P)dD_P$（跃移通量方程）	d_i 代表了 3 个对数正态分布群体的粉尘粒子的中值粒径；N_i 是直径为 d_i 的个数通量；ρ_p 代表土壤颗粒的密度；$\beta=16300\ cm/s^2$，为比例系数；e_i 为 3 个对数正态分布群体的粉尘粒子的结合能；$P_i(D_P)$ 是跃移颗粒的动能在 3 个对数正态分布群体的粉尘粒子之间分配比例，获得的动能大小决定了粉尘粒子的粒度和个数通量。F_h 为跃移通量；式中 E 为可蚀性部分与整个风蚀地面的比率；u_* 为摩阻速度；$R=u_{*t}(D_P,\ Z_0 Z_{0s})/\ u_*$，$D_P$ 为土壤可蚀性组分中的颗粒直径（＜2000μm）；$dS_{rel}=dS(D_P)/\ S_{total}$，是粒径为 D_P 的颗粒占整个颗粒表面积的相对比例，它取决于土壤可蚀性组分的粒度分布；C 为经验常数，取 2.61	该模型主要针对跃移颗粒冲击过程中粉尘释放而建立的模型；主要通过参数化表征土壤各种表面特征（土壤粒度分布、粗糙度、土壤水等），定量描述在跃移输沙和粉尘释放过程中，摩擦速度和表面特征所起的作用；该模型通过输入土壤微团粒的粒度分布来表征风蚀过程对粉尘释放通量的影响，能较好反映土壤粒度分布对起动摩阻速度的影响，因此，和现实的风蚀情景最为相近	把粉尘的结合能设置为 3 个定值，影响了对实际情形更好的模拟反映

资料来源：梅凡民等（2004）。

第三节　粉尘释放测量手段

风蚀是引起地表粒配变化的主要因素，通过粉尘释放测量，可以为当地风蚀评估和风蚀模型的改进和完善提供数据支撑。目前，关于纯自然背景下地表粉尘释放特征的原始数据较少，主要原因是测量手段比较原始单一，早期主要通过对空气中粉尘浓度梯度的测量来确定风蚀过程中粉尘释放量（Gillette et al.，1972）。近年来，大致有以下几种方法：浓度梯度法、称量法、光吸收法、电容法、光散射法、β射线法、静电感应法等，也出现了一些自动化的粉尘测定设备，如 P-5L2C 型便携式微电脑粉尘仪。

一、浓度梯度法

浓度梯度法粉尘测量手段的主要原理如下：在一块被风侵蚀的区域上，垂直梯度粉尘气溶胶的通量的测定过程中，首先假设在地表几十米范围内，在垂直梯度上粉尘气溶胶通量不随高度变化而变化，它们的表达形式可以分为以下几种：

$$F_A = - K_A \rho \frac{\partial n}{\partial z}$$

$$\tau = K_M \rho \frac{\partial u}{\partial z}$$

式中：F_A 为粉尘气溶胶在垂直梯度的通量；K_A 为粉尘气溶胶的转换系数；ρ 为空气密度，在标准状况下，约为 $1.29 \ kg/m^3$；z 为测量的高度；n 为粉尘气溶胶的占比数；τ 为垂直梯度上空气通量；K_M 为涡动粘滞率；u 为平均水平风速，m/s。

由于公式中所涉及的粉尘气溶胶颗粒都比较小，其最终的沉降速率小于空气的垂直速度脉动。所以，可以以这样的近似值来表示，即：$K_A = K_M$。因此：

$$F_A = - \tau \frac{\partial n}{\partial u}$$

$$F_A = - \tau \frac{\Delta n}{\Delta u}$$

式中：Δn、Δu 由 n、u 参数来确定，τ 由下列公式来计算：

$$\tau = \rho C u_1^2$$

式中：C 代表拖曳力系数（Priestley，1959）。在接近地面时，理查森数（Richardson number）变化几乎对 C 不产生影响，因此，在大气中性层中，C 可以表示为：

$$C = \frac{0.4^2}{[\ln(z_1/z_2)]^2} \left[\left(\frac{u_2}{u_1} \right)^2 - \frac{2u_2}{u_1} + 1 \right]$$

因此，粉尘气溶胶的垂直通量可以通过在高度 z_1、z_2 处同时测量粉尘气溶胶和风速而计算得出，即：

$$F_A = \frac{- \rho C u_1^2 (n_2 - n_1)}{u_2 - u_1}$$

由于粉尘气溶胶浓度沿高度呈对数分布，此公式可以被简化为（Houser et al.，2001）：

$$F_A = - u_* k \rho \frac{dC_z}{dz}$$

式中：u_* 为摩阻风速；k 为卡曼常数；C_z 为粉尘气溶胶在高度处的浓度。

这种测量方法是基于以下假设开展的：首先空气的动量通量和沙尘的垂直通量相等，可以通过沙尘浓度梯度来获得沙尘的释放速率，因此所测的当地的沙尘释放率准确性有待检验，因为测量地沙尘的垂直通量很容易受到远处输送的沙尘的影响。

岑松勃等(2020)选择农田风蚀强烈的河北坝上地区开展风蚀过程中粉尘释放规律研究，通过对风蚀过程中农田近地表土壤粉尘浓度、风速和风沙流强度的变化规律进行观测，采用 Shao Y(2009)、Gillette D A 等(1997)和 Houser C A 等(2001)的方法计算 PM_{10} 的垂直通量和流失通量，对粉尘释放过程中风速和输沙率的影响进行探讨，结果显示，PM_{10} 垂直通量和流失通量均与输沙率线性相关($r>0.97$)，PM_{10} 垂直通量和流失通量与摩阻风速呈幂函数关系(r^2 分别为 0.885 和 0.925)，该研究进一步验证了在风蚀过程中，研究土壤颗粒与团聚体的跃移运动具有非常重要的意义，因为它们是导致地表粉尘释放的重要物理机制之一。

二、其他测量方法

1. 称重法

称重法比较原始，但该方法是最准确的一种方法，最早该方法所采用设备由英国生产制造，近期，国内也出现了称重法移动式粉尘测量自动取样系统，该系统设备通过取样前后过滤器重量差来确定粉尘释放量。

2. 电容法

电容法的测量原理较为简单，是指利用电位差值来测量风蚀过程中的粉尘释放量，但电容测量值与浓度之间并非存在一一对应的线性关系，因为受相分布及流型变化对电容的测量值会产生一定的影响，导致测量结果出现较大的误差。

3. β 射线法

β 射线法是大气颗粒物监测的一种常用方法。C_{14} 放射源发出的 β 粒子(即电子)具有较强的穿透力，当它在一定厚度的吸收物质中进行穿行时，其强度随吸收厚度增加而逐渐减弱。测量时，抽气泵以恒定的流量抽取被测空气，经过颗粒物切割器(TSP、PM_{10} 或 $PM_{2.5}$)后，空气动力学粒径大于特定粒径的颗粒物被截留到切割器中，目标粒径颗粒物则留在气流中，并沉积在纸带上，通过分析颗粒物沉积前后的 β 射线强度变化就可以得到大气颗粒物(TSP、PM_{10} 或 $PM_{2.5}$)的浓度。该方法虽然能够对粉尘释放量进行准确的测量，但需要在采样后对粉尘进行对比测量，因此很难在线实时对粉尘释放浓度进行监测。

4. 光散射法

颗粒含量不同，其在气流中所反射出来的闪光的频率以及持续时间不同，光散射技术主要利用气流中的颗粒的这一特点来对气流中颗粒的含量进行测量，相比于其他技术，该技术优点比较明显，它可以把大气颗粒物监测中气流中湿度的影响误差降低到可以忽略不计的程度。

5. 光吸收法

当光波通过土壤颗粒时，会与颗粒发生相互作用，一部分光波被颗粒中的介质所吸收，转化为热能，另一部分被颗粒所散射，促使光波与原来的传播方向相偏离，剩下的部分光波仍按原来的传播方向通过土壤颗粒。一般而言，透过颗粒的光强与入射时的光强基本都符合朗伯-比尔定律。依照此规律为基础，科学家设计了光吸收型粉尘浓度传感器，通过对入射光强与出射光强的差值进行测量对比，可以计算出流场的粉尘释放浓度，该方法更适合在高浓度的气固两相流中使用。

参考文献：

岑松勃，张春来，代豫杰，等，2020. 风蚀事件中农田土壤 PM_{10} 释放特征[J]. 中国沙漠，40（3）：145-150.

辜艳丹，2009. 干旱半干旱地区土壤的粉尘释放研究[D]. 兰州：兰州大学.

梅凡民，张小曳，鹿化煜，等，2004. 若干风蚀粉尘释放模型述评[J]. 中国沙漠，24（6）：131-137.

王仁德，常春平，彭帅，等，2013. 基于粒度对比法的坝上农田风蚀与粉尘释放量估算[J]. 农业工程学报，29(21)：108-114.

王仁德，邹学勇，赵婧妍，2012. 半湿润区农田土壤风蚀的风洞模拟研究[J]. 中国沙漠，32（3）：640-646.

邬光剑，姚檀栋，徐柏青，等，2006. 慕士塔格冰芯中微粒的粒度记录[J]. 中国科学 D 辑，36(1)：9-16

邢茂，郭烈锦，2008. 土壤风蚀中粉尘释放规律研究[J]. 中国科学(G 辑：物理学，力学 天文学)，38(8)：984-998.

杨兴华，康永德，周成龙，等，2020. 塔克拉玛干沙漠土壤粒度分布特征及其对粉尘释放的影响[J]. 农业工程学报，36(381)：167-174.

朱升贺，2018. 农田地表粉尘释放特征野外实验研究[D]. 兰州：兰州大学.

ALFARO S C, GOMES L, 2001. Modeling mineral aerosol production by wind erosion：Emission intensities and aerosol size distributions in source areas [J]. Journal of Geophysical Research：Atmospheres，106(D16)：18075-18084.

ALFARO S, 2008. Influence of soil texture on the binding energies of fine mineral dust particles potentially released by wind erosion[J]. Geomorphology，93：157-167.

ANDREAE M O, 1995. Climatic effects of changing atmospheric aerosol levels[J]. World survey of climatology，16：347-398.

GILLETTE D A, IRVING H B, 1972. The influence of wind velocity on the size distributions of aerosols generated by the wind erosion of soils[J]. J Geophys Res，79：4068-4079

GILLETTE D A, 1974. On the production of soil wind erosion aerosols having the potential for long range transport[J]. Journal de Recherches Atmospheriques，8：735-744.

GILLETTE D A, FRYREAR D W, GILL T E, et al., 1997. Relation of vertical flux of particles smaller than 10um to total aeolian horizontal mass flux at Owens Lake[J]. Journal of Geophysical Research: Atmospheres, 102(D22): 26009-26015.

GILLETTE D A, PASSI R, 1988. Modeling dust emission caused by wind erosion[J]. Journal of Geophysical Research: Atmospheres, 93(D11): 14233-14242.

GINOUX P, CHINM, TEGEN I, et al., 2001. Sources and distribution of dust aerosols simulated with the gocart model[J]. J Geophys Res, 106: 20255-20273

Houser C A, NICKLING W G, 2001. The emission and vertical flux of particulate matter< 10 um from a disturbed clay-crusted surface[J]. Sedimentology, 48(2): 255-267.

KLOSE M, SHAO Y, 2012. Stochastic parameterization of dust emission and application to convective atmospheric conditions[J]. Atmospheric Chemistry & Physics, 12(1): 3263-3293.

KOK J F, MAHOWALD N M, ALBANI S, et al., 2014. An improved dust emission model with insights into the global dust cycle's climate sensitivity[J]. Atmospheric Chemistry & Physics Discussions, 14(5): 6361-6425.

LU H, SHAO Y, 1999. A new model for dust emission by saltation bombardment[J]. J Geophys Res, 104: 16827-16842.

MARTICORENA B, BERGAMETTI G, 1995. Modeling the atmospheric dust cycle: 1. Design of a soil-derived dust emission scheme [J]. Journal of Geophysical Research, 100 (D8): 16415-16430.

PRIESTLEY C H B, 1959. Turbulent transfer in the lower atmosphere[M]. Chicago: University of Chicago Press.

SHAO Y, RAUPACH M R, FINDLATER P A, 1993. Effect of saltation bombardment on the entrainment of dust by wind [J]. Journal of Geophysical Research Atmospheres, 98 (D7): 12719-12726.

SHAO Y, 2009. Physics and Modelling of Wind Erosion[M]. Dordrecht: Netherlands: Kluwer Academic.

SHAO Y, 2008. Physics and Modelling Wind Erosion[M]. Germany: Springer Science & Business Media.

SHAO Y, WYRWOLL K H, CHAPPELL A, et al., 2011. Dust cycle: An emerging core theme in Earth system science[J]. Aeolian Research, 2(04): 181-204.

SHAO Y, 2001. A model for mineral dust emission[J]. J Geophys Res, 106: 20239-20254.

SHAO Y, 2004. Simplification of a dust emission scheme and comparison with data[J]. J Geophys Res, 109: D10202.

ZHANG J, TENG Z, HUANG N, et al., 2016. Surface Renewal as a Significant Mechanism for Dust Emission[J]. Atmospheric Chemistry and Physics Discussions, 16(12): 1-22.

第八章　土壤风蚀和沙尘释放

第一节　典型沙尘策源地及传输路径

一、全球沙尘策源地

地表植被覆盖度的变化将对地表起沙的临界风速产生显著的影响，进而改变沙尘天气的发生频率和规模，最终影响土壤的侵蚀量和大气中沙尘含量。全球大部分沙尘排放来自地表裸露、土质疏松的地区。除了土质和植被盖度以外，陆地表层土壤湿度的变化也是导致沙尘策源地出现的一个主要原因，有研究显示，全球主要的沙尘源主要位于年降水量小于 250mm 的区域（Prospero et al.，2002）。地球上沙尘策源地大多位于干热地区，但也有大约 500 万 km^2 稳定性季节性沙尘暴策源地位于干冷地区（最温暖月份<10°C 并且<250mm/a 降水量），例如冰岛南部。全球最大沙尘源位于非洲北部的撒哈拉沙漠，其次是阿拉伯和亚洲的中部和西南部。澳大利亚是南半球目前最大的粉尘源，其次是非洲南部和南美洲。全球最长的沙尘传输路径是从北非的撒哈拉沙漠沙尘策源地出发，横跨 9000km 穿越大西洋一路向西。

二、全球沙尘输移过程

非洲沙尘也频繁"袭击"地中海沿岸地区，地中海南部地区每年有 30%~37% 的天数受到非洲沙尘影响（Pey et al.，2013）。此外，亚洲沙尘春季常常扩散至东亚下游地区，如日本、韩国（Iwasaka et al.，1983；Huang Z et al.，2010），甚至可以抵达美国西海岸（Husar et al.，2001）和北极地区（Huang Z et al.，2015）。2007 年 3 月 8—9 日塔克拉玛干爆发沙尘暴后沙尘可以 13 天左右环绕地球一周多，被重新输移到塔克拉玛干沙漠以北，同时，塔克拉玛干沙漠地区又爆发了严重的沙尘暴（Uno et al.，2009），模拟结果也显示，沙尘在输移过程中大部分因湿沉降大量沉积到北太平洋，部分沉积到大西洋中部和土耳其中部地区，约占总沉积量的 8%。有研究指出，在格陵兰（Bory et al.，2003）和法国阿尔卑斯（Grousset et al.，2003）的冰雪样中发现亚洲沙尘的踪迹。

三、全球沙尘循环模式

沙尘循环以及其他重要的循环，如能源、碳和水循环，已成为地球系统科学的一个新的核心主题(Shao et al.，2011)。沙尘循环取决于土壤和气候系统。在某种程度上，可以认为尘埃循环是土壤系统的产品，随着全球沙尘的输移，与其他循环通过物理、生物地球化学过程相互作用。沙尘携带重要的营养物质到贫瘠的土壤中，进而提高了土壤生产力(Chadwick et al.，1999；Mahowald et al.，2008)。同时，沙尘也搬运土壤母质(Reynolds et al.，2006)、微量元素(Van Pelt and Zobeck，2010)、土壤生物(Gaixlner et al.，2012)，人为合成有毒化合物(Lamey et al.，1999)进入生态系统。尽管这一事实没有得到广泛认可，但是沙尘循环与全球碳循环密切相关(Chappell et al.，2013)。风蚀和水蚀作用下土壤有机碳在陆地、大气和水生生态系统中进行了重新分配。这部分碳从土壤中选择性地移除。最近澳大利亚研究表明，沙尘中土壤有机质含量为源土壤的 1.7~7 倍(Webb et al.，2012)。

通常把不同时间和空间尺度的沙尘启动、排放、输移、转化、沉积和稳定过程称为沙尘循环，类似于人们经常提到的碳循环过程，其中，沙尘的排放、传输和沉积过程是整个沙尘循环中最重要环节，时间尺度从秒到年。沙尘循环在空间尺度上并不固定，从几秒钟到一百万年都有。当地表遭受风的剪切力和湍流作用时，在微尺度范围内沙尘开始启动并被带入大气层。沙尘一旦汇入大气层，在湍流和对流的共同作用下逐渐进入大气层上部，然后借助大气急流和环流开始在全球大尺度范围内远距离输移，最后，它以干湿两种沉降方式在下风向堆积，完成沙尘的一次循环。相关研究表明(Goudie A S，2006；Shao Y P et al.，2011)，无论沙尘源的形成还是沙尘沉积物的稳定都需要一个漫长的过程，沙尘源的形成包括沙尘风化、土壤形成以及沉积物汇聚区形成。沙尘源的形成最典型的案例要数澳大利亚的艾尔湖和墨累河流域(Bullard J E et al.，2003)，该地区由于在内陆河流的补给过程中大量沉积物在这些地区覆盖，再加上洪水的作用，导致该流域大量细泥沙在沙尘源区汇集，形成了一个新的沙尘源。

四、我国沙尘策源地

有研究者通过对 2000—2002 年 42 起沙尘天气案例的分析，重点研究了沙尘的来源、移动路径、入海地点以及对不同海域的影响概率(张凯等，2005)。结果表明，沙尘暴的源区可分为外来和国内源，有近 70%沙尘暴来源于蒙古国戈壁、沙漠化地区，其侵入中国的路线分别为内蒙古西部的阿拉善盟和东部的锡林郭勒盟；国内源型只占到30%，有一半左右的沙尘源位于内蒙古沙漠化地区，其他主要来源地有新疆盆地、青海、内蒙古东部沙地和黄土高原。

发生严重沙尘暴的地区往往与地理环境有关。沙漠化地区、荒漠化地区、高山及其走向对强沙尘暴的形成都会产生一定的影响。在强沙尘暴频繁发生的地区，从山脉分布来看，南部有祁连山和青藏高原，北部有阿尔泰山，中部有天山、马鹿山、合力山和龙首山，东部有贺兰山和阴山，沙尘暴天气发生在高大山脉间的狭窄地带中。从海拔高度来看，沙尘暴天气主要发生在沙漠边缘、山间盆地或走廊地区，该地区平均海拔低于2000m。在高山和植被良好的地区，不容易产生沙尘暴。这些地区还有一个共同点就是普遍土壤比较干旱，年平均降水量在25~300mm，特别是降水量小于100mm的地区，是沙尘暴的重灾区。

五、我国沙尘输移路径

沙尘粒子的移动路径和入海途径可概括为3条。

第一条路线：爆发源地为蒙古国和内蒙古，沙尘移动路径从蒙古国中部入侵，途经浑善达克沙地西部、河北北部，到达辽宁营口后从大连、山东东营入渤海，威海入黄海，或者直接远程飘移到朝鲜、韩国后入黄海，部分沙尘粒子可以高空输运到东海。还有一条路径是从内蒙古中部到宁夏北部，途径甘肃东部，跨越黄土高原到达京津地区，一般最后从天津入渤海，或到山东半岛从烟台等地入渤海，特点是移动距离长，发生频率较高，而且容易产生扬沙。

第二条路线：爆发源地为蒙古国和内蒙古，沙尘移动路径为从内蒙古西部入侵，经内蒙古西部沙地到河西走廊，途径黄土高原、宁夏、陕西北部，再从山西、河南、河北、山东一路向东，最后从大连入渤海，日照入黄海，部分强沙尘暴会通过宁夏进入甘肃兰州，再从陕西北部、山西西部到四川东部、河南西部、湖北局部地区，沙尘粒子经多次加强后对整个华北平原造成影响，而且沙尘移动距离长，沙尘粒子来源多，影响范围广，在长距离输移过程中大多会产生沙尘暴。

第三条路线：爆发源地主要为青海柴达木盆地，沙尘移动路径主要有两条，一是从青海柴达木盆地途经张掖、金昌以后进入宁夏，然后从宁夏进入陕西、河南，最后从从江苏连云港入黄海，另一条路径为从青海的都兰、共和出发，途经兰州，从东南方向进入西安后途经河南许昌，到达安徽合肥、舟山，最后从宁波入东海。其影响类型为短距离局部沙尘，虽然发生频率较低，但是沙尘粒子入东海的最有效的途径，也会向东南方向移动影响长江中下游地区(张凯等，2005)。

第二节　风蚀和沙尘释放量

一、全球沙尘释放量

Peterson和Junge(1971)估算出全球沙尘释放量约为500Mt/a，这一数据显然太保守了，D'Almeida(1987)对撒哈拉大沙漠和萨赫勒地区沙尘释放研究表明，1981 年和 1982 年沙尘释放量分别为 627Mt 和 723Mt。Tegen 和 Fung(1994)通过模型计算显示全球沙尘释放量为 3000Mt/a，其中 0.5～1μm、1～25μm 和 25～50μm 沙尘释放量分别为 390Mt/a、1960Mt/a 和 650Mt/a。最近模型估算显示，全球沙尘释放量介于 1000~2000Mt/a，该模型改进最大的地方为通过全球大气尘埃负荷以及卫星数据检索来对模型进行收敛，因此，所预测的沙尘源区域同卫星观测到的结果一致，其他沙尘释放率估算结果见表 8.1。

表 8.1　全球沙尘释放量估算值(Mt/a)

来源	非洲	亚洲	美国	澳大利亚	全球	备注
Peterson and Junge, 1971	/	/	/	/	500	通过浓度和停留时间估算
D'Almeida, 1987	/	/	/	/	1900	通过预算模型以及小于 5μm 气溶胶颗粒的太阳辐射数据
Duce et al., 1991	/	/	/	/	>900	海洋中所沉淀的沙尘气溶胶
Tegen and Fung, 1994	/	/	/	/	3000	模型/0.1~50μm
Werner et al., 2002	693	197		52	1060	模型
Tegen et al., 2002	/	/	/	/	1700	模型/0.1~10 μm
Lu et al., 2003	1114	173	/	132	1654	模型
Zender et al., 2003	980	415	43	37	1490	模型<10μm
Ginoux et al., 2004	1430	496	64	61	2073	模型/0.1~6μm
Miller et al., 2004	517	256	53	148	1019	模型
Tanaka and Chiba, 2006	1150	575	46	106	1877	模型/0.2~20μm

二、全球沙尘释放分布特点

Li F 等(2008)采用地球物理流体力学实验室(美国)的大气环流模型来对全球主要沙尘源年平均沙尘排放进行研究，结果显示，从 1979 年到 1998 年 20 年，全球排放量平均排放量为 2323Tg/a，从 1982 年的 2220Tg/a 到 1990 年的 2450Tg/a，各年际之间沙尘排放不同，其中，北半球贡献最大(90%)，而且主要集中在北非，只有 10% 来自南半球。

南半球每年向全球输送 238±12Tg/a 沙尘，比自身扬尘高出近 10%~20%(205±10Tg/a)，扬尘量和输送量之间的这种差异值(31±4Tg/a)主要来自北半球的北非。南半球热带地区主要为沙尘的"汇"，沙尘年平均沉降量约为 51Tg/a，而沙尘平均输沙量仅为 2 Tg/a(图 8.1)。

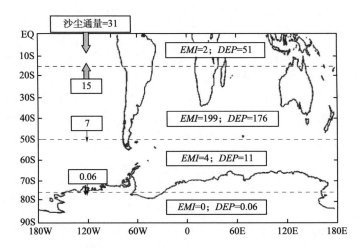

图 8.1　南半球低维度地区(EQ-15S)、源区(15S-50S)、南印度洋(50S-75S)和
南极洲内陆区(75S-90S)的沙尘平衡状况[引自：Li F et al. (2008)]

注：起沙、输送(EMI)和沉积(DEP)量的单位都为 Tg/a。

三、风蚀对全球沙尘释放量的影响

　　人类活动造成世界范围内土壤风蚀，引发干旱地区沙尘暴频发。Neff 等(2008)
对美国科罗拉多州西南部圣胡安山的湖心土壤分析表明，在 19 世纪末期和 20 世纪
初，西部人口的大规模定居和放牧增加之后，沙尘平均含量比全新纪晚期增加了
500%。1930 年代的美国尘暴重灾区是由严重干旱和不合理的土地利用共同造成的，
后者对干旱本身具有反馈作用(Cook et al.，2009)。有研究表明，由于巴塔哥尼亚
和阿根廷北部温度升高，相对湿度降低和沙漠化导致南极半岛的粉尘沉积量在 20
世纪增加了一倍(McConnell et al.，2007)。对西非 3200 年海洋岩心的分析表明，
在 19 世纪初，沙尘释放显著增加，当时正值萨赫勒地区开始大规模种植经济作物
(包括花生)时期(Mulitza et al.，2010)。Ginoux 等(2012)计算得出，全球约有 1/4
的沙尘排放来自人为排放源(主要是农用地)，而 Mahowald 等(2010)估计，由于人
类活动，全球沙尘排放在 20 世纪翻了一番。

　　曹馨元(2019)通过 FENGSHA 模块模拟得到全球农田土壤风蚀排放量年总量分
布情况。结果表明，农田沙尘排放量最多的地区为苏格兰东部的阿伯丁郡地区，其
年总排放量高达 3.75×10^5 g/s。另外，从全球来看，在北美，美国中西部的农田土
壤风蚀呈高度地带性分布，内布拉斯加州、北达科他州和其他较发达的农业地区也
有较高的沙尘释放量。在南美洲，阿根廷联邦首都——布宜诺斯艾利斯省附近及科
尔多瓦省是高风蚀主要发生区域。其他地区还包括加拿大南部的萨斯喀彻温省，乌
克兰—俄罗斯边境沿线以及从边境到俄罗斯汉特曼自治区的欧洲地区是农田风蚀严

重的地区。在亚洲,典型风蚀区位于印度的班加罗尔和孟买以及中国的东北地区。在大洋洲,年最大的农田风蚀发生在西澳大利亚珀斯和墨尔本西部。

四、风蚀对中国沙尘释放量的影响

由于我国人多地少,经济和社会发展对资源需求量大,导致资源的短缺和过度开采,再加上我国本来森林覆被率不高(不足14%),水源涵养条件不足,因此在全球气候变化和人为干扰的共同作用下,我国林草面积逐渐萎缩,土地风蚀沙化加重,自然灾害频繁发,气候条件恶化。已有研究结果显示,粉尘是产生沙尘的主要地表物质,尤其在农田生态系统中。真正能产生扬沙的是一些干旱农田和退化草场,冬季翻耕后裸露的休闲农田成为沙尘暴的主要策源地。赵海鹏等(2019)通过对中国北方地区在1980—2015年沙尘排放的时空变化过程进行研究和模拟计算后发现,在1980—2015年,新疆东部、内蒙古西部、巴丹吉林沙漠与腾格里沙漠地区为中国沙尘排放最严重的地区,这些地区平均每年大约向大气中释放66.59Tg的沙尘,年均沙尘排放通量都超过了150g/m^2;从1980—2015年,中国沙尘排放增加的面积大于沙尘排放减少的面积;沙尘排放通量年增加量大于0.1g/m^{2}的地区主要集中在新疆东部大部分区域、新疆中部部分区域、内蒙古中西部及陕西北部部分区域。

参考文献:

曹馨元,2019. 农田风蚀大气颗粒物(PM$_{10}$和PM$_{2.5}$)排放模式优化及全球尺度排放评估[D]. 长春:中国科学院大学(中国科学院东北地理与农业生态研究所).

方宗义,朱福康,江吉喜,等. 中国沙尘暴研究[M]. 北京:气象出版社,1996.

赵海鹏,宋宏权,刘鹏飞,等,2019. 1980—2015年风蚀影响下中国北方土壤有机质与养分流失时空特征[J]. 地理研究,38(11):2778-2789.

张凯,高会旺,张仁健,等,2005. 我国沙尘的来源、移动路径及对东部海域的影响[J]. 地球科学进展,20(06):627-636.

BORY A J M;BISCAYE P E;GROUSSET F E, 2003. Two distinct seasonal Asian source regions for mineral dust deposited in Greenland(North GRIP)[J]. Geophysical research letters, 30(04):1167.

BULLARD J E, MCTAINSH G H, 2003. Aeolian fluvial interactions in dryland environments:examples:concepts and Australia case study[J]. Progress in Physical Geography, 27:359-389

CHADWICKO A, DERRY L A, VITOUSEK P M, et al., 1999. Changing sources of nutrients during four million years of ecosystem development[J]. Nature, 397:491-497.

CHAPPELL A, WEBB N P, BUTLER H J, et al., 2013. Soil organic carbon dust emission:an omitted global source of atmospheric CO$_2$[J]. Global Change Biology, 19:3238-3244.

COOK B I, MILLER R L, SEAGER R, et al., 2009. Amplification of the North American 'Dust Bowl' drought through human induced land degradation[J]. Proceedings of the National Academy of Sciences of the United States of America, 106: 4997-5001.

D'ALMEIDA G A, 1987. Desert aerosol characteristics and effects on climate[M]. In: Leinen M, Sarnthein M. Palaeoclimatology and Palaeometeorology: Modern and Past Patterns of Global Atmospheric Transport(NATO ASI Series: C: vol 282). Berlin: Springer.

DUCE R A, LISS P S, MERRILL J T, et al., 1991. The atmospheric input of trace species to the world ocean[J]. Global Biogeochemical Cycles, 5: 193-259.

GARDNER Terrence, ACOSTA-MARTINEZ Veronica, CALDERÓN Francisco J, 2012: et al. Pyrosequencing reveals bacteria carried in different wind eroded sediments[J]. Journal of Environmental Quality, 41(03): 744-753.

GINOUX P, PROSPERO J M, GILL THOMAS E, et al., 2012. Global-scale attribution of anthropogenic and natural dust sources and their emission rates based on MODIS deep blue aerosol products[J]. Reviews of Geophysics, 50: RG3005.

GINOUX P, PROSPERO J M, TORRES O, et al., 2004. Long-term simulation of global dust distribution with the GOCART model: correlation with North Atlantic Oscillation[J]. Env Modelling & Software, 19: 113-128.

GOUDIE A S, MIDDLETON N J, 2006. Desert Dust in the Global System. Springer Verlag[M]. Berlin: Heidelberg.

GROUSSET F E, GINOUX P, BORY A, et al., 2003. Case study of a Chinese dust plume reaching the French Alps[J]. Geophysical Research Letters, 30(06): 1277.

HUA L U, MICHAEL R Raupach, TIM R, et al., 2003. Decomposition of vegetation cover into woody and herbaceous components using AVHRR NDVI time series[J]. Remote Sensing of Environment, 86: 1-18.

HUANG Z, HUANG J, BI J, et al., 2010. Dust aerosol vertical structure measurements using three MPL lidars during 2008 China-U. S. joint dust field experiment[J]. Journal of Geophysical Research: Atmospheres, 115(D00K15): 1-12.

HUANG Z, HUANG J, HAYASAKA T, et al., 2015. Short-cut transport path for Asian dust directly to the Arctic: a case study[J]. Environmental Research Letters, 10(11): 114018.

HUSAR R B, TRATT D M, SCHICHTEL B A, et al., 2001. Asian dust events of April 1998[J]. Journal of Geophysical Research: Atmospheres, 106(D16): 18317-18330.

IWASAKA Y, MINOURA H, NAGAYA K, 1983. The transport and spacial scale of Asian dust-storm clouds: a case study of the dust storm event of April 1979[J]. Tellus B: Chemical and Physical Meteorology, 35(03): 189-196.

LARNEY F J, LEYS J F, MULLER J F, 1999. Cottongrowing Area of Dust and endosulfan deposition in northern New South Wales: Australia[J]. Journal of Environmental Quality, 28: 692-701.

LI F, P GINOUX, V RAMASWAMY, 2008. Distribution transport and deposition of mineral dust in the Southern Ocean and Antarctica: contribution of major sources[J]. Journal of Geophysical Research, 113: D10207.

MAHOWALD M N, KLOSTER ENGELSTAEDTER, MOORE K J, et al., 2010. Observed 20th century desert dust variability: impact on climate and biogeochemistry [J]. Atmospheric Chemistry and Physics, 10: 10875-10893.

MCCONNELL J R, ARISTARAIN A J, RYAN BANTA J, et al., 2007. 20th-century doubling in dust archived in an Antarctic Peninsula ice core parallels climate change and desertification in South America[J]. Proceedings of the National Academy of Sciences of the United States of America, 104: 5743-5748.

MILLER R, TEGEN I, PERLWITZ Z, 2004. Surface radiative forcing by soil dust aerosols and the hydrologic cycle[J]. J Geophys Res, 109(D4): 203.

MUHS D, PROSPERO J P, BADDOCK M, et al., 2014. Identifying sources of aeolian mineral dust: present and past[M]. In: Mineral Dust: A Key Player in the Earth System. Cambridge: Cambridge University Press.

MULITZA S, HESLOP D, PITTAUEROVA D, et al., 2010. Increase in African dust flux at the onset of commercial agriculture in the Sahel region[J]. Nature, 466: 226-228.

NATALIE, MAHOWALD, 2008. Global distribution of atmospheric phosphonis sources: concentrations and deposition rates: and anthropogenic impacts[J]. Global Biogeochemical Cycles, 22: GB 4026.

PETERSON S T, JUNGE C E, 1971. Sources of particulate matter in the atmosphere[M]. In: Kellog W W, Robinson G D. Man's Impact on the Climate. Cambridge, MA: MIT Press.

PEY J, QUEROL X, ALASTUEY A, et al., 2013. African dust outbreaks over the Mediterranean Basin during 2001-2011: PM10 concentrations: phenomenology and trends: and its relation with synoptic and mesoscale meteorology[J]. Atmospheric Chemistry and Physics, 13(03): 1395-1410.

PROSPERO J M, GINOUX P, TORRES O, et al., 2002. Environmental characterization of global sources of atmospheric soil dust identified with the Nimbus-7 Total Ozone Mapping Spectrometer (TOMS) absorbing aerosol product[J]. Reviews of Geophysics, 40(01): 1-31.

RICHARD Reynolds, JASON Neff, MARITH Reheis, et al., 2006. Atmospheric dust in moden soil on aeolian sandstone: Colorado Plateau (USA): Variation with landscape position and contribution to potential plant nutrients[J]. Geodema, 130: 108-123.

SHAO Y, WYRWOLL K H, CHAPPELL A, et al., 2011. Dust cycle: An emerging core theme in Earth system science[J]. Aeolian Research, 2(04): 181-204.

TANAKA T Y, CHIBA M, 2006. A numerical study of the contributions of dust source regions to the global dust budget[J]. Global Planet Change, 52: 88-104.

TEGEN I, FUNG I, 1994. Modeling of mineral dust in the atmosphere: sources: transport: and optical thickness[J]. J Geophys Res, 99: 22897-22914.

TEGEN I, HARRISON S P, KOHFELD K, et al., 2002. Impact of vegetation and preferential source areas on global dust aerosol: Results from a model study[J]. J Geophys Res, 107: 4576.

UNO I, EGUCHI K, YUMIMOTO K, et al., 2009. Asian dust transported one full circuit around the globe[J]. Nature Geoscience, 2(08): 557.

VAN PELT R S, ZOBECK T M, et al., 2010. Design: construction: and calibration of a portable boundary layer wind tunnel for field use[J]. Transactions of the Asabe, 53(05): 1413-1422

WEBB N P, CHAPPELL A, STRONG C L, et al., 2012. The significance of carbon enriched dust for global carbon accounting[J]. Global Change Biology, 18: 3275-3278.

WERNER M, TEGEN I, HARRISON S P, et al. , 2002. Seasonal and interannual variability of the mineral dust cycle under present and glacial climate conditions[J]. J Geophys Res, 107: 4744.

ZENDER C S, BIAN H, NEWMAN D, 2003. Mineral Dust Entrainment and Deposition (DEAD) model: Description and 1990s dust climatology[J]. J Geophys Res, 108: 4416.

第九章 风蚀和大气颗粒污染物

第一节 大气颗粒物

一、大气颗粒物概念

大气颗粒物(PM)是气溶胶体系中的一部分,通常指以液态或固态形式悬浮在大气中的动力学直径为 $0.003 \sim 100\mu m$ 的颗粒态物质。大气颗粒物,也称为大气气溶胶,是由悬浮在大气中的液体或固体颗粒组成的相对稳定的多相混合物,是雾,霾和烟等的主要成分,粒径范围从几个微米到 $100\mu m$。大气颗粒物不是一种单一成分的空气污染物,而是由多种人为源和自然源排放的大量成分复杂的化学物质组成的混合物,其在形貌、粒径、化学组分、时空分布、来源和沉降过程等方面具有一定差异。在稳定的大气条件和较高的颗粒物浓度情况下,大量悬浮在空气中的颗粒物形成霾,形成霾的颗粒主要分为初级颗粒和次级颗粒。初级颗粒物是指从自然污染源和人为污染源直接排放到大气中的颗粒物;次级颗粒物是指大气中某些污染气体组分,如 SO_2、NOx 和挥发性有机物(VOCs)等通过化学反应转化生成的颗粒物(陈醇等,2018)。

二、大气颗粒物分类

美国环境保护署(U. S. EPA)将空气中的颗粒物分为两个尺寸类别:PM_{10},这是指直径较小的颗粒等于或小于 $10\mu m$(10000nm);以及 $PM_{2.5}$,直径小于或等于 $2.5\mu m$(2500nm)。学术界把粒径范围在 $0.01 \sim 100\mu m$ 的颗粒统称为总悬浮颗粒(TSP),对于此分类,气溶胶的直径通常通过空气动力学来定义:

$$d_{pa} = d_{ps}(\rho_p/\rho_w)^{1/2}$$

式中:d_{pa} 为空气动力学粒径,μm;d_{ps} 为斯托克斯直径,μm;ρ_p 为颗粒密度,g/cm^3;ρ_w 为水的密度,g/cm^3。

大气颗粒物浓度通过每立方米中微颗粒的量来表示($\mu g/m^3$)。美国 EPA 确立了美国国家环境空气质量标准(NAAQS)为 24 小时内 PM_{10} 平均值为 $150\mu g/m^3$,

年平均值为 $50\mu g/m^3$。

三、大气颗粒物来源

1. 总悬浮颗粒物(TSP)

总悬浮颗粒物来源于各种污染源,燃烧燃料过程中所产生的烟尘、工农业生产加工过程中导致的粉尘释放、建筑过程中所产生的扬尘以及风蚀过程中产生的沙尘,总悬浮颗粒物还包括其他气态污染物通过复杂物理和化学反应产生的悬浮颗粒。总悬浮颗粒可分为初级颗粒和次级颗粒。初级颗粒物是从自然污染源和人为污染源释放到大气中并直接造成污染的物质,代表性的初级颗粒物有风蚀过程中产生的沙尘、工业生产中产生的烟尘等。次级颗粒物是一些大气化学过程产生的粒子,例如,二氧化硫转化为硫酸盐。产生 TSP 的多种来源,不同来源的颗粒物,其形态、物理化学性质也有很大的差异。

2. 可吸入颗粒(PM_{10})

美国 PM_{10} 的主要源头(表9.1),除了未铺砌道路,风蚀是 PM_{10} 的一个主要来源。研究表明,PM_{10}(空气动力学直径小于 10 μm)的大气颗粒物中,来自土壤的颗粒物浓度所占的比例一般为 5%~20%(Goossens D et al.,2004)。而在某些特殊的自然环境条件下,由于土壤质地和气候条件的原因,大气 PM_{10} 颗粒来自土壤的可能性更高(Nordstrom K F et al.,2004;胡敏等,2011)。大气 PM_{10} 的来源有很多,裸露的土壤、农业生产过程中土地整理以及路面扬尘等都是其非常重要的来源。各种裸露土壤(农田、荒地、干涸的河床和建筑工地土堆等场所等)在风蚀作用下地表土壤颗粒发生滚动、跃移、悬移并最后把颗粒物直接输送到大气中的过程称为"裸土风蚀起尘",对应的源总称为"裸土风蚀型开放源",它是开放源的一种重要类型(韩旸等,2008),是造成地区和周边沙尘天气的主要源头。

表 9.1 美国 PM_{10}源头

	来源	PM_{10}(数百万吨)
工业	化学工业	0.070
	金属加工	0.220
	石油工业	0.041
	其他工业	0.530
	溶剂利用	0.006
	储存与运输	0.114
	废物处理及再利用	0.296

（续）

	来源	PM$_{10}$（数百万吨）
化石燃料燃烧	电力企业	0.290
	工业	0.314
	道路移动源	0.268
	非道路移动源	0.466
其他	农林业	4.707
	焚烧	1.015
	未铺砌道路	12.305
	铺砌道路	2.515
	建筑	4.022
	风蚀	5.316

资料来源：Council on Environmental Quality(1997).

3. 农业源颗粒物

农业源颗粒物排放的两个重要组成部分是农业生产过程（耕作、整地和收割）和农田土壤风蚀（图9.1），农业排放源是大气颗粒物的重要来源之一（Baker et al.，2005；Aneja et al.，2009），颗粒物排放的农业源主要包括农产品的生产、家禽家畜（或动物）的养殖等，既有固定源也有移动源，既有一次排放，也有二次排放过程（Hinz and Funk.，2007）。在耕作过程中，人为干扰增加了扬尘发生的频次和数量，因此，耕作成为大气颗粒物排放增加的又一个重要诱因（Nordstrom K F et al.，2004）。来自农业源的各种气溶胶和粉尘不仅能够改变当地气候环境，还会在区域范围内对空气造成污染，特别是在一些在农业活动强度大、沙尘天气频繁的地区（康富贵等，2011；Holmén et al.，2007）。欧洲研究发现，80%以上的农业颗粒物总排放量来自耕作和收割期间农业机械对土壤的扰动，而中国的许多农业地区，大气污染的主要来源为农田春耕和燃烧秸秆（臧英等，2003）。如图9.2所示，农业源大气颗粒物分为一次颗粒物和二次颗粒物，一般把农田风蚀、田间耕作和作物收割过程导致悬浮颗粒物排放称为一次源排放（Hinz T，2014）。该部分农业源颗粒物主要以直径大于 20μm 的沙粒、直径介于 10μm 和 20μm 之间的尘粒以及直径小于 10μm 的粉尘（又称 PM$_{10}$）为主。

4. 其他扬尘源

2017年吐鲁番市扬尘源 PM$_{10}$排放量 116.9 万 t，PM$_{2.5}$排放量 13.2 万 t。扬尘源可以分为土壤扬尘、施工扬尘、堆场扬尘和道路扬尘四类（表9.2）。PM$_{10}$和 PM$_{2.5}$排放量和贡献率排序均为：土壤扬尘（98.84%）＞堆场扬尘（0.78%）＞道路扬

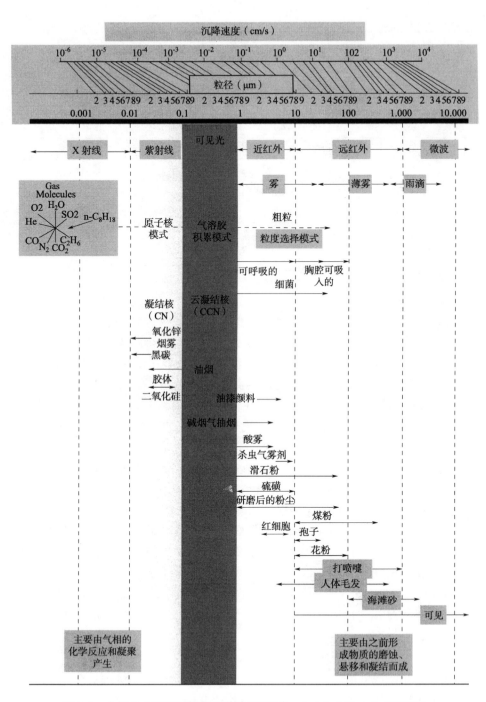

图 9.2　大气中主要的颗粒物及其粒径[引自：Artiola J F et al. (2004)]

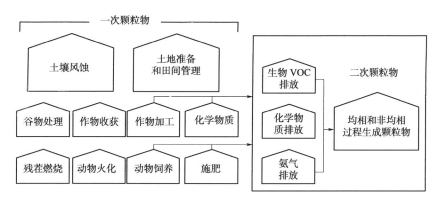

图 9.1 农业源大气颗粒物排放基本框架[引自：Pattey E 和 Qiu G(2010)]

尘(0.38%)>施工扬尘(0.03%)(刘巧婧，2019)。风沙天气出现时极容易引起大的扬尘，还会频繁出现沙尘暴，扬尘不仅是大气颗粒物的来源，也是颗粒物的受体，导致地面土壤扬尘及沙尘传输造成的自然降尘对大气中颗粒物浓度的贡献很大。这表明，农田耕作和农田风蚀都会影响土壤颗粒物排放，也是研究土壤颗粒物排放机制的重要考量因子。

表 9.2 吐鲁番市 2017 年大气颗粒物扬尘源排放清单 单位：t

	土壤扬尘	施工扬尘	堆场扬尘	道路扬尘	合计
PM_{10}	1155217	361.3	9102.4	4412.2	1169093
$PM_{2.5}$	129856.8	73.7	1431.0	1067.5	132429

四、大气颗粒物分布规律

1. 全球

通过卫星反演的 2001—2006 年全球 $PM_{2.5}$ 平均质量浓度的分布图可以看出，除了来自非洲撒哈拉沙漠的沙尘外，中国东部，尤其是环渤海地区和华东地区，$PM_{2.5}$ 浓度也是世界上最高的(van Donkelaar A et al.，2010)。美国国家航空航天局(NASA)的科学家借助高解析度全球空气品质指标卫星地图，对 2005—2014 年全球 195 个城市的空气污染趋势进行了追踪，并制成了全球雾霾分布图，图片显示该期间中国和印尼属于雾霾较为严重的地区。

2. 中国

在 2016 年 $PM_{2.5}$ 监测站点年均浓度的空间分布中可以看出(黄园园，2018)，胡焕庸线是中国 $PM_{2.5}$ 浓度高低污染值之间的东西界限，长江以北的城市(如华北平原、关中盆地、淮海长江流域和四川盆地)$PM_{2.5}$ 浓度普遍较高，还有一部分高浓度地区集中分布在新疆的塔里木盆地和吐鲁盆地,因此,$PM_{2.5}$浓度较高的城市也位于这些地区,平均浓度超过$75\mu g/m^3$,$PM_{2.5}$的年均浓度相对较低的地区主要位于青藏高原和长江以南。

具体到城市可以看出,兰州的污染程度最高,每立方米空气中$PM_{2.5}$年均浓度值高达$71\mu g$,另外还有成都、石家庄、天津和沈阳。京津冀,长江三角洲,华中城市群,成渝城市群,是中国空气污染最严重的地区,形成了四大"污染带"。而包括广东、福建、海南在内的东南沿海空气质量则好很多。北京平均值虽然并不是很高,但在一些极端情况下却令人担忧。京津冀雾霾天气专项组还检出了大量含氮有机颗粒物,这种物质正是"洛杉矶20世纪含剧毒光化学烟雾的主要成分之一"。

五、大气颗粒物行为

许多颗粒特性以及它们对环境和人类健康的影响与其粒径大小有关,$PM_{2.5}$的颗粒物主要危害人的呼吸道和肺功能,引发一些呼吸道系统疾病,例如哮喘、支气管炎、鼻炎、上下呼吸道感染等,长期处于污染环境中有可能导致肺癌发病率提高。同时,小于$0.5\mu m$的微小有毒颗粒物的危害性更大,容易引发一系列心血管疾病,如血栓,心肌缺血或损伤、心肌梗死等,而且颗粒粒径越小,对人类健康构成的威胁越大,但人们对其作用机制了解甚少。人体吸入颗粒物后一个有据可查的事件发生在1952年的伦敦,由于气候原因,当时主要以燃煤有关的烟雾和二氧化硫气溶胶浓度急剧增加。在10天的时间里,约有4000人因气溶胶引起或加重了心血管和肺部疾病而死亡。以细颗粒物为主的气溶胶也会导致大气能见度的显著降低,不同程度地影响公共交通和户外高难度作业,对这会经济发展产生阻碍。

有研究人员对比总结了TSP、PM_{10}和$PM_{2.5}$三种常见颗粒物的化学组成、排放来源、形成过程、传输距离和颗粒物对健康的影响(表9.3)。

表 9.3 常见颗粒物 $PM_{2.5}$、PM_{10}和 TSP(总悬浮微粒)对比

对比项目	$PM_{2.5}$	PM_{10}	TSP
化学组成	硫酸盐、硝酸盐、含碳物质、金属元素、气态前体物、土壤尘、水等	土壤尘、含碳物质、硝酸盐、金属元素、海盐	土壤尘、有机碳、硫酸盐等
排放来源	石油、汽油、煤炭、生物质的燃烧、冶炼等高温过程、NO_x、SO_2和部分有机物的化学转化	沙尘、扬尘、工业粉尘、煤和石油燃烧、海盐粒子、碎屑等	沙尘、扬尘、工业粉尘、碎屑、花粉、孢子和轮胎磨损碎屑等

（续）

对比项目	PM$_{2.5}$	PM$_{10}$	TSP
形成方式	少部分一次形成、大部分二次转化形成	少量二次转化形成、大部分一次形成	一次形成
形成原因	化学反应、成核、冷凝等	机械破坏、尘土扬起和飞沫蒸发等	机械破坏、道路和建筑扬尘、风蚀过程等
大气中存留时间	几天到几周不等，或时间更久	几分钟到几小时	几分钟到几十分钟
传输距离	数百至数千千米	≤1km 至数十千米	≤1km
健康影响	可进入人体气管、支气管和肺泡，参与气体交换，影响人体健康，可能引发呼吸道疾病和心脑血管疾病	通过鼻腔、口腔进入人体咽喉、胸腔内影响健康，可能引起呼吸道疾病等	对人体健康危害较小

资料来源：曹军骥（2014）；李尉卿（2010）；贺克斌（2011）。

六、大气颗粒物组成

大气颗粒物主要包括土壤粉尘颗粒物、生物燃烧颗粒物和工业排放颗粒物三种类型。研究表明，土壤风蚀产生的粉尘颗粒物已经成为大气颗粒污染物的主要组分。大气中一些颗粒物粒径和物质如图 9.2 所示。

Yang 等（2011）总结了我国气溶胶细粒子（PM$_{2.5}$）成分的空间分布规律。该研究发现，我国 PM$_{2.5}$ 的质量浓度范围在 34.0μg/m^3 和 193.4μg/m^3 之间，而且相比欧美等发达地区，各组分的质量浓度均比较高，此外，我国 PM$_{2.5}$ 的污染程度因地理位置不同而有很大差异。高浓度地区主要位于东部经济较为发达的地区，低浓度的大部分地区分布在西北部偏远地区（兰州除外），香港地区的 PM$_{2.5}$ 的污染程度也较低。高浓度的大气颗粒物导致中国东部地区灰霾事件频繁发生，其中，华北、长江三角洲和珠江三角洲地区的灰霾事件最为严重。在对其组分研究发现，水溶性无机离子（硫酸盐、硝酸盐和氨离子）、有机物质、矿石物质和元素碳分别占 PM$_{2.5}$ 质量浓度的 7.1%～57%、17.7%～53%、7.1%～43% 和 1.3%～12.8%。值得一提的是，部分污染大城市的 PM$_{2.5}$ 的主要组分（硫酸盐除外）含量可以比美国东部地区高出整整一个数量级。

七、大气颗粒物分类及标准

1. 中国

环境空气质量标准分为二级：一类区执行一级标准；二类区执行二级标准。

自然保护区、风景名胜区和其他需要特殊保护的区域属于一类区，执行一级标准，而剩余的地区基本上都划为二类区，比如居民区、商业交通居民混合区、工业区、文化区和农村地区。

环境空气质量标准，是指为了贯彻执行《中华人民共和国环境保护法》和《中华人民共和国大气污染防治法》，保护和改善生活环境、生态环境，保障人体健康制定的标准。标准涵盖了空气质量的监测方法、空气质量标准的分级、空气污染物类型、污染的平均时间及浓度限值，标准中还规定了环境空气功能区分类等内容，一类区适用一级浓度限值，二类区适合二级浓度限值，一类、二类环境功能区质量要求见表9.4~表9.5。

表9.4 环境空气污染物基本项目浓度限值

污染物项目	平均时间	浓度限值		单位
		一级	二级	
二氧化硫(SO_2)	年平均	20	60	$\mu g/m^3$
	24 小时平均	50	150	
	1 小时平均	150	500	
二氧化氮(NO_2)	年平均	40	40	$\mu g/m^3$
	24 小时平均	80	80	
	1 小时平均	200	200	
一氧化碳(CO)	24 小时平均	4	4	mg/m^3
	1 小时平均	10	10	
臭氧(O_3)	日最大 8 小时平均	100	160	$\mu g/m^3$
	1 小时平均	160	200	
PM_{10}	年平均	40	70	$\mu g/m^3$
	24 小时平均	50	150	
$PM_{2.5}$	年平均	15	35	$\mu g/m^3$
	24 小时平均	35	75	

资料来源：GB 3095-2012，环境空气质量标准[S]。

表 9.5　环境空气污染物其他项目浓度限值

污染物项目	平均时间	浓度限值		单位
		一级	二级	
总悬浮颗粒物(TSP)	年平均	80	200	
	24 小时平均	120	300	
氮氧化物(NO$_x$)	年平均	50	50	
	24 小时平均	100	100	
	1 小时平均	250	250	μg/m^3
铅(Pb)	年平均	0.5	0.5	
	季平均	1	1	
苯并[a]芘(BaP)	年平均	0.001	0.001	
	24 小时平均	0.0025	0.0025	

资料来源：GB 3095-2012，环境空气质量标准[S]。

也有科学家建议采用空气污染指数(Air Pollution Index，简称 API)来对当地空气质量的好坏进行评估，API 采用一种数量尺度方法来分级表征空气污染程度和空气质量状况，它在对空气质量进行评价时不再单独去对某一个和某几个常规监测的指标进行污染程度分析，而是简化成为单一的概念性指数数值形式予以表达。API 方法具有结果简明直观，使用方便快捷等优点，在表征城市的短期空气质量状况变化趋势方面非常实用。中国暂时把 SO$_2$、NOx 和 TSP 计入 API 的计算范围，目前我国采用的 API 主要有 4 级(表 9.6)。

API 指数的计算式为(王琼真，2012)：

$$I = \frac{(I_{high} - I_{low}) \times (C - C_{low})}{(C_{high} - C_{low})} + I_{low}$$

式中：I 为某污染物的污染指数；C 为该污染物的浓度；I_{high} 与 I_{low} 为在分级限值表中最接近 I 值的两个值，I_{high} 为大于 I 的限值，I_{low} 为小于 I 的限值；C_{high} 和 C_{low} 为在 API 分级限值表中(表 X3)最接近 C 值的两个值，C_{high} 为大于的限值，C_{low} 为小于的限值。

表 9.6　API 指数对应的大气污染物浓度限值

空气污染指数(API)	空气质量状况(<限值)	分级标准(国家空气质量日均值)	污染物质浓度(μg/m^3)		
			SO$_2$	NO$_2$	PM$_{10}$
50	优	一级	0.05	0.08	0.05
100	良	二级	0.15	0.12	0.15
200	轻微污染	三级	0.8	0.28	0.35

（续）

空气污染指数 （API）	空气质量状况 （<限值）	分级标准 （国家空气质量日均值）	污染物质浓度（μg/m³）		
			SO₂	NO₂	PM₁₀
300	中度(重)污染	中度(重)污染	1.6	0.565	0.42
400	重污染	重污染	2.1	0.75	0.5
500			2.62	0.94	0.6

2. 其他国家和组织

表 9.7 所示为三个组织（或国家）现行的 $PM_{2.5}$ 和 PM_{10} 的空气质量标准。其中，WHO 制定的标准是以大气颗粒物的人体健康效应为基础(考虑大气颗粒物的长期和短期暴露对人体产生的不利健康效应)，其浓度阀值最低，$PM_{2.5}$ 的年均值和小时平均值分别为 $10\mu g/m^3$ 和 $25\mu g/m^3$。

表 9.7 世界卫生组织、美国环保局和欧洲环保局的大气颗粒物空气质量标准

组织（国家）	污染物项目	平均时间	浓度限值（μg/m³）	
			一级	二级
WHO	PM₂.₅	年平均	10	/
		24 小时平均	25	/
	PM₁₀	年平均	20	/
		24 小时平均	50	/
美国	PM₂.₅	年平均	15	15
		24 小时平均	35	35
	PM₁₀	24 小时平均	150	150
欧盟（27 国）	PM₂.₅	24 小时平均	25	/
	PM₁₀	年平均	40	/
		24 小时平均	50	/

第二节　大气颗粒物来源

一、农业源

我国是农业大国，农业活动中释放的颗粒物可能严重地影响该地区的空气质量，因为在短短的几天到几周时间内，农田耕作管理过程中能排放出大量的颗粒物，可能达到风蚀排放量的数倍（Goossens D et al.，2001）。欧洲、美洲和其他发达国家早先就认识到农业活动对大气环境的影响，并在前期已经开展了大量研究，研究结果表明，在农田生产过程中，采用农业机械进行土壤耕作和收获将导致颗粒物大量排放，其排放量达到农田总排放量的80%以上(Bogman P et al.，2014)。就2001年而言，在美国萨克拉门托·圣何塞河三角洲南部的圣华金谷，农田排放量占当地PM_{10}排放总量的23%，成为第二大排放源。根据荷兰学者的研究，大约20%的大气颗粒物PM_{10}是农业或风蚀期间从农田排放的矿物气溶胶，除风蚀外，农田排放的颗粒物已经成为荷兰PM_{10}的重要来源，农业活动(例如耕作)可以诱发农田颗粒物大量释放，促使农田成为第二大排放源(Goossens and Riksen，2004)。

在编制农田颗粒物排放清单时，确定农田颗粒物年排放系数是关键。排放系数(EF)是指单位面积农田在单位时间内所释放的大气颗粒物(PM_{10}和$PM_{2.5}$)总量，通常采用排放系数和种植面积的乘积来计算农田颗粒物的年排放量。美国、加拿大和欧洲的环保工作者主要基于农田颗粒物排放系数来估算农田颗粒物排放量，以此来制定年排放清单(Carvacho O F et al.，2004)。目前，欧美国家在对区域和国家尺度层面农业颗粒物排放清单进行编制时，主要借鉴欧洲环境部(EEA)推荐的方法(EEA，2014)、美国环保局发布的AP-42(Air Pollutant Emission Factors)方法(U. S. Environmental Protection Agency，2014)和CARB(California Air Resources Board，CARB，2003)方法(CARB，2014)，部分地区在估算过程中还借鉴了一些学者提供的方法以达到估算的准确性。

(1)AP-42方法

AP-42方法是目前较为权威的一种扬尘总量估算方法。该方法涵盖了排放源分类、污染物种类和数量、排放因子开发步骤、质量等级、削减效率等内容，在AP-42方法中，以土壤质地为自变量的乘幂函数来确定农业耕作过程中的PM_{10}排放系数：

$$EF = 1.01s^{0.6}$$

式中：EF为PM_{10}的排放系数(lbs·acre)；s为表层土壤(0~10cm)中粒径小于75μm的粉沙粒部分百分含量(质量比，g/g)。

由于AP-42没有考虑具体的农耕措施，仅考虑了以粉沙粒含量为标准划分的土壤类型，因此，具有一定的片面性，该方法已经逐渐被淘汰，取而代之的是CARB方法，该方法已经在美国很多地区农田颗粒物排放估算中大量应用。

(2)CARB方法

在排放清单研究方面，CARB委员会更加注重排放清单源的研究，相比较AP-42，CARB在估算农田颗粒物排放时，考虑了耕作措施对PM_{10}排放的影响。

农田耕作过程中PM_{10}的排放系数最初源于加利福尼亚州大学的一份研究报告，在对科学实用性和实测数据进行综合考虑后，最终把PM_{10}排放系数调整为现有 5 种类型(表 9.8)(Flocchini R G et al.,2014)。此外,该方法还通过耕作过程中 PM_{10} 的排放系数和颗粒物中 $PM_{2.5}/PM_{10}$ 值(0.15)计算得出 $PM_{2.5}$ 排放系数。其他农业耕作过程中排放系数的确定方法是通过与最相似的农田耕作活动所对应的排放系数进行最佳拟合得到的。该方法的优点是考虑了耕作的不同措施,但也有一定的不足和缺点,比如没有考虑农作物的类型,也没有根据不同地区间地理条件的不同来调整排放系数,因此,在应用过程中还需要根据当地的实际情况予以验证。

表 9.8 农耕操作对应的 PM_{10} 排放系数

耕作类型		排放系数	
		1bs/acre	mg/m²
整地	扦插	0.3	34.0
	圆盘耙耙地、耕种、松土	1.2	135.0
	底土深耕、深翻	4.6	517.0
	平整土地	12.5	1404.0
	除草	0.8	90.0
收割	棉花	3.4	385.0
	杏树	40.8	4620.0
	麦类	5.8	657.0

资料来源:Flocchini R G et al.(2004)。

注:排放系数第 1 列以 lbs/acre(1 磅·英亩$^{-1}$)为单位的数据为文献中的原始数值,第 2 列为换算成国际标准单位(mg/m²)后的数值。

(3)EEA 方法

欧洲环境署(EEA)是欧盟的机构。是参与制定、采用、实施和评估环境政策的重要的信息来源。其任务是提供有关环境的可靠独立信息。欧洲联盟于 1990 年通过了建立 EEA 的法规,1993 年底生效《EMEP/EEA 空气污染物排放清单指南》为估算人为和自然排放源的排放提供了指导。它旨在促进各国向联合国欧洲经济委员会(UNECE)《远程越境空气污染公约》和欧盟《国家排放上限指令》(LRTAP)报告排放清单。欧盟以联盟的形式向 UNFCCC 提交排放清单。可从 EEA 官网获取各国的排放清单。2009 年,欧洲环境署专门组织编制了《排放源清单开发指南》。该指南中,农田颗粒物排放量计算方法和 CARB 一样,采用耕作类型所对应的排放系数和作物种植面积之间的乘积来确定。具体排放计算如下:

$$E_{PM} = \sum_{i=1}^{I} \sum_{n=0}^{N_{i\_k}} EF_{Pm\_i\_k} \times A_i \times n$$

式中:E_{PM} 为第 i 种作物种植农田 PM_{10} 和 $PM_{2.5}$ 的排放量,kg/a;I 为年耕种次

数；A_i 为第 i 种作物的年耕种面积，hm^2；N_{i_k} 为第 k 种耕作活动在每季作物生长过程中的操作次数；$EF_{PM\_i\_k}$ 为第 i 种作物生产过程中第 k 种操作的排放系数，kg/hm^2。发布的农耕操作排放系数见表9.9。

表 9.9　欧洲湿润和干旱气候下农田 PM_{10} 和 $PM_{2.5}$ 排放系数

颗粒物	作物	湿润气候				干燥气候（地中海区域）			
		耕作	收割	清洁	干燥	耕作	收割	清洁	干燥
PM_{10}	小麦	0.19	0.25	0.49	0.56	2.25	2.45	0.19	0
	黑麦	0.25	0.37	0.16	0.37	2.25	1.85	0.16	0
	大麦	0.25	0.41	0.16	0.43	2.25	2.05	0.16	0
	燕麦	0.25	0.62	0.25	0.66	2.25	3.1	0.25	0
	其他麦类	0.25	NA	NA	NA	2.25	NA	NA	NA
	草地	0.25	0.25	0	0	2.25	1.25	0	0
$PM_{2.5}$	小麦	0.015	0.02	0.009	0.168	0.12	0.098	0.0095	0
	黑麦	0.015	0.015	0.008	0.111	0.12	0.074	0.008	0
	大麦	0.015	0.016	0.008	0.129	0.12	0.082	0.008	0
	燕麦	0.015	0.025	0.0125	0.198	0.12	0.125	0.0125	0
	其他麦类	0.015	NA	NA	NA	0.12	NA	NA	NA
	草地	0.015	0.01	0	0	0.12	0.05	0	0

资料来源：Hinz T et al. (2014)。

（4）综合考虑土壤类型和农业操作的方法

比利时科学家在预测佛兰德斯地区农田总悬浮颗粒物（TSP）和 PM_{10} 排放时将两种方法融合起来：

$$E = \sum_{i=1}^{N} (EF_i \times P_i) \times K \times B \times A$$

式中：K 为从 TSP 到 PM_{10} 的转化系数；A 为土地面积，hm^2；N 为不同农耕操作的数量；E 为单位面积土地 PM_{10} 的年排放量，t/a；EF_i 为第 i 种农耕措施的排放系数，t/hm^2；P_i 为第 i 种农耕措施每年进行的次数；B 为土壤因子。

EF_i 和 P_i 数据来源为现有的一系列研究成果（陈卫卫，2015）。在该模型中，转化系数 K 值因粉尘类型不同而不同。B 值依据比利时的土壤分类方法来确定（重黏土，0.32；黏土，0.44；粉沙，0.85；沙壤土，1.00；轻沙壤土，0.85；壤沙土，0.66；沙土，0.38）。

Penfold 等（U. S. Environmental Protection Agency，2014）通过将 AP-42 方法和 CARB 方法结合后，重新对美国中部地区农田大气颗粒物排放总量进行了估算，具体估算公式为：

$$E = c \times k \times s^{0.6} \times p \times a$$

式中：E 为农田颗粒物总排放量，lbs/a；c 为排放系数，采用一个固定值（4.8 lbs/acre）；k 为计算 PM_{10}（$k = 0.21$）和 $PM_{2.5}$（$k = 0.042$）时的系数；p 为每项耕作措施的年次数；a 为作物种植面积，acre；s 为表层土壤（0~10cm）中粒径小于 75μm 的粉沙粒部分百分含量（质量比，g/g）。

（5）农业耕作颗粒物（PM_{10} 和 $PM_{2.5}$）排放系数测定方法

Holmén 等（2001）研究发现，不同耕作方式下美国的 PM_{10} 排放系数变化范围介于 0~800 mg/m^2；Bogman 等（2014）评估的比利时农田耕作和收割的 PM_{10} 排放系数变化范围为 150~230mg/m^2；Qiu 等（2008）报道的加拿大小麦田收割 PM_{10} 排放系数为 74mg/m^2；Kasumba 等（2011）和 Wang 等（2010）对美国新墨西哥州棉花、小麦和土豆种植田耕作期间农业颗粒物的排放规律进行了测定，结果表明，PM_{10} 排放系数变化范围为 8~488mg/m^2。总体而言，虽然有科学家对耕作期间农业颗粒物排放规律进行了研究，但目前有关农业耕作颗粒物排放系数方面的研究还很缺乏，而且研究结果差异很大，主要原因可能是不同地区土壤质地、水热条件、农作物类型和耕种方式的不同，导致所测得的排放系数不同，同一个生产环节的排放系数变幅可能成倍或者在数量级以上。

二、风蚀与颗粒物排放的关系

1. 土壤风蚀过程中颗粒物排放量计算

根据《扬尘源颗粒物排放清单编制技术指南（试行）》，土壤风蚀扬尘中颗粒物（TSP、PM_{10} 和 $PM_{2.5}$）的年排放按照如下公式计算：

$$W = \sum_{j, k} D_{j, k} \times C_k \times (1 - \eta) \times A_{j, k}$$

$$D = K \times I_{we} \times f \times L \times V$$

$$C_k = 0.504 \frac{u_k^3}{PE_k^2}$$

$$PE = 1.099 \times \frac{p}{0.5949 + 0.1189 T_a}$$

式中：W 为土壤风蚀扬尘中颗粒物（TSP、PM_{10} 和 $PM_{2.5}$）的年排放量，t/a。$D_{j, k}$ 为 k 省中土壤利用类型 j 所对应的起尘因子，$t/(10^4 m^2 \cdot a)$。C 为气候因子，表征气象因素对土壤扬尘的影响。η 为污染控制技术对扬尘的去除效率，%，对不同粒度颗粒物选取的参数不同，参考表 9.10 推荐值。A 为对应土地利用类型的面积，万 m^2。K 为目标颗粒物在土壤扬尘中的百分含量，推荐值 TSP、PM_{10} 和 $PM_{2.5}$ 的 k 值分别为 1，0.3 和 0.05，也可用粒度仪或者动力学粒径谱仪进行实测，对该值进行修正。I_{we} 为土壤风蚀指数，推荐值见表 9.11，其他类型的土壤风蚀指数可以选择质地接近的土壤类型代替。f 为地面粗糙因，反映地表的粗糙程度，取值为 0.5，在近海、海岛、海岸、湖岸及沙漠地区取值为 1.0。L 为无屏蔽宽度因子，当无屏蔽宽度 ≤300m 时，$L=0.7$；当无屏蔽宽度在 300m～600m 时，$L=0.85$；无屏蔽宽度 ≥600m 时，$L=1.0$。V 为植被覆盖因子，反映了裸土面积占总面积的比例，计算公式如下：$V=$ 裸露土壤面积/总计算面积。u 为年均风速，m/s。PE 为桑氏威特降水 – 蒸发指数（中华人民共和国环境保护部，2014）；p 为年降水量，mm。Ta 为站点年均温度，℃。

表 9.10 农田风蚀扬尘控制措施的控制效率 %

控制措施	TSP 控制效率	PM_{10} 控制效率	$PM_{2.5}$ 控制效率
人造防风屏障	75	63	52
作物覆盖	90	90	75
地面覆盖	36	30	25
建设防护林	30	25	21

资料来源：中华人民共和国环境保护部（2014）。

表 9.11 土壤风蚀指数参考值 $t/(万 m^2 \cdot a)$

土质主类	土质细类	TSP	PM_{10}	$PM_{2.5}$
沙土	沙土	490	147	24
	壤质沙土	331	99	17
壤土	壤土	911	273	46
	沙质壤土	447	134	22
	沙质黏壤土	911	273	46
	粉沙质壤土	476	143	24
	黏壤土	290	87	15
	粉沙质黏壤土	385	116	19
	粉土	75	23	4
黏土	黏土	170	51	9
	粉沙质黏土	170	51	9
	沙质黏土	138	41	7

资料来源：中华人民共和国环境保护部（2014）。

2. 风蚀对大气颗粒物排放的影响

粉尘释放是土壤风蚀过程的重要内容，也是土壤风蚀对大气颗粒物影响的直接诱因之一。自然地表释放的粉尘贡献了空气中 80% 以上的悬浮颗粒物（TSP），人类活动的直接贡献很小（Chow J C et al., 1994）。佘峰（2011）研究发现，在2006—2009年春季期间，兰州所发生中度污染天数中，90.6%与沙尘天气有关，说明春季兰州市大气颗粒物含量与风蚀密切相关。在沙尘期间，兰州市颗粒物浓度很高，日平均值达到1765μg. cm³，远远超过API指数的上限（600μg·cm³），由此可见，沙尘天气对兰州城市大气可吸入颗粒物的影响很明显，由于春季正是当地风蚀高发期，风蚀过程中强冷空气携带大量的沙尘污染了当地的空气质量。强沙尘暴对大气颗粒物浓度的影响更加显著，导致大气中沙尘的浓度比非沙尘暴期间高数十倍（Lee Y C et al., 2010），而且沙尘暴能够促进大气颗粒物长距离传输，因此，空气污染面积更广。

风蚀期间，不同粒径颗粒物对空气污染的程度不同，师育新等（2006）研究发现，沙尘天气大气颗粒物中<10μm的颗粒含量虽然大于非沙尘天气，但差别不大，而小于20μm和30μm的颗粒含量却明显高于非沙尘天气。黄丽坤等（2014）研究结果也证实，沙尘期间，空气中的主要颗粒物粒径介于10~100μm，占TSP的50%-57%，在沙尘期间，TSP中Ca^{2+}、K^+、Mg^{2+}在沙尘期的浓度是非沙尘期的2~3倍，最高达22.23μg/m³、2.04μg/m³和1.68μg/m³，主要来自土壤、尘埃，与沙尘有相似的来源。张芝娟等（2019）利用卫星和空气质量数据，分析2018年春季中国北方沙尘天气过程中沙尘天气对颗粒物浓度和空气质量的影响及其机制。结果表明，沙尘天气在一定程度上均能影响各城市颗粒物浓度。例如，在沙尘天气影响下，河北张家口PM_{10}/ $PM_{2.5}$最大比值达到10.9。部分地区的$PM_{2.5}$和PM_{10}的平均值达到国家一级标准的4.1倍和4.3倍。

3. 农田风蚀对大气颗粒物排放的影响

中国干旱半干旱地区水资源短缺、生态脆弱、沙尘天气频发，影响当地的经济发展、农业生产、生态环境建设和当地居民生存发展。旱作农田为粉尘颗粒的重要来源（Aimar S B et al., 2012），中国北方干旱、半干旱区的粉尘释放量大约是亚洲的一半（Zhang X Y et al., 2003），而且在农田风蚀过程中，会导致大量的粉尘释放到风沙流中，特别是PM_{10}的释放量，农田地表显著高于其他土地利用类型，平均为其他地表释放量的6~8倍（Korcz M et al., 2009）。

南岭等（2017）通过室内风洞模拟实验，研究了鄂托克前旗农牧交错带沙区农田土壤在风蚀过程中PM_{10}的释放规律及其动态变化特征，结果显示，根据风速强度不同，农田土壤PM_{10}释放过程可分为以下3种类型：微弱释放、瞬时释放、持续强烈释放，分别对应风速为3m/s，9m/s和12m/s。相比于非沙区农田土壤，沙区农田土壤在风蚀过程中容易发生沙粒跃移，而且相比于非沙区农田土壤，发生大规模土壤颗粒跃移的沙区农田土壤PM_{10}平均释放通量都明显居高。

也有研究者通过系统模拟得出，全球农田土壤风蚀过程中，$PM_{2.5}$年总排放

量为 $1.93 \times 10^8 g/s$，年总排放量为 PM_{10} $9.49 \times 10^8 g/s$。直径小于 $2.5 \mu m$ 的沙尘颗粒排放通量及排放量占全部沙尘排排放量的 20.2%，而直径小于 10 微米的沙尘颗粒（即 PM_{10}）排放量占全部沙尘排放通量/排放量的 99.2%。其中，全球农田土壤风蚀过程中，全年 PM_{10} 的年总释放量是 $PM_{2.5}$ 的 4.9 倍。其空间分布与上述全球农田风蚀排放空间分布特征相同（曹馨元，2019）。

4. 风蚀过程中大气颗粒物排放的空间分布

有研究者通过数据库比对分析，结合历史气象记录、土地利用类型和其他统计数据，参照美国环境保护局和中国环境保护部的《尘源颗粒物排放清单编制技术指南（试行）》和有关可行的研究方法，估算了在 1995—2015 年，中国土壤风蚀过程中，尘埃物中 TSP、PM_{10} 和 $PM_{2.5}$ 的含量的空气分布规律发现，全国风蚀扬尘排放总体呈现"北强南弱"的空间分布，其中，内蒙古的巴丹吉林沙漠以及新疆哈密的戈壁地区是全国杨尘排放强度最大的地区，以"黑河-腾冲"为界，也就是常说的以胡焕庸线为界限，风蚀过程中扬尘呈现出"西强东弱"分布规律（吴一鸣等，2019），由此可见，除了南北地区气候和地表覆盖程度等自然因素差异之外，经济发展与城市化等人类活动也是导致风蚀扬尘大气颗粒物的一个主要原因。

佘峰等（2015）通过对我国北方环保重点城市大气的研究成果表明（表 9.12），土壤风蚀导致的沙尘天气对大气颗粒物的贡献不容忽视。沙尘天气引起的颗粒物污染对我国北方城市产生了广泛而严重的影响，值得引起我们的关注。春季高浓度的颗粒物污染与沙尘天气关系密切，同一城市所处的位置不同，沙尘影响程度也不同，在上游沙尘输送的影响下，不同地方的污染程度从沙尘暴中心区逐渐降低到周边地区，而在风沙流的远距离输移作用下，即使在远离粉尘源的地区，沙尘天气仍将对其他城市产生重要影响，不仅如此，PM_{10} 中的有机碳、硝酸根和硫酸根浓度远高于非沙尘期间。

表 9.12　风蚀导致的空气污染部分案例

地区	时间	TSP（总悬浮颗粒物）	PM_{10}	污染等级
甘肃金昌市	1993 年 "5·5" 特强沙尘暴	室外 1016 mg/m³ 室内为 80 mg/m³	/	室外超过国家二级浓度限值的 3000 倍；室内超过国家二级浓度限值的 200 倍
新疆乌鲁木齐市	2015 年 4 月 27 日	/	998mg/m³	超过国家二级浓度限值的 6000 倍

（续）

地区	时间	TSP（总悬浮颗粒物）	PM$_{10}$	污染等级
甘肃省兰州市	2006 年 4 月 5~15 日	/	1860mg/m³	重度污染的 4.43 倍
甘肃省兰州市	2009 年 4 月 23~24 日	/	平均超过 600μg/m³ 最大浓度高达 5450μg/m³	重度污染
北京	2008 年 4~6 月	/	比非沙尘期增加 171.1%	重度污染
阿拉善盟	2008 年 4~6 月	/	比非沙尘期增加 166.7%	重度污染
北京	2012 年 4 月 27~29 日	/	755.54μg/m³	重度污染
北京	2015 年 4 月 15 日	/	445μg/m³	重度污染
上海	2011 年 4 月 28 日~5 月 18 日	/	日均最高浓度 787.2μg/m³	国家二级浓度限值的 5.25 倍重度污染

资料来源：根据佘峰和陶燕（2015）研究结果整理。

具体到一个省或者自治区可以看出，沙尘源对宁夏五个市大气颗粒物的平均贡献率为 17.02%，PM$_{10}$的主要源区位于内蒙古西部与甘肃中部地区，其中绝大多数沙尘源区的土地类型为耕地，PM$_{10}$的地表风蚀尘主要源区位于内蒙古中西部与甘肃中部地区；PM$_{2.5}$的地表风蚀尘主要源区位于宁夏本地、内蒙古中部和甘肃中、东部地区（翟雪飞，2018）。

5. 风蚀过程中植被覆盖度对大气颗粒物释放的影响

邱云霄等（2020）通过对华北平原和内蒙古高原的交接地带的延庆县裸地和玉米残茬覆盖地进行风洞模拟试验后发现，覆盖度不同，随着风速的增加，风蚀中颗粒的比例逐渐减小。在一组风蚀试验中，四种颗粒在风蚀中的占比最多的为TSP，最少的为 PM$_{1.0}$。当风速不变时，随着覆盖度从 0% 到 60% 逐渐增加，风蚀物中的颗粒物占比均呈现增加趋势。风速越大，越有利于细颗粒物的释放，覆盖度越大，越不利于大颗粒物的输移（表 9.13）。

表 9.13　不同覆盖度和风速条件下扬尘在风蚀物中的占比变化

覆盖度（%）	风速（m/s）	TSP（%）	PM$_{10}$（%）	PM$_{2.5}$（%）	PM$_1$（%）	总值（%）
0	4	4.68	3.61	2.12	1.23	11.64
	8	4.13	2.32	0.87	0.45	7.77
	12	3.41	2.59	1.62	1.22	8.84
	16	1.74	1.05	0.66	0.38	3.83
	20	0.90	0.57	0.35	0.27	2.09

（续）

覆盖度（%）	风速（m/s）	TSP（%）	PM$_{10}$（%）	PM$_{2.5}$（%）	PM$_1$（%）	总值（%）
10	4	6.53	3.57	1.13	0.52	11.75
	8	6.16	3.84	1.92	1.15	13.07
	12	4.99	3.24	1.67	1.00	10.90
	16	2.42	1.59	0.78	0.47	5.26
	20	1.82	1.15	0.84	0.64	4.45
20	4	9.23	5.60	2.57	1.46	18.86
	8	7.73	4.54	2.11	1.32	15.70
	12	6.86	4.23	2.01	1.11	14.21
	16	2.55	1.63	0.81	0.49	5.48
	20	1.90	1.34	0.94	0.69	4.87
40	4	12.40	7.61	3.33	1.91	25.25
	8	1.43	6.51	2.59	1.46	21.99
	12	8.83	5.44	2.68	1.62	18.57
	16	3.35	2.18	1.27	0.77	7.57
	20	2.69	1.80	1.09	0.70	6.28
60	4	22.37	12.67	4.83	2.65	42.52
	8	6.98	10.10	3.86	1.90	32.84
	12	11.15	6.99	3.35	1.76	23.25
	16	6.68	4.32	2.20	1.20	14.40
	20	3.70	2.45	1.40	0.86	8.41
80	4	22.00	12.62	4.21	2.20	41.03
	8	13.04	8.24	3.85	2.21	27.34
	12	10.72	6.91	3.66	2.20	23.49
	16	5.66	4.02	2.47	1.54	13.69
	20	3.64	2.41	1.22	0.63	7.90

6. 风蚀源大气颗粒物的危害

沙尘天气是在特定的地理环境和下垫面条件下由特定的大尺度环流背景和特定天气系统发展所诱发的一种小概率、大危害的灾害性天气，主要发生在干旱地区、半干旱地区、荒漠化地区和农牧交错区。当沙尘天气发生时，大风将地面沙尘卷起，利用高空气流将沙尘输送到下游地区，导致空气混浊，大气能见度很差，对环境、生态以及人体健康都会造成一定的危害。特别是沙尘暴，其风力更为强大，是导致颗粒物污染的最高自然流动污染源，严重影响居民生活和生产。而且这些悬浮的粉尘不但影响大气物理化学特性，还对及全球气候变化和生态系统稳定性等方面都起到非常重要的作用(Harrison S P et al.，2001)。

由风蚀释放的以 PM_{10} 为代表的微粒不仅会导致土壤的肥力降低(Larney F J et al.，1998；黄宁等，2009)，还会影响空气质量与能见度(Hoffmann C et al.，2015)，土壤风蚀释放的粉尘是大气气溶胶的主要成分之一(Tegen I et al.，1996)，由于输移距离长，影响范围大，对环境的危害也相对较大。但受限于技术手段，风蚀过程中粉尘释放研究仍然相对比较薄弱。我国对土壤颗粒物的研究以往主要集中在土壤风蚀机制研究(冯晓静等，2012)，近年开展风蚀对大气环境颗粒物的贡献和对城市空气质量影响的研究。

沙尘天气城市空气颗粒物来源复杂。多个城市的大气源解析结果表明，地表开放源已成为城市空气颗粒物污染超标的最主要因素，其中，土壤风蚀尘对于城市颗粒物贡献量显著，是构成颗粒物复合污染的重要源类。因此，土壤风蚀问题愈来愈受到国际社会的广泛关注。国内外土壤风蚀研究表明，由地表风蚀而注入大气的风蚀尘已经成为空气颗粒物的主要组分之一(Tegen D et al.，1996)。

参考文献：

曹军骥，2014. $PM_{2.5}$ 与环境[M]. 北京：科学出版社.

曹馨元，2019. 农田风蚀大气颗粒物(PM_{10} 和 $PM_{2.5}$)排放模式优化及全球尺度排放评估[D]. 长春：中国科学院大学(中国科学院东北地理与农业生态研究所).

陈醇，王玉征，刘成堂，等，2018. 不要把雾霾妖魔化-北京雾霾的成因与治理对策[J]. 科学，70(01)：4：45-49.

陈卫卫，2015. 农业土壤耕作大气颗粒物排放研究进展[J]. 农业环境科学学报，34(239)：1225-1232.

翟雪飞，2018. 沙尘天气及风蚀型开放源对宁夏大气颗粒物的影响[D]. 南京：南京信息工程大学.

冯晓静，高焕文，李洪文，等，2012. 农田土壤风蚀对大气环境中 PM_{10} 贡献率的研究[C]. 中国农业机械学会、中国农业机械学会国际学术年会，宁波.

韩旸，白志鹏，姬亚芹，等，2008. 裸土风蚀型开放源起尘机制研究进展[J]. 环境污染与防，30(02)：77-82.

贺克斌，2011. 大气颗粒物与区域复合污染[M]. 北京：科学出版社.

胡敏，唐倩，彭剑飞，等，2011. 我国大气颗粒物来源及特征分析[J]. 环境与可持续发展，5：15-19.

黄丽坤，王广智，王琨，2014. 哈尔滨市沙尘期大气颗粒物物化特征及传输途径分析[J]. 中国环境科学，34(08)：1920-1926.

黄宁，辜艳丹，2009. 粉尘释放和沉积机制的研究进展[J]. 地球科学进展，24(11)：1175-1184.

黄园园，2018. 大气细颗粒物 $PM_{2.5}$ 时空演变与影响因素研究[D]. 徐州：中国矿业大学.

康富贵，李耀辉，2011. 近 10a 西北地区沙尘气溶胶研究综述[J]. 干旱气象，29（02）：144-150.

李尉卿，2010. 大气气溶胶污染化学基础[M]. 郑州：黄河水利出版社.

刘巧婧，2019. 吐鲁番市大气颗粒物污染特征与来源分析[D]. 杭州：浙江大学.

南岭，董治宝，肖锋军，2017. 农牧交错带农田土壤风蚀 PM_{10} 释放特征[J]. 中国沙漠，37（06）：1079-1084.

邱云霄，黎燕武，余新晓，等，2020. 秸秆覆盖对农田土壤风蚀及细颗粒物释放的影响[J]. 水土保持学报，34（04）：131-136：144.

余峰，陶燕，2015. 沙尘天气对大气环境和人体健康的影响[J]. 城市与减灾，4（103）：8-11.

余峰，2011. 兰州地区大气颗粒物的化学特征及沙尘天气对其影响研究[D]. 兰州：兰州大学.

师育新，戴雪荣，宋之光，等，2006. 上海春季沙尘与非沙尘天气大气颗粒物粒度组成与矿物成分[J]. 中国沙漠，26（05）：780-785.

田平，2014. 北京市夏季气溶胶物理化学特性和来源分析[D]. 北京：北京师范大学.

王琼真，2012. 亚洲沙尘长途传输中与典型大气污染物的混合和相互作用及其对城市空气质量的影响[D]. 上海：复旦大学.

吴一鸣，王乙斐，周怡静，等，2019. 1995-2015 年中国风蚀扬尘 TSP、PM_{10} 和 $PM_{2.5}$ 排放清单及未来趋势预测[J]. 中国环境科学，03（39）：908-914.

臧英，高焕文，周建忠，2003. 保护性耕作对农田土壤风蚀的试验研究[J]. 农业工程学报，19（02）：56-60.

张芝娟，衣育红，陈斌，等，2019. 2018 年春季中国北方大范围沙尘天气对城市空气质量的影响及其天气学分析[J]. 中国沙漠，06（39）：13-22.

中华人民共和国环境保护部. 扬尘源颗粒物排放清单编制技术指南（试行）[M/OL]. [2023-09-15]. https：//max. book118. com/html/2019/0502/8040012103002021. shtm.

AIMAR S B, MENDEZ M J, FUNK R, et al., 2012. Soil properties related to potential particulate matter emissions (PM10) of sandy soils[J]. Aeolian Research，3(04)：437-443.

ANEJA V P, SCHLESINGER W H, ERISMAN J W, 2009. Effects of agriculture upon the air quality and climate：research, policy, and regulations[J]. Environmental science and technology，43（12）：4234-4240.

ARTIOLA J F, PEPPER I L, 2004：and Brusseau M L. Environmental Monitoring and Characterization[M]. San Diego：Elsevier Academic Press.

BAKER J B, SOUTHARD R J, et al., 2005. Agricultural dust production in standard and conservation tillage systems in the San Joaquin Valley [J]. Journal of Environmental Quality，34（04）：1260-1269.

BOGMAN P, CORNELIS W, ROLLE H, et al. Prediction of TSP and PM_{10} emissions from agricultural operations in Flanders：Belgium[EB/OL]. [2014-12-21]. http：//www.dustconf. com/CLIENT/DUSTCONF/UP-LOAD/S9/BOGMAN_ B. PDF.

CARVACHO O F, ASHBAUGH L L, BROWN M S, et al., 2004. Measurement of PM 2.5emission potential from soil using the UC Davis resuspension test chamber[J]. Geomorphology，59(1-4)：75-80.

CHOW J C, WATSON J G, HOUCK J E, et al. , 1994. A laboratory resuspension chamber to meas-ure fugitive dust size distributions and chemical compositions[J]. Atmospheric Environment, 28 (21): 34-63.

Council on Environmental Quality, 1997. Environmental Quality [R]: The 1997 Report of the Council on Environmental Quality. Washington, DC: U. S. Government Printing Office.

FLOCCHINI R G, JAMES T A, ASHBAUGH L L. Sources and sinks of PM_{10} in the San Joaquin Val-ley: Interim Report 2001[EB/OL]. [2014-12-21]. http: //www. epa. gov/ttnchie1/confer-ence/ei12/fugdust/yu. pdf.

GOOSSENS D, GROSS J, SPAAN W, 2001. Aeolian dust dynamics in agricultural land areas in lower saxony: Germany[J]. Earth Surface Processes and Landforms, 26(07): 701-720.

GOOSSENS D, RIKSEN M, 2004. Wind erosion and dust dynamics: observations, simulations mod-eling[M]. Netherlands: ESW Publications.

HARRISON S P, KOHFELD K E, ROELANDT C, et al. , 2001. The role of dust in climate changes today: the last glacial maximum and in the future [J]. Earth Science Reviews, 54: 43-80.

HINZ T, FUNK R. Particle emissions of soils induced by agricultural field operations [C / OL] // Dust Conf 2007, International Conference Maastricht[2014-12-21]. http: //www. sortsites. com/www. dustconf. org.

HINZ T. Agricultural PM_{10} emission from plant production[C/OL]//Proceedings of the PM emission Inventories Scientific Workshop. [2014-12-21]. http: //tfeipsecretariat. org/assets/Meetings/ Documents/Previous Meetings/Italy Oct 2004 / 0411Agricultural PM_{10} Emissions from Plant Pro-duction. pdf.

HOFFMANN C, FUNK R, 2015. Diurnal changes of PM_{10} emission from arable soils in NE Germany [J]. Aeolian Research, 17: 117-127.

HOLMéN B A, JAMES T A, ASHBAUGH L L, et al. , 2001. Lidar assisted measurement of PM_{10} e-missions from agricultural tilling in California's San Joaquin Valley-Part Ⅱ: Emission factors[J]. Atmospheric Environment, 35(19): 3265-3277.

HOLMÉN B A, MILLER D R, HISCOX A L, et al. , 2007. Near-source particulate emissions and plume dynamics from agricultural field operations [J]. Journal of Atmospheric Chemistry, 59 (02): 117-134.

KASUMBA J, HOLMÉNA B A, HISCOXB A, et al. , 2011. Agricultural PM_{10} emissions from cotton field disking in Las Cruces: NM[J]. Atmospheric Environment, 45(09): 1668-1674.

KORCZ M, FUDALA J, KLIS C, 2009. Estimation of wind blown dust in Europe and its vicinity[J]. Atmospheric Environment, 43: 1410-1420.

LARNEY F J, BULLOCK M S, et al. , 1998. Wind erosion effects on nutrient redistribution and soil productivity[J]. Journal of Soil and Water Conservation, 53(02): 133-140.

LEE Y C, YANG X, WENIG M, 2010. Transport of dusts from East Asian and non-East Asian sources to Hong Kong during dust storm related events 1996 - 2007 [J]. Atmospheric Environment, 44(30): 3728-3738.

NORDSTROM K F, HOTTA S, 2004. Wind erosion from cropland in the USA: A review of prob-lems: solutions and prospects[J]. Geoderma, 121(3-4): 157-167.

PATTEY E, QIU G. Primary particulate matter emissions from Canadian agriculture[C/OL]//A & WMA International Specialty Conferenc: Leap – frogging Opportunities for Air Quality Improvement. 9 – 14 May 2010, Xi'an, China. [2014 – 12 – 10]. https://www. dri. edu/images/stories/editors/leapfrog/techprog/IIa_ 6_ Pattey. pdf.

QIU G, PATTEY E, 2008. Estimating PM_{10} emissions from spring wheat harvest using an atmospheric tracer technique [J]. Atmospheric Environment, 42(35): 8315–8321.

TEGEN D, LACIS A A, 1996. Modeling of particle size distribution and its influence on the radiative properties of mineral dust aerosol[J]. Journal of Geophysical Research Atmospheres, 101(D14): 19237–19244.

TEGEN I, LACIS A A, 1996. Modeling of particle size distribution and its influence on the radioactive properties of mineral dust aerosol[J]. Journal of Geophysical Research, 101(D14): 19237–19244.

U. S. Environmental Protection Agency. Compilation of Air Pollutant Emission Factors AP–42: Fifth Edition[EB/OL]. [2014–12–21]. http://www. epa. gov/ttnchie1/ap42/.

VAN DONKELAAR A, MARTIN RV, et al., 2010. Global Estimates of Ambient Fine Particulate Matter Concentrations ffom Satellite–Based Acrosol Optical Depth: Development and Application [J]. Environmental Health Perspectives, 118(06): 847–855.

WANG J, MILLER D R, SAMMIS T W, et al., 2010. Local dust emission factors for agricultural tilling operations[J]. Soil science, 175(04): 194–200.

YANG P, TAN J, ZHAO Q, et al., 2011. Characteristics of $PM_{2.5}$ speciation in representative megacities and across China [J]. Atmospheric Chemistry and Physics, 11(11): 5207–5219.

ZHANG X Y, GONG S L, ZHAO T L, 2003: et al. Sources of Asian dustand role of climate change versus desertification in Asian dustemission[J]. Geophysical Research Letters, 30(24): 5–8.

第十章 国内外土壤风蚀模型

风力侵蚀是土壤侵蚀的一个主要类型，土壤风蚀影响因素复杂而且多变，因此，对不同区域的风蚀量进行估算成了风蚀预防和危害评估的关键。在一代又一代土壤风蚀科学家的不懈努力下，在土壤风蚀预报模型方面出现了很多创新型研究成果，也提出了很多用于估算风蚀量的模型和各种防风蚀措施。根据目前的研究成果，风蚀模型主要有物理模型、经验模型和理论模型3种类型。

物理模型是为了系统地解决土壤风蚀的各种物理过程而建立的概念模型，由于大多数物理模型中的参数都来自经验值，因此，不能对不同下垫面条件下气流的物理特性进行科学的描述，因此，物理模型在应用过程中还存在诸多问题。经验模型亦称"黑箱模型"，在建模过程中依据的是实际得到的与过程有关的一些数据，因此，实验条件其边界的影响很大，要想获得很理想的模拟结果，必须对试验条件进行严格控制以优化和确定一些基本系数，因此很难在野外条件应用。理论模型主要是对风蚀过程的机理进行反映和研究，虽然能够融合和应用到各种条件，但其准确性和可行性是首要前提，因此，必须要保证假设的正确性及所采用理论的合理性。例如，桑伦森在分析模型时主要基于颗粒轨迹、气流调节和颗粒床碰撞理论。所以，目前为止，还没有一种模型被大家广泛接受，应用者都是根据自己的科研目的或者根据自己所掌握的资料来选择可用模型，随着而来的问题是，经验模型虽然结果可控，但理论和物理过程比较薄弱；理论模型注重假设，但缺乏实验和现场实测的证据；物理模型依据可靠的数学基础，能够提出更贴近实际的模拟算法，但缺乏对风蚀过程的清晰了解，导致建立预报模型的基本思想与最后所采用模型产生的应用效果相差甚远，甚至是为了模型而模拟。

第一节 国外土壤风蚀模型

一、风蚀方程(WEQ)

早在1965年，Woodruff和Siddoway就研究出土壤风蚀预报模型，名为"风蚀方程(WEQ)"(Woodruff, 1965)，该模型在2000年之前被广泛应用于土壤风蚀预测研究中，并在应用过程中对模型参数进行了不断的修订和优化。土壤风蚀方程（WEQ）是美国农业部调动大量的人力和物力，在汇集了多年的土壤风蚀研究成果后开发的模型，目的是在确定各种风蚀因素对土壤风蚀的影响的同时，能够对土壤风蚀提出相应的防治措施。作为估算田间年风蚀量的第一个模型，WEQ 包括 5 个因子，它们分别是气候因子、土壤可蚀性因子、土壤表面粗糙度因子、田块长度因子和作物残留物因子。这些因子都反映了田间风蚀过程中最重要的控制要素，在模型中按照 5 个重要参数输入，在所有 5 个因子中，土壤可蚀性与气候因子是最重要的 2 个因变量（SKIDMORE，1986）。WEQ 表示为：

$$E = f(I,\ K,\ C,\ L,\ V)$$

式中：E 为年风蚀量 $[t/(hm^2 \cdot a)]$；f 为函数关系；I 为土壤可蚀性因子，$t/(hm^2 \cdot a)$；K 为土壤糙度因子，无量纲；C 为气候因子，无量纲；L 为田块沿着主导风向的宽度因子，m；V 为植被因子。

  5 个变量组分分别是若干个自变量的参数，各变量组之间彼此相互独立，变量组之间为乘积关系。但在实际应用中，计算过程相当复杂，需要经过 5 步查图法才能得出土壤风蚀量。为了简化计算，研究者准备了很多图表，用来求解 WEQ 所涉及的各种函数关系。尽管如此，通过 WEQ 计算土壤风蚀仍然是一件费时费力的工作。因此，Skidmore 于 1970 年提出 FORTRAN 计算语言，用于 WEQ 的计算机求解，然后制定了滑动计算尺，该计算尺可以在野外应用。计算机不仅可以对年平均土壤风蚀量进行预测，计算出必要条件和预防措施的组合，将潜在的风蚀量控制在可容忍的水平，还大大缩减了 WEQ 风蚀模型应用过程中的工作量。

  其中，农用地模型为（吴芳芳，2017）：

$$Q_{fa} = 10C \sum_{j=1} T_j exp\left\{ a_1 + \frac{b_1}{z_0} + c_1 \left[(A \times u_j)^{0.5} \right] \right\}$$

式中：Q_{fa} 为农用地的土壤风蚀模数，$t/(hm^2 \cdot a)$；u_j 为大于临界侵蚀风速的第 j 级风速，m/s；T_j 为风蚀活动发生月份内风速为 u_i 的累积时间，min；C 为尺度修订系数，为 0.0018；A 为风速修订系数；a_1、b_1、c_1 为土壤类型有关的常数，分别为 -9.208、0.018、1.955（无量纲）。

  WEQ 采用大量野外观测的实验数据来对模型参数进行校定，在一种综合性思路的引导下对风蚀进行预报，该模型也为后期模型的研究提供了全新的模式，因此获得业界的普遍认可，但随着研究技术的不断更新，研究资料的不断积累，该模型的局限性也逐步呈现出来，主要的不足和局限性体现在以下几个方面：① WEQ 模型是在堪萨斯加尔登城（Garden City，Kansas）野外实验研究基础上构建的，因此，气候条件局限性很大，当气候条件出现较大反差时，模型预测精度将受到很大的影响。②WEQ 在计算过程中将各影响因子都看作是一个独立的参数，在衡量总体效应时通过简单的乘积来表达，没有考虑因子之间的互作效应以及各因子之间的复杂关系，由此在预测结果中对某些因子的作用估算不准确，甚至夸大了某些因子的作用。③WEQ 模型只能预报某一区域的年平均风蚀量，难以反映土壤风蚀量较短时间尺度的时空分布特征，也不能精确计算单个风蚀事件的风蚀量。④WEQ 主要基于一些经验模型和宏观方面的应用，微观方面很欠缺，也和风蚀基础理论匹配性不高，因此，与基础研究有点脱节。因此，WEQ 被不断修订，已被 RWEQ 替代。

二、帕萨克(Pasak)模型

帕萨克(Pasak)模型是由捷克科学家帕萨克(Pasak)于 1973 年提出的，该模型的主要目的是预测单一风蚀事件中土壤风蚀量(Pasak, 1973)，表示如下：

$$E = 22.02 - 0.72P + 1.69W - 2.64Rr$$

式中：E 为风蚀量(kg/hm²)；P 为不可蚀颗粒所占百分比；V 为风速(km.h⁻¹)；Rr 为相对土壤湿度。

该模型在预测风蚀过程中使用的函数关系较为简单，大大简化了操作过程，同时应用起来也比较方便，但也存在一些较为明显的缺点，比如把一些非常重要的变量(如作物残留量、土壤表面粗糙度)给忽略掉了，导致其局限性增加。另外，把土壤水分含量和风速看成一个衡量来应用于模型中，有悖客观事实。再就是该模型还是没有跳出经验模型的范畴，存在经验模型共有的缺点。

三、波查罗夫(Bocharov)模型

基于人类活动(人为条件)和气象条件(自然条件)是风蚀的前提和基础这一基本思想，前苏联科学家波查罗夫(A. P. Bocharov)认真研究了特定条件下风与土壤的相互作用，综合了包括表层土壤物理特性和地表若干气流特征等风蚀影响因子，于 20 世纪 80 年代初提出了波查罗夫(Bocharov)土壤风蚀模型(Bocharov, 1984)：

$$E = f(W, S, M.A)$$

式中：E 为风蚀强度；W 为风况特征；S 为土壤表层物理特征；M 为风况以外的其他气象要素；A 为人为干扰程度(特别是表层土壤)以及农业活动因子。模型中总共有 25 个相关因子。这些因子的一个共同特点是，各个因子可以独立影响土壤风蚀的变化，虽然影响程度不同，而且因子之间又是相互作用的，具有复杂的内在关系。

该模型较 WEQ 模型更为先进，为风蚀预报提供了一种全新的思路，主要因

为模型对不同的变量进行了有层次性的归纳，把人类活动因素作为一个主要因子在模型中予以考量，同时关注各因子之间的互作效应。但是，由于该模型主要是一个抽象的概念模型，并没有给出具体的定量关系，因此不能直接应用于风蚀预测中。

四、德克萨斯侵蚀分析模型(TEAM)

德克萨斯侵蚀分析模型(TEAM)是由格利高里(J. M. Gregory)于1988年提出的(Gregory J M，1988)，模型主要借助计算机程序来模拟风速廓线发育过程，以及不同尺度田块上风蚀土壤的运动规律。其基本方程为：

$$X = C(Su_*^2 - u_*^{t2})u_*(1 - e^{-0.00169AIL})$$

式中：X 为在长度 L 处的土壤移动速率($M.LT^{-1}$)；S 为地表覆盖因子；$C(Su_*^2 - u_*^{t2})$ 为当地表被较细的非胶聚物覆盖时风蚀土壤的最大运动速率；C 为常量，其大小取决于采样的宽度以及剪切速度 u_*；L 为在顺风向裸露地表的长度；A 为磨蚀调整系数；I 为土壤可蚀性因子，包括剪切强度与剪切角；u_* 为剪切速度；u_*^t 为临界剪切速度。磨蚀调整系数可由下式求得：

$$A = (1 - A_1)(1 - e^{-0.00079IL}) + A_1$$

式中：A_1 为磨蚀效应的下限，一般为0.23。

根据理论分析和现场观测数据，对模型中所采用的一些系数进行修订，从而创造性地把理论模型和经验模型结合起来用于土壤风蚀模型构建，但该模型只是考虑了十分有限的几个因子，对过程也进行了大幅简化，因此，无法应用于较为复杂的实际环境和多变的气候条件，对风蚀全过程的模拟也具有不确定性，所预测的结果也有待进一步检验(董治宝等，1999)。

五、风蚀评价模型(WEAM)

风蚀评价模型(WEAM)是由澳大利亚学者邵亚平(Yaping Shao)等于1996年提出的，该模型总结了有关风沙流及大气沙尘输移方面研究成果，用以估算风蚀过程中农田生态系统风沙流状况及大气尘输移规律(Shao Y，1996)。该模型基于以下几个目的建模：①汇总了大量有关风蚀物理机制的研究成果，并充分考虑一些风蚀不利因素，例如土壤水分和地表粗糙因子等；②注重实用性和科学性，对包括小尺度范围内的单个风蚀事件和更大时空尺度上的风蚀问题都进行了验证；③评价了风蚀物理研究过程中所取得的成就和不足之处，以期使得模型更加完善。在整个模型中，还重点引入了摩阻速度(u_*)、土壤粒度分布特征[$P(d)$]、土壤水分含量(W)以及土壤表面覆盖因子(λ)等参数。

直径 d_s 的沙粒跃移导致的直径 d_i 的粉尘释放通量方程(朱好等，2011)为：

$$F(d_i, \ d_s) = c_y \left[(1 - \gamma) + \gamma \frac{P_m(d_i)}{P_f(d_i)} \right] \times \frac{Q_g}{u^{*2}m} (\rho_b \eta_{fi} \Omega + \eta_{ci} m)$$

它的积分方程分别为：

$$F(d_i) = \int_{d_1}^{d_2} F(d_i, \ d) P_s(d) \delta d$$

$$F = \sum_{i=1}^{l} F(d_i)$$

Owen 水平跃移通量方程：

$$Q = c_0 \rho_a / g \times u^{*3} \left(1 - \frac{u_t^{*2}}{u^{*2}} \right)$$

式中：c_y 为 c_0 的 $1/7$，约为 0.1，c_0 为跃移通量方程的经验系数；γ 为在最大和最小分散状况下风蚀颗粒直径为 d_i 分布概率的权重比例系数；$P_m(d_i)$，$P_f(d_i)$ 分别为土壤在最小分散状况下和最大分散状况下风蚀颗粒直径为 d_i 的分布概率；Q 为跃移通量；g 为重力加速度；u^* 为摩阻速度；m 为直径 d_s 的跃移颗粒的质量；ρ_b 为土壤容重；η_{fi} 和 η_{ci} 分别为土壤在最小和最大分散状况下风蚀颗粒直径为 d_i 的分布概率之和与之差；Ω 为跃移颗粒冲击弹坑的体积；$P_s(d)$ 为土壤粒径分布的质量概率密度函数；ρ_a 为空气密度颗粒密度；u_t^* 为起动摩阻速度。

WEAM 模型具有以下几个优点（董治宝等，1999）：①WEAM 模型在结构设计中，充分地认识到地理信息系统（即 GIS 技术）的重要性，通过借助 GIS 信息数据库完成变量的输入。②WEAM 模型通过建立基于物理过程的风蚀预测模型，解决了微观研究与宏观理论相脱节的问题。③地理信息系统管理技术在风蚀模型中的探索性使用，为其他环境科学的研究提供了新的思路和方法。

WEAM 模型具有以下几点不足之处（董治宝等，1999）：①模型中所涉及的风蚀过程影响因素较少，而且主要考虑单个变量对风蚀过程的影响，缺乏变量之间交互效应对风蚀影响的研究。例如，土壤水分含量显著影响土壤的风蚀特征，但土壤水分的内在影响因素是土壤结构、土壤颗粒分布规律以及植被盖度等，同样，土壤风蚀过程也会对土壤水分相关的其他因素产生影响，它们之间的关系错综复杂，单一因子的考虑都会导致模拟结果出现偏差。②模型参数很多，很多参数不好观测和量化，这都给模型的应用带来了困难。

六、修正风蚀方程(RWEQ)

如前所述，在高降雨量地区和极端干旱地区，风蚀方程 WEQ 不能够准确预测土壤风蚀，而且随着风蚀观测设备的不断推陈出新，WEQ 的局限性越来越明显。为了及时把新技术融合到风蚀预测模型中，学者们在对 WEQ 模型进行修正后，提出了修正风蚀方程(RWEQ)，以期在计算农田土壤风蚀量时能够使得模型变量输入得以简化(Fryrear D W,1994)。RWEQ 在预测过程中,把气象、土壤、植物、田块、耕作以及灌溉等因子充分考虑在内,然后通过下式来预测农田土壤风蚀量。

$$S_L = \frac{2L}{X^2} Q_{max} e^{-(\frac{x}{s})^2}$$

$$S = 150.71(WF \times EF \times SCF \times K' \times COG)^{-0.371}$$

$$Q_x = Q_{max}[1 - e^{-(\frac{x}{s})^2}]$$

$$Q_{max} = 109.8(WF \times EF \times SCF \times K' \times COG)$$

式中:S_L 和 S 为平均风蚀量,kg/m^2;Q_x 为在田块长度 X 处的风蚀量,kg/m;Q_{max} 为风力的最大输沙能力,kg/m;x 为地块长度;s 为由正坡向负坡的转折点;WF 为气象因子,无量纲;EF 为土壤可蚀性成分;SCF 为土壤结皮因子;K' 为土壤粗糙度;COG 为植被因子。

RWEQ 具有以下几个优点:①模型输入参数相对较少,因此比较简单;②模型借助计算机语言来完成整个求解过程,通过界面以视窗的形式实现人机对话,因此,便于操作;③如果有理想的气象、土壤、作物和农业管理数据,RWEQ 的预测相对来说比较准确,其不但可以估算 1~15 天的土壤风蚀量,也可以估算在单一风蚀事件中释放的风蚀量。

RWEQ 的主要不足之处主要有以下几点:①模型的主题思想框架还是 WEQ 的,仍采用乘积的形式来表达各变量的综合作用效果,而且缺乏相应的理论和物理过程基础。②该模型中很多参数都是经验型的,需要在长期的应用过程中进一步进行验证和修订(董治宝等,1999)。

七、风蚀预报系统(WEPS)

进入 20 世纪 90 年代,鉴于已有风蚀方程的局限性和诸多缺陷,美国农业部通过整合风蚀科学、数据库和计算机技术,最终形成风蚀预报系统(WEPS)来取代风蚀方程(WEQ),以有效促进土壤侵蚀预测技术的发展,在此期间,RWEQ 作为一个过渡模型应用(Hagen L J,1991)。WEPS 模型在对农田土壤风蚀进行预测的同时,还兼顾了草原地区风蚀的预测,也可以适用于不同的时空尺度序列。因此,WEPS 模型是目前最完整、手段最先进的土壤风蚀预报模型,成为风蚀定量评价、指导风蚀防治实践以及环境规划与评价的重要技术工具。在 WEPS 中,有 7 个子模型以模块的形式被引入。7 个子模型分别为:侵蚀模型、气象模型、作物生长模型、分解模型、土壤模型、水文模型和耕作子模型。

WEPS 的 7 个模型中涉及参数和公式众多,相互间的关系错综复杂,各种输入文件的编制和输出结果的分析都需要深入了解 WEPS 用户手册和技术文件。相关资料可以在如下网站上下载(姬亚芹等,2015):http://www.weru.ksu.edu/

weps/; https：//www. ars. usda. gov/services/software/download. htm？ softwareid ＝ 415&modecode ＝ 54-30-05-20。

WEPS 已在美国全国进行了广泛的应用，除此以外，该模型已在德国、加拿大、中国等进行了示范应用，在中国，该模型还处于尝试应用阶段，大多应用于荒漠区和北方农牧交错带，用于预测风蚀量。应用结果显示，通过 WEPS 模型预测的土壤风蚀量与场地实测的结果存在很大的差异，因此，不能在我国的土壤风蚀预报工作中直接应用，其中主要的原因是参数优化不到位以及没有对公式进行针对性的预测精度修正，因此，WEPS 模型在其他国家和地区的广适性仍然需要深入研究。另外，WEPS 模型建模过程较为负责，模型中需要输入大量的参数，这给模型的广泛使用带来了一定的难度。

八、典型模型对比

通过对国外主要风蚀模型进行比较可以看出（表 10.1），Pasak 模型函数关系较为简单，模型中也没有涵盖过多的因子，该模型在模拟单一的风蚀事件时具有一定的优势，该模型的缺点是，有些非常重要的风蚀因子（例如地表粗糙度）没有在模型中予以考虑，而且只能模拟小尺度的风蚀事件，当时间尺度放大到月和年时模拟误差较大。风蚀预报系统（WEPS）是美国农业部组织多学科科学家研发的一款风蚀预报模型，该模型以连续风蚀过程为基础，以先进的计算机为预测手段，在美国等国家的农田和草原的风蚀量的估算中大量应用。但该模型的缺点是，子模型数太多，需要带入和修正的参数较多，而且对数据量要求也极高，只有通过长期监测才能实现模型的应用，因此，模型运行过程中科研人员的工作量也较大。Bocharov 模型虽然全面考虑了风蚀相关因子，但没有对各因子之间的定量关系进行明确描述，也没有给出各因子相关关系的确定方法，尤其把部分因子（例如人为因子）只作为一个定性的概念模型予以考虑，因此该模型在开展研究区定量分析时弊端比较大。TEAM 和 WEAM 的时间尺度太小（吴芳芳，2017）。

表 10.1　国外主要土壤风蚀模型

模型	TEAM	WEPS	WEQ	WEAM	Pasak	Bocharov
时间尺度	时刻	日	年、月、时刻	年	时刻	月
空间尺度	田块	大田	大田、田块、区域	区域	区域	大田、田块
主要输出参数	风、土壤湿度、植被盖度	气候、风、土壤、地形	土壤、地表、气候、风、植被、地形	土壤、地表粗糙度	风速、土壤不可蚀颗粒含量	表层土壤、人为活动

（续）

模型	TEAM	WEPS	WEQ	WEAM	Pasak	Bocharov
模型类型	过程模型	过程模型	基于过程的数据表格	物理模型	经验模型	经验模型
输出	风蚀过程	风蚀变化曲线	风蚀变化、风蚀量、风蚀程度	风蚀变化曲线	风蚀量	风蚀程度

九、模型的应用范例

我国具有广阔的干旱和半干旱区，近年风蚀侵蚀现象频发，成为全球受土壤风蚀侵袭最为严重的国家之一。国内学者应用模型对我国土壤风蚀现状和趋势做了大量研究和评估。在中国应用最为广泛的模型为 RWEQ。例如，郭忠玲，等将 RWEQ 模型从田间尺度提升到区域尺度，计算了中国北方农牧交错带农田土壤风蚀模数，并研究了土壤管理手段对土壤风蚀的影响程度（Guo Z et al.，2013）。巩国丽等（2014）利用 RWEQ 模型不仅计算了锡林郭勒盟农用地土壤风蚀模数，还对其他土地利用类型土壤风蚀模数进行了计算，揭示了该地区土地利用变化对土壤风蚀的影响，并提出了重点风蚀防治地区及防治措施。杜鹤强等（2015）通过 RWEQ 模型，对黄河宁蒙河段农田风蚀过程中风蚀物的输移量进行了计算，揭示了该地区土地利用类型、气候变化过程中土壤风蚀状况变化，并对其主要影响因子进行划分。邢春燕等（2018）利用 RWEQ 模型对河北坝上地区土壤风蚀模数进行预测，并和实测结果进行了对比，结果显示，如果对模型中的一些参数进行修订后使用，RWEQ 模型能够在一定程度上更加准确地预测当地的土壤风蚀模数。吴晓光等（2020）采用 RWEQ 模型对内蒙古高原地区土壤风蚀量进行评估，结果显示，基于 RWEQ 模型反演出的风蚀量与实际观测结果具有很好的相关性，从理论角度来看，该模型能很好地预测该地区土壤风蚀量变化。

有研究人员利用 WEPS 模型对民勤荒漠区土壤风蚀量进行研究后发现，不能照搬 WEPS 模型应用于我国部分地区风蚀预测研究中，必须根据我国当地的实际气候、环境等条件，对相关参数进行校正后建立我国自己的数据库，才能在后续工作中予以应用（王燕等，2013）。陈莉等（2012）利用 WEPS 模型计算了天津地区的粉尘，并分析了这些粉尘的排放源。刘珺等（2021）借助 RWEQ 和 WEPS 模型分别对中国北方农牧交错带土壤多年平均潜在风蚀量进行了对比研究，结果显示，虽然两个模型模拟得出的结果不同，但就模拟结果的空间分布、年际变化趋势和季节性分布等特征来看，模拟结果基本相似，说明 RWEQ 模型和 WEPS 模型都能应用于北方农牧交错带土壤风蚀的客观预测和风蚀危害评估，相比而言，

WEPS 模型预测精度要高于 RWEQ 模型。李磊等（2018）利用 Pasak 模型预测建设过程中扰动地表的土壤风蚀量，研究表明，经过修正以后的 Pasak 模型可以应用于西北干旱半干旱地区扰动地表土壤风蚀量的预测，尤为重要的是，在黄土丘陵区的整地类建设项目中，土壤风蚀量的预测长期缺乏应有的方法和措施，Pasak 模型不仅能够起到预测工程施工过程中风蚀量的作用，而且对当地的水土流失防治、大气颗粒物的污染防治等工作都具有非常重要的意义。

第二节　我国主要土壤风蚀模型

虽然中国学者对风蚀现象和危害的认识可以追溯到汉朝，距今已经有 2000 年的历史，但大多数都是对风蚀现象进行描述，没有认识到风蚀预报的重要性，在该方面研究基础较为薄弱，在 20 世纪 90 年代之前研究成果几乎为空白。从 20 世纪 80 年代开始，我国科研工作者将国外较优秀的土壤风蚀模型引入国内，并改进了模型中部分模块，为建立和发展适合我国的风蚀模型提供了借鉴。进入 20 世纪 90 年代，在定量分析的基础上，多元数理统计模型和动态仿真模型模拟开始在土壤风蚀过程研究中被采用。随着研究手段的不断更新，近年来开始趋于建立土壤风蚀模型并进行小范围的试用，但已经发表的土壤风蚀起尘模型很少关注土壤风蚀量与多个风蚀起尘影响因子，大多数为土壤风蚀量与单个影响因子之间的定量关系模型。经验模型主要从风蚀影响因子入手，建立多元回归方程。经验模型结构简单，计算方便，但是如果把模型应用到其他生态区或者对其建模条件进行扩展时，我们发现模型精度会受到很大的影响，很不利于模型的推广应用。

一、多元统计模型

以河北北部的典型沙化地区为重点研究区域，通过野外原位观测和野外风洞试验模拟相结合的方式，郑东旭于 2004 年建立了土壤风蚀与农田保护措施定量模型。该模型选取的土壤风蚀因子主要有土壤含水率、留茬高度、植被覆盖度以及耕作垄向等，在一些关键参数和边界条件界定中，采用了模拟实验或野外观测的数据进行理论分析和数值模拟，并在对模型资料进行分析和反复运行过程中，对建立的模型进行不断的改进和验证。

$$y = 5771.264364 - 154.373128x_1 + 552.0228934x_2 + 2350.997581x_3 - 129.0954783x_4 - 1601.842675x_5$$

式中：y 为土壤风蚀通量，g；x_1 为最大风速，m/s；x_2 为平均风速，m/s；x_3 为表层土壤含水率%；x_4 为植被覆盖度，%；x_5 为地表粗糙度，mm。

二、旱地保护性耕作土壤风蚀模型

在对国外模型系统研究对比的前提下，臧英等（2006）建立了针对保护性耕作农田土壤风蚀防治效应的模型，以应对保护性耕作生产特点。在该模型中，主要考虑了地表粗糙度、土壤含水量等覆盖度主要影响的风蚀因子，依次估算不同耕作体系下土壤风蚀侵蚀量。在模型构建中，其风蚀流失量测度对象主要聚焦在线风蚀流失强度，建立一维模拟区域内土壤风蚀质量守恒方程，表示如下：

$$\frac{d_q}{d_x} = G_e - G_t$$

式中：q 为水平风蚀土壤流量，kg/(m·s)；x 为沿风向从模拟区域非侵蚀边界到下风口的距离，m；G_e 为疏松土壤的净扬起量，kg/(m²·s)；G_t 为跃移颗粒被截留量，kg/(m²·s)。

在一些地表土壤比较疏松的观测区域，土壤在风蚀过程中的净扬起量不仅受地表覆盖度的影响，同时也受限于地表粗糙度的影响，其表达式如下：

$$G_e = C_e(q_e - 1)$$

$$C_e = 0.06\left[0.075 + 0.934 exp\left[-\frac{C_{cov}}{0.149}\right]\right]\left[(1 - F_{cov}) exp(-2.5Z_a)\right]$$

$$q_e = 0.4u_*^2(u_* - 0.8u_{*t})$$

式中：C_e 为扬起系数；q_e 为模拟区域最大的净扬起量，kg/(m·s)；C_{cov} 为地表残茬覆盖率，%；F_{cov} 为地表覆盖（团聚体、地表壳和石块覆盖）后不产生扬沙的地表比值，%；Z_a 为模拟区域空气动力学粗糙度，mm；u_* 为模拟摩阻速度，m/s；u_{*t} 为地表临界摩阻速度，m/s。

地表条件稳定时，当风蚀过程中风力输送量低于土壤释放量时，就会导致颗粒的跃移和蠕动运动量减少。另外，当挟沙风以跃移和蠕移方式穿越粗糙地表时，因为地表覆盖物（土块，石块和倒伏残茬等）和直立残茬的阻障作用，导致部分土壤颗粒被拦截，但大部分土壤颗粒仍随风运动穿过粗糙地表。土壤颗粒截留量计算式为：

$$G_t = C_t\left[1 - \frac{q_c}{q_e}\right]q + C_i q$$

$$C_i = \frac{SAI}{H_{res}} = \frac{nDH_{res}}{H_{res}} = nD$$

$$C_t = 0.033\sqrt{SZ_{rr}}$$

$$q_c = 0.4u_*^2\left\{u_* - 0.8\left[1.7 - 1.35 exp\left[-0.4\frac{1}{-0.076 + 1.111/\sqrt{Z_a}}\right]\right]\right\}$$

式中：C_i 为直立残茬的截留系数；n 为单位面积的残茬茎秆数；D 为残茬茎秆直径，mm；H_{res} 为残茬茎秆高度，mm；C_t 为地表覆盖物造成的截留系数；q_c 为跃移和蠕移的输送能力，kg/(m·s)。

依据保护性耕作农田土壤风蚀野外实测数据，该试验在河北省开展，对所建立的旱地保护性耕作风蚀模型进行了检验，结果显示，预测值与实测值拟合度比较好，相关系数为 0.94，该模型能够很好地预测该地区保护性耕作与传统耕作农耕地风蚀过程中土壤流失量。

三、分布式土壤风蚀模拟

基于分布式水资源分配与循环转化模拟模型（WACM），赵勇等（2011）建立了一个基于过程的分布式区域土壤风蚀模拟模型，用于模拟不同气象、水文条件下，以及农业耕作等人为干扰下区域土壤风蚀的连续变化过程。模型如下：

$$E_m = \frac{6.94 \times \sum_{t=1}^{T} \sum_{n=1}^{N} M_{t,n}}{\sum_{n}^{N} A_n}$$

式中：E_m 为区域（流域）侵蚀模数，$kg/(m^2 \cdot a)$；t 为时间，d；T 为一年中发生风蚀的总天数，d；n 为土壤风蚀单元；N 为研究区土壤风蚀单元总数；$M_{t,n}$ 为土壤风蚀单元 n 的风蚀量，$g/(m^2 \cdot d)$；A_n 为 n 土壤风蚀单元的面积，hm^2。

四、基于风洞实验的风蚀模型

基于风洞实验的数据支撑，中国科学院寒区旱区环境与工程研究所提出了包括耕作土壤、草地、林地和沙地 4 个类型土壤的风蚀模型。该模型在京津风沙源治理项目中得到成功运用。其原始模型如下（高尚玉，2008）：

$$Q_{fa} = 10 \times C \times \sum_{j=1} \left(T_j \times exp \left\{ -9.208 + \frac{0.018}{Z_0} + 1.955 \times [(A \times u_j)^{0.5}] \right\} \right)$$

式中：Q_{fa} 为耕地土壤风蚀模数，$t/(hm^2 \cdot a)$；C 为尺度修订系数，约为 0.0018；T_j 为风蚀活动发生月份内风速为 u_j 的累计时间，min；A 为风速修订系数；Z_0 为地表粗糙度，m；u_j 为气象站整点风速统计中高于临界启动风速的第 j 级风速，$u_{j=1} = 5.5m/s$，$u_{j=2} = 6.5m/s$。

该模型已成功应用于京津风沙源治理工程，并通过实践检验。在 2010—2012年开展的第一次全国水利普查期间，该模型再次被认定为土壤风蚀普查模型，除了对模型进行了进一步的大范围精度检验之外，从侧面也印证了该模型的科学性和实用性。

根据研究区年均降水量不足，而年均蒸发量远远高于降水量，土壤含水量增加主要来源于灌溉的特点，张亦超等（2013）对模型进行了改进，在耕地模型中加入了土壤含水量因子。

通过将改进后的风蚀模数与地理信息系统软件相结合的方法，可以实现对大尺度范围土壤风蚀的快速计算和存储。改进后的耕地土壤风蚀模数如下公式所示：

$$Q_{fa} = 10 \times C \times (1 - S) \times (1 - W) \times (1 - P) \times$$

$$\sum_{j=1} \left(T_j \times exp\left\{ -9.208 + \frac{0.018}{Z_0} + 1.955 \times \left[(A \times u_j)^{0.5} \right] \right\} \right)$$

式中：Q_{fa} 为耕地土壤风蚀模数，$t/(hm^2 \cdot a)$；S 为粒径大于 0.84mm 的沙粒所占的比例，%；W 为土壤湿度，%；P 为耕作措施因子。

五、基于冻融作用的土壤风蚀统计模型

在大量土壤冻融与风力侵蚀野外试验的基础上，武欣慧等（2016）采用室内冻融模拟和风洞试验，建立了东北黑土旱作耕地土壤风蚀模型，该模型充分考虑了冻融过程对土壤风蚀的影响，该模型也为冻融频发区土壤风蚀量的估算、风蚀防治措施的实施提供了基础理论依据（表 10.2）。

表 10.2　冻融作用下风蚀过程涉及的变量

风蚀变量				冻融作用变量			
序号	名称	符号	单位	序号	名称	符号	单位
1	风速	V	$m \cdot s$	1	土体温度	T	℃
2	空气相对湿度	H	%	2	表层土水分	θ	%
3	可蚀性颗粒含量	d	%	3	土体干容重	γ	g/cm^3
4	土体坚实度	F	N/cm^2	4	冻融循环次数	n	
5	植被盖度	V_{CR}	%	5	冻融速率	d	$mm \cdot h^{-1}$
6	地表破损率	S_{DR}	%	6	垂向冻胀量	h	mm
7	地表坡度	β	°	7	日均气温	t	℃

风蚀模型如下：

$$Q = \int_T \int_A (14.44\{ -85.4 \times \ln(\theta) + 126.8) \times 4.63 \times V^{1.76} \times 84.3 \times$$

$$EXP(0.01 \times n) \times ((1E - 5) \times t^3 - (5E - 4) \times t^2 + (5.1E - 3) \times$$

$$t + (9.7E - 2))S_{DR}^2/(H^8 d) \}) dA \times dt$$

式中：Q 为土壤风蚀流失量，t；θ 为 0~1cm 表层土壤重量含水率，%；V 为风速，m/s；n 为冻融循环次数（取值 3~9，>9 时默认为 9）；t 为日平均气温，℃；SD 为地表破损率，%；H 为空气相对湿度，%；d 为可蚀性颗粒含量，%；A 为面积，km^2；t 为时间，d。

参考文献：

陈莉，韩婷婷，李涛，等，2012. 基于 WEPS 模型的天津郊区土壤风蚀起尘及对中心城区迁移

量估算[J]. 环境科学, 33(07): 2197-2203.

董治宝, 高尚玉, 董光荣, 1999. 土壤风蚀预报研究述评[J]. 中国沙漠, 19(04): 16-21.

杜鹤强, 薛娴, 王涛, 邓晓红, 2015. 1986—2013 年黄河宁蒙河段风蚀模数与风沙入河量估算[J]. 农业工程学报, 31(10): 142-151.

高尚玉, 张春来, 邹学勇, 2008. 京津风沙源治理工程效益[M]. 北京: 科学出版社.

巩国丽, 刘纪远, 邵全琴, 2014. 基于 RWEQ 的 20 世纪 90 年代以来内蒙古锡林郭勒盟土壤风蚀研究[J]. 地理科学进展, 33(06): 825-834.

姬亚芹, 单春艳, 王宝庆, 2015. 土壤风蚀原理和研究方法及控制技术[M]. 北京: 科学出版社.

李磊, 张鑫, 刘利军, 等, 2018. Pasak 模型在开发建设项目土壤风蚀量预测中的应用[C]// 《环境工程》编委会. 《环境工程》2018 年全国学术年会论文集(上册). 北京: 环境工程, 36: 265-269.

廖超英, 郑粉莉, 刘国彬, 等, 2004. 风蚀预报系统(WEPS)介绍[J]. 水土保持研究, 11 (04): 77-79.

刘珺, 郭中领, 常春平, 等, 2021. 基于 RWEQ 和 WEPS 模型的中国北方农牧交错带潜在风蚀模拟[J]. 中国沙漠, 41(02): 27-37.

王燕, 王萍, 2013. 风蚀预报系统(WEPS)在民勤荒漠地区的应用分析研究[J]. 干旱区地理, 36(01): 109-117.

吴芳芳, 2017. 基于模型的准东地区土壤风蚀研究[D]. 乌鲁木齐: 新疆大学.

吴晓光, 姚云峰, 迟文峰, 等, 2020. 1990-2015 年内蒙古高原土壤风蚀时空差异特征[J]. 中国农业大学学报, 25(03): 117-127.

武欣慧, 刘铁军, 孙贺阳, 2016. 考虑冻融作用的东北黑土地耕作土壤风蚀统计模型研究[J]. 干旱区资源与环境, 30(06): 147-152.

邢春燕, 郭中领, 常春平, 等, 2018. RWEQ 模型在河北坝上地区的适用性[J]. 中国沙漠, 38 (06): 1180-1192.

臧英, 高焕文, 2006. 旱地保护性耕作土壤风蚀模型研究[J]. 干旱地区农业研究, 24(02): 1-7.

张亦超, 史明昌, 岳德鹏, 等, 2013. 基于 GIS 的土壤风蚀模型软件构建[J]. 中国水土保持科学, 11(01): 69-74.

赵勇, 裴源生, 翟志杰, 2011. 分布式土壤风蚀模拟与应用[J]. 水利学报, 42(05): 554-562.

郑东旭, 2004. 农田保护措施防治沙尘暴效果及土壤风蚀模型的研究[D]. 石家庄: 河北农业大学.

朱好, 张宏升, 2011. 沙尘天气过程临界起沙因子的研究进展[J]. 地球科学进展, 26(01): 30-38.

BOCHAROV A P, 1984. A Description of Devices Used in the Study of Wind Erosion of Soils[M]. New Delhi: Oxonian Press.

FRYREAR D W, SALEH A, BILBRO J D, et al., 1994. Field tested wind erosion medel[A]. In: Buerkert B, Allision B E and Oppen M. Proc. of international symposium 'wind erosion in West Africa: The problem and its control'[C]. Weikersheim, Germany: Margraft Verlag: 343-355.

GREGORY J M, BORRELLI J, FEDLER C B, 1988. TEAM: Taxas erosion analysis model[C]// Procedings of 1988 Wind Erosion Conference. Texas: 88-103.

GUO Z, ZOBECK T, ZHANG K, et al. , 2013. Estimating potential wind erosion of agricultural lands in northern China using the Revised Wind Erosion Equation and geographic information systems[J]. Journal of Soil and Water Conservation: 68(01): 13-21.

HAGEN L J, 1991. A wind erosion prediction system to meet theusers need [J]. Journal of Soil and Water Conservation, 46(02): 107-111.

SHAO Y, RAUPACHM R, LEYS J F, 1996. A model for predicting aeolian sand drift and dust entrainment on scales from paddock to region [J]. Australian Journal of Soil Research, 34: 309-342.

SKIDMORE E L, 1986. Wind erosion climatic erosivity [J]. Climate Change, 9(1-2): 195-208.

WOODRUFF N P: SIDDOWAY F H, 1965. A wind erosion equation[J]. Soil Science Society of America Proceedings, 29: 602-608+182.

第十一章　土壤风蚀研究方法

第一节　土壤类型区分

一、土壤质地区分

土壤质地可以通过土壤粒度分布来区分。依照美国农业部使用的土壤质地分类图(图 11.1)，可以根据土壤中包含的沙粒、黏粒和粉粒的百分比将土壤划分为 12 类。这种分类方法现在已广泛用于土壤风蚀研究。根据 Gillette(1982)，Gomes 等(1990)和 Leys and McTainsh(1996)的研究报告显示，目前已经在世界范围内收集了大量的土壤粒度分布数据。

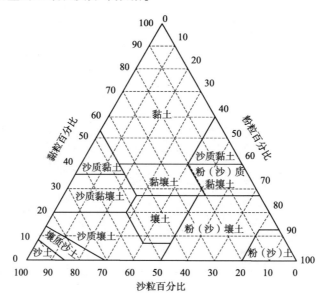

图 11.1　美国土壤质地分类三角图

二、土壤粒径区分

土壤颗粒的起动、输移和沉积过程涉及一系列的颗粒与流场、颗粒与界面以及颗粒间相互作用。单个粒子的物理属性（例如形状，大小和密度）在这些相互作用中起着非常重要作用。这些属性变化很大，在实践中很难精确测量，但是必须在风蚀模型中充分描述它们。由于土壤颗粒的形状是高度不规则的，通常通过直接测量其粒径来确定颗粒的大小。其中，筛分是最广泛使用的直接测量方法。因此，在风蚀研究中必须首先了解土壤颗粒粒径的区分方法。

美国和国际土壤学会将土壤颗粒粗分为 4 类，分别为砾石（$d>2000\mu m$）、沙粒（$63\mu m<d\leqslant2000\mu m$）、粉粒（$4\mu m<d\leqslant63\mu m$）和黏粒（$d<4\mu m$）。黏粒和粉粒通常称为沙尘（图 11.2）。

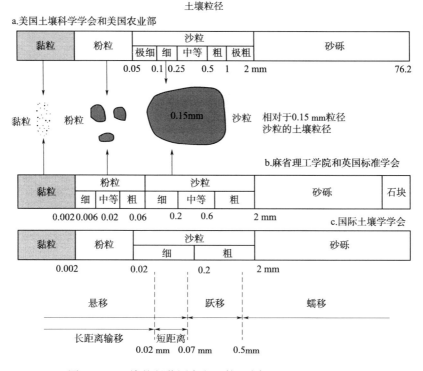

图 11.2　土壤粒径范围定义比较［引自：Shao Y（2008）］

从图 11.2 可以看出，至少有 3 个相似但略有不同的粒度分类标准。沉积学中使用更详细的 Udden-Wentworth 分类标准（Udden，1914；Wentworth，1922），或经过修改的版本（Friedman and Sanders，1978）。在此分类中，土壤粒径被划分为 20 个连续的不同级别（介于 $2\mu m$ 和 2048mm 之间），等级之间的增加系数为 2（表 11.1）。

为方便制图和统计分析，分级边界通常采用对数转化为 φ，其表达式为：

$$\varphi = - log_2(\frac{d}{d_0})$$

式中：d_0 是标准化参数，通常设置为 1mm。随着粒度分析技术的最新进展，分辨率更高的粒径可以获得。例如，Coulter Multi-Sizer 能够识别 256 个粒度等级。利用这些新技术，可以实现在较小的 φ 间隔内进行测量。

表 11.1 沉积学中常用的 Udden-Wentworth 粒度级别

粒级 （mm）	φ	Wentworth（1922） 提出的粒级术语	Friedman and Sanders（1978） 提出的粒级术语	常用名称
2048	−11		超大巨砾	
1024	−10		大巨砾	
512	−9	粗砾	中等巨砾	
256	−8		大粗砾	
128	−7		小粗砾	砾
64	−6		非常粗的中砾	
32	−5		粗中砾	
16	−4	中砾	中等中砾	
8	−3		细中砾	
4	−2		非常细中砾	
2	−1	非常粗沙粒	非常粗沙粒	
1	0	粗沙粒	粗沙粒	
0.5	1	中等沙粒	中等沙粒	沙粒
0.25	2	细沙粒	细沙粒	
0.125	3	非常细沙粒	非常细沙粒	
0.063	4		非常粗粉沙	
0.031	5		中等粉沙	粉沙
0.016	6	粉沙		
0.008	7		细粉沙	
0.004	8		非常细粉沙	
0.002	9	黏粒	黏粒	黏粒

引自：Pye(1994)并做适度修改。

第二节　风蚀量的监测

土壤风蚀会造成土地的沙化和贫瘠致使生产力下降，严重影响生态的平衡，因此预防土壤风蚀的研究工作就显得尤为重要。为了准确了解风蚀危害程度，研究人员会在易发生土壤风蚀的地区建立风蚀量监测体系，以定期获取土壤的风蚀量，进而有针对性地采取预防措施。风蚀量的监测通常采用的是插钎法、风蚀桥法、集沙盘法、降尘缸法、风蚀盘法、风蚀圈法、粒度对比分析法以及示踪法。计算风蚀量及风蚀模数可根据实验开始前和实验结束后物质质量的变化或者示踪剂的变化来直接获取。而间接得到风蚀量的方法则是通过测算风蚀区域面积并与监测内容结合的遥感监测法和风蚀深度监测法。

一、插钎法和风蚀桥法

目前，插钎法、风蚀桥法等是测量土壤剥蚀土层厚度的常用方法，插钎法是将若干根测量钎垂直插入需要监测的地面中，依据受吹蚀或持续累积的风蚀物的高度，估算出能反映影响的侵蚀速率或堆积速率。这种方式的缺点是每根测量钎只能测量其一点位置的侵蚀量，同时由于插钎本身的阻挡作用会对测量点的风蚀产生影响从而导致测量误差。再者，插钎容易出现自身的沉降和外力扰动，导致其与实际的测量存在着一定的误差；正是这些因素，该方法较适用于风蚀强烈的地区。风蚀桥法是在风蚀区域搭建不易变形的金属制成的桥型框架，通过观测不同时期桥面和地面的垂直距离变化，来测算风蚀量。该方法能够同时对风蚀桥下方进行多点位监测，避免了测量工具本身阻挡作用对土壤风蚀的影响，但是风蚀桥法存在测量装置移动繁琐、基准底板点可能每次不固定引起测量误差、不易安装等缺点。

二、调查法

调查法，即通过考察了解客观情况的方法直接获取有关材料，并对这些材料进行相关的分析研究。因不受时间和空间的限制，调查研究是科学研究中一个较常用的方法，可以普遍运用到描述性、解释性和探索性的研究中。通过对野外的相关地形地貌和风蚀景观开展实地调查后，以此来客观估算出土壤风蚀率。因较为粗略的研究方法，很难对短时间内的中轻度风蚀进行合理估算，但对于较为剧烈的单次风蚀事件或中长时间尺度的强风蚀却是比较适用的。

三、扫描法

依赖高速摄像技术，使用高科技的三维激光扫描仪以及各类地形测量仪器对地表高程进行扫描监测，依此来估算土壤风蚀量。该方法的优点是在数据的采集和处理方面实现自动化，可以实现大范围内的风蚀测量，也可以用来研究风蚀地貌的演化特征以及在风蚀过程中风沙流的变化规律。缺点是仪器要求比较高，既能在恶劣的风沙环境中工作，又能具有较高的稳定性和清晰的分辨率，而且对操作人员的技术要求高，该方法一般适用于大范围内的风蚀测量，对局部地区中轻度的土壤风蚀速率计算误差较大。目前，国内外市场三维激光扫描仪型号和相关参数见表 11.2 和表 11.3。

表 11.2　目前国外市场三维激光扫描仪型号和相关参数汇总表

	Leica	Riegl	Optech	Trimble	Fareo	Surphaser	Z+F	Topcon
产品型号	ILRIS-3D	VZ400	ILRIS-3D	Trimble GX	FOCUS 3D	Surphaser 25HSX	Imager 5010	GLS-1500
扫描类型	脉冲式	脉冲式	脉冲式	脉冲式	相位式	相位式	相位式	脉冲式
最大脉冲频率(pts/s)	5 万	30 万	3500	5 万	97.6 万	120 万	101.67 万	3 万
波长(nm)	532	1550	1535	690	905	685	1350	1535
激光等级	3 级	1 级	1 级	3R 级	3R 级	3R 级	1 级	1 级
射程(m)	0.1~300	1.5~600	3~1700	350	150	0.2~70	0.3~187	330
视觉范围(H×V)	360×270	360×100	360×110	360×270	360×305	360×270	360×320	360×70
测距精度	2mm@100m	2mm@100m	7mm@100m	7.2mm@100m	0.5mm@8m	0.5mm@8m	1mm@50m	4mm@150m
扫描控制及数据处理软件s	Cyclone& cloudworks	PiS can Pro	ILRIS-3D Polyworks	Rrimble FX Controller & 3Dipso RealWorks	SCENE& Pointtools EDIT& Geomagic& Rhinoceros	SurphE xpress	Laser Control& Light FormM odeller	ScanM aster
数码相机	内置	外置	内置	内置	内置	内置	外置	内置
工作温度(℃)	0~40	0~40	0~40	5~45	5~40	5~45	10~45	0~40
应用领域	测绘工程；地形、滑坡监测；隧道桥梁等变形监测；文物古迹数字化与保护修复；三维数据重建等							
兼容第三方软件	Pointcloud Kubit；RapidF orm；Polyworks；（Raindrop）Geomagic；Realwoks 等							

资料来源：黄传朋（2019）。

表 11.3　目前国内市场三维激光扫描仪型号和相关参数汇总表

厂家			讯能光电	中科天维
型号			SC70	TW-Z100
测距方式			脉冲	脉冲式
最大测量距离(m)			380	300
视觉范围			360°×300°	360°×310°
精度	距离		±±8mm/ 50m	±±7mm/ 100m
	角度	H	±±5″	/
		V	±5″	/
最大获取速度(点/s)			2000	200000
扫描控制及数据处理软件			无	无
内置数码相机			有	无

资料来源：黄传朋(2019)。

四、集沙盘法和降尘缸法

早在 1954 年，Bagnold 就利用埋设于地表的集沙盘来对土壤风蚀蠕移物进行收集。1977 年，De Ploey 使用一系列自制圆盘来对风蚀过程中的风蚀沉积物进行收集。直到最近几年，Gupta 等(1981 年)和 Young 等(1986 年)使用金属盒来收集风蚀过程中随风输移的细颗粒物质。单位面积的土壤沉积量是通过在风蚀区设置的集沙器收集测量的。土壤风蚀期间的蠕移量和沉降量通过铺设在地表以下的集沙仪通过"诱捕"方式获取，若把集沙仪布设于地表以上时，收集的就是大气输移过程中的浮尘沉降量。该方法的主要优点是成本低，操作相对比较简单，因此，可在范围比较大、地形较复杂的地区应用，从而实现对土壤风蚀过程的动态监测。该方法的最大缺点是在放置和取出集沙盘时，不可避免地会对地表造成一定的扰动，而且集沙盘中的风蚀物来源比较复杂，因此不能用该方法来定量研究单位面积上的土壤风蚀量，也不能确定具体的风蚀源。目前，国内已有学者通过该方法收集了土壤风蚀物(张华等，2002)，研究结果显示，通过特别定制的风蚀盘可以收集样地的风蚀物，但由于地表的扰动以及紊流作用可能使得所收集到的风蚀物少于实际值。

五、风蚀盘法

风蚀盘由铺设在一起的中盘、内圈、外圈，以及一块处在中盘盘底的布料组成，是一种用于测定野外土壤风蚀能力强弱的设备(图 11.3)。所述内圈和外圈均为弹性不封闭圈，在内圈和外圈上分别开设有缺口，以便于内圈与外圈可以灵

（a）土规　　　　　　　　（b）风蚀盘

图11.3　土规和风蚀盘［引自：赵彦军（2009）］

活分开，更方便更换盘底的尼龙布，内外圈高为15mm，内圈直径为24cm，所述中盘为圆筒状盘，在中盘底部钻设有分布均匀的透水孔，为了使得盘内土壤的水分含量与测试区原状土水分含量的一致，底盘使用尼龙布材料垫底，将尼龙布挤压嵌在内圈与中盘之间，与盘底紧贴，用以提高风蚀盘法的准确度。采用风蚀盘法测定土壤风蚀过程中，采用土规将测试区挖出一个大小刚好可以放置风蚀盘的圆坑，在使用过程中尽量保持垂直上下，尽可能减少对周围土壤结构的破坏，所挖出的坑的深度与风蚀盘的高度相等，以确保风蚀盘内土壤表面与地表持平。

　　使用土壤风蚀盘进行野外土壤风蚀量测定的方法为：①选定周围较为平整的测定样地；②对待测地的土壤含水量和机械组成进行测定，同时测定风蚀盘内不同监测阶段的土壤水分含量和机械组成。该方法的主要优点是，成本较低，操作相对简单，而且相关的参数已知(已知质量的土样变化测定土壤风蚀量以及已知的土壤风蚀面积和风速)，所以容易得出侵蚀量和侵蚀速率的关系。该方法的缺点有以下几点：①在防止风蚀盘的过程中，不可避免地对土壤结构造成破坏，导致所测定结果和实际风蚀量有点误差，但是该设备可以应用于土壤结构比较单一的样地，比如沙化土壤。②因容器本身的材质，盘中土壤与测定样地的土壤会被隔离，很难形成纯自然的土壤环境；而且由于对土壤自身结构的破坏，致使盘中土样的水分较快蒸发，使土壤风蚀产生变化，最终风蚀测定量比实际侵蚀量偏大，因此它更适合于监测单个风蚀事件中的土壤风蚀量变化。

六、"陷阱诱捕"法

　　"陷阱诱捕"法和风蚀盘法思路完全相反，"陷阱诱捕"法通过对风蚀过程中地表蠕移量进行收集和测定来明确试验区风蚀程度(图11.4)。该方法的应用步骤如下，首先将直径16cm的沉降桶提前一个月埋入土壤的表层，埋设的过程中要保证沉降桶上口沿的边缘与地表持平对齐，无缝相连，而且埋设地地表平整，迎风向没有遮拦物和斜坡。风蚀结束后，在不移动沉降桶的前提下，采用软毛刷将沉积在沉降桶内的土壤风蚀物进行收集，沉积物带回实验室烘干测重，计算单位时间或者单次风蚀事件后的蠕移量。

图 11.4　"陷阱诱捕"测定农田土壤风蚀过程中的蠕移量

七、粒度对比分析法

颗粒的大小叫粒度，一般颗粒的大小也用直径来表示，因此其也称为粒径。粒度对比法是通过测定风蚀层厚度、土壤容重以及风蚀前后粗层和粗层下部未侵蚀颗粒的百分比来估算土壤侵蚀量。该方法的使用是基于三个假设条件而进行的（董治宝等，1997）：第一，地表物质的粒配组成是由可蚀性颗粒和不可蚀性颗粒混合而成；第二，如果没有风蚀事件发生，垂直层面物质的粒配组成是稳定的，计算过程中可忽略不计；第三，与风蚀过程相比，其他能引起地表粒配变化的因子（耕作、冻融、水蚀等）更是可以忽略不计的。由于该方法在使用过程中主要关注在土壤风力侵蚀这一关键影响因子上，没有考虑其他的侵蚀因子（比如流水侵蚀或冻融侵蚀），致使该方法并不能运用在复合侵蚀比较严重的地区（例如青藏高原区、黄土高原区），另外一个方面，关于粗化层深度、粗化层划分以及可蚀和不可蚀颗粒的界定目前学术界还存在一定的争议，没有一个统一的标准，也在一定程度上限制了该方法的推广应用。

八、示踪法

放射性示踪法是指利用放射性核素不断发出的辐射，通过无损探测和识别技术对其进行甄别，来辨别其他物质的运动情况和变化规律。目前该技术（^{137}Cs 技术为代表）已在土壤侵蚀、沉积物计年、环境污染以及环境演变等方面得以广泛应用。

据 Jerry C. Ritchie（http：//hydrolab. arsusda. gov/cesium）的统计结果，截至

2003 年 7 月，在过去的 50 年，全球共有 3010 篇有关 ^{137}Cs 示踪的研究论文发表，主要研究方向为土壤水力侵蚀或湖泊泥沙沉积。而与风蚀直接相关的论文很少，只有不足 20 篇，研究主要集中在有关 ^{137}Cs 面积活度的流失与土壤风蚀量的关系方面（张加琼等，2010）。到了 20 世纪 80 年代，研究人员开始大量应用 ^{137}Cs 技术研究对土壤侵蚀等环境问题进行研究，比如国际原子能机构（IAEA），已经开始逐步加强对环境核素示踪技术的研究、应用与开发，其中，最主要的一项技术就是利用 ^{137}Cs 来评价土壤流失和土壤保育措施。截至目前，环境核素示踪技术被评为土壤环境领域，特别是土壤侵蚀研究领域，高效独特的研究手段和方法。

在环境放射性技术应用过程中，除了大家熟悉的人工放射性核素 ^{137}Cs，目前还采用大量天然放射性核素（例如 ^{210}Pb）和宇宙射线产生的 ^{7}Be 用来对土壤侵蚀速率和沉积规律以及风蚀过程中土壤输移和再分布进行定量评价（Ritchie and Mc Henry，1990；Walling et al.，1999a；万国江，2000；唐翔宇等，2002）。环境放射性核素 ^{137}Cs，^{210}Pb 和 ^{7}Be 的比较见表 11.4。

表 11.4 环境放射性核素 ^{137}Cs，^{210}Pb 和 ^{7}Be 的比较

核素	^{137}Cs	^{210}Pb	^{7}Be
来源	核试验	自然地化过程	天然宇宙射线产生
半衰期	30.2a	22.3a	53.3d
沉降时间	1954 年开始	> 100a	d·m
沉降模式	主要在 1954 年和 1963 年沉降，在 20 世纪 80 年代停止[①]	连续沉降，年季间的差异较小	每天连续沉降
全球分布	北半球高，南半球低	不清楚(?)	不清楚(?)
耕地/草地侵蚀地点的剖面分布	均匀分布/指数递减	均匀分布/指数递减	指数递减
耕作的影响	是	是	否
估算侵蚀速率的时间	年平均	年平均	次降雨

资料来源：李俊杰（2008）。

注：①1986 切尔诺贝利核事故造成了额外的沉降，但只限制在局部地区，对北半球影响不大。

九、遥感和 GIS 技术

根据电磁波的理论，从各种传感仪器（人造卫星、飞机或其他飞行器）上收集远距离目标所辐射、反射的电磁波信息，进行处理及最后的成像，从而对目标进行探测、识别的一种综合技术，即遥感技术。GIS 技术（geographic information systems，地理信息系统）是新兴的交叉学科，以地理空间为基础，地理模型做分析方法，实时提供包含多种空间和动态的地理信息，为地理研究及地理决策服务的技术系统。遥感和GIS技术既大量应用在资源的浏览查询、制图以及决策方面，还开始大量应用于土壤的侵蚀评估和预测上面，依赖于大尺度区域风蚀速率的快速估算，实现了风蚀研究在空间（从微观到宏观）尺度上的扩展和延伸。

　　该技术的主要优点为其在获取信息的手段和速度上均有较大幅度的提升，3S（GPS、RS及GIS）技术的日趋成熟，高效地保障了风蚀模型运行里所需大量数据的快速获取、整理、分析和输出，因此，该技术和GIS为土壤风蚀的研究开辟了更广阔的空间，也为地球系统科学学科的发展带来了全新的机遇和挑战。因为对小尺度范围内坡度及植被覆盖等条件的差异而导致的风蚀变化无法做出观测，所以该方法只能假设土壤风蚀的研究区域为相同的土地利用类型和风蚀速率，故土壤风蚀速率的计算精度大打折扣。

　　1. GIS在土壤风蚀计算中的应用

　　地理信息系统（geo-information system 或 geographic information system，GIS）也称为"地学信息系统"，是一种特定的且重要的空间信息系统。它是基于计算机硬、软件系统的支持，对整个或者部分地球表层（包括大气层）空间中的相关地理数据进行采集、整理、储存、运算、分析及显示的技术系统。作为一门综合性的学科，GIS将地理学、地图学、遥感及计算机科学等技术有机结合起来，广泛应用于不同的领域里，包括土壤侵蚀研究方向。其在风蚀领域中主要用于基础数据管理、分析和空间分析计算以及模型结果表达（张伟，2012）。其在应用过程中则是通过对相关地球表层（包含大气层）空间中的地理分布数据进行处理（采集、管理、存储、运算、分析及显示），进而描述土壤风蚀的总体概况和趋势。

　　2. 遥感在土壤风蚀计算中的应用

　　目前关于土壤风蚀的研究多集中在小尺度的范围，对于大尺度风蚀的快速估算上的研究和应用还很匮乏；遥感技术在大面积探究、实时获取数据的能力上和对宏观信息更易获取方面具有的独特优势，因此，其在土壤风蚀的监测与应用领域上发挥着无可替代的作用。遥感技术的应用，能帮助土壤风蚀的快速估算技术体系在全国大范围内推广，并为实际的应用提供借鉴。

　　（1）风蚀遥感监测的基本原理

　　遥感监测，利用遥感技术来监测的技术，具体是通过航空、卫星等收集电磁波信息对远方的目标进行监测、识别环境状况的技术。土壤风蚀量大或小的关键影响因素是风速，除了它之外，土壤、植被及土地的利用方式等因子都会影响土壤的风蚀量大小。风蚀研究的重点历来是对土壤风蚀的监测。在一定的程度上，土壤风蚀的监测可以间接转化为对土地利用、植被覆盖和土壤特性的调查；遥感可从宏观层面上收集和获取这些信息，也可以对该区域的风蚀类型、强度及风蚀的分布等进行宏观的准确认识，进而满足从小尺度区域至更大的空间尺度，年、月或天甚至更小的时间尺度方面的风蚀监测。

（2）遥感在风蚀中的应用

①风蚀的调查与监测

起初，航空照片主要用在风沙地貌的调查和制图，伴随卫星遥感的逐步发展，这两个部分的可研究空间尺度扩大了，其调查和被监测的范围也相应扩展了，由以前的田间尺度逐步过渡到了区域大尺度。

随着"环境一号"卫星（HJ-1A、HJ-1B 和 HJ-1C）的在轨运行，有了光学、红外和超光谱的多种探测手段，具备大范围、全天候和全天时、实时动态灾害的监测能力。因此，可以对易风蚀区的特征动态进行实时的监测。此外，还可通过人工交互遥感解译机或计算机来自动解译提取的沙地面积，再利用多时相遥感数据来分析沙地面积的相关变化，为风蚀监测提供方便的技术手段。

②风蚀影响因子

在深入研究风蚀相关理论和遥感技术的同时，利用遥感技术提取和分析土壤风蚀的影响因子，大量研究主要集中在土壤水分、植被覆盖度的反演及土地覆被获取方面。伴随着后续研究者对土壤结构、分布规律等方面的持续关注以及高光谱遥感技术的发展及应用，越来越多的学者就直接或间接地开始利用遥感处理技术，对土壤风蚀过程中的光谱特征改变进行微观尺度上的分析。

③风力侵蚀制图

土壤风力侵蚀制图，是根据一定地理区域内风力侵蚀类型、强度等异同编制不同比例尺的图件的过程。遥感技术的应用和不断创新，可以通过对土壤风力侵蚀进行分级并建立相关规则，从而在宏观层面了解侵蚀程度的差异并建立相应的空间格局。已有大量的科研人员开展了相关研究，例如，有研究者利用边界下垫面类型的遥感测量和解译，对土壤风蚀强度图进行了绘制（刘连友，1999），

2000 年，水利部水土保持监测中心和中国科学院遥感技术应用研究所完成了一幅新的 1∶40 万全国土壤风蚀强度图，其中，TM 数据由地面调查予以补充。

第三节　风蚀强度确定

土壤风蚀研究的过程中，最基本的一个问题就是准确地确定地表风蚀强度。关于风蚀强度确定方法很多，总体可概况为野外实测和室内风洞模拟两种方法，通过集沙仪进行野外实测是当前广泛使用的一种手段（Wang G X et al.，2004），因此，国内外学者开发出多种类型的集沙仪。由于野外观测条件的限制和测量的

不确定性等因素，风洞模拟实验因具有条件可控和便于操作等优点，从而成为土壤风蚀影响因子作用机制、风蚀因子与风蚀速率之间定量关系研究最重要的手段。几乎所有的土壤风蚀经验模型所需要的数据，都要依靠在不同条件下风洞实验来获取。

一、野外实测常用的集沙仪

目前，在国际上得到实际应用的集沙仪较多，最为广泛应用的有美国的 BSNE（Big Spring Number Eight）集沙仪（Fryrear D W，1986）和欧洲的 MWAC（Modified Wilson and Cook）集沙仪（Wilson S J et al.，1980）。这两种集沙器具有集沙量大、操作方便的优点。同时，进沙口在风蚀过程中始终指向侵蚀风向，故导向装置作用下，集沙率较高（王金莲等，2008）。相关的研究表明，BSNE 的集沙效率为 70% ~ 130%，MWAC 的集沙效率能达到 90% ~ 120%（Goossens et al.，2000）。

苏联学者兹纳缅斯基（Znamenski）设计的集沙器早期在中国使用，后来使用了国产阶梯式集沙器和刘氏集沙器（李振山等，2003）。随着科学技术的不断发展，国内也研发了许多新型集沙仪（赵满全等，2009）。若按照进沙口的排列方向划分，可分为两类：水平方向排列和垂直方向排列。其中，垂直方向排列的集沙仪具有代表性的为刘氏和平口式集沙仪（李长治等，1987）、WITSEG 集沙仪（董治宝等，2003）及新型平口式集沙仪（北京师范大学研制）等（王仁德等，2011）。虽然它们集沙高度不同，集沙梯度也各不同，但原理是一致的，都具有进沙口垂直和齐平的显著的特点。

1. BSNE 集沙仪

BSNE 集沙仪是一种通过风能吸气来收集风蚀过程中空气中沙尘的设备。BSNE 集沙仪主要包含集沙盒、尾翼导风板、支撑杆、支撑架和固定栓 5 部分（图 11.5）。其中，集沙盒是主要的沙尘收集装置，也是该设备的主要部件，集沙盒留有面积为 20mm×50mm 的进沙口。集沙盒上方装有一套 60 目的网筛，当挟裹着沙尘的空气流过时，在风力作用下风沙流从集沙仪集沙口处进入，受到阻力作用后，风沙流速度下降，沙尘也因重力作用经阻风挡板进入采集盒内，卸沙后的空气则通过集沙盒的后出风口流出。该设备中的尾翼导风板主要用于风向发生变化之时，集沙盒的进沙口能随风自由转动，从而使得进沙口能时刻正对侵蚀风向，从而能够确保风蚀过程中所有侵蚀风方向的风蚀物体都能够被及时收集。当需要采集不同高度的风蚀物时，需要通过支撑架和固定栓两部件将集沙盒固定到距地面不同的高度，这样就可以长时间收集和测定于土壤风蚀过程中所产生的相关风蚀物。

　　已有研究表明，BSNE 集沙仪可以收集空气中运动的 90%的沙子，而且采样效率不受风速的影响。为了进一步检验该设备，来自澳大利亚和比利时的工程师又开展了一系列风蚀效率测试，测试结果表明，BSNE 集沙仪是最有效和最可靠的风蚀物采集设备，能够收集大多数风蚀物体，但是对于小于 0.02mm 的物质，采样效率大幅度下降，只有 40%左右，主要原因是细微颗粒重力较低，在阻力作用下不容易沉积。BSNE 集沙仪已经在全球多个国家投入使用，其中应用最多的国家有中国、埃及、法国、德国、尼日尔、摩洛哥、俄罗斯、西班牙和突尼斯等，仅仅在美国，就有超过 20 多个州采样 BSNE 进行风蚀过程监测。

图 11.5　BSNE 风沙收集器

图 11.6　MWAC 集沙仪

2. MWAC 集沙仪

　　Wilson 和 Cooke 于 1980 年研制了 MWAC 沙尘采集器，该采集器的主体构件为旋转翼板、进沙管、集沙瓶、排气管、进风管 4 部分（图 11.6）。该设备的优点是能够保证进风管时刻正对侵蚀风方向，也能对不同高度的沙样进行单点采集，而且制作简单、成本较低、受天气因素限制较小、能适宜长时间精确测量。但是该设备也具有一些不足，主要体现在进沙口面积较小，不适用于强沙尘天气采样，而且只能采集少量的沙样，不能满足风蚀研究的需要。

3. "中农"沙尘采集仪

中国农业大学研制的"中农"沙尘采集仪主要由以下几个构件组成，它们分别是沙尘采集器、采集仪支撑架、尾翼、采集仪支撑杆和固定栓，具体结构如图11.7所示。

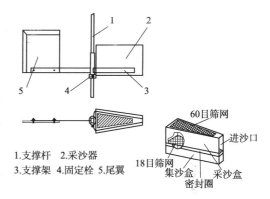

1.支撑杆 2.采沙器
3.支撑架 4.固定栓 5.尾翼

图 11.7 "中农"沙尘采集仪

采集器是沙尘采集仪的主要部件，采集器主要由密封圈、集沙盒和采沙盒三部分构成，采沙盒主要主要用于对风沙流中的沙尘进行收集，采沙盒的进沙口规格为：高5cm，宽2cm，通道壁长285mm。为了减慢空气进入采沙盒的速度，从而使沙尘在初始段和末端扩散过程中依靠重力作用沉积到积沙盒内，采沙盒设计成一个以 11° 的角度逐渐向外扩展的扩散状。采沙盒的上部是一个面积为7015mm^{2}的60目筛网构成的通风屏。这部分是内部和外部气流的重要通道。当快速移动的外部风沙流进入采集箱时，将产生压力作用于通风滤网，从而将空气推出集沙盒，风蚀物留在盒内。还有一种特殊情况值得注意，土壤颗粒的不断移动将导致收集的土壤颗粒进一步破碎化，细粒土壤颗粒有可能通过60目筛网流失，为了防止该现象发生，特在沙盒内部与进沙口下部齐平的部位安装了一套18目筛网，该网筛不但能够沉降沉积运动中的颗粒，而且能够减少风蚀过程中风沙流中裹挟的杂质(如秸秆、草叶等)进入集沙盒内(臧英，2003)。尾翼(导向板)的主要作用是把进沙口的方向始终调整到侵蚀风的方向，尾翼的面积为210mm×190mm。已有的田间实测数据表明，当2m高度的风速达到3m/s以上时，尾部可以调整进沙口的方向正对侵蚀风，支撑架和固定栓的作用主要使收集器固定在不同高度用以采集风沙(杨润城，2018)。

该仪器具有结构简单、操作方便、价格低廉的特点。进沙口可以始终指向侵蚀风向，可以在同一位置采集不同高度的沙样，无须工作人员照管和频繁维护，因此可以在田间进行长期的观测。

4. 布袋式集沙仪

布袋式集沙仪是采用布袋收集风蚀物的设备，该集沙仪主要由布袋、支架、集沙筒、导向器等构成，如图 11.8 所示（王金莲，2008）。布袋为流线形构造，使风沙流在较小的干扰情况下进入集沙仪中，布袋上方具有通气良好的网纱结构，可以依靠内外的压强差通过布袋上方的纱网和布袋细孔所形成的通风屏把空气排出，而进入布袋内的沙尘在阻力和重力共同作用下在布袋内聚积。集沙仪下面安装有轴承结构，布袋一端安装有导向板，可以通过导向板灵活调整布袋的进沙口方向，使其能够时时正对侵蚀方向。

布袋式集沙仪的主要优点有以下几点：一是使用方便、价格便宜、构造简单；二是通过导向板，能够使进沙口始终对准侵蚀风方向，因此，可以收集不同侵蚀风方向的沙尘；三是可以通过固定装置把集沙袋固定在不同位置，从而可以采集不同高度的沙样；四是该设备结构简单，运行过程中不需要工作人员时刻看管和维修，也能够在田间进行长时间的观察和测量。

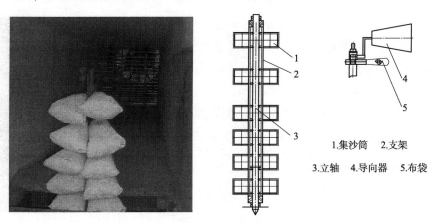

1.集沙筒　2.支架

3.立轴　4.导向器　5.布袋

图 11.8　布袋式集沙仪风洞布置图及机构示意图

5. 新型平口式集沙仪

由北京师范大学研制的新型平口式集沙仪（专利号：CN200720149049.9），总高 85cm，宽 17cm，厚 2.3cm。整个集沙仪由底部的固定座、带有前后盖的盒体和集沙盒 3 部分组成。集沙盒总体高度 60cm（图 11.10），在盒体的前面，有30 个 2cm×2cm 的进沙口垂直均匀分布（图 11.10A），盒体内对应于每个进沙口位置采样一个过渡管把进沙口和集沙盒连接起来（图 11.10C）。过渡管与水平面呈54°的夹角。集沙盒的规格为 15cm×1.6cm×1.1cm（长×宽×厚），上方设有 3.5cm×1.5cm 的滤网，滤网孔径为 40μm（图 11.10D）。为了方便收集集沙盒内的沙尘，特在相邻两个集沙盒之间用隔块分隔开来（图 11.10E）。为了保证通风顺畅，特在后盖和顶盖上密集布设一些直径为0.5cm的出风口（图11.9B）。

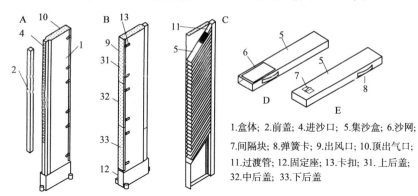

1.盒体；2.前盖；4.进沙口；5.集沙盒；6.沙网；
7.间隔块；8.弹簧卡；9.出风口；10.顶出气口；
11.过渡管；12.固定座；13.卡扣；31.上后盖；
32.中后盖；33.下后盖

图11.9 新型平口式集沙仪结构示意图（王仁德，等，2018）

本集沙仪具有构思新颖，结构简单，体积小，携带方便等优点。它通过收集地表以上60cm高度范围内的所有风蚀物质，从而获得沙尘输移速率及其垂直分布规律的基础数据，为风沙物理学研究提供理论支撑，也可以为风沙工程措施的制定提供参考依据。目前，该集沙仪已在全国多个风蚀区应用，包括塔克拉玛干沙漠、沙坡头、毛乌素沙地、坝上地区、北京等地，而且不仅仅用在野外风蚀研究区域，还在风洞试验中得到广泛应用，取得了良好的应用效果。

王仁德等在此基础上，研制了一款新型随风式平口集沙仪（专利号：CN 201320398907）（图11.10）。该集沙仪的特殊之处在于在集沙盒的下端插接在一个可转动的基座上，在所述集沙盒的上端设置有可带动所述集沙盒上的集沙孔朝向迎风面的风向标。该集沙仪使用方便快捷，操作简单，将基座埋入地下，集沙盒插接在基座的内筒中，不仅可以方便及时地更换集沙盒，实现对同一地点不间断的连续观测，也避免了集沙盒与地表直接接触，从而消除了吹蚀现象的发生，降低了风沙收集的误差；更重要的是，集沙盒可根据风向的变化而转动，始终保持集沙孔正对风的来向，由此显著提高了输移沙粒检测统计的准确率。

6. 旋风分离式集沙仪

旋风分离式的集沙仪总体高度是840mm，沿

图11.10 新型随风式平口集沙仪

高度方向上分布有 10 个气流管，分别为 20mm 处、60mm 处、120mm 处、180mm 处、240mm 处、300mm 处、400mm 处、500mm 处、600mm 处和 700mm 处的高度，通过气流管可收集到垂直方向上 10 个高度的风蚀量，气流管宽为 10mm，高为 30mm。该集沙仪的主要组成部件有防护罩、支撑座、气管流、集沙盒和旋风分离器 5 部分构成（图 11.11）。在所有的构件中，旋风分离器是核心和关键部件，起到风蚀物收集的作用。防护罩与迎风面成 45°夹角设计，主要起到气流导向的作用，从而减少集沙仪本身对风蚀区气流流场的影响。集沙盒是可以活动的，在收集完沙尘后可以取下来，定量研究由旋风分离器所收集的风蚀物，单个集沙盒的最大集沙量为 40g。支撑座的主要作用为固定气流管及与其连接的旋风分离器和集沙盒，进而确保在风蚀物收集的过程中集沙仪完全地立在原地。

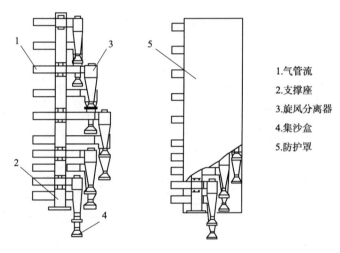

图 11.11　旋风分离式集沙仪示意图

　1.气管流

　2.支撑座

　3.旋风分离器

　4.集沙盒

　5.防护罩

7. 自动称重集沙仪

自动集沙仪由风向标，沙尘沉积桶，滚动轴承，精密称重系统，数据采集模块及供电系统组成（图 11.12），实现了沙尘自动收集并记录沙尘移动的过程。系统可配置风速传感器、风向传感器、雨量传感器、土壤墒情监测传感器等。系统自带记录器，记录间隔可任意设定。可配置 GPRS 数据无线传输。

8. 全风向梯度集沙仪

针对兰新铁路沿线集沙器无排气孔、无旋转的缺点，李荧等人于 2011 年对沿线集沙装置进行了改进和完善，设计了全风向梯度集沙装置（图 11.13），作为国内最先进的集沙仪之一，其集沙箱随风向的变化而自动进行方位调整，并且集沙仪高度可以达到 10m，从而保证集沙口始终朝向迎风面，满足全风向观测要求。由于具有良好的气流流通性能，因此全风向梯度集沙仪非常适合野外恶劣的工作环境。

图 11.12 自动称重集沙仪   图 11.13 全风向梯度集沙仪

9. 全自动型高精度集沙仪

全自动型高精度集沙仪包含有两个部分(图 11.14),一部分是沙尘收集装置,另一部分是沙尘测量装置(康永德等,2020)。前部分的沙尘收集装置安装于外壳上方,其组成的构件主要包括来风时的旋转尾翼(图 11.14 中的 1)、通风通道(图 11.14 中的 2 和 3)、位于来风方向的进沙口(图 11.14 中的 4)、贯通的连接轴(图 11.14 中的 5)和轴承防尘装置(图 11.14 中的 6)。沙尘的测量装置安置在整体外壳的内部,包括高精度小量程和大容量称重系统 2 个部分。高精度的称重系统重在精度上,精度达 20mg,量程为 0~300g;大容量称重系统则是重在称重上,量程是较高的 0~10kg。当沙尘收集满时,装置可自动翻转排除。为准确地收集沙量,大容量集沙装置普遍采用的是束窄方口型的倒置结构,能保证所积沙量重心靠近传感器界面,进而称重系统接触其感应称量。本研究中,试验装置普遍采用的是分级称重测量,通过优化装置,实现精确和大量程地称量沙量,以

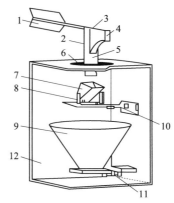

图 11.14 全自动高精度集沙仪结构示意图

期提升精度。将数据采集的频率设置成≥1Hz，容量为2GB的存储卡用来数据存储，由此便可全天候、全方位地采集风沙活动的动态变化。

10. 全方位沙粒蠕移集沙仪

全方位沙粒蠕移集沙仪主要用于收集地面以上随风一起移动的1~2mm沙粒的仪器。该仪器采样间隔根据监测需要而定，一般可以在1~30d的固定时间称重。采样范围为16方位；精度为0.1g；集沙量为0.1g~2000g；进沙面积：5mm×100mm×16mm，集沙口与地面平行监测Φ＝400mm，内部有16个集沙桶（图11.15）。

11. 全方位定点集沙仪

该集沙仪主要是由探头，挡沙板，引沙通道，集沙箱，排气管，保护箱，上，下盖板组成（赵爱国，1999）。探头为圆筒，其表面布有纵横交错的方格孔，孔内每个横向挡沙板开口朝下翘，形成纵向相隔贯通的沙道。并且与下端呈伞状的引沙通道相连通，排气管与探头为同一圆心，位于探头中。探头和保护箱在一条中心线上，探头穿过上下盖板，直竖于保护箱的上部，保护箱内绕圆周放有集沙箱，每个引沙通道与每个集沙箱相对应（图11.16）。本集沙仪结构简单，使用方便，在无人看管和沙风暴特殊的环境下，同样可以收集不同方位的流沙，测得的数据与风向，风速资料建立相互关系。

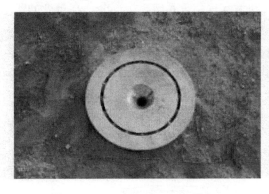

图11.15　全方位沙粒蠕移集沙仪　　　　图11.16　全方位定点集沙仪

12. 分流对冲与多级扩容式集沙仪

分流对冲与多级扩容式集沙仪的工作原理主要是，集沙仪安装到风蚀区域之后，当侵蚀风来临时，在风力作用下顶部的导向装置会发生旋转，致使集沙仪的进气口对准风沙方向，风沙流由集沙仪进入其内的风沙分离器，在其分流对冲降速和多级扩容下，大大降低风沙流的运动速度。当该气流速度低于沙尘的悬浮速度时，风与沙会发生分离，气流由排气口排出，沙尘则落入集沙盒，沙尘的重量则是由集沙盒下面的称重传感器感知，再由数据采集与传输系统把称量的重量信号传送到工作站的计算机上，通过计算机上记录的风速和风蚀量的关系完成风蚀定点监测。该集沙仪的主要组成包括导向装置、旋转装置、集沙盒、风沙分离器及数据采集与传输系统等（宋涛等，2019），装置具体如图 11.17 所示。

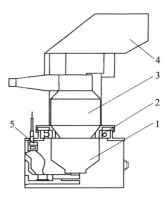

13. Sensit H14 沙尘暴监测系统

沙尘暴监测站主要是通过对风、沙、温度这几个形成沙尘暴的主要气象要素进行监测，从而实现对沙尘暴的控制。对沙的测量主要依靠风蚀传感器 H14-LIN，风蚀传感器的两个输出是撞击粒子数和动能，用来测量沙尘的动量通量。其原理为：电荷量与粒子动能成正比关系，电容中的电压波动类似日常不规则的阶梯，每层阶梯上粒子的动能均会对其上的电荷产生一定的影响。若施加到电容器上的电压超过了内部

图 11.17　分流对冲与多级
扩容式集沙仪结构简图
1、集沙盒　2、旋转装置
3、风沙分离器　4、导向装置
5、数据采集与传输系统

的参考电压，这个过程就将会出现反复。粒子的能量值表现为一个快速的放电脉冲，这个能量值是单个粒子能量的积累。在现场校准中，传感器的输出脉冲数是根据风蚀过程中收集到的沙石总量来测量的。由于质量、阻力系数和速度的差异，最小粒子的直径很难确定。在低速时，传感器可以测量直径 $50 \sim 70 \mu m$ 的粒子，但不能测量直径 $10 \sim 50 \mu m$ 的粒子(图 11.18)。

图 11.18　沙尘暴监测系统

14. 国内外集沙仪的主要特点

（1）国外集沙仪研究始于 20 世纪 40 年代，其设计者、特点和主要缺点见表 11.5。

表 11.5　国外集沙仪设计者及其特点

时间	名称	设计者	特点	缺点
20 世纪 40 年代	垂直长口形集沙仪	Bagnold	/	不能随风转向 没有排气孔 积沙仪效率低
20 世纪 50 年代	改进 Bagnold 的集沙仪为可旋转集沙仪	Chepil	可以随风转动 可以收集各个方向的沙尘	没有排气孔，不适合强沙尘天气
1976 年	旋转杆式集沙仪	May	可以随风转动	不同沙粒直径集沙仪效率不同
1980 年	MWAC 集沙仪	Wilson Cooke	进沙口正对风蚀方向，可获取不同高度的风沙	采集沙样量较少
1982 年	楔形被动集沙仪	Greeley	集成多个进沙口，具有不锈钢网，可不同高度收集	不能多方向收集
1983 年	可旋转式排风集沙仪	Merva Peterson	能够随风转动，具有排气孔	不适合复杂地形
1986 年	BSNE	Fryrear D W	可以收集在空气中运动的 90% 的沙子，采样效率与风速无关，可旋转，也可获取不同高度的风沙	小于 0.02mm 的物质，采样效率低下
20 世纪 90 年代	真空泵驱动垂直集成集沙仪	Shao 等人	真空泵引导气流通过积沙袋	没有导向板，不能随风转动
20 世纪 90 年代	SUSTRA 风蚀测系统	Kuntze. H Beinhauer. R. T	在集沙仪全自动数据采集系统	/
1990 年	高频沙粒撞击传感器	Stockton、Gillette	可以计算撞击沙粒的数量以及撞击传感器的能量	不能区分撞击能量来源于速度还是质量，不能计算沙尘量
1996 年	连续称重集沙仪	Jackson	可以长时间监测沙尘量	需要将设备埋入地面以下
2005 年	激光沙粒计数器集沙仪	Mikami	能够通过激光测量通过集沙仪的沙粒直径和数目	不适合强沙尘天气，不能够收集沙尘

（2）国内集沙仪研究较晚，20世纪初才开始着手研究，其设计者、特点见表11.6。

表11.6 国内集沙仪主要设计者和特点

时间	名称	主要设计者	特点
21世纪初	布袋式集沙仪	赵满全	进沙口正对着风蚀方向，可获得不同高度的风沙，造假低廉
2004年	WITSEG集沙仪	董治宝	可同时采集输出方向上的沙尘输出量
2005年	旋风分离式集沙仪	范贵生，赵满全	利用旋转离心力原理分离空气中的沙尘
2006年	竖直集沙仪	顾正萌	可以降低对空气流向的阻碍，收集沙尘效率高
2010年	便携式称重集沙仪	何清	可称重可记录、多级称重
2011年	全风向梯度集沙仪	李莹、史永革	可以采集较高（超2m）的沙尘样本
2013年	土壤风蚀沙化监测集沙仪	林剑辉	自动采集、自动倾倒沙尘样本
2014年	全自动高精度集沙仪	夏开伟、何清	沙尘动态收集系统、静态测量沙尘系统

二、风洞模拟技术

风洞是一种模拟气体流动的管状实验装置。它可以人工产生和控制空气的流动，是气动实验中最有效和常用的工具（图11.19）。风洞的应用领域不仅局限在航空航天工程和航空的研发中，而且在生态环境保护、风能开发利用、住房建设安全性测试和交通运输参数校正等方面得以广泛应用，也在其科研过程中发挥着重要作用。在试验过程中，首先将模型或实物固定在风洞中，通过控制风速和流动条件，可以反复获取试验数据，而且实验费用远远低于野外自然条件下获取。一般在研究过程中，为了使测试结果更加贴合实际，在测试过程中风洞测试段内的气流设置一般参照实际大气流动状态。但是由于风洞内空间有限，风力大小和风况也受限制，因此在风洞中很难同时模拟所有相似的参数，因此通常在课题研究过程中，选取影响最大的参数进行不同梯度的模拟实验。此外，由于风洞试验段内流场的质量差异，如温度分布的均匀性、气流速度分布的均匀性、沿风轴的压力梯度、平均气流方向与风洞轴的偏差、流动的湍流度和噪声水平等，在尽量满足实验要求的同时，还要对实验数据在野外进行验证。

1. 风洞的构成

风洞的结构很简单，易于组装，主要由洞体、驱动系统和测量控制系统等三个结构组成。

图 11.19　风洞外形图

（1）洞体

洞体包括一个收缩段，将气流加速到所需的流速；一个整流段（或稳定段），以减少湍流和提高气流的均匀性；以及一个测试段，用于对模型进行必要的测量和观察。对于环形风洞，测试段的下游为引导空气向风洞外流动的排出段、引导空气返回风洞入口的回流段和降低流量以减少能量损失的扩散段。

（2）驱动系统

驱动系统也多种多样，一是由可控电动机组带动风扇旋转维持管道内稳定的气流流动，改变风扇的转速以调节气流的速度。在低速风洞中，多使用直流电动机，它可由可控硅整流设备或交直流电机组供电，并且它具有运转费用低、运转时间长的优点。二是由电动机带动轴流式压缩机转子转动，使气流压力增高而保持洞体内的气流流动，改变叶片安装角或改变对气流的阻尼，可调节气流的速度。随着气流速度的增加，这类风洞所需的驱动功率将急剧增加。其产生的超声速气流为 16000～4000kW，产生的跨声速气流每平方米试验断面面积需要 4000kW 左右的功率。三是用真空泵与风洞出口管连接的真空罐抽真空，或用小型动力压缩机提前对储存在储罐内的空气进行加压，试验时迅速打开阀门，使高压空气直接或间接进入空气室，这样就有各种形式的喷射、吸入、吹和相互结合。这种驱动系统应用于瞬态风洞，具有施工周期短、投资少的优点。一般来说，其雷诺数较高，工作时间可从几秒到几十秒不等，多用于超声速和跨声速风洞。

此外，可以利用激波或电弧加热器在小于 1s 的测试时间内，提高脉冲风洞内测试气体的温度，从而降低能耗，得到更高的模拟参数。

（3）测试控制系统

试验控制系统的功能是按照表列试验程序控制所有类型的工具、移动部件、模型案例和阀门，并通过平衡、压力、温度和其他传感器测试模型状态、气流参数和相关物理数量。随着科学和技术的发展，风洞测量和控制系统正在逐步改进，从早期依靠简单的仪器到由标准仪器和计算机组成的检测、数据实时获取和处理系统，从而进行高精度、智能和高可靠性的测试和控制。

2. 风蚀风洞的发展动态

(1)国外风蚀风洞发展动态

在土壤风蚀的研究中，国外对移动式风蚀风洞的应用已是十分广泛（表11.7）。如果说室内风洞试验技术促使了风沙物理学的创立和风蚀研究向系统化方向的迈进，那么，移动式（或称为便携式）风蚀风洞的出现则加速了风蚀研究向定量模型化应用方向前进的步伐。早在 1939 年，切皮尔和 Milne 等就开始将可移动式风蚀风洞用于农田土壤风蚀的研究中。1947 年，位于堪萨斯州的美国农业部土壤风蚀实验室设计制造了室内风沙环境风洞、移动式风蚀风洞、尘埃采集器以及土壤理化性质分析仪器等一系列专门的土壤风蚀测试仪器设备。1950 年，Zingg 等在美国堪萨斯(Kansas)大学设计了一座移动式风蚀风洞，随后对表土密度、地表粗糙度、有机质、耕作制度、土壤结构和土壤水分等风蚀影响因子开展了系统的研究，最为引人注目的风蚀方程便是在该风洞的大量应用研究中得到的。

表 11.7　国外移动式风蚀风洞及其应用

设计者	气流方式	宽度 B（m）	高度 H（m）	采样长度 L(m)	风速 V（m/s）	边界层厚 δ(cm)	应用
Zingg（美国，1951）	吹气	0.91	0.91	9.14	17	23	对风蚀方程的扩展
Armbrust and Box（美国，1967）	吹气	0.91	1.22	7.32	18	31	作物对土壤颗粒剥蚀阻力的研究
Gillette（美国，1978）	吸气	0.15	0.15	3.01	/	7	沙漠土的临界摩阻风速确定
Bocharov（苏联，1984）	吸气	0.50	1.00	3.00	18	/	土壤风蚀量随风速的变化研究
Fryrear（美国，1984）	吹气	0.6	0.9	7.0	20	15	评估地垄、泥块和地表覆盖对土壤损失的减少
Raupach and Leys（澳大利亚，1990）	吹气	1.20	0.90	4.20	14	40	澳大利亚国家土壤保护计划基金项目"澳大利亚 MURRAY MALLEE 南部地区的风蚀模拟"

（续）

设计者	气流方式	宽度 B（m）	高度 H（m）	采样长度 L(m)	风速 V（m/s）	边界层厚δ(cm)	应用
Nickling（美国，1994）	吸气	1.00	0.75	11.90	15	20	北美洲和非洲土壤的侵蚀研究
Saxton（美国，1994）	吹气	1.00	1.20	5.60	20	100	哥伦比亚高原风蚀空气质量计划

注：1.V 副示在边界层厚度处测量的最大风速；2."/"表示无数据；3.B 和 H 分别指实验段的宽度和高度。

引自：D Pietersma et al.（1996）。

（2）中国风蚀风洞发展动态

中国的土壤风蚀研究比较晚，1989 年，为了提升土壤风蚀和土地沙漠化物理过程的研究水平，设计和建造了当时亚洲最大的室内土壤风蚀风洞，其在北京大兴县的风蚀沙化土地整治实验站安装调试后，于 1991 年运往宁夏沙坡头。

1985 年，内蒙古林学院从日本引进了使用澳大利亚技术所制造的移动式风蚀风洞，风洞全长 14m。区别于中国科学院寒区旱区环境与工程研究所的风洞，它没有相应的进气段、收缩段、稳定段和扩散段，只有两个过渡段，且过渡段和试验段都比较长。此外，其附加了 6 片纵向对称翼型组成的旋转叶栅，目的是为了模拟自然风的紊流"阵性"作用（图 11.20）。

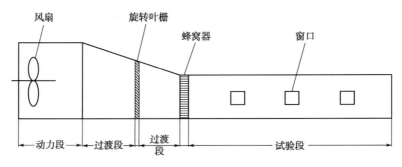

图 11.20 内蒙古林学院风洞示意图

2003 年，中国农业大学研制了一个移动式风蚀风洞（图 11.21），经三挡变速器驱动风机，并且由铁牛-654 拖拉机提供动力，设计最高风速为 20m·s。风洞全长 11m，试验段长 6.2m，界面高 1m，宽 0.8m。

图 11.23 为 2004 年内蒙古农业大学研制的 0FDY-1.2 移动式风蚀风洞（图 11.22）。风洞由收缩段、试验段、过渡段和整流段（包括非均匀网格、穿孔板、蜂窝单元和阻尼网）组成。试验段为长 7.2m、高 1.2m、段宽 1m 的矩形无底段。风速 2~18m/s，可连续自由调节。现场试验由一台功率为 40kW 的柴油发电机提

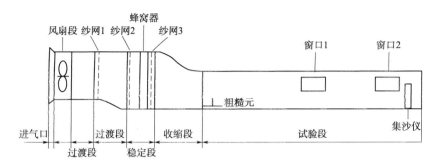

图 11.21　中国农业大学移动式风蚀风洞示意图

供动力。试验段内的空气流场符合大气表面附近的空气流动特性，且壁面对风洞流场性能影响较小，因此在风洞试验段轴向几乎没有压力损失，保证了风洞试验能够真实模拟现场的风蚀过程。

图 11.22　内蒙古农业大学 OFDY-1.2 移动式风蚀风洞

3. 风洞风蚀模拟测试

风洞测试包括室内风洞风蚀模拟和野外风蚀测试，室内风蚀模拟是从野外采集土样放在风洞试验段内(图 11.23)，于其内模拟自然界各级风力对风蚀的相关物理机制进行试验，如粒径与性质不同的土壤颗粒的不同风速与地面植被覆盖现状下的土壤可蚀性、临界摩组风速、地表空气动力学粗糙度以及植被覆盖对土壤风蚀的影响、沙丘发育演变过程等。在该试验过程中，前期的取样过程尤为重要，既要保证所测样品表层完全真实，又要保证样品能够来回搬用，因此，对野外取样器的要求较高。目前，采样效果较好的采样器是张国瑞(2007)改进的框式场采样器，它的形状为矩形，由两个结构相同的侧板组成。重叠侧板的内外侧用螺母焊接后再用螺栓连接(图 11.24)。每侧板由 4mm 厚的钢板制成。采样器的

图 11.23　室内风蚀模拟野外取样和风洞内样品放置

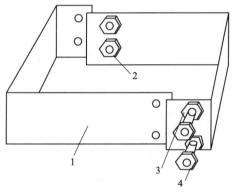

1.侧板；2.侧板内侧螺母；3.侧板外侧螺母；4.螺母

图 11.24　改进后的框式农田取样器
［引自：张国瑞(2007)］

尺寸为 508mm×408mm×150mm，一侧装有楔形刀片，便于插入。

　　与现场观测方法相比，室内风洞模拟试验具有各参数可自由调节、重复性好等优点，有利于系统研究风蚀过程。其次，单次研究所需的时间和费用更少。因为试验具有不受气候条件限制的优点，所以可在较短时间内获得更多的数据，效率高。然而，室内的风洞模拟也存在一些显著的不足，如土壤样品在取样和运输过程中的真实表面变化。在试验中，风蚀时间很短，土壤样品规模小，导致风洞因变量与风蚀场因变量差异很大。土壤样品的自然气候条件无法在风洞中模拟。虽然以上的问题可能会影响试验数据的准确性和真实的结果，但概括来说室内风洞试验对于深入了解风蚀的基本过程仍具有重要的意义。

　　移动式风动是指风洞在试验过程中需要频繁地在不同类型的表面之间移动。在野外进行风洞试验时，移动式风蚀风洞通常直接放置在被测土地表面。相比于现场观测和室内风洞试验的缺点，移动式风蚀风洞的试验研究可以模拟自然界内的各种风，尤其与室内风洞相比，不仅具有完全真实的被测表面，还可以完成室内风洞的风蚀试验。因此，移动式风蚀风洞试验具有更真实的结果、更准确可靠的风蚀数据。虽然它与野外风沙环境还存在一定的差异，但研究土壤风蚀问题最有效的方法仍然是利用移动风蚀风洞进行现场试验。

三、示踪技术在土壤风蚀研究中的应用

1. ^{137}Cs 示踪技术

（1）^{137}Cs 示踪方法

^{137}Cs 示踪技术有传统示踪法和现场示踪法两种。传统示踪技术的流程：田间对土壤样品的采集—转运回室内—风干—2mm 的筛检—伽马谱仪测定指标—放射性活度计算—与标准样品比对—与参考点比对—计算土壤的侵蚀。土壤侵蚀（水蚀或风蚀）的 ^{137}Cs 示踪法是一种传统的方法。野外原位示踪法是在不采集土壤样品的情况下，利用便携式 γ 谱仪在实地测量土壤环境中放射性核素的面积含量（Bq/m^2），进而计算土壤风蚀率。与传统的放射性核素示踪技术相比，原位示踪技术具有测定时间短、表面积大等特点，具有代表性和非破坏性。该方法可在没有参考地点作对照的情况下，对同一片研究场地进行重复的动态测定。根据检索的文献发现，自 1972 年 Beck 等首次应用便携式 γ 能谱仪测定环境中的放射性核素以来，至今还未有其他的研究报道。

（2）^{137}Cs 技术的主要优缺点

^{137}Cs 技术的主要优点是：①土壤再分布和土壤风蚀的过程可以定量化。②土壤中综合和中期尺度的平均值为风蚀速率，不受极端事件的影响。③采样并不会对研究场地内的景观造成破坏。④可以同时提供同一流域内侵蚀、沉积的数据信息。⑤只需要一次采样便估算出土壤在中等尺度（30~40a）上的风蚀速率。

^{137}Cs 技术的主要不足包括：①该技术在国际上广泛应用还需要进一步的标准化。②建立环境放射性核素分析实验室需要大量的资金。③做低活度伽马谱仪测量时，需要对质量保证和有效控制。④应用转化模型计算土壤侵蚀速率存在着不确定性。⑤由土地利用、管理措施所引起的侵蚀速率的短期变化无法被评估。⑥真实的应用需要有多学科研究团队的支持。以上的种种因素限制了该技术在贫困国家的使用。

（3）^{137}Cs 技术应用过程中的注意事项

由于 ^{137}Cs 含量具有一定的空间随机变异性，用一个钻点样本的值来估算侵蚀量并不准确。为了得到准确可靠的 ^{137}Cs 活度均值，需要合理地统计抽样设计和足够的样本数量（张勋昌，2017）。应避免随机采样，最好采用网格或剖面线固定采样设计。为了得到具有代表性的均值，通常采用固定抽样法，以减少主观性对检验结果的影响。样本数量是由 ^{137}Cs 空间变异的大小决定，变差系数越大，需要的样本数量越多。一般来讲，减少细胞或侵蚀区 ^{137}Cs 活性估计误差需要 5 个以上（10~15 个较好）的独立样本，估计参考区背景值大概需要 20~30 个独立样本。在试验中，可以将代表某侵蚀点或侵蚀单元的独立样品组合在一起，不仅可

以降低测量成本，还可以节省测量时间。此外，土钻的尺寸可能会影响所需样本的数量。文献中常用的土钻直径一般为5~15cm。一般认为，土壤钻探面积越大，样本方差越小，满足一定相对误差所需的样本数量越少。然而，在目前的文献中，我们还没有看到任何关于土壤钻孔尺寸与方差之间的关系的报道，也没有看到土壤钻孔尺寸与所需样本数量之间的关系。这些基础数据对于采样设计和^{137}Cs示踪方法的标准化和系统化是必不可少的，因此亟须开展这方面的基础研究。每种方法都有其局限性，不能盲目使用。根据每种方法的基本假设及其内在优势，对其优点进行了选择性的使用。例如，当研究区域没有理想的参考区域(以未受干扰的平坦草地为最佳)时，^{137}Cs示踪法就不适合在该区域使用。但是，如果研究的目的是估算侵蚀量的相对变化而不是绝对侵蚀量，则仍然可以使用^{137}Cs示踪法。

(4)^{137}Cs背景值

表11.8列出了世界上一些地区^{137}Cs背景值和取样地概况。

表11.8　世界若干地区^{137}Cs背景值的比较　　　　　m^2

	取样地点	海拔高度(m)	降水量(mm)	测定年度	^{137}Cs背景值(Bq/m^2)	资料来源
中国黄土高原	陕西洛川	1100	662.0	1988	2008	Zhang X B et al. (1990)
	黄河中游地区	/	/	1993	1652~2714	Zhang X B et al. (1990)
中国塔里木盆地	新疆库尔勒	950	50.1	1995	10292	濮励杰等(1998)
中国东南部	福建省沙县	/	/	1996	4023±1456	濮励杰等(1999)
青藏高原中北部	青海五道梁	4590	264.8	1998	2755	Yan Ping et al. (2001)
青藏高原中南部	西藏萨伽	4320	350.0	1997	982	Yan Ping et al. (2001)
	雅鲁藏布江中游地区	/	/	1998	831~1114	文安邦等(2000)
青藏高原东北部	青海贵南	3360	398.6	1998	2692±196	严平等(2003)
韩国西北部	Suweon(水原)	/	1328.0	1984	3424	Menzel R G et al. (1987)
美国西北部	State of Washinton(华盛顿)	40	/	1989	3730	Montgomery J A et al. (1997)
美国东南部	State of Alabama (亚拉巴马州)	167	1350.0	1988	4860	Soileau J M et al. (1990)
美国中南部	Oklahoma(俄克拉荷马州)	/	720.0	1984	3542	Lance J C et al. (1986)

北半球

（续）

		取样地点	海拔高度(m)	降水量(mm)	测定年度	^{137}Cs 背景值(Bq/m^2)	资料来源
北半球	美国西南部	State of Arizona（亚利桑那州）	/	180.0	1984	657	Lance J C et al.（1986）
	加拿大西部	Saskatchewan（萨斯喀彻温省）	550	410.0	1988	2110~2150	Walling D E et al.（1991）
	英国南部	/	/	/	1993	2652~3160	张信宝，文安邦(1995) *
	西班牙	/	/	/	1993	1900	张信宝，文安邦(1995)
	尼日尔西南部	Niamey（尼亚美）	255	495.0	1993	2517±76	Chappell A et al.（1996）
南半球	澳大利亚东部	Merriwa，N.S.W（梅里华）	355	590.0	1985	864~1140	Loughran R J，et al.（1988）
	澳大利亚南部	St. Helens，Tasmania（塔斯马尼亚州圣海伦斯）	150	650.0	1991	810±90	Wallbrink P J，et al.（1996）
	津巴布韦东北部	Harare（哈拉雷）	/	/	1992	300	Walling D E et al.（1991）

注："/"表示无数据。

引自：严平等（2003）；* 表示未正式出版。

（5）计算方法

① 经验统计模型

Ritchie 等（1990）首先建立了土壤^{137}Cs 的损失率与土壤侵蚀量的定量相关关系。随后，许多研究者先后建立了一些土壤侵蚀速率与^{137}Cs 的关系。基本的损失率的对数计算模型为：

$$Y = aX^{\beta}$$

式中：Y 为年均土壤侵蚀量，$t/(hm^2 \cdot a)$；X 为土壤^{137}Cs 损失百分率[具体为 $X = (A_{ref}-A)/A_{ref}×100$，其中，$A_{ref}$ 为土壤中的^{137}Cs 活度基准值，Bq/m^2；A 为采样点土壤里的^{137}Cs 活度，Bq/m^2]；a、β 为待定系数。

② 理论模型

该理论模型的建立是基于对^{137}Cs 沉降、再分配及土壤流失的整个物理过程的充分理解。当下主要的物理模型有：质量平衡、剖面分布、重量、比例及幂函数模型等。在这众多的理论模型中，适用于耕作型土壤的估算模型为质量平衡、比例和重量模型等；而非耕地型土壤适用的估算模型有剖面分布模型等（唐翔宇等，2001）。所有模型中，研究最深入、应用最广泛的为质量平衡模型。

a. 质量平衡模型

质量平衡模型的理论基础来源于农田每年流失掉一定含^{137}Cs 的耕作土，再翻出不含^{137}Cs 的相同厚度的底土用来补偿流失掉的耕作土，以保持犁耕层深度不变。农田^{137}Cs 总活度的年变化是^{137}Cs 沉降量与所耕作土壤^{137}Cs 的损失量之间的差值。此模型最先由 Kachanoski(1987)提出，基本存在形式为：

$$S_t = (S_{t-1} + F_t - E_t)K$$

式中：S_t 和 S_{t-1} 分别为 t 年和 $t-1$ 年末土壤剖面上的^{137}Cs 总量，Bq/m^2；F_t 为 t 年^{137}Cs 的年总沉降量，Bq/m^2；E_t 为 t 年末的土壤剖面^{137}Cs 损失量，Bq/m^2；K 为^{137}Cs 的放射性衰变常数 0.977。

该模型具有明确的物理意义，成为多种质量平衡模型的基础（王静慧，2012）。考虑到模型在适用性和准确性上的差异，不同研究者对质量平衡模型的基本形式进行了特定的改进和优化，建立了适应各自的模型，由 Zhang 等(1989) 和 Walling 等(1999)所分别构建的简化模型(Mass Balance Model I)和复杂模型 (Mass Balance Model II)是其中最具代表性的。

b. 比例模型

该模型实际应用的前提条件：①^{137}Cs 需要在土壤中均匀分布；②土壤侵蚀的损失量与土壤剖面上^{137}Cs 含量的损失率成正比：

$$y = 10\frac{BdX}{100T}$$

式中：d 是耕作层深度，m；B 是土壤的容重，g/cm^3；T 为从^{137}Cs 沉降开始以来所经历的时间，a；X 表示为土壤^{137}Cs 损失的百分率[具体公式 $X = (A_{ref}-A)/A_{ref}\times100$]。

这是一个相对简单的模型，容易使用，但也存在一定的局限性，只适用于估算满足所有前提条件的耕作土壤的侵蚀损失量。

c. 重量模型

Brown 等(1981)和 Lowrance 等(1988)采用重量法估算土壤的侵蚀量，其公式如下：

$$y = 10\frac{A_{ra}f - A}{C_s T}$$

式中：C_s 是侵蚀区域土壤中当前的^{137}Cs 平均活度，Bq/kg；A 为侵蚀点土壤中的^{137}Cs 总量，Bq/m^2；$Aref$ 为该区域^{137}Cs；T 为背景确立初始至采样时经过的时间。由于 C_s 的不确定会引起土壤侵蚀率和相应侵蚀量的偏高，没考虑^{137}Cs 的年沉降分量变化对土壤侵蚀的影响。

d. 幂函数模型

Kachanoski(1987)提出了形式上简单的幂函数模型，具体考虑了耕作活动对耕作层^{137}Cs 活度的稀释。估算模型如下：

$$y = MR^{-1}\left[1 - \left(\frac{A_n}{A_0}\right)^{\frac{1}{n}} \right]$$

式中：y 为年土壤侵蚀速率，kg/m^2；A_0 为 t_0 年土壤的 ^{137}Cs 活度，Bq/m^2；A_n 为 t_n 年土壤的 ^{137}Cs 的活度，Bq/m^2；M 是耕作层的土壤重量，kg/m^2；R 是侵蚀迁移土壤与耕作土壤中的 ^{137}Cs 活度比；n 表示为自 t_0 年起到 t_n 年的年数。此模型中的 R 不能够准确地被测定，因此也只能用于近似地估算（历史上 ^{137}Cs 于沉降时期以后发生的土壤侵蚀量）。

e. 剖面分布模型

Zhang 等（1989）基于众多研究者的研究，做出 ^{137}Cs 剖面分布函数表达式：

$$A_h = A_{ref}(1 - e^{\lambda h})$$

式中：A_h 表示为给定深度上 h（cm）土壤的 ^{137}Cs 总量，Bq/m^2；A_{ref} 为该区域 ^{137}Cs 本底值；h 为描述剖面特征的系数，可由附近未受到干扰的采样点求得；λ 是一个系数。研究点的土壤被侵蚀损失的厚度依据该点土壤剖面的 ^{137}Cs 总量来计算。土壤侵蚀速率由下式求值：

$$y = \frac{100}{\lambda P}\ln\frac{(1 - x)}{100}$$

式中：P 为自 1963 年以来的时间（a），x 为土壤中 ^{137}Cs 的损失百分率；λ 是一个系数。

剖面分布模型形式简单，使用方便，但有以下的不足：一是没能考虑到水蚀过程的影响；二是土壤剖面上的 ^{137}Cs 活度分布并不总是呈现出指数关系；三是未考虑到 ^{137}Cs 的年沉降分量的改变。

③ 简化模型（Mass Balance Model Ⅰ）

根据 ^{137}Cs 的研究，Zhang 等（1990）发现沉降主要发生在 20 世纪 50—70 年代，其中 1963 年 ^{137}Cs 的沉降量是最大的，1963 年之前和之后的沉降量基本相当；假定 ^{137}Cs 全部沉降在 1963 年，提出该相应的质量平衡简化模型（Mass Balance Model I），表达式为：

$$A = A_0\left(1 - \frac{\Delta H}{H}\right)^{N-1963}$$

式中：A 为侵蚀地点上 ^{137}Cs 面积浓度，Bq/m^2；A_0 为 ^{137}Cs 的本底值，Bq/m^2；H 为犁耕层的厚度，cm；ΔH 为年土壤流失厚度，cm；N 为采样年份。

④ 复杂模型（Mass Balaace Model Ⅱ）

Walling 和 He 认识到于核爆期间相继沉降到农耕地的 ^{137}Cs 并未在犁耕前均匀分布到犁耕层，而是在耕作的土表层，流失的表层耕作土的 ^{137}Cs 浓度实际高于耕作土的平均^{137}Cs 浓度，致使 Kachanoski 公式和 Mass Balance Model Ⅰ 的结果是偏大的；基于此，提出了具体考虑农耕地^{137}Cs 地表富集和受侵蚀分选所影响的质量平衡模型（Mass Balance Model Ⅱ），其表达式为：

$$\frac{dA(t)}{dt} = (1 - \Gamma)I(t) - (\lambda - p\frac{R}{d})A(t)$$

式中：$A(t)$ 为^{137}Cs 的面积浓度，Bq/m^2；$I(t)$ 为某一年份 t 的^{137}Cs 沉降量，Bq/m^2；P 为粒度分选系数；λ 为^{137}Cs 的年赋存系数 0.977；Γ 为混入耕层前新沉降的^{137}Cs 的损失率；d 是耕层的土壤重量，kg/m^2；R 为侵蚀率[kg/(m^2·a)]。

（6）具体应用案例

唐翔宇等（2001）借助^{137}Cs 示踪技术，利用 Zhang 等（1990）提出的简化模型，准确计算张家口坝上地区 1963 年以来的农田风蚀模数。结果显示，1963 年以来研究区耕地风蚀厚度高达 0.53cm/a，风蚀模数为 8362.34t/(km^2·a)。按照 Zachar(1982)制定的风蚀强度分级标准，现有耕地的风蚀已达到极严重的程度，为土壤风蚀最严重的类型。废弃地的风蚀厚度是 0.44cm/a，风蚀模数是 6746.62t(km^2·a)，达到现有耕地风蚀模数的 77.3%，以上表明耕地废弃后土壤风蚀的强度是明显降低的。

1997—1998 年通过对青藏高原的野外考察，严平等（2000）于风蚀地区选取不同的土地类型里的若干样点，进行^{137}Cs 取样和测定；初步结果显示，旱作农田^{137}Cs 总量变化率为-54.34%，风蚀速率平均为 30.68t/(hm^2·a)，半干旱地区的旱作农田为中度侵蚀标准。旱作农田的风蚀主要与耕作有关，发生在耕作层（0~15cm）范围内。

严平等（2003）在对青海共和盆地^{137}Cs 含量分析的基础上，建立^{137}Cs 风蚀评估模型，测算土壤风蚀速率，评估土壤风蚀等级。结果显示，农田-草场样方虽为风蚀程度中等，但相比于草场，农田的风蚀较为严重，已达到强风蚀，耕作期时风蚀速率达(65.455±4.678)t/(hm^2·a)，接近极强度的风蚀；土地的开垦加剧了风蚀作用，为草地风蚀的 8.80 倍。

丁肇龙等（2018）把新疆准噶尔东部作研究区，在 2015 年通过实地的调查，选取不同的土地利用类型进行土壤采样，分析于准东地区不同土地利用类型的^{137}Cs 剖面分布特点，计算土壤^{137}Cs 总量并确定研究区^{137}Cs 的本底值，进而估算不同地点土壤的风蚀率。结果表明，土壤^{137}Cs 总量在 0~20 cm 土层中基本相等，平均活性为 2.7Bq/kg，侵蚀速率为 739.66t/(km^2·a)，属于中度风蚀。

2. ^{210}Pb 示踪技术

^{210}Pb 是一种广泛存在于自然界的天然放射性核素，半衰期为 22.3a。对于湖泊沉积、流域侵蚀速率和湖泊沉积速率在 100a 时间尺度上的耦合关系具有重要

的示踪价值。然而，关于土壤侵蚀和风蚀的研究却很少。它的主要优点是，作为示踪元素，可以在未受扰动的土壤中测量待研究地区的年大气沉降（白占国等，1998）。该方法的缺点是土壤中的^{210}Pb 含量极低，测定条件严格，耗时长，大大限制了该方法的应用。

3. ^{7}Be 示踪技术

^{7}Be 是一种由宇宙射线与大气相互作用产生的短命放射性核素（半衰期53.3d），对追踪季节性土壤的侵蚀及其与湖泊沉积的耦合关系有特殊的意义。由大气散射到地表的^{7}Be 具粒子迁移、单一来源的特性。一定的区域内，^{7}Be 散射到表面的输入量基本是恒定的。因为^{7}Be 的半衰期短，又没长期的累积，^{7}Be 具备了作为季节性环境粒子示踪的必要条件。通过查阅文献，发现^{7}Be 已被很好地运用到湖泊、海湾沉积物表面颗粒混合的示踪研究中。

（1）估算模型

^{7}Be 风蚀速率估算模型计算公式如下：

$$R_Be, \; p' = P'h_0\ln\left(\frac{A_ref}{A_Be}\right) = \frac{1}{p}h_0\ln\left(\frac{A_ref}{A_Be}\right)$$

其中：

$$p' = \left(\frac{S_e}{S_0}\right)^v$$

$$P = \frac{1}{p}$$

式中：R_Be，p' 为土壤的风蚀速率，kg/m^2；p 为颗粒的校正系数；S_e 为风蚀后表层土壤的颗粒比表面积，m^2/g；S_0 是原始土壤颗粒的比表面积，m^2/g；v 为常数；h_0 为张弛质量深度，kg/m^2；A_ref 为^{7}Be 的背景值，Bq/m^2；A_Be 为采样点^{7}Be 的总活度，Bq/m^2。

（2）具体应用案例

白占国等利用^{7}Be 示踪剂对土壤侵蚀的季节变化和动态特征进行了初步研究（白占国等，1998）。张新宝等（2004）对川中丘陵区的草地和农田的^{7}Be 含量展开了讨论，通过对^{7}Be 含量的季节背景值改变进行研究，提出了关于^{7}Be 的质量平衡方程，并利用该方程计算出了短期连续降水的条件下土壤相关侵蚀速率。杨明义等（2003）在 Wallling 等（1999）的水蚀模型的基础上，利用 Wallling 等（1999）的^{137}Cs 模型，提出了考虑粒子分选因素的^{7}Be 风蚀速率估算模型，可以准确估计出土壤的风蚀速率。孙喜军等（2012）利用风洞的试验研究了^{7}Be 示踪技术用于估算土壤风蚀速率的可行性。结果显示，在土壤风蚀的示踪中^{7}Be 示踪法具有其独特的优越性。

土壤风蚀的影响一般发生在冬季和春季，原因或为相对稀疏的植被对[7]Be 的拦截作用很小甚至是可以忽略(张峰等，2011)，这在一定程度上降低了地面[7]Be 传递和分布的复杂性，也相应提高了土壤风蚀示踪的准确性。其中，[7]Be 主要是通过湿沉降到达地表(Wallbrink 等，1996 年)。黄土高原的水蚀风蚀交错带内，降水主要分布于 6~9 月，10 月后降水会明显减少，侵蚀性的降雨也较少，几乎不会出现水蚀。这一降雨分布特征不仅降低了风蚀发生过程中湿沉降对表层土壤里[7]Be 含量的影响，也为区分及准确量化其中的风蚀和水蚀提供了可能(Zhang et al.，2013)，同时为表层土壤内[7]Be 垂直分布的恢复提供充足的时间，在风蚀方面的研究上，[7]Be 示踪技术的应用是较少的。

4. 稀土元素(Rare Earth Elements，REE)示踪

稀土元素示踪，也叫中子活化分析(INAA)，是一种新技术，应用在土壤的侵蚀研究中。美国 Knaus 等(1989)首次利用稳定性 REE 示踪和中子活化分析技术成功地揭示了沼泽地的演化过程。由于稀土元素并不溶于水，致使淋溶迁移不明显，又可被土壤里的颗粒物给强烈吸附，植物富集其的能力有限，且对生态环境无害。REE 具有较低的土壤本底值，中子活化后对其检测敏感。综合起来，这是一种理想的稳定型示踪元素。该方法能在不同的地形条件下释放出不同的元素，充分发挥一次释放多次观测的作用，进而完成对泥沙的监测，并详细地确定侵蚀产沙的位置及类型。在国内，田均良等(1992)首次将 REE 的示踪法应用到黄土区侵蚀的垂直分布研究中，确定了元素的施放方法(条带法和穴施法)和施放浓度的相关计算方法：

$$C_j = \frac{KB_j 10^{-3}}{R_j} \qquad j = 1, 2, 3, \cdots, n$$

式中：j 为小区划分的总区段(或者是条带)数；C_j 为施放第 j 种元素时的浓度；B_j 为第 j 种元素的土壤背景值；R_j 为第 j 种元素被施放部位相对侵蚀量的最小期望值；K 表示考虑到其他因素后的综合保证系数。

田均良等(1992)利用稀土元素展开了野外和室内的对比研究，结果表明，REE 示踪法是用来研究小流域侵蚀产沙时空分布较有效的方法，监测的误差小于15%。基于以上特点，在小流域的泥沙来源、土壤侵蚀及输沙和沉积的研究中具有广阔的应用前景。这种方法可以准确研究小流域内不同地形位置的侵蚀强度分布和沉积物的来源，但对于侵蚀严重地区的应用会受到限制。因为中子活化分析法对大多数 REE 分析的灵敏度要求较高，所以特别适合研究位于亚降水条件下的侵蚀、泥沙的迁移和沉积。但由于试验的成本高，研究范围大、研究的周期过长等缺点，该方法在土壤侵蚀研究中存在一定的局限性。

四、大气颗粒物的采集技术

大气颗粒物的形态各不相同，存在于空气中。同时，很难用外部环境因素的变化来衡量，例如风、人类活动等因素的影响。因此，实现其来源分析的第一步是有效收集大气颗粒物。为保证大气颗粒物的有效采集，主要考虑采样时间、采样地点、采样方法、采样仪器、滤膜材料、大气颗粒物粒径等因素（陈名梁，2004）。为保证所收集样本的科学性和代表性，各因子的选取原则和常见类型见表11.9。

表11.9　大气颗粒物样本采集需要考虑的因素及其选取原则和常用类型

考虑因素	选取原则	常用类型
采集种类	大气颗粒物的空气动力学直径大小	TSP、PM_{10}和$PM_{2.5}$
采样点位	采集点覆盖的范围要包括研究区域的环境功能区；选取未受研究区的污染源污染的地区作为空白对照	规则网格布点法；按人口和功能区布点法
采集方法	/	重量法
采集仪器	/	大流量采样器、中流量采样器
滤膜	滤膜本身性质；所采集的样本用于分析的需要	有机滤膜、石英滤膜
采样时间	采集到的样本量满足仪器检出限的要求；采样仪器的效率	/

注："/"表示无内容。

五、部分研究实例对比

国内已采用粒度对比分析、插钎法、风蚀观测与遥感分析、风蚀剖面与遗迹观测、风洞试验、陷阱诱捕法、集沙仪法、^{137}Cs示踪法、风蚀模型等对土壤风蚀速率进行测定和分析。详情见上文。表11.10列出了这些方法在不同地区测量的风蚀率，可以看出，观测地点和观测时间的影响，风廓线分析方法、切割方法、风洞试验测定对数值的影响一般偏高，其他方法测定对风蚀率较低的区域一般集中在10~80 t/hm²。在沙丘间，风蚀率最高。

表11.10　平均土壤风蚀速率结果及测定方法

测定地点	测定方法	气候类型	土地利用类型	风蚀厚度（mm/a）	风蚀速率[t/（hm²·a）]	参考文献
内蒙古奈曼旗	插钎法	半干旱	留茬农田	3.00~18.00	3.50~261.10	徐斌等（1993）

（续）

测定地点	测定方法	气候类型	土地利用类型	风蚀厚度 （mm/a）	风蚀速率 [t/(hm²·a)]	参考文献
内蒙古科尔沁	插钎法	半干旱	开垦沙地	11.60~23.30	174.00~349.50	赵羽等 （1988）
北京永定河沙地	插钎法	半湿润	农田	1.70	25.50	岳德鹏等 （2005）
山西省右玉县	插钎法	干旱	农田	10.65	159.75	李建华 （1991）
内蒙古多伦	插钎法、 Cravailovic 风蚀方程	干旱	农田	0.16	2.32	姚洪林等 （2002）
内蒙古武川县	粒度对比 分析	半干旱	农田	3.00	45.00	朱震达等 （1981）
内蒙古四子王	土壤剖 面测定	半干旱	农田	/	335.00	
内蒙古四子王旗	粒度对比分析/插钎	半干旱	农田	2.31	34.65	李晓丽等 （2006）
山东夏津	插钎法	半湿润	沙地	/	21.00	赵存玉 （1992）
山西右玉	插钎法	半干旱	黄土/农田	/	13.73	孔兴帮等 （1990）
陕西神木	风蚀统计 模型	半干旱	黄土/农田	/	18.87	董治宝等 （1998）
晋陕蒙接壤 地区	风沙观测、 遥感	半干旱	沙地/黄土	/	15.90	刘连友 （1999）
内蒙古后山地	粒度对比 分析	半干旱	农田	0.96~2.74	14.40~41.10	李晓丽等 （2006）
青藏高原	[137]Cs 法	半干旱	农田	2.40	30.68	Yan 等 （2001）
青海共和盆地	[137]Cs 法	半干旱	农田	0.34~0.64	11.79~22.36	严平等 （2003）
北京大兴	WEQ	半湿润	农田	/	13.30	严平 （1991）
西藏	[137]Cs 法	半干旱	农田	/	51.33	Zhang 等 （2007）

（续）

测定地点	测定方法	气候类型	土地利用类型	风蚀厚度 （mm/a）	风蚀速率 [t/(hm²·a)]	参考文献
新疆库尔勒	^{137}Cs 法	半干旱	农田	0.57~3.82	8.60~57.31	濮励杰等 （1998）
河北康保	^{137}Cs 法	半干旱	农田	5.50	89.50	Zhang 等 （2011）
山西	陷阱诱捕法	半湿润	农田	/	8h 29.7t/hm²	Cai 等 （2002）
内蒙古锡林 郭勒	调查法/粒 度分析法	半干旱	农田	两个月 30mm	两个月 323~ 340t/hm²	Hoffmann 等（2011）
内蒙古科尔沁	集沙仪法	半干旱	新垦农田	/	0.26t/(hm²·h)	张华等 （2006）
			翻耕农田		0.16t/(hm²·h)	
			免耕农田		0.03t/(hm²·h)	
内蒙古呼伦 贝尔草原	插钎法	半湿润	沙地	/	156.00	马玉堂等 （1981）
内蒙古后 山地区	剖面粒度 分析	半干旱	农田/草场	/	14.40~41.10	董治宝等 （1997）
青海共和盆地	^{137}Cs 法	半干旱	农田/草场/ 沙丘地	/	7.44~43.68	严平等 （2000）
	风洞实验		四种沙漠 化土地	/	157.00~1510.00	董光荣等 （1993）
青藏高原中 南部地区	^{137}Cs 法	半干旱	农田/草场/ 沙丘地	/	22.62~69.43	Yan 等 （2001）
青海格尔木	^{137}Cs 法	干旱	沙丘地	/	84.14	
新疆罗布泊	风蚀遗迹	干旱	雅丹	/	60.00	Hedin，S （1905）

注：“/”表示无数据。

　　从表 11.10 可以看出，现有土壤风蚀速率的实测研究主要分布在半干旱地区，一般涵盖干旱、半干旱和半湿润三种气候类型。它集中在中国西北部的内蒙古地区、青藏高原和新疆地区、东北的松辽盆地、华北的半湿润地区、海南沿海等位于风-水交叉侵蚀带的地区。除插拔法、捕集法、集沙法等传统方法外，在风蚀研究领域刚刚兴起的^{137}Cs 方法近 10 年来逐渐成为风蚀速率研究的主要方法。各种测量方法在风蚀测量和风蚀率计算方面各有优势，但单种测量方法难以有效确定测量结果的准确性。即使用不同的方法研究同一地区土壤的风蚀速率，也可能得到不同的结果，这些结果的横向比较很难得到有效的确定。但受风沙环境演变和春季降水波动的制约，近 50 年中国北方干旱半干旱区风沙活动呈现出由强到弱的显著变化。20 世纪 80 年代以来，部分地区输沙能力仅为 60~70 年代的 20%~50%（吴薇，2003；王训明等，2007；Wang et al.，2008）。因此，很难对不同时间测得的风蚀率进行纵向比较。

参考文献：

白占国，万国江，1998. 现代侵蚀作用核素示踪研究新进展[J]. 地球科学进展，4(03)：232-235.

陈名梁，2004. 我国大气颗粒物中有机物采集处理及分析方法[J]. 图书情报导刊，14(03)：102-103

丁婧，2020. 绿洲-荒漠过渡带防护体系对沙尘沉降影响研究[D]. 呼和浩特：内蒙古师范大学.

丁肇龙，汪君，胥鹏海，等，2018. 基于^{137}Cs 的新疆准东地区不同土地利用类型土壤风蚀特征研究[J]. 土壤，50(02)：398-403.

董光荣，高尚玉，金炯，1993. 青海共和盆地土地沙漠化与防治途径[M]. 北京：科学出版社.

董治宝，陈广庭，1997. 内蒙古后山地区土壤风蚀问题初论[J]. 土壤侵蚀与水土保持学报，11(02)：84-90.

董治宝，孙宏义，赵爱国，2003. WITSEG 集沙仪：风洞用多路集沙仪[J]. 中国沙漠，23(06)：714-720.

董治宝，1998. 建立小流域风蚀量统计模型初探[J]. 水土保持通报，18(5)：55-62.

黄传朋，2019. 基于三维激光扫描仪的三维地形获取及应用[D]. 天津：天津理工大学.

康永德，杨兴华，肖让，等，2020. 高精度集沙仪在土壤风蚀研究中的应用[J]. 西北师范大学学报(自然科学版)，56(01)：122-128.

孔兴帮，苗敬达，1990. 张提. 右玉县风蚀规律研究[J]. 水土保持通报，10(02)：53-57.

李建华，1991. 晋西北丘陵风沙区风力侵蚀规律及防治途径[J]. 中国农业科学，24(05)：70-76.

李俊杰，2008. 应用于土壤侵蚀的环境放射性核素示踪技术方法研究[D]. 北京：中国农业科学院.

李晓丽，申向东，张雅静，2006. 内蒙古阴山北部四子王旗土壤风蚀量的测试分析[J]. 干旱区地理，29(02)：292-296.

李茨，史永革，蒋富强，等，2012. 全风向梯度集沙仪的研制[J]. 铁道技术监督，40(02)：41-43.

李长治，董光荣，石蒙沂，1987. 平口式集沙仪的研制[J]. 中国沙漠，7(03)：49-56.

李振山，倪晋仁，刘贤万，2003. 垂直点阵集沙仪的集沙效率[J]. 泥沙研究(01)：24-32.

刘连友，1999. 区域风沙蚀积量和蚀积强度初步研究——以晋陕蒙接壤区为例[J]. 地理学报，54(01)：59-64.

马玉堂，1981. 呼伦贝尔草原土壤风蚀的研究[J]. 中国草原，2(03)：67-74.

濮励杰，包浩生，1999. Higgitt D L. 土地退化方法应用初步研究——以闽西沙县东溪流域为例[J].
　　自然资源学报，14(01)：55-61.

濮励杰，包浩生，彭补拙，等，1998. ^{137}Cs 应用于我国西部风蚀地区土地退化的初步研
　　究——以新疆库尔勒地区为例[J]. 土壤学报，35(04)：441-449.

宋涛，葛媛媛，孟晓军，等，2019. 分流对冲与多级扩容式集沙仪内气流降速规律研究[J]. 中
　　国农机化学报，40(306)：188-192.

孙喜军，杨明义，等，2012. 利用风洞实验研究^{7}Be 示踪估算土壤风蚀速率的可行性[J]. 水土
　　保持学报，26(03)：22-25；29.

唐翔宇，杨浩，曹慧等，2001. ^{137}Cs 法估算南方红壤地区土壤侵蚀作用的初步研究[J]. 水土
　　保持学报，15(03)：254-259.

唐翔宇，杨浩，李仁英，等，2001. ^{7}Be 在土壤侵蚀示踪中的应用研究进展. 地理科学进展，
　　16(04)：520-525.

田均良，周佩华，刘普灵，等，1992. 土壤侵蚀 REE 示踪法研究初报[J]. 水土保持学报
　　(04)：23-27.

万国江，APPLEBY P G，2000. 环境生态系统散落核素示踪研究新进展. 地球科学进展，15
　　(02)：172-177.

王金莲，赵满全，2008. 集沙仪的研究现状与思考[J]. 农机化研究，5：215-218.

王仁德，李庆，常春平，等，2018. 新型平口式集沙仪对不同粒级颗粒的收集效率[J]. 中国
　　沙漠，38(04)：734-738.

王仁德，邹学勇，赵婧妍，2011. 北京市农田风蚀的野外观测研究[J]. 中国沙漠，31(02)：
　　400-406.

王训明，李吉均，董光荣，等，2007. 近 50 年来中国北方沙区风沙气候演变与沙漠化响应[J].
　　科学通报，52(24)：2882-2888.

文安邦，刘淑珍，范建容，等，2000. 雅鲁藏布江中游地区土壤侵蚀的^{137}Cs 示踪法研究[J].
　　水土保持学报，14(04)：47-50.

吴薇，2003. 近 50a 来科尔沁地区沙漠化土地的动态监测结果与分析[J]. 中国沙漠，23(06)：
　　646-651.

徐斌，刘新民，赵学勇，1993. 内蒙古奈曼旗中部农田土壤风蚀及其防治[J]. 水土保护学报，
　　7(02)：75-80；88.

严平，董光荣，张信宝，等，2003. 青海共和盆地土壤风蚀^{137}Cs 法研究. Ⅱ：^{137}Cs 背景值与风
　　蚀速率测定[J]. 中国沙漠，23(04)：391-397.

严平，2000. ^{137}Cs 法在土壤风蚀研究中的应用——以青海共和盆地为例(博士论文摘要)[J].
　　中国沙漠，20(01)：102

严平，1991. 北京市大兴县榆垡乡土壤风蚀与土地风沙化研究 [D]. 兰州：中国科学院兰州沙
　　漠研究所.

杨明义，刘普灵，田均良，2003. 黄土高原农耕地坡面侵蚀过程的^{7}Be 示踪试验研究[J]. 水土
　　保持学报，17(03)：28-30；104.

杨润城，2018. 海伦黑土农田风蚀监测研究[D]. 哈尔滨：东北农业大学.

姚洪林，闫德仁，李宝军，等，2002. 多伦县风蚀地貌及风蚀量评价研究[J]. 内蒙古林业科
　　技(04)：3-7.

岳德鹏, 刘永兵, 臧润国, 等, 2005. 北京市永定河沙地不同土地利用类型风蚀规律研究[J]. 林业科学, 41(04): 62-66.

臧英, 2003. 保护性耕作防治土壤风蚀的试验研究[D]. 北京: 中国农业大学.

张国瑞, 2007. 农田风蚀土壤的颗粒分形特征研究[D]. 呼和浩特: 内蒙古农业大学.

张华, 季媛, 苗苗, 2006. 科尔沁沙地土地利用与耕作方式对土壤风蚀的影响[J]. 干旱区地理, 29(06): 861-866.

张华, 李锋瑞, 张铜会, 等, 2002. 春季裸露沙质农田土壤风蚀量动态与变异特征[J]. 水土保持学报, 16(01): 29-32.

张加琼, 周学雷, 张春来, 等, 2010. 张家口坝上地区农田土壤风蚀的^{137}Cs示踪研究[J]. 北京师范大学学报(自然科学版), 46(06): 724-728.

张伟, 2012. 基于遥感的土壤风蚀模型研究与应用[D]. 北京: 北京林业大学.

张信宝, 冯明义, 张一云, 等, 2004. 川中丘陵区^{7}Be在土壤中的分布和季节性本底值[J]. 核技术, 27(11): 873-876.

张勋昌, 2017. 应用^{137}Cs示踪技术估算土壤侵蚀的若干问题探讨[J]. 水土保持通报, 37(220): 342-346.

赵爱国, 1999. 全方位定点集沙仪[P]: CN97229178.4.

赵存玉, 1992. 鲁西北风沙化土地农田风蚀机制与防治措施[J]. 中国沙漠, 12(03): 46-50.

赵满全, 付丽宏, 王金莲, 等, 2009. 旋风分离式集沙仪在风洞内集沙效率的试验研究[J]. 中国沙漠, 29(06): 1009-1014.

赵羽, 金争平, 史培军, 等, 1988. 内蒙古土壤侵蚀[M]. 北京: 科学出版社: 28-57.

朱震达, 刘恕, 1981. 我国北方地区的沙漠化过程及其治理区划[M]. 北京: 中国林业出版社.

BAGNOLD R A, 1954. The Physics of Blown Sand and Desert Dunes[M]. London: Chapman and Hall: 79-80.

BROWN R B, KLING G F, CUTSHALL N H, 1981. Agricultural erosion indicated by ^{137}Cs redistribution E: Estimating rates of erosion rates [J]. Soil Sic Soc Am J, 45(06): 1191-1197.

CAI D X, WANG X B, ZHANG Z T, et al., 2002. Conservation Tillage Systems for Spring Corn in the Semi-humid to Arid Areas of China[C]//Stott D E, Mohtar R H, Steinhardt G C. Sustaining the Global Farm. The 10th International Soil Conservation Organization Meeting: 366-370.

CHAPPELL A, OLIVER M, WARREN A, 1996. Net soil flux derived from multivariate soil property classification in the southwest Niger: a quantified approach based on ^{137}Cs[A]. Buerkert B, Alllison B E, Von Oppen M. Proceedings of the International Symposium 'Wind erosion in West Africa: the problem and its control[C]. Weikersheim (Germany): Margraf Verlag: 69-85.

D PIETERSMA, L D STETLER, K E SAXTON, 1996. Design and aerodynamics of a portable wind tunnel for Soil erosion and fugitive dust research [J]. Transactions of the ASAE, 39(06): 2075-2083.

DE PLOEY J, 1977. Some experimental data on slope wash and wind action with reference to Quaternary morphogenesis in Belgium[J]. Earth Surface Processes, 2: 101-115.

FRIEDMAN G M, SANDERS J E, 1978. Principles of Sedimentology[M]. Wiley: New York.

FRYREAR D W, 1986. A field dust sampler[J]. Journal of Soil and Water Conservation, 41: 117-120.

GILLETTE DA, ADAMS J, et al. , 1982. Threshold friction velocities and rupture moduli for crusted desert soils for the input of soil particles into the air [J]. J Geophys Res, 87: 9003-9015.

GOMES L, BERGAMETTI G, DULAC F, et al. , 1990. Assessing the actual size distribution of atmospheric aerosols collected with a cascade impactor[J]. J Aerosol Soc, 21: 47-59.

GOOSSENS D, OFFER Z Y, 2000. London G. Wind tunnel and field calibration of five aeolian sand traps[J]. Geomorphology, 35: 233-252.

GUPTA J P, AGGARAWAL R K, Raikhy N P, 1981. Soil erosion by wind from bare sandy plains in western Rajasthan: India[J]. Journalof Arid Environments, 4: 15-20.

HOFFMANN C, FUNK R, REICHE M, et al. , 2011. Assessment of extreme wind erosion and its impacts in Inner Mongolia[J]. China Aeolian Research, 3(03): 343-351.

KACHANOSKI R G, 1987. Comparison of measured soil 137-cesium losses and erosion rates[J]. Canadian Journal of Soil Science, 67: 199-203.

KNAUS R W, VANGENT D L, 1989. Accretion and cancel impacts in a rapidly resent saccretion[J]. Estuaries, 12(04): 269-283

LANCE J C, MCINTYRE S C, NANEY J W, et al. , 1986. Measuring sediment movement at low erosion rates using cesium-137[J]. Soil Science Society of America Journal, 50: 1303-1309.

LEYS J, MCTAINSH G H, 1996. Sediment fluxes and particle grain size characteristics of wind eroded sediments in south eastern Australia[J]. Earth Surf Proc Landforms, 21: 661-671.

LOUGHRAN R J, ELLIOTT G L, CAMPBELL B L, et al. , 1988. Estimation of soil erosion from caesium-137 measurements in a small: cultivated catchment in Australia[J]. Applied Radiation and Isotopes, 39: 1153-1157.

LOWRANCE R, MCINTYRE S, LANCE C, 1988. Erosion and deposition in afriend forest system estimated using Cesium-137 activity[J]. J Soil Water Conserve, 43(02): 195-199.

MENZEL R G, JUNG P, RYU K, et al. , 1987. Estimating soil erosion losses in Korea with fallout cesium-137[J]. Applied Radiation and Isotopes, 38: 451-454.

MONTGOMERY J A, BUSACCA A J, FRAZIER B E, et al. , 1997. Evaluating soil movement using Cs-137 and the Revised Universal Soil Loss Equation [J]. Soil Science Society of America Journal, 61(2): 571-579.

PYE K, 1994. Properties of sediment particles[M]. In: Pye K. Sediment Transport and Depositional Processes. Blackwell Scientific: Oxford.

RITCHIE J C. MCHENRY J R, 1990. Application of radioactive fallout cesium-137 for measuring soil erosion and sediment accumulation rates and patterns: a review[J]. Journal of Environmental Quality, 19: 215-233.

RITCHIE J C, MCHENRY J R, 1990. Application of radioactive fallout cesium-137 for measuring soil erosion and sediment accumulation rates and partterns: a review[J]. Joural of Environmental Quality, 19: 215-233.

SHAO Y, 2008. Physics and Modelling of Wind Erosion[M]. Germany: Springer Science and Business Media B. V.

SOILEAU J M, HAJEK B F, TOUCHTON J T, 1990. Soil erosion and deposition evidence in a small watershed using fallout cesium - 137 [J]. Soil Science Society of America Journal, 54:

1712-1719.

UDDEN J A, 1914. Mechanical composition of some clastic sediments[J]. Geol Soc Am Bull, 25: 655-744.

WALLBRINK P J, Murray A S, 1996. Determining soil loss using the inventory ratio of excess lead-210 and cesium-137 [J]. Soil Science Society of America Journal, 60(04): 1201-1208.

WALLBRINK P J, Muruay A S, 1996. Distribution and Variability of ^{7}Be in soils under different surface cover conditions and its potential for describing soil redistribution processes[J]. Water Resour. Res, 32(02): 467-476.

WALLING D E, HE Q, BLAKE W, 1999. Use of ^{7}Be and ^{137}Cs measurements to document short and medium term rates of water induced soil erosion on agricultural land[J]. Water Resource Res, 35(12): 3865-3874.

WALLING D E, QUINE T A, 1993. Use of Cesium-137as a Tracer of Erosion and Sedimentation: Handbook for the Application of the Cesium-137 Technique (U. K: Overseas Development Administration Research Scheme 84579)[M]. Exeter(UK): Department of Geography, University of Exeter: 15-34.

WALLING, D E, HE Q, 1999. Improved models for estimating soil erosion rates from caesium-137 measurements[J]. J Environ Qual, 28: 611-622.

WANG G X, QUAN T W, DU M Y, 2004. Flux and composition of wind-eroded dust from different landscapes of an arid inland river basin in northwestern china[J]. Journal of Arid Environment, 58: 373-385.

WANG X, CHEN F, HASI E, et al., 2008. Desertification in China: an assessment [J]. Earth Science Reviews, 88(3/4): 188-206.

WENTWORTH C K, 1922. A scale of grade and class terms for clastic sediments[J]. J Geol, 30: 377-392.

WILSON S J, COOKE R U, 1980. Wind erosion[M]//Morgan M J. Soil Erosion. Chichester, USA: Wiley: 217-251.

YAN Ping, DONG Zhibao, et al., 2001. Preliminary results of using ^{137}Cs to study wind erosion in the Qinghai-Tibet Plateau [J]. Journal of Arid Environments, 47(04): 443-452.

YAN P, DONG Z B, DONG G R, et al., 2001. Preliminary results of using ^{137}Cs to study wind erosion in the Qinghai-Tibet Plateau[J]. Journal of Arid Environments, 47(04): 443-452

YOUNG J A, EVANS R A, 1986. Erosion and deposition of fine sediments from playas[J]. Journal of Arid Environments, 10: 103-115.

ZHANG C L, ZOU X Y, YANG P, et al., 2007. Wind tunnel test and ^{137}Cs tracing study on wind erosion of several soils in Tibet[J]. Soil & Tillage Research, 94(02): 269-282.

ZHANG Chunlai, YANG Shuo, PAN Xinghui, et al., 2017. Estimation of farmland soil wind erosion using RTK GPS measurements and the ^{137}Cs technique: a case study in Kangbao County: Hebei province: northern China[J]. Soil & Tillage Research, 112(02): 140-148.

ZHANG F, ZHANG B, YANG M, 2013. Beryllium-7 atmospheric deposition and soil inventory on the northern Loess Plateau of China[J]. Atmos. Environ, 77: 178-184.

ZHANG F, YANG M, ZHANG B, 2011. Beryllium-7 activity concentration in plants on the Loess

Plateau[J]. China. J. Radioanal. Nucl. Chem, 289: 353-359.

ZHANG X B, HIGGITT D L, WALLING D E, 1990. A preliminary assessment of the potential for u-
sing Caesium-137 to estimate rates of soil erosion in the Loess Plateau of China [J]. Hydrol Sci
J, 35(03): 243-252.

第十二章 土壤风蚀控制技术及其效果评估

第一节 防护林技术

一、防护林的概念和发展历程

1. 防护林概念

为了减轻自然灾害，同时在一定程度上改善气候、水文、土壤条件以创造适宜农作物生长和牲畜繁育的环境，来确保农牧业正常运营而营造的防护林，即农田防护林，主要包括人工林和天然林(Zagas et al.，2011)。农田防护林不仅是可以给生产生活提供多种效用的人工林生态系统(曹新孙，1983)，而且也是施展防护效应为基本手段的森林的总称(姜凤岐等，2003)。

2. 防护林发展历程

我国农田防护林的营造有悠久的历史，据考证，为防风固沙，确保农业生产和人畜安全，我国中原地区早在千余年前已有相应的实践经验：在耕地的边缘、宅基地和村庄周围以成行的形式栽植乔灌木，也有的区域开展林粮间作。20世纪50年代初在东北考察时发现，100年前营造的小型自由林网仍有零散分布，但防护效益较差。20世纪30年代开始，我国才开始建立具有现代意义的防护林，之前在冀西、山西、陕北、甘肃等地出现的自由式防护林带是由农民自发营造的，受限于当时的条件和规模，林带普遍分布零散、林带类型也不同，虽然起到了一定的防护效应，但毕竟无法形成真正的防护林体系。基于此，从新中国成立后开始展开大规模完备的防护林建设。自20世纪50年代初开始，持续在东北西部、内蒙古东部、陕西、河北等地持续开展了大规模的防护林建设，随后防护林建设规模也逐渐扩大，延伸到西北、陕北6县以及豫东17县，再后来扩展到包括永定河下游(4县)、冀西(8县)，以及新疆河西走廊垦区等地(高志义，1997)。

20世纪50年代初至20世纪60年代末，我国在开展农田防护林建设中还没有形成一套理论体系，农田防护林的营造主要是学习苏联的经验。随后从20世纪 70 年代到如今，我国根据生态学和生态经济学原理，开展山、水、田、林、路综合治理，逐步建立生态农业，实施防护林建设。各地区也因地制宜，依据生产实际来将大网格宽林带转为小网格的窄林带，以此来实现农田林网化。还有部分地区围绕农田林网，将"四旁"植树、林粮间作、速生丰产林以及经济林相结合，形成完备的生态经济型防护林体系。据 1995 年统计，其中农田防护林总面积约为 200 万 hm²，我国成为世界上营造农田防护林最多的国家。

为了从根本上改变"三北"地区的生产生活现状，1978 年 11 月，国务院正式批准开始实施世界上最大的人工造林工程（"三北"），该工程工期 73 年（1978～2050），工程由国家统一运行实施。"三北"防护林工程是一个重大林业生态工程项目，涵盖了中国 13 省（自治区、直辖市）551 个县（旗、区），实施面积达到407 亿 hm²，实施面积占到国土面积的 42.4%，涵盖了国家 95% 以上的风沙危害区和 40% 的水土流失区，工期总共有 8 期，分为 3 个阶段实施，总工程预估总造林 0.377 亿 hm²。2020 年 8 月 18 日，从国家林业和草原局获悉，"三北"防护林体系建设工程五期即将完成。"三北"工程累计完成造林保有面积 0.3014 亿 hm²。工程区森林覆盖率由 5.05% 提高到 13.57%，这也使其成为人类历史上林业生态建设工程的佼佼者（规模最大、持续建设时间最长、环境梯度最大）。

二、我国农田防护林的地理分布和主要树种

1. 我国农田防护林的地理分布

在我国五大林业工程发展的基础上，农田防护林的面积和区域呈扩大的趋势。参照自然地理区划、分布位置以及气候特征，我国大致可分为七个主要农田防护林（曹新孙等，1983），分别为：

①东北西部内蒙古东部农田防护林区；

②华北北部农田防护林区；

⑧华北中部农田防护林区；

④西北农田防护林区；

⑤长江中下游农田防护林区；

⑥东南沿海农田防护林区；

⑦西藏拉萨河谷农田防护林区。

2. 各个农田防护林区的自然概况简介

为防治自然灾害、改善区域自然条件如气候、土壤、水文等为主要目的而营造的人工林，被称为农田防护林。所以，了解各防护林区的自然概况，特别是自然灾害情况，对合理规划设计农田防护林有重要意义，表 12.1 是各区自然概况略表，从表中可以看出，大部分农防林区的自然灾害都有大风，风沙、干旱，农

田防护林正是为防御或减轻这些自然灾害而营造的，如何建设具有最佳防护效益、生态效益和经济效益的农田防护林一直是防护林研究的热点问题。

表 12.1 各农田防护林自然概况略表

分区	气候特征	土壤条件	主要灾害
东北西部内蒙古东部农田防护林区	冬季寒冷漫长，夏季炎热多雨，温带半干旱气候 $T=2\sim8℃$ $P=350\sim600mm$ $\sum T_{\geqslant10℃}=2500\sim3500℃$	黑土、黑钙土、栗钙土、褐土、棕色森林土、沙土、草甸土、盐碱土	大风、风沙（沙尘暴、扬沙、飘尘）、干旱、盐碱、霜冻、寒害
华北北部农田防护林区	温带半干旱气候，冬季寒冷漫长，夏季温和 $T=0\sim9℃$ $P=200\sim400mm$	栗钙土、黑钙土、沙土、盐碱土、灌淤土	大风、风沙、低温冷害、霜冻干旱、盐碱等
华北中部农田防护林区	湿润半湿润气候 $T=11\sim15℃$ $P=600\sim1000mm$ $\sum T_{\geqslant10℃}=4100\sim4700℃$	褐土、潮土、盐渍土、沙土、堘土	大风、风沙、干热风、干旱等
西部农田防护林区	多为温带干旱、半干旱气候，热力资源丰富 $T=2\sim10℃$ $P=10\sim200mm$ $\sum T_{\geqslant10℃}=2600\sim2800℃$	棕钙土、灰钙土、灰漠土、灰棕漠土、棕漠土、沙土、盐土、灌漠土	大风、风沙、干热风、干旱、盐碱等
长江中下游农田防护林区	亚热带湿润气候 $T=16\sim17℃$ $P=1000\sim2000mm$	黄棕壤、黄褐土、水稻土、盐土	干热风、台风、低温冷害、洪涝、盐碱等
东南沿海农田防护林区	华南热带、亚热带湿润气候 $T=20\sim22℃$ $P=1500\sim2000mm$ $\sum T_{\geqslant10℃}=4100\sim4700℃$	砖红壤、水稻土、滨海盐土、滨海沙土	台风、干旱、低温冷害、盐碱、风沙等
西藏拉萨河谷农田防护林区	冬温夏凉 $T=5\sim9℃$ $P=300\sim500mm$ $\sum T_{\geqslant10℃}=4100\sim4700℃$	山地灌丛草原土、草甸土、盐渍沼泽土	春旱、风害、冻害

资料来源：朱廷曜(2001)。

注：T 为年平均气温；P 为年降水量；$\sum T_{\geqslant10℃}$ 为 $\geqslant10℃$ 积温。

3. 各区的主要造林树种

根据农田防护林各类型区的自然特点和长期以来营造农田林网所采用的乔灌木树种的经验，各类型区采用的主要造林树种列入表 12.2。

表 12.2 中国各农田防护林类型区的主要造林树种一览表

分区	主要造林树种	
	乔木树种	灌木树种
东北西部内蒙古东部农田防护林区	小叶杨、小青杨、北京杨、白榆、旱柳、文冠果、兴安落叶松、樟子松、油松	小叶锦鸡儿、胡枝子、沙棘、怪柳
华北北部农田防护林区	小黑杨、青杨、群众杨、新疆杨、旱柳、樟子松、华北落叶松、沙枣、山杏、山榆	小叶锦鸡儿、怪柳、沙棘、沙柳、花棒、胡枝子
华北中部农田防护林区	北京杨、沙兰杨、毛白杨、群众杨、大官杨、小黑杨、合作杨、银杏、白榆、泡桐、旱柳、合欢、枫杨、栾树、核桃、油松、白皮松	杞柳、紫穗槐、胡枝子
西部农田防护林区	新疆杨、胡杨、银白杨、旱柳、白榆、沙枣、小叶白蜡、桑树、小叶杨	梭梭、小叶锦鸡儿、怪柳、沙棘沙柳、花镶
长江中下游农田防护林区	枫杨、楸杨、水杉、喜树、香椿、樟树、垂柳、银杏、柳杉、加杨、旱柳、木麻黄、杜仲、毛竹	杞柳、紫穗槐
东南沿海农田防护林区	水杉、樟树、旱柳、桑树、大叶桉、马尾松、湿地松、杉木	沙棘、沙柳
西藏拉萨河谷农田防护林区	银白杨、藏青杨、旱柳、白榆、垂柳、小叶杨、青海云杉	沙棘、沙柳

资料来源：朱廷曜（2001）。

三、防护林的规划设计原则

在设计防护林的过程中，主要考虑因害设防，同时还应考虑到美学、应对全球气候变化（Grala et al.，2012）、生物多样性保护以及系统稳定性（Motta et al.，2000）等需要。在现代的防护林规划设计中，单一模式已经不再被采纳，开始实施（林）带、片林、（林）网相融合的复合配置模式。具体来讲，就是在设置防护林时，主要的规划和配置布局标准应涉及林带的方向、带间距离、林木配置、林网空间布局及相应连续性等指标。

1. 防护林结构

防护林结构是指防护林内树木在干、枝及叶等方面的密集程度和相应的分布状态。它是由众多因子综合决定，包括树种组成、林分密度及分层（乔、灌、草等）、林木胸径、树高和林龄等（Heisler et al.，1988；朱教君等，2003）。已有研究表明，林带高度、疏透性、林带走向、长度和位置以及林带之间的距离都是影响防护林保护效益的主要因素。在以往的实践中，在草原中设置农田防护林过程中，苏联学者根据不同的土壤类型设置不同的林带间距，如栗钙土设置间距300~400m、南方黑钙土设置间距400~500m、普通黑钙土设置间距500~600m（曹新孙，1981）。宋海燕（2007）指出高标准农田林网主林带间距与副林带间距不同，分别为250~300m和500~600m。

2. 林带空间配置

在风沙严重的地区，农田防护林的规划设计指标主要是以防止风蚀为依据确定的。如林带带距这一重要指标的设计，首先统计当地多年平均最大风速作为参考，调查当地的土壤结构特征、土壤含水率和地表状况（粗糙度）等确定起沙风速，并计算需减少的风速百分数 Δ（%），据此可求得有效防护距离，即为农田防护林规划设计的主带带距。其他指标，如林带结构、林带方位角等的确定，也要把防止风蚀的因素考虑在内。

林带结构在林带的空间配置过程中是必须要考虑的，林带结构不同，林带宽度及横断面的形状设计也应进行不同的设计（曹新孙等，1981）。林带空间配置要根据林带所处地域和保护对象的差异来调整，但调整的标准在国内外一直没有形成统一的结论，如欧洲学者（丹麦、英国）认为应该限制林带的宽度，保持一定的宽/高比，如果不符合这一限度，防护林的防护效果也将受到影响（Caborn，1965）；而苏联学者则认为，如果要增加林带的宽度，就必须同时增加其相应的疏透度。根据上述研究，我国林带宽度的设计原则主要基于农田现状和所选树种。例如，"三北"防护林工程的林带宽度大多为8~24m（曹新孙，1983）。

林带防风作用可能达到的距离一般用林带高度（H）的倍数表示。内蒙古东部、东北西部、华北北部的农田防护林和西北部的农田防护林带，设计的带间距离一般为20~30H、透风系数约为0.5、林带走向基本垂直主害风方向等指标，都考虑了防止风蚀的因素。宋海燕（2007）对山东平原农区研究表明，30H就可达到10%的有效防护距离。平均防护效能为35.27%，对应的林带距离为1H~20H处；防护效能达63.64%，对应的林带距离为7H处。同时，研究表明，单条防护林带结构为最优结构时，林带距离在30H范围以内，平均风速可以降低4%~50%；然而，如果是20H范围内，平均风速降低较为显著和稳定，降低比例为50%~60%；防护林内10H距离后，风速才明显增高（孙旭，1999）。

3. 树种选择

树种选择是防护林构建的最重要基础。目前来看，杨树是国内温带地区的农田防护林建设的首选树种，并且大部分地区树种的选择单一（宋海燕，2007）。大量的研究发现，无论国内还是国外，在防护林树种选择上有着普遍认同的原则（柏方敏，2010）。在选择防护林树种时，需要综合考虑多种相关因素，例如树种的生物学、生态学以及林学特性，并结合种植区域的土壤和气候条件做出选择，即"适地适树"。在防护林树种的选择上应更加注重乡土树种，慎重考虑外来树种。林带株间混交紫穗槐等灌木树种，能形成较理想的疏远结构（宋海燕，2007）。根据不同的防护要求，可适当地增加乔灌树种混交比例。随着世界范围内森林经营方向不再单一地注重木材生产，更加关注森林生态系统的其他功能，人们在防护林树种选择时开始更加注重森林生态系统的稳定性或抗逆性、持久性及自然更新能力等（Motta et al.，2000）。臭椿被选为二代林网的更替树种，综合效益较好，但它的一些特性限制了其在农田林网上的发展。臭椿生长快但树冠大，胁地严重，种子随风直走落地生根，根蘖能力强，树根深入农田，萌蘖大片幼树，严重影响农作物生长。农户调查结果也反映出，即使天牛危害严重，农民仍喜欢栽杨树。建议在主干沟渠路上栽臭椿，而在田边地埂栽杨树，杨树采用短轮伐期集约经营。

四、防护林建设模式

1. 平原地区以农田林网为主体建设模式的防护林体系

华北平原以农田林网为主体，采用与农林间作、四旁绿化、固沙林、小片速生用材林、小片果园等相结合的综合防护林体系，形成农作物与林木相结合的多层次立体农业。由于该地区土地资源珍贵，林业生态工程建设重，往往要考虑道路、河流、沟渠等附属配套工程的结合度，选择小型树种（如泡桐、大枣、新疆杨等）构建农田林网。

长江中下游平原河、渠水网系统纵横交错，防护林建设中常以农田林网为主体，与堤岸林带、防治护堤林带、季节性掩没地带的速生用材林、复合农林业以及环村林等，构成防护林体系。在水资源丰富的江南地区，林业生态工程建设的主要目标是增加旱季的水量。同时，生长周期、耗水期与雨季相一致的落叶阔叶树种被优先选择，营造水源涵养林。

2. 北方农田边缘防风固沙防护林

由于我国北方地区干旱少雨，极大地限制了该区域林业生态工程的建设，所以，该地区选择建设模式首要考量因素是当地水资源环境容量，一般种植过程注重合理密植，主要选择一些耐旱及蒸发量较小的树种作为主栽树种，采用草、灌、乔相融合的方式优化防护林结构配置。

农田边缘防风固沙林带主要包括两类大型防风固沙林带：单带型和多带型；前者位于农田上风向的沙漠边缘，林带宽度一般大于1000m，农田内侧附近一般有30~50m乔木或乔灌混交林带。树木主要是杨树、沙枣树和榆树，外部有较宽的固沙灌木带，乔木一般选择杨树、沙枣树、榆树等抗旱性为主的树种，外侧是一条较宽的固沙灌木带。这种林带的优点是具有良好的防风固沙效果。适合营造的区域是有大面积流沙的农田迎风边缘区。

3. 城市防护林

空气在城市高层建筑之间流动，可能形成强劲的对流风和通道变速风，对高层建筑附近的设施和行人车辆有潜在的破坏力，甚至可能危及建筑本身。因此，需要建立城市防护林。低矮的灌木丛和更低矮的草皮防护效果有限，因此，应当选用高大乔木作为防护树种。

根据《城市绿地分类标准》(CJJ/T 85-2002)的规定，城市防护林属于城市绿地系统里的防护绿地。城市防风林带的功能是保护城市免受沙尘暴和粉尘的影响。通常，按照要求，一般会在城市周围修建总宽度为 100~200m 的防风林带。防风林宜栽植成间隔为 1.5~2.0m 的正三角形，种植 57 列树，10~20m 的宽度。树的高度越大，树枝越稀疏，风的透过率越大，故有必要扩大树木的宽度。防风林栽植的方向，应和盛行风向垂直。适用于林带保护的区域，是以林带为底边的三角形地带。林带的长度，至少应为树高的 12 倍以上。最好把防护林设置在地形的棱线上或崖边上。高低树的配置方法是，在上风侧种植低树，下风侧种植高树，使全体树木分担风压，以减轻风对林木造成的损害。

五、防护林对流场和风速的影响

1. 林带附近的风速廓线

林带附近背风面风速廓线的分布特征如图 12.1 所示，曲线 1 为林带前未受林带影响的旷野风速廓线，曲线 2 为背风面的风速廓线，大致可分为 3 段，其一般特征为：

(1)AB 段为下边界层，该层内风速随高度按对数或指数规律分布，但风速较旷野同高度的风速小。当透风系数很小，或为实体风障时(即 $\alpha = 0$)则在背风面近处出现涡流，靠近地面处，风向与旷野风向相反，由农田吹向林带，故难以形成下边界层。

(2)BC 段为弱风区，风速较旷野同高度的风速小。AB 和 BC 区域内风速的降低比率，在实际研究中常常被作为林带的防风效益指标。C 点的风速与旷野同高度的风速相等，其高度和透风系数、大气稳定度等有关，在稳定和中性条件下多数观测结果表明，约出现在 1.2~1.6H。

(3)C 点以上的风速，与旷野同高度的风速相比较大，背风面林缘尤为明显，向上增大到最大值出现的高度(约 2H)之后，又随高度的增加逐渐减小，直至地面边界层顶与旷野风速趋于一致。

2. 防护林周围流场能量区划

农田防护林系统包括农田生态系统边缘的前排原生林及其统一重复的田间林

带。树高的阻碍运动和摩擦阻力作用，导致经过农田防护林的流场的结构形式和能量再分布。根据先前的林带流场研究，加上实验过程对风场的分区划分，将气流经过防护林体系区划分成以下 6 个分区：上风向减速区、阻力抬升区、消减沉降区、消减恢复辐合区、集流加速区、再平衡区(图 12.2)。

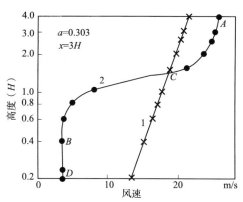

图 12.1　林带背风面 3H 处的风廓线
(2)及旷野风廓线(1)

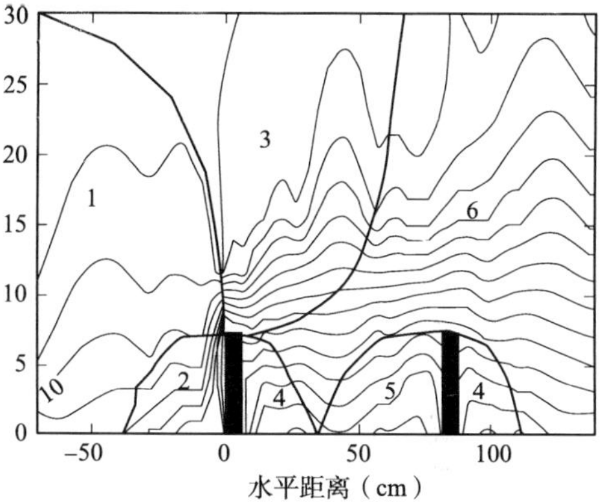

图 12.2　农田防护林网周围典型流场区域划分
[引自：朱乐奎(2016)]

注：1. 阻力抬升区；2. 上风向减速区；3. 集流加速区；
4. 消减沉降区；5. 消减恢复辐合区；6. 再平衡区。

上风向减速区：迎风防护林吹来的气流在林带的阻碍作用下，产生一定动能损耗的区域。

阻力抬升区：经过林带的阻碍作用，一部分气流越过防护林从而得到抬升。

集流加速区：越过防护林的气流在穿透过程中，速度提高，形成加速区。

消减沉降区：林带的机械摩擦力的作用下，林带内部流动的气流动能不断损失，整个风场速度显著减小。

消减恢复辐合区：流场经过林带一段距离后，风速会有一定范围的回升，同时受到下林带上风向减速的辐合作用。

再平衡区：流场通过整个防护林系统后，速度和等值线恢复到原来的上风向的原始状态。

3. 单林带流场的变化特征对比

通过风洞模拟试验，朱乐奎(2016)对相同风速下四种模型的流场进行对比后发现，多林带上风向减速区的距离要大于单林带，具体而言，当风速达到 14m/s 时，单林带达到-35cm(5H)，而多林带在相同风速下则为-60cm(9H 左右)，由此可见，上风向减速区直接受到由多条林带组成的林网结构的影响，可以显著增加林带前方减速区的距离。同时，单一林带的减少和沉降面积也明显小于多林带，因为流场穿过流场冠层，大大削弱了能量，相应的风速等值线迅速下降。相反，多林带的迎风抬升区域明显，能量转移到林带冠层的上部，然后林带后的等值线呈上升趋势，并下降得更远(图12.3)。

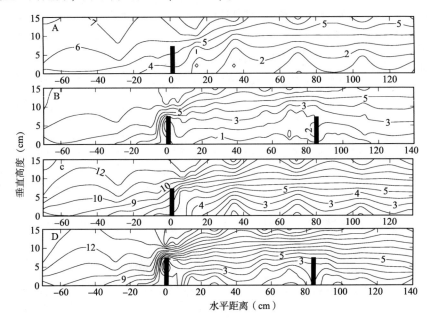

图 12.3　不同林带流场图［引自：朱乐奎(2016)］

注：A 为 8m/s 下单林带；B 为 8m/s 下多林带；C 为 14m/s 下单林带；D 为 14m/s 下多林带。

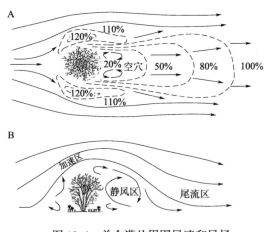

图 12.4　单个灌丛周围风速和风场

［引自：Wasson et al.(1986)］

注：A 为平面图，B 为剖面图。

4. 单个灌丛周围风速和风场

风沙流经过单个植株时，在植株的阻挡作用下，风沙流在植株前面形成减速区，导致一部分自身比较重的沙粒被卸载，然后风沙流在植株两侧及上方各自形成一个加速区，风速进一步的增大；由于涡流效应，风沙流在经过植物后迅速降低风速，形成低速静风区。连续运行一定距离后，风速逐渐恢复，该区域被称为尾流区。如图12.4所示。

5. 不同结构模型林带附近的风场

中国科学院林业土壤研究所及中国科学院兰州沙漠研究所风洞模

拟试验的结果显示，模拟值与野外中性天气条件下的观察结果相近，可以看出：

（1）紧密结构类型

①在模型背风面有静风区，风速被急剧削弱，随着远离林带风速迅速恢复，在 15H 处即达 80% 左右；

②在 30H 处 0.2H 高度，低层出现高速区，相对风速达 115%；

③模型上面 2.2~2.5H 处出现高速区，最大相对风速可达 130% 以上；

④林后减弱风速 20% 的有效范围在 15H 距离内高达 1~1.4H。

（2）疏透结构类型

据透风系数 α 由 0.36 增加到 0.92 的 7 条林带模型的测定结果，其特征为：

①背风面有弱风区，风速减弱的程度与透风系数有关。透风系数越小，减弱风速越强烈，当透风系数为 0.92 时，背风面最低风速接近 80%，透风系数为 0.36 时，背风面最低风速不到 30%，最低风速出现在 3~9H 处。透风系数越小，最低风速的位置越接近林缘。

②模型上面出现增速区，风速增大的程度和透风系数有关，透风系数越小风速增加越大，最适透风系数的林带模型增速区相对风速一般在 115% 左右。

③林后减弱风速 20% 的有效范围可达 1H 以上，透风系数 0.5~0.6 的模型林带减弱风速的水平距离最远。

（3）通风结构类型

为透风系数由 0.35 增加到 0.84 的 4 条林带模型的测定结果，其特征为：

①林带模型上部（指林冠层）背风面风速强烈削弱，形成弱风区；树干部位风速则较大，相对风速可达 100% 以上。最低风速出现在背风面 3~11H。

②林带模型背风面模型上面 0.5~10H 出现第一个增速区，相对风速随透风系数的减小而增大，透风系数为 0.5~0.6 时的林带模型相对风速一般在 115% 左右。

③林后减弱风速 20% 的有效范围，可达 1H 以上，最适透风系数的模型林带，水平距离最远。

6. 林带间距对风速的影响

观测的相邻 3 条平行林带（1，2，3）风速变化状况，如图 12.5 所示，结果表明：虽然每通过 1 条林带，都能有效降低后面林带间耕地上的风速，但是要使林带体系发挥良好的作用，其林带间距仍不能超过林带的有效防护距离。

7. 林带的配置方式对风速的影响

因透风系数不同，农田林网林带的结构可划分为紧密、透风和稀疏三种类型，紧密结构的透风系数低于 10%、透风结构的透风系数介于 10%~40%，稀疏结构的透风系数大于 50%。不同透气结构的林带的防风效果差异显著。当气流到达林带边缘时，被林带阻挡，大部分或部分气流上升，在林带上方形成高速气流

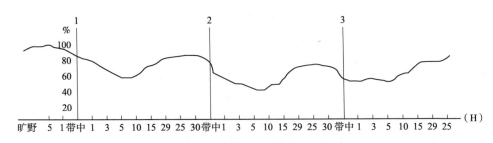

图 12.5 相邻林带风速变化曲线[引自：朱俊凤等(1999)]

区，在林带的背风侧，穿过林带的气流下沉，穿过林区的部分气流与正上方的气流相互作用，产生反向涡流，导致一系列风速下降，并在森林后面形成低速区。

屈志强(2007)通过对稀疏结构林带前后不同距离的防风效能研究后发现(表12.3)，在迎风面 1~5H 内，林带的防风效能为 6.07%；背风面，1~7H 范围内的防风效能达到 26.58%。由于林带类型属于稀疏结构，林带内的阻塞和摩擦效应并不能改变大部分气流的方向，气流会均匀地穿过林带，在能量逐渐消耗后风速开始下降。

表 12.3 林带防风效能表

对照点风速	迎风面距林带的距离			防风效能（%）	背风面距林带的距离				防风效能（%）
	5H	3H	1H		1H	3H	5H	7H	
4.28	4.13	4.01	3.92	6.07	2.89	1.97	3.35	4.36	26.58

常兆丰(2006)研究认为，透风结构林带，在林带后带高 1H 的范围内风速可削弱 70%~80%，林带后的有效防护距离是林带高的 20H。稀疏结构林带，在林带后带高 1~3H 范围内风速可削弱 40%，如果以恢复林外风速的 90% 计算，则防护距离为林带高的 23H(表 12.4)。在民勤沙区，农田林网林带的结构以上密下疏结构较为合理，上部林冠层透风系数在 0.2~0.4 为宜，林冠下层透风系数在 0.5~0.6，平均透风系数为 0.3 最好。

表 12.4 稀疏结构林带减弱风速的情况

距地面高度（m）	风速（m/s）							
	林带前林带高 15H	林内	林带后不同林带倍高处					
			1H	3H	5H	10H	20H	30H
1.0	8.6	0.4	5.8	6.4	6.6	7.4	7.5	8.4
0.2	6.2	4.7	3.2	3.2	3.9	4.7	4.9	5.1

资料来源：民勤治沙综合实验站(1959)。

徐满厚(2011)对新疆准噶尔盆地绿洲-荒漠过渡带防护林疏透度和风速之间

关系的研究表明，疏透度与相对风速的正弦值呈二次抛物线函数关系，在一定范围内，防风效果随着防护林孔隙度的增加而增加，这种增加的趋势会在孔隙度超过一定值时减小，由此可见，林带存在最佳疏透度值。可以利用导数法对得到的方程求极值得到一个地区的最佳疏透度值。有研究表明，当林带达到最适的疏透度时，在 0.5m 和 1.5m 高度处林带的防风效能分别能达到 61.6% 和 65.2%。所以，自身疏透度的情况对林带的防风效能起主要作用，为了达到防护林的最佳防风效能，应首先考虑林带疏透度的最适值，而不是一味追求要达成 100% 的防风效能。

六、防护林对土壤风蚀的影响

1. 防护林对风蚀危害的影响

当风速大于起沙风速时，可出现土壤风蚀、沙割、沙埋等灾害，给农业造成严重损失。常兆丰等（2006）通过对 1996 年 5 月 30 日强沙尘暴期间民勤西沙窝防护林内外的籽瓜受害情况调查得出（表 12.5），防护林内籽瓜破坏较轻，无防护林保护的籽瓜苗破坏严重，有的造成绝收，位于防护林内部越深，破坏越轻。

表 12.5 1996 年 5 月 30 日强沙尘暴民勤西沙窝籽瓜受害情况

样方号	上风向最内层防护林情况	调查株数（株）	距上风向林带 40m		距上风向林带 100m	
			死株（株）	残株（株）	死株（株）	残株（株）
1	1~5m 高沙丘、覆盖度 15% 左右	100	65	35	/	/
2	1~5m 高沙丘、覆盖度 15% 左右	100	100	0	11	15
3	茂密的白刺沙包，高约 5m	100	1	0	11	10
4	沙丘植被覆盖度 15% 左右，外侧有梭梭林	100	52	24	10	18
5	毛条防护林，林高 2~3m	100	16	7	/	/
6	5 行混交防护林带，林带高 5m	100	10	12	11	6
7	毛条防护林，林高 2~3m	100	13	21	100	0
8	杨树防护林，林高 17m	50	1	0	/	/
9	杨树防护林，林高 15m	50	0	0	/	/
10	杨树防护林，林高 15m	50	1	0	/	/
11	地埂，流动沙丘高 15m	残存苗不足 5%				

资料来源：常兆丰等（2006）。

注："/"表示无数据。

2. 防护林对风蚀强度的影响

关于风蚀强度与风速的关系研究表明,风速越大,风蚀越强。拜格诺(Bagnold R A,1954)曾给出风沙流输沙量(Q)和1m高处风速(μ)的关系式为:

$$Q = 1.5 \times 10^{-9}(u - u_t)^3$$

式中:u_t 为起沙风速。当 $u \leqslant u_t$ 时,没有风蚀,输沙量为零。当 $u > u_t$ 时,出现风蚀,输沙量大于零,并随着风速的加强而增加。风速为一定时输沙量也是一定的。

因此,当输沙量还未达到该风速下的饱和值时,就要继续引起风蚀。相反,当风速降下来的时候,风沙流中的输沙量呈过饱和状态,因此,一部分沙粒沉淀到地面,形成积沙。可以看出,土壤风蚀的严重程度和风速的3次方成正比。

农田林网内风速平均降低(即防风效能)为40%~60%。当出现20m/s大风时,以减少风速40%计,约为12m/s,低于起沙风速,林网内可不出现风蚀。但实际上林网内的风速不是均匀分布的,最大风速约出现在林带向风面距林缘10H左右,比旷野对比点降低20%~30%,风速可达16m/s,由上述公式可知,在林网内的这些地块,最大的土壤风蚀形成的输沙量 Q 与旷野输沙量 Q_0 相比为:

$$\frac{Q}{Q_0} = \frac{(16 - 12.7)^3}{(20 - 12.7)^3} = 0.092$$

仅相当于旷野输沙量的9.2%,若风速为14m/s时,则相当于旷野输沙量的0.6%,可见其防治风蚀效果明显。当出现极值风速时,例如34m/s,林网内风速仍减少20%~30%,则这些地块上风沙流的输沙量较旷野无林带保护的地块减少68%~86%。虽没有完全防止风蚀,但也大大减少了风沙灾害(朱廷曜等,2001)。

左忠等(2018)分别利用三杯风速仪和诱捕法,对干旱风沙区宁夏盐池县农田防护林网空间风速与地表风蚀特征开展了研究,监测结果显示(表12.6),土壤表层的风蚀量与防护林距离存在正相关关系。随着监测距离不断加长,春季风蚀量在林带内逐渐加强,旷野对照区,监测到累积的风蚀量达到了16754.45t/km²,属于极强度的侵蚀模数。因此,干旱风沙区沙质农田防护林网在典型大风日内对风速的减缓非常有效,但由于林网内沙物质源丰富,风蚀现象依然严重,对当地沙尘暴发生影响较大。

表 12.6　防护林内不同水平距离地表风蚀量及地表沙粒粒径分级结果

监测区域	累计风蚀量(t/km²)	侵蚀强度
0H(林带内)	1650.85	轻度
1H(15m)	4598.47	强度
3H(45m)	21944.63	剧烈

（续）

监测区域	累计风蚀量（t/km²）	侵蚀强度
7H（105m）	20456.69	剧烈
12H（175m）	15861.17	极强度
旷野（对照）	16754.45	极强度

注：根据左忠等（2018）数据整理。

3. 防护林对风蚀区土壤质量的影响

（1）防护林对土壤机械组成的影响

吴德东（2012）研究表明（表 12.7），无论是农防林、牧防林还是固沙林，它们都会显著影响土壤的机械组成。布设防护林后，土壤的物理性黏粒（<0.01mm）含量不断增加，其中，表现最为明显的是农防林。主要原因：①杨树落叶的大量积累使得外源性有机物不断增加，在水热条件具备的情况下很容易分解成新鲜的腐殖质，而且富含腐殖质的土壤在 Ca^{2+} 的作用下容易形成优异的水稳性团聚体，最终增加沙土的内聚力；②杨树在生长过程中，发达的根系会产生大量的分泌物，其对土壤的凝聚或胶结作用增强了团聚体的水稳性；③农防林有助于提高林中土壤的湿度，使得土壤中微生物的活动增强，利于环境中有机质的分解与积累。因此，营建农田防护林使农田土壤风蚀量减少，土壤质量得到恢复（鲍玉海等，2007）。

表 12.7　不同林种土壤机械组成

林种	样区类型	颗粒组成							
		1~0.25mm	0.25~0.05mm	0.05~0.01mm	0.01~0.005mm	0.005~0.001mm	<0.001mm	<0.01mm	>0.01mm
农防林	杨树林带下	191.1	586.3	120.0	20.0	15.0	62.6	97.6	902.4
	农田地	513.8	433.6	0.0	0.0	0.0	52.6	52.6	947.4
牧防林	樟子松+胡枝子带下	309.8	517.3	12.36	9.8	2.0	19.7	49.5	950.5
	流动风沙土	438.6	546.5	4.9	0.1	3.2	6.8	10.1	989.9
固沙林	樟子松纯林	295.8	592.9	7.55	5.4	1.21	18.3	35.8	964.2
	流动风沙土	438.6	546.5	0.49	0.1	3.2	6.8	10.1	989.9

注：朱德华（1979）的研究表明，无林带保护的地块由于干旱风的经常吹蚀，使农耕地土壤的细粒和有机成分逐渐吹失，肥力下降，土壤物理黏粒总量仅占7.46%，腐殖质含量仅为3.5 g/kg，而营造林带10多年之后，在林带的保护下，与旷野对比点相比，土壤物理黏粒提高了6%~34%，土壤腐殖质含量提高1倍左右；有效氮、有效磷含量也相应提高了40%~120%。

（2）防护林对土壤物理性质的影响（吴德东，2012）

防护林对土壤表层腐殖质的积累有显著促进作用，同时，随着腐殖层的加厚，表层土壤结构变得相对疏松，土壤容重降低。同时，土壤腐殖质含量的增加和植物根系分布的增加使得土壤孔隙度扩大（表12.8）。

表12.8　不同林种下0~40cm土壤物理性质变化

林种	样区类型	容重（g/cm）	孔隙度（%）	持水量（%）	透水性（cm³/s）
农防林	杨树林带下	1.33	50.2	/	/
	杨树林带间	1.41	47.5	/	/
牧防林	樟子松+胡枝子带下	1.54	37.9	24.47	0.42
	流动风沙土	1.59	35.8	22.33	0.70
固沙林	固定风沙土	1.60	32.2	33.88	0.18
	流动风沙土	1.65	31.9	19.54	0.62

注："/"表示无数据

由表12.9中土壤养分变化数据得知，0~40cm土壤，农防林林下比林间含N量增加67.35kg/hm²；含P量增加45.90kg/hm²；有机质增加1.17万kg/hm²。牧防林林下比流动沙丘土壤含N量增加509.10kg/hm²；土壤含P量增加1222.65kg/hm²；土壤有机质增加628.35kg/hm²。固沙林林下比流动沙丘土壤含N量增加934.95kg/hm²；土壤含P量增加670.00kg/hm²；有机质增加1.22万kg/hm²。尽管如此，土壤中的有机质除农防林林带下外，其含量仍然比甘肃民勤县最劣耕作土壤沙化灌淤土有机质低40%~50%，全N与其基本持平，肥力偏低。

表12.9　不同林种下土壤养分含量变化

林种	样区类型	土层（cm）	全N（g/kg）	全P（g/kg）	K（g/kg）	有机质（g/kg）	pH
农防林	杨树林带下	0~5	0.235	0.075	/	5.928	/
	杨树林带间	0~5	0.211	0.063	/	3.546	/
牧防林	饲料林草场	0~30	0.540	0.377	25.661	2.775	6.72
	无林草场	0~30	0.443	0.173	24.847	2.589	6.74
固沙林	樟子松纯林	0~150	0.276	0.176	25.062	3.178	6.50
	流动风沙土	0~150	0.126	0.068	21.656	1.237	6.60

注："/"表示无数据。

（3）防护林对土壤动物的影响

邬天媛（2012）在松嫩平原按低平原、高平原和低山丘陵分别选取三个农田防护林样区进行土壤动物群落特征指数和相似度指数分析，结果显示，低平原区个体数量和优势度指数分布规律表现为田内<田缘<林缘<林内，但多样性指数和均匀度指数却恰好相反；森林和田间的类群数和个体数量分别为最高和最低，但田

间边缘高于森林边缘；丰富度指数最高的是田内，最低的是森林边缘，结果表明，随着与防护林距离的增加，覆盖的信息越多，物种丰富度不断增加。在高平原区域上，类群数、个体数与多样性指数的规律相同，均表现为田缘<田内<林缘<林内，优势度指数却体现处截然相反的结果，均匀度和丰富度指数的规律分别为田缘<林缘<林内<田内，它表明，离防护林越远，信息越少，集中度越高，物种数量不断减少，物种越少（表 12.10）。

表 12.10　大型土壤动物群落指数

		类群数	个体数	多样性	均匀度	优势度	丰富度
低平原	林内	19	920	1.503	0.502	0.339	0.439
	林缘	22	1850	1.144	0.370	0.459	0.411
	田缘	18	1775	1.298	0.449	0.437	0.386
	田内	18	738	1.084	0.375	0.557	0.438
高平原	林内	19	171	2.146	0.743	0.159	0.472
	林缘	11	103	1.671	0.697	0.243	0.496
	田缘	5	19	0.974	0.702	0.482	0.323
	田内	11	69	1.402	0.585	0.417	0.378
低山丘陵	林内	21	540	1.089	0.358	0.611	0.437
	林缘	34	1042	1.238	0.348	0.572	0.453
	田缘	19	472	0.950	0.323	0.670	0.437
	田内	11	253	1.172	0.489	0.549	0.437

注：土壤动物群落多样性采用 Shannon-Wiener 多样性指数计算（马克平等，1994），公式为：

$$H' = - \sum p_i log_2(p_i)$$

式中：p_i 为第 i 个物种个体数占所有物种个体数总数的比例。

从表 12.11 可得，不同于大型土壤动物的分布格局，中小型土壤动物类群指数分布没有规律性。多样性指数在低山丘陵区的林缘最高，高平原区的田内最低；均匀度指数在低平原森林最高，在高平原农田最低；在优势度指数中，低平原地区的田间最高，而低平原地区森林最低；丰富度指数在高平原区森林边缘最高，在高平原地区田间边缘最低。

表 12.11　中小型土壤动物群落指数

		类群数	个体数	多样性	均匀度	优势度	丰富度
低平原	林内	19	920	1.503	0.502	0.339	0.439
	林缘	22	1850	1.144	0.370	0.459	0.411
	田缘	18	1775	1.298	0.449	0.437	0.386
	田内	18	738	1.084	0.375	0.557	0.438

（续）

		类群数	个体数	多样性	均匀度	优势度	丰富度
高平原	林内	19	171	2.146	0.743	0.159	0.472
	林缘	11	103	1.671	0.697	0.243	0.496
	田缘	5	19	0.974	0.702	0.482	0.323
	田内	11	69	1.402	0.585	0.417	0.378
低山丘陵	林内	21	540	1.089	0.358	0.611	0.437
	林缘	34	1042	1.238	0.348	0.572	0.453
	田缘	19	472	0.950	0.323	0.670	0.437
	田内	11	253	1.172	0.489	0.549	0.437

第二节　沙障技术

一、沙障技术的概念和类型

狭义的沙障又称机械沙障、风障，是用柴草、秸秆、粘土、树枝、板条、卵石等物料在沙面上做成的障蔽物，是消减风速、固定沙表的有效的工程固沙措施。主要作用是固定流动沙丘和半流动沙丘。广义的沙障还包含生物沙障（图 12.6）。

图 12.6　沙障技术

根据不同的分类方法，沙障有很多分类，也有很多不同的名称。总结起来，可以概括为以下几个类型。

第一，根据采用的沙障材料在设置后能否再次繁殖，将其分为活沙障和死沙障。前者又称生物沙障、植物沙障、植株再生沙障、活沙障，后者又称机械沙障。

第二，根据沙障防沙原理和设置类型，将沙障概括为两种类型：平铺式和直立式。平铺式沙障的防沙原理是固沙，利用柴、草、卵石、黏土或沥青乳剂，聚丙烯酰胺等高分子聚合物等物质铺盖或喷洒在沙面上，来隔断风与松散沙层的直接接触，使风沙不会对沙面起到风蚀的作用，不会加大风沙流中的含沙量，达到风虽过而沙不起，就地固定流沙的效果。直立式沙障大多是积沙型沙障。其原理是，在风沙流过的路线上设置障碍物阻挡风沙流，起到降低风速，沉积携带沙粒的作用，从而减少了风沙流的输沙量，起到降低风沙危害的作用。

第三，直接以所选材料进行命名和分类，如麦草沙和黏土沙障、沥青毡沙障、砾石平铺沙障、紫穗槐网格沙障、草方格沙障、人工材料沙障和半人工材料沙障等，应用最为广泛的分类。表12.12展示了我国近几十年来沙障研究的总体概况，按不同的分类依据产生的分类型。

表12.12 沙障的分类依据及类型

分类依据	沙障类型	分类依据	沙障类型
设置后能否繁殖	活沙障	天然材料	黏土、砾石、麦草、芦苇秆、沙柳、黄柳、杨柴(羊柴)、棉花秆、沙蒿、锦鸡儿、小红柳、玉米秆、葵花秆、胡麻秆、山竹子、小叶杨、旱柳、蒙古岩黄芪、碱蓬、四翅滨藜、东疆沙拐枣、芨芨草、踏郎、花棒、柠条、甜根子草、紫穗槐等
	死沙障		
障高不同	高立式		
	低立式		
	隐蔽式		
透风情况/孔隙度	通风型	人工材料	聚乳酸纤维、聚酯纤维、塑料(聚乙烯)、土工编织袋、尼龙网、水泥、沥青毡、高分子乳剂、棕榈垫、无纺布、土工格栅、土壤凝结剂、复膜沙袋阻沙体
	疏透型		
	紧密型		
防沙原理	固沙型	半人工材料	煤矸石、旧枕木柱、荆笆
	积沙型	能否移动	固定沙障
	输导型		可移动沙障
设置后形状	格状式	设置方式	平铺式
	带状式		直立式
	其他		

引自：张利文等(2014)。

二、沙障效果评价指标

在查阅大量文献后，笔者整理了机械沙障和生物沙障效果的评价指标（见表12.13）。机械沙障的效果评价有21个指标，主要关注防风固沙效果，生物沙障效果的评价指标是24项，主要注重植被的生长情况。两者的共同点是，都能改善土壤的物理和化学性质。基于此，在实际应用中通常使用两个防沙屏障的组合，以达到更好的防沙效果，因此，在评价沙障固沙技术时，应考虑选定的评价指标。此外，随着社会经济等各种复杂环境因素的变化，评价指标需要相应调整。

表 12.13 各类机械沙障和生物沙障效果评价指标

沙障类型	定义	亚类	效果评价指标
机械沙障	以土、柴草等死体材料设置的挡风阻沙的障碍物	秸秆沙障 黏土沙障 尼龙网沙障 塑料沙障 沥青毡沙障 土工布沙障 砾石沙障 污泥沙障 聚酯纤维沙障 高密度聚乙烯沙障	防风效能（16）、输沙率（13）、粗糙度（11）、土壤含水量（9）、土壤平均粒径（6）、障体耐蚀积能力（5）、时效性（5）、风蚀深度（5）、土壤理化性质（5）、风速廓线（4）、设置成本（4）、积沙深度（4）、最适孔隙度（3）、防风固沙（3）、破损率（2）、土壤盐分（1）、pH（1）、土壤湿度（1）、受沙害面积（1）、沙障高（1）、温度（1）
生物沙障	以旱生灌木和沙生草本植被等活体材料设置的防风阻沙的障碍物	黄柳沙障 杨柴沙障 踏郎沙障 沙柳沙障 柠条沙障 拐枣沙障 红柳沙障 白刺沙障 紫穗槐沙障	成活率（8）、高生长量（7）、植被覆盖度（4）、物种多样性（4）、地表粗糙度（3）、产投比（3）、冠幅（3）、抗病虫害（3）、起沙风速（2）、输沙率（2）、保存率（2）、沙丘移动距离（2）、适用范围（1）、使用年限（1）、分枝数（1）、根系扩展（1）、抗逆性（1）、破损率（1）、土壤理化性质（1）、机械组成（1）、物种结构（1）、地径（1）、阻沙粒度（1）

资料来源：丁新辉等（2019）。

注：括号内展示的为相应词汇在文献中的频次。

三、沙障设置的技术要求

在自然条件较差的地区，沙漠治理的首要措施是采用沙障技术，在自然条件较好的地区，采用机械沙障开展治沙工作。然而，由于某些地区气候极端干燥，植物固沙的条件完全不具备，因此需要在初期采用机械沙障来防止风蚀或植物沙障被沙埋，为植物沙障的生长争取一个可行的环境条件。生物沙障是一种通过将黏土、木柴和砾石等非生物材料替换为活灌木和草本植物而构建的沙障措施（姬亚芹等，2015）。

1. 沙障设置方向及配置

沙障设置方向的总原则是沙障方向与主导风向垂直，通常设置在迎风坡。在单一风向或方向相反、风向交替作用地区，可设置带状沙障；在多风向作用地区，可设置格状沙障。

2. 沙障间距和高度

相邻两条平行沙障之间的距离称为沙障间距。沙障间距的大小决定着障间风蚀和风积的状况。沙障间距越大，障间吹蚀越深，沙障越容易被风蚀损坏；但距离过小则浪费材料，防沙作用也小。沙障设置后经过一定时间，就会在障间形成一稳定的凹曲面。为了使障间吹蚀深度控制在 5cm 左右（最多不超过 10cm），障间距以 3m 为宜，一般为 2~4m。

依据风沙流的运动规律，风沙流中的沙子有 80%~90% 是在近地表 0~30cm 的气流中，尤其以 0~10cm 范围内的含沙量和输沙量最为集中。因此，设置一定高度的沙障就会拦截风沙流中的沙粒，对风沙流继续移动起到阻碍作用，防止沙害进一步发生，固沙效果随着沙障高度的提高而逐渐增强。在风沙流不是很大的情况下，沙障的高度在 15~20cm 就可以达到有效的阻沙效果，为了避免沙障高度过低易受沙埋，可将沙障高度提高到 30~40cm，可以达到更好的阻沙效果。如果障高达 100cm，可满足高立式沙障的要求。

3. 沙障孔隙度

沙障孔隙度通常用来衡量沙障透风性能的好坏，一般用沙障孔隙面积占沙障总面积的比来表示。孔隙度越小，沙障越密，积沙范围越窄，沙子堆积的最高点将落在沙障上，这将导致沙子快速掩埋沙障，并失去连续的阻沙效果。反之，孔隙度越大，积沙范围越广，积沙量越大，保护效果越好。一般采用 25%~50% 的透风孔隙度。

室内实验和野外观测均证实：当孔隙度约 40% 时，沙障阻沙效果最佳。风大且沙源又少的情况下，孔隙度应较小，沙源充足时，孔隙度要较大。

4. "活"沙障设置时间

"活"沙障类型不同，其设置时间也不同。张瑞麟等（2006）的研究发现，冬贮条黄柳沙障应在春季设置，该时期设置的沙障成活率显著高于秋季；因此，春季是活沙障设置的最佳时期，而且应该采用冬贮条来设置"活"沙障。

第三节 防风网技术

一、防风网的概念和原理

防风网是指具有一定开孔率的人工墙结构，也称为防风抑尘网，广泛应用于沿海、干旱和沙漠地区，主要用于减少风蚀和沙尘对环境的破坏。与植被型防护带相比，防风网能在恶劣环境（如缺水和土壤贫瘠的地区）中正常使用。而且因为防风网对周围的风场的阻挡，迫使气流的能量迅速消散，能在网后形成一定的遮蔽区域，抑制沙尘在周围区域进一步传播扩散，因此，具有一定的应用价值。

根据能否移动，可分为固定防风网和移动防风网。固定防风网一般会将加工、成型的防风网经过重新组装，固定在地面上的钢支架上，成本较低，可操作性强，目前应用比较广泛。移动防风网安装了电动升降机，工作时可将防风网提升到一定高度，不工作时可降低防风网，这种防风网主要应用于港口堆场、煤炭加工场地等一些移动性较大的现场作业场地。如果按照网板形式来区分防风网，防风网主要有蝶形（图12.7）、半圆形、直板形三种类型，其中较为常见的是蝶形和直板形。而按材质的不同，防风网主要有镀铝锌网、柔性纤维网和玻璃纤维网三种类型，其中镀铝锌网由于其耐腐蚀、防潮和耐热性，主要用于港口，如果使用年限较短，经常采用一些玻璃钢网和柔性纤维网来作为防风网。

图12.7 常见的防风网示意图

二、防风网作用原理

防风网又称防风抑尘墙、防风墙等，它主要通过设置多孔通风屏障来降低迎面风速，降低湍流强度，从而起到防风防尘的目的（孙昌峰，2011）。要了解防风网的作用原理，必须全面理解和分析防风网前后的流场。研究人员将风幕前后流场分为六个区域（Judd 等，1996），具体的为：①来流风区；②网上绕流风区；③渗流风区；④庇护区；⑤混合风区；⑥风流再附区（图 12.8）。

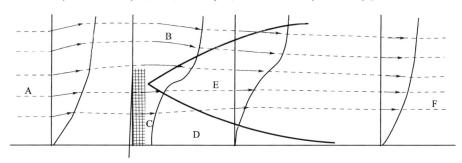

图 12.8 防风网前后流场示意图［引自：Judd M（1996）］

如图 12.8 所示，在区域 A，来流风经过防风网后，一部分透过防风网，此部分被称为渗流风，即图 12.8 C 区域，此时，机械能会被削减，形成低速风；同时，之前大尺度、高强度旋涡的来流风被减弱、隔离成了小尺度、弱强度的旋涡。这种低速、弱紊流度风流经过料堆时，会形成弱涡量和弱湍流度，而低风速梯度的流场，大大减少料堆起尘量，该区也称为庇护区（图 12.8 D 区域），抑尘效果最佳的部分就是这部分放置在此区域内的料堆。另外，大部分风量被向上排开，形成网上绕流风区（图 12.8 B 区域），其与主风流在防风网的最高处汇集成速度更高的风流，紧邻下方网后低速风流速度与它相差悬殊，向低处发展的旋涡强度很高的较长的条带区，称为混合风区（图 12.8 E 区域）。此条带区内，上部风流和下部风流间进行强烈的能量交换，导致低速风流风速提高，快速达到初始风速，叫做风流再附区（图 12.8 F 区域）。

三、防风网防护效果受影响的因素

1. 开孔率的影响

开孔率是指防风网的开孔透风面积与总面积的比率，它是影响防风、抑尘性能的最重要因素，同时也是防风网性能好坏的一个重要指标。背风区的流场结构会因网板开孔的疏密程度而发生改变。图 12.9 展示了两种典型的防风网的尾流结构，从图中可以看出，较大尺度的漩涡气流出现在密实挡板的下游区域，这使得网顶处具有较高动量的气流迅速附着到近地面区域；然而，如果有一个具有适当开口率的稀疏挡板，部分气流将穿过防风网的网格，到达背风区。它们与屏幕顶部的气流相互作用，并延迟上层高速气流的下降，进而增加背风区遮护距离。研究发现，"密集"的围栏可以形成10~15倍净高的顺风距离；相对"稀疏"的围栏的风降距离可以达到净高的 20~25 倍(Caborn，1957)，因此防风网只有具有恰当的开孔率才能把遮护效果充分体现出来。

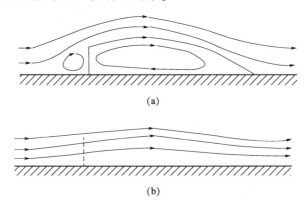

(a)

(b)

图 12.9　典型防风网后的流场结构(a)实体；(b)开孔[引自：Stunder et al. (1988)]

通过对不同开孔率的防风网后平均风速、湍流度的变化的研究，Raine 等 (1977)发现，最能够有效地减小其背风面的平均风速的为开孔率为 20% 的防风网。有孔防风网比无孔防风网有更好地降低平均风速的作用，开度更高的防风网能提供相对更好的整体屏蔽效果。Lee 等 (1998) 通过风洞试验对比后发现，30%~40%开孔率的防风网对料堆的庇护效应最好，但也有不同的观点，例如，Mercer 于 2009 年报道称，防风网的最佳开孔率是 25% 左右，低于之前的报道。总之，影响防风网防风抑尘性的一个非常重要的参数是开孔率，但目前尚未形成统一的研究结论，可能与试验区所处的自然条件，如大气环境、实验模拟及所采用的模型不同有关。

2. 网高的影响

防风网的庇护范围还和网高有密切关联，Torano 等(2009)通过对露天堆场中颗粒物的粉尘排放进行调查后发现，当网高小于料堆高度时，颗粒物的最小粉尘排放发生在防风网至网格后堆高度的 2 倍处。当防风网的高度为料堆高度的 1 倍和 1.2 倍时，颗粒粉尘排放量最小的位置是从网到网后堆料高度的 3 倍处。陈凯华等(2008)通过数值模拟对某钢铁厂露天堆料场防风网防风效果进行研究后发现，在一定的风速情况下，不是防风网越高，防护效果就越好，防护效果好坏还和料堆的接触面直接相关，较为适宜的网高应控制在受保护料堆高度的 1.5 倍。Dong 等(2006)研究后也证实，网高的增加可以扩大防风网的防护范围，但也要适度的把握，如果网高达到一个峰值后再继续增加高度，防风网的防护范围也不会持续的增加。

3. 网与料堆距离的影响

相比于开孔率和网的高度，网至料堆前堆脚的距离(即网与料堆距离)对防护网的防护效果有显著的影响。Lee 等(1998)研究表明，如果不改变防护网开孔率和网高的情况下，即使防风网与料堆之间的距离不同，料堆表面的平均压力也不会产生显著的改变。Li Wei 等(2007)研究后发现，在间距大于4倍的网高并把开孔率设置为50%时，防风网的防护效应与未开孔的防风网差别不大。日本学者的研究也表明，防风网与最近料堆的距离的最佳值应为1.0~1.5倍的料堆高度(赵海珍等，2007)。Kim 和 Lee(2001)系统研究了防风网网孔大小对网后流场的关系以后发现，在开孔率不变的情况下，防风网对来流风的阻碍作用和渗流风的湍流度都与孔径的大小呈负相关关系。Yeh 等(2010)对不同的来流风方向对防风网性能影响的研究得出，防风网的抑尘效果很大程度上受制于来流风的方向，来流风向与迎风面45°夹角时，防风网抑尘作用较差，如果按照八边形布置时，使来流风呈现一定的倾斜角度，防风网的抑尘效果能大大提升。

4. 防风网底部与地面的间隙

在防风网的工程建设中，道路通达性、地面平坦性等因素都是需要考虑的。地面平整性不佳和机动车道分别会导致防风网与地面之间，以及防风网之间存在空隙，从而会影响防护区的流场特性。研究数据显示，防护效果与间隙的大小相关，如果间隙值在合理的范围内，不仅不会减弱防护效应，反而会加强防护效果。因此，在设计防风网时，要合理利用这些间隙，提高防护效率。

5. 设网方式

场区大小、周围风环境及成本等多方面因素综合决定了防风网的设网方式，一般采用主导风向前设网和周围设网两种方式。当然，设网方式可以灵活多变，例如，在防风网工程中会采用L型设网方式，即在主导风前设网与侧面设网相结合。此外，结合场区内的流场特性及防护要求，可以设置多层防护网以达到更好的防护效果。

四、防风网技术的发展方向

目前，针对防风网的形式、防风网的相应布置、防风网防风抑尘性能以及影响防风网防风抑尘的因素等方面，开展了大量的研究(陈爱英，2007)。防风网抑尘技术日渐成熟，已逐渐广泛地应用到工程中。但是，当前关于防风网的研究中还有诸多不足之处，比如在研究中对防风网的流体动力学关注度较高，对其结构设计方法、结构性稳定、抗风性设计等方面缺乏应有的重视(徐洪涛等，2010)，对防风网的安全度承载分析方法以及新型防风网开发等方面的还很匮乏，这些方面会成为以后研究的重点。此外，还应建立更精确的防风网后粉尘量计算方法，也应该通过模型流场数学模型和颗粒粉尘标准的理论探索进一步促进防风网抑尘机理的系统研究。

第四节　抑尘剂技术

一、抑尘剂的概念及作用机理

1. 抑尘剂的概念

抑尘就是指将现代工艺与材料相结合制备抑尘剂。在易于发生沙害或扬尘的土壤、灰尘、沙丘或沙质土地表面喷洒或干撒抑尘剂，形成具有固结能力的固结层，从而达到控制沙害、防治扬尘的目的，而抑尘剂就是抑尘方法所采用的抑尘材料。

抑尘是一种比较新颖、有效的粉尘防治方法，从生产的角度来看，抑尘需要不同的物质通过一定的工艺制备抑尘剂，或者采用单一的材料直接用作抑尘剂；从发挥效用的角度来看，它可以通过形成固结层的形式增加含湿量、增大颗粒物的粒径，进而固定灰尘、粉尘、细土颗粒等（图 12.10）。从应用目的角度来看，抑尘剂主要用于控制扬尘、沙尘以及土壤风蚀，其根本目的在于保护环境。

（a）喷洒抑尘剂前　　　　　　　　　　　　（b）喷洒抑尘剂后

图 12.10　喷洒抑尘剂前后褐煤颗粒的电镜［引自：杨树莹等（2019）］

2. 抑尘剂的作用机理

抑尘剂的基本抑尘原理是在潮湿环境中保持待处理材料的表面湿润，从而达到抑尘效果，而在天气干燥的环境中，经过处理的材料表面被胶合形成一层硬壳，这样细颗粒就不会随风扬起，从而达到抑尘的目的。

根据形态的不同，抑尘剂可分为液体抑尘剂和粉状抑尘剂两种。其中，液态抑尘剂居多，喷洒于地面或物料表面后可以抑制粉尘微粒运动，避免灰尘、沙粒飞扬至空中。它通过捕捉、吸收和凝聚灰尘颗粒，将粉尘锁定在网络结构中，从而实现润湿、黏结、冷凝、吸湿、防尘、防侵蚀和抗冲刷的作用。归结起来，目前公认的抑尘机理有吸湿、润湿、黏结和凝聚 4 种。①吸湿作用机理：采用吸湿性无机盐从空气中吸收大量的水分来保持粉尘长时间处于润湿状态，从而起到抑尘的效果。②润湿作用机理：利用水或含表面活性剂的水溶液对粉尘进行润湿，以达到抑尘目的。③黏结作用机理：利用天然或人工合成化学品的黏结力使粉尘黏结成团，同时可以使粉尘间黏结得更结实，使粉尘黏结起来或在粉尘表面形成同结层，以达到防尘的目的。④凝聚成膜机理：利用天然或人工合成的功能高分子材料的凝聚成膜特性，将其喷洒在粉尘表层，使其形成连续的薄膜，覆盖在物料表面，以达到抑尘目的。按照综上的抑尘机理，可以将抑尘剂划分为以下 4 大类：吸湿型、润湿型、黏结型及凝聚型。

（1）吸湿型抑尘剂

根据所用材料不同，吸湿型抑尘剂分为两类，分别为无机盐型和吸水树脂型，无机盐主要包括 NaCl、$CaCl_2$、$MgCl_2$、$AlCl_3$、Na_2CO_3 和 Na_2SiO_3 等。吸湿性无机盐通过从空气中吸收水分来长时间保持灰尘湿润。同时，这种抑尘剂还可以在粉尘表面形成一定强度的固化层，以此来减少水分挥发，抑制粉尘飞扬，具体作用如图 12.11 所示。该抑尘剂的缺点是粉尘固结层的强度低、耐水性差，因此抑尘剂能否从环境中吸水决定了其效率，而其效率高低受环境温度和湿度的显著影响。此外，当

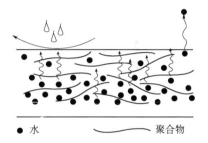

图 12.11　吸湿、保湿作用
[引自：佟云华（2018）]

这些卤化物用于抑制道路扬尘时，它们会腐蚀汽车零件并对植物造成伤害，因此，被近年来迅速发展的高吸水性树脂所取代。

（2）润湿型抑尘剂

润湿型抑尘剂是一种高浓度的润湿制剂产品，用于加强水对粉尘的抑制能力，专门针对粉尘厌水性而开发，用于加强水对粉尘的吸附力。当它吸附到粉尘上时，粉尘的容积密度增加，很容易结团掉落，从而阻止了其在空气中传播。润湿型抑尘剂对扬尘污染的控制非常有效。润湿型抑尘剂中通常添加了几种表面活化剂，这种活化剂由亲水基和疏水基组成，当溶解在水中时，其亲水基团的一端被水包围，而其疏水基团的另一端远离水，在水溶液的表面形成了致密的界面吸附层，吸附层大大减少了水与空气的接触面积，导致水表面张力降低，与空气接触的疏水端对灰尘有一定的吸附作用，从而使得粉尘在水充分润湿后降落而实现降尘（金龙哲等，2007）。该抑尘剂具有适用范围小、重复喷洒后造成二次污染风险的缺点。同时，这种抑尘剂并不具有固结性能，因此只能暂时减少粉尘而不能彻底降尘。

（3）黏结型抑尘剂

黏结型抑尘剂防止粉尘和泥土飞扬的原理是利用覆盖、黏结、硅化和聚合等作用，达到预期效果。根据采用的原料不同可分为黏结型有机化学抑尘剂以及黏结型无机化学抑尘剂两种类型，具体包括油类产品、造纸和酒精等工业产生的废料（沥青、渣油和木质素等）。由于这些油状物质不溶于水，因此通常在生产过程中使用乳液合成法。喷洒后，地面上的灰尘颗粒将被抑尘剂润湿，然后黏结在一起，同时，乳液可以吸收空气中的粉尘，油滴会慢慢浮在表面，并形成一层油膜，从而减少水的蒸发。这种抑尘剂随着喷洒次数的增加而提高抑尘效果，该抑尘剂的缺点也非常明显，由于是有机化合物，因此，具有气味重、难分解和污染环境的潜在危害。该型抑尘剂对粉尘的黏接过程具体如图 12.12 所示

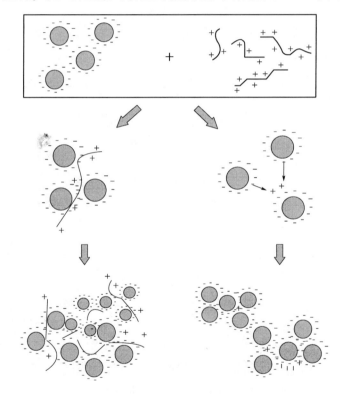

图 12.12　粉尘黏接过程［引自：佟云华（2018）］

（4）凝聚型抑尘剂

凝聚型化学抑尘剂利用相关试剂的结合和冷凝来聚集和凝聚粉尘颗粒，增加粉尘的粒径并提高其沉降速度。该抑尘剂在使用后，会在粉尘表面形成连续的膜结构后固结成具有一定强度的壳（王姣龙等，2014）。该抑尘剂的关键原料是沥青、煤焦油、重油、减压渣油、植物油和石蜡，以有机类最多。由于它们不容易

溶于水，因此需要在使用前进行乳化，配置成黏性乳状液。该抑制剂的最大缺点是残留率高、乳化性能差、容易造成环境污染。目前，该类抑尘剂较为环保的类型是水溶性高分子抑尘剂，该类抑尘剂喷洒在灰尘表面时，自由表面活性剂分子会与灰尘相互吸附，从而破坏灰尘表面的空气膜，加速粉尘的润湿度。粉尘和水之间的这种相互作用形成了由范德华力主导的物理吸附和由化学键主导的化学吸附，化学键可以结合和凝结

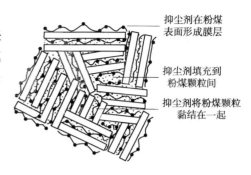

抑尘剂在粉煤表面形成膜层

抑尘剂填充到粉煤颗粒间

抑尘剂将将粉煤颗粒黏结在一起

图 12.13　喷洒抑尘剂后煤粉固化层理想化模拟图[引自：柴强(2012)]

灰尘颗粒以抑制灰尘(曹晓，2009)。图 12.13 所示为高分子抑尘剂喷洒后煤粉固化层模拟图(假设煤粉颗粒为规则的长方体)。

二、国内外抑尘剂的研究进展

1. 国外抑尘剂的研究进展

国外对于化学抑尘剂的研究比我国早，从 20 世纪 20 年代开始，它作为一种新的除尘方法，开始在各个领域应用起来，采矿业是最先采用的行业之一。在 20 世纪 50 年代始，人们发现添加表面活性剂的水溶液具有较好的抑尘效果，从此在采煤、采石、凿岩、爆破、自卸运输、码头装卸及汽车运输路面等容易产生扬尘的的行业进行喷洒抑尘。到 20 世纪 80 年代之后，出现了喷洒氯化钙等无机盐，主要在西方发达工业国家用于路面表层抑尘。最早出现的此种抑尘剂，是为了治理矿山路面的，一开始使用的是沥青、重油和无机盐类物质，后面慢慢转向有机高分子聚合物。目前，大多数产品都是专利产品，处于世界水平的前沿。部分研究成果见表 12.14。

表 12.14　1974—2019 年国外抑尘剂研究成果

第一作者	论文(专利)	成果	文献来源
Amalo F	论文	论文比较了这 3 种方式(清理路面、用水冲洗和使用化学抑尘剂)对降低周围粉尘的效果，表明化学抑尘剂对道路抑尘的效果明显	Anderson(1974)
Dietz T M	论文	运用丙三醇，与表面活性剂、多羟基酯类、丙烯酸化合物等结合研制出环保型抑尘剂，具有良好的抑尘效果	TM Dietz et al.(1998)

（续）

第一作者	论文(专利)	成果	文献来源
Colucci	论文	抑尘剂是一种稳定、浓缩且不挥发的乳液，包括 60% 的天然树脂和 40% 的湿润剂，树脂能固结粉尘形成薄膜，润湿剂则是促进树脂颗粒渗入土壤中去，进而产生抑尘的作用	Colucci et al. (2003)
Miguel A Medeir	论文	评价了甘油独立使用以及与其他(表面活性剂、聚合物或其他化学品)结合使用时的抑尘效果，并阐释了甘油在抑尘剂中应用的经济优势	Gao C(2004)
Copeland C R	论文	一种在铁矿石工艺设备中有效控制 PM_{10} 的抑尘剂(吸湿性试剂)，可以减 85% 的 PM_{10}	Xu. Kun et al. (2007)
Magnusson R	论文	实验分析了氯化物和木质素磺酸盐的最佳比例，在喷洒到碎石路面后，黏结细小扬尘成颗粒，提高抑制效率	Edvardsson K et al. (2011)
Robert	论文	制备道路型抑尘剂，优点为稳定土壤、防水、防尘	Robert et al. (2011)
Karanasiou A	论文	利用 $MgCl_2$ 和乙酸镁(CMA)制备抑尘剂	Amato F et al. (2014)
Gotosa J	论文	使用糖蜜酒精废液远胜于使用清水来做道路抑尘	Gotosa J et al. (2015)
Krzysztof	论文	在使用抑尘剂时，提前使用"纯水"喷洒，可大大降低湿润煤尘的时间	Krzysztof et al. (2015)
Dou Guolan	论文	通过对烷基聚糖苷、十二烷基苯磺酸钠等活性表面活性剂的水溶液进行研究，以及对羧甲基纤维素钠和一种超吸水性浑合物的相互作用进行探讨，从溶液表面张力、乳化作用等方面看，发现超吸水性聚合物比羧甲基纤维素钠在润湿煤尘上效果更好	Dou Guolan et al. (2016)
Gilmour	论文	研制具有良好抑尘效果的环保生物性抑尘剂，同时具备生物修复功能的微生物抑尘剂	Gilmour et al. (2016)
Mei Tessum	论文	表面活性剂在对不同类型煤粉粒径和电荷的除尘性能上存在差异	Mei Tessum et al. (2017)
Alvaro Gonzalez	论文	使用六水合氯化镁可以减少采矿道路扬尘，提高运输安全性和采矿效率	Alvaro Gonzalez et al. (2019)

（续）

第一作者	论文(专利)	成果	文献来源
韦恩.W.范	专利	揭示了聚合物柔韧性与 Tg 之间的关联,筛选出柔韧性较好的成膜材料,可用在路面抑尘	Herde. R. S(1965)
Rath C	专利	聚乙烯醇与硼酸或硼酸盐交联配制的抑尘剂溶液,可有效减少水分的蒸发,进而提高抑制粉尘的有效性	Kobrick(1969)
Talamoni J R	专利	采用聚乙烯醇、甘油、丙烯酸、有机硅表面活性剂和聚硅氧烷合成的抑尘剂,在物料表面可形成一层均匀的耐磨层	Riccardo P6(1994)
Ogzewalla M	专利	甘油与多元酸反应生成的衍生聚合物不仅抑尘效果好,而且可解决固体颗粒物(包括肥料、矿物、矿石和聚合物等)的结块问题	Dutkiewicz(2002)
Cotter J	专利	用表面活性剂和甘油等配置而成的一种扬尘抑制剂	Cotter J(2008)

2. 国内抑尘剂的研究发展

我国对于抑尘剂的研究远远落后于欧美发达国家,自 20 世纪 80 年代才开始着手研发化学抑尘剂,取得了重大进展,许多成就也申请了专利。之前基本采用洒水抑尘,应用卤化物稳定土已有很久的历史,自 20 世纪 90 年代以来,化学粉尘抑尘剂的研究突飞猛进,研究成果不断涌现,并且涉及的领域也越来越多,科技水平不断加深,化学抑尘剂正逐步从润湿型、凝聚型和黏结型发展到复合型和特殊型,材料也趋向于聚合物和环保材料。现在,中国在世界化学抑尘剂研究领域中占有一席之地,1992—2019 年国内抑尘剂的主要研究成果见表 12.15。

表 12.15　1992—2019 年国内主要抑尘剂

第一作者	论文(专利)	成果	文献来源
柳明珠	论文	采用丙烯酰胺与洋芋淀粉进行接枝共聚形成高倍吸水性聚合物,它在室温 24h 内可吸蒸馏水 达 5085 倍	柳明珠等(1992)
王海宁	论文	采用淀粉接枝丙烯酸盐研制高倍吸水树脂作为抑尘剂,该抑尘剂在路面铺洒后可有效抑尘时间约 8d	王海宁等(1997)
李锦	论文	针对各种霸天料堆,料场、建筑施工场地等,研制成本低廉、抑尘周期长且抗侵蚀性强的抑尘剂	李锦等(2000)
覃立香	论文	采用淀粉接枝丙烯酸盐类高分子研制一种针对路面扬尘的抑尘剂	覃立香等(2002)

（续）

第一作者	论文（专利）	成果	文献来源
谭卓英	论文	采用可溶性淀粉、硅酸钠和丙三醇混配而成的抑尘剂，具有较强的吸湿、黏结、凝并、保水、抗高温和固结路面等性能，可有效抑尘5d	谭卓英等（2005）
王薇	论文	制备的复合型抑尘剂，具有较好的耐高温、耐低温及耐水的特性，对土质路面抑尘效果明显	王薇等（2010）
肖红霞	论文	以甲基丙烯酸甲酯和丙烯酸正丁酯为原材料，研制吸水、保水能力优良的复合型抑尘剂，喷洒后在路面形成一层黏性油膜，能很好地耐蒸发	肖红霞（2011）
蔡觉先	论文	采用以1.2%的pLE和1.2%的pLF配比的混合溶液复配而出的最佳抑尘剂，喷洒在煤表层后可固化均匀、不凝块，施压后无破损的效果	蔡觉先等（2011）
李凯崇	论文	研制一种环保商效黏结性有机煤尘抑尘剂，以木质素磺酸盐、甲基硅酸钠、氯化钙、丙烯酸四硼酸钠等复配而成，环保高效且抗侵蚀性强	李凯崇等（2012）
张雷波	论文	采用种子饼为主要原料，十二烷基苯磺酸钠、羧甲基纤维素钠合聚乙烯醇作为相应的辅助材料，经改性，得到了一种生态友好型抑尘剂，并对其保湿性、水稳定性、抗风蚀性能及抑尘效率进行了探讨	张雷波等（2013）
郑向军	论文	自主研发的以钙镁络合物为主要组成物质，助剂为辅助复配而成的一种新型环保抑尘剂，其PM_{10}的降尘效果为25%，也对$PM_{2.5}$有一定的降尘效果，大气中的氮氧化物能被相应地吸附	郑向军等（2014）
杜翠凤	论文	由吸湿剂、凝并剂合表面活性剂混配成防冻型路面抑尘剂，优点为良好的吸湿放湿性、黏结性，抵御30m/s的风力侵蚀以及可在−33.4℃时不结冰	杜翠凤等（2015）
蒋耀东	论文	以微生物诱导沉淀碳酸盐岩技术为基础，开发了具有无毒、附着力强、易降解、生态相容性好的绿色环保型微生物抑尘剂以及脲酶抑尘剂	蒋耀东（2018）
周刚	论文	煤矿中对比三种不同类型煤，发现不同类型的煤具有不同的降尘效果；通过微观分析，确定是由不同类型煤表面所含氧官能团不一样，导致其亲水性不同	Gang Zhou et al.（2018）
李明	论文	发现纳米颗粒溶液具有抑制扬尘作用，该溶液具有优异的抑尘效果和抗侵蚀能力，但是生产成本高	李明等（2018）
王振宇	论文	采用无机矿物膨润土复合多种的功能助剂，制备出新型微波聚合复合型的抑尘剂	王振宇（2019）

（续）

第一作者	论文（专利）	成果	文献来源
李树芳	论文	利用造纸废料制备润湿型抑尘剂，满足近年来废物再利用的热点，从造纸废弃物提取磺化木质素，再运用接枝共聚改性的方法，进一步接枝，少量的表面活性剂被用来增强润湿效果，最终制备出可喷雾降尘的润湿型抑尘剂	李树芳等（2019）
陈昕	论文	研究制备了一种掸尘性能优良、环境友好的复合型水溶性的高分子抑尘剂	陈昕（2018）
蔡垒	论文	研发一种抑尘性能优良的"软膜型"抑尘剂	蔡垒（2018）
阎杰	论文	采用响应面优化法，依据回归过程和响应曲面找出的预测响应值，从而制备效果最好的煤尘抑尘剂	阎杰等（2019）
苏璐璐	论文	针对铁精矿粉的扬尘污染，采用水性聚合物制作一种新型抑尘剂，抑尘剂效果好	苏璐璐等（2019）
刘雨忠	专利	运用二水合氯化钙、六水合氯化镁和由润湿剂、分散剂和缓释剂组成的表面活性剂复配产物，是有抑尘和阻燃双重效果的高效材料，广泛应用在煤炭开采中的综合防尘、防火领域、露天矿路面抑尘及港口煤堆阻燃抑尘等领域，极具推广应用价值	刘雨忠等（2006）
肖彤	专利	采用水溶性聚丙烯酸酯、无水氯化钙、聚丙烯酸钠和无水氯化镁以及表面活性剂所复配而成的抑尘剂，在保水性和黏结能力上有良好的能力，同时表现出较好的抗冻性能	肖彤（2008）
郑日强	专利	利用烷基氢化菲树脂酸为原料，采用分子设计方法对其进行改性，改性后具有较好的抑尘效果	郑日强（2008）
宁岱	专利	采用聚丙烯酸钠、卤化物、水溶性聚丙烯酸酯以及表面活性剂研制一种新型抑尘剂	宁岱（2011）
陈守东	专利	由 20%~50% 吸湿保湿剂，0.1%~2.0% 水溶性高分子聚合物，1.0%~5.0% 防腐剂，0.5%~5.0% 的渗透剂和水混配成抑尘剂，它是一种将黏结、渗透、润湿及吸湿等功能集一身的多功能抑尘剂，动态防尘类液体产品，抗压功能极强，具有良好的保水吸湿性和显著的抗蒸发性特点，在道路抑尘上，抑尘效果明显	陈守东等（2015）

三、国内抑尘剂的主要技术指标

大量研究确定，目前采用的抑尘剂需要符合以下各项指标。

1. 抑尘剂的溶液外观与感官特性

抑尘剂外观与感官特性应符合表 12.16 的规定。

表 12.16　抑尘剂外观与感官特性

项目	性能指标
形态	液体
气味	无味或无明显刺激气味
色泽	透明、乳白色或浅色
杂质	无外来可见机械杂质

引自：周亚萍等(2015)。

2. 抑尘剂溶液外观与感官特性

抑尘剂溶液技术指标应符合表 12.17 的规定。

表 12.17　抑尘剂技术指标

	项目	指标
总体	密度(20 ℃)(g/cm³)	1.00~1.10
	黏度(25 ℃)(mPa·s)	> 5
	pH	6~8
	固形物(%)	≥1
腐蚀性	钢材平均腐蚀速率(m/a)	≤5×10⁻⁵
	铝合金均匀腐蚀速率(m/a)	≤3×10⁻⁵
	TCS 不锈钢平均腐蚀率(m/a)	≤1×10⁻⁷
	车辆橡胶管均匀腐蚀[mg/(cm²·h)]	≤1×10⁻⁷
	皮肤刺激度	<2.0
	闪点(℃)	>61
毒理指标/(mg/L)	总汞	≤0.05
	总镉	≤0.1
	总铅	≤1.0
	总铬	≤1.5
	总砷	≤0.5
	甲醛	≤5

（续）

项目		指标
抑尘效果	风蚀率(%)	<1
	抑尘层厚度(mm)	> 10
	急性经口毒性试验(mL/kgBW)	≥60.0

引自：周亚萍等(2015)。

四、抑尘剂的应用

1. 在生产地的应用

抑尘剂可广泛应用于煤炭及各类金属、非金属采矿区，矿物粉渣堆料场，煤炭及矿粉运输、矿物土方储存卸载场，建筑物拆除地，在建道路沿线、火电厂、水泥厂、粉尘车间、冶金厂、钢铁厂等场所。伴随经济的快速发展，这些地区的生产规模将越来越大，粉尘量也将激增，因此在这些地区使用抑尘剂是非常必要的，因为持续的大规模生产会影响周围环境和人们的生活，特别是对生产区的工人来说，会导致严重的身体疾病。从 20 世纪开始，一些欧美发达国家就认识到工业生产过程中的粉尘污染问题，并研制了用于矿山的抑制剂，如 20 世纪 20 年代，为了湿润矿井中的煤尘污染，研制了磺化碳氢化合物衍生物，在煤矿开采中大规模使用。到 20 世纪 30 年代，开始使用 Nonol W-433 湿润抑制剂来对矿井中的煤尘飞扬进行抑制(王宽等，2011；蔡觉先等，2011)。因此，应用于生产现场的抑尘剂需要更好的润湿能力、保湿能力以及吸附和黏合能力。如果在露天喷洒，还应具有良好的抗风蚀和防雨能力。

2. 在道路运输中的应用

抑尘剂在公路运输的应用主要体现在铁路和公路上。矿物粉尘不仅会造成环境污染，还会腐蚀道路的金属部件(如钢轨、路灯和其他通信设备)从而引发安全事故，也可能会对工作人员的身体健康造成伤害，使用抑尘剂可以减少或避免这些问题的发生。此外，如果在运输矿物的过程中使用抑尘剂，还可以避免矿物溢出造成的财产损失(谭卓英等，2005)。在道路运输过程中，抑尘剂的主要功能过程是喷涂后将材料黏结在一起，并在表面形成一定厚度的固化层，因此，对所应用的抑尘剂性能要求较高。例如，在煤炭的铁路运输过程中，首先，喷洒抑尘剂后在煤粉表层形成的固化层必须具有较高的抗压性和抗震荡能力，因为道路运输过程中肯定会产生颠簸。如果煤粉表面没有很好地得以固化和稳定，在运输过程中煤粉照样能够洒落，起不到抑尘的目的(苏顺虎，2010)。其次，固化层必须在一定程度上抗蚀和耐雨淋，因为当列车高速行驶时，煤粉表面会受到风力的极大侵蚀，特别是当列车进入隧道时，强大的风力能够使表层煤粉洒落。如果不具备耐雨淋特性，运输过程中降水可以导致固化层软化或破裂，同样起不到应有的效果。此外，还应有很好的温度适应性，因为在长时间的火车运输过程中，温度变化很大，即使在零下十几度或者四十多度的高温条件下运输，也能够达到抑尘的目的。

3. 在防止土地沙漠化中的应用

在风力的持续作用下，土壤会不断被侵蚀后成为戈壁，并慢慢地向沙漠化演变。要防止土地沙漠化，最重要的是防止风对流动沙丘的侵蚀。最长久的方法是种植防护林，但防护林需要大量的人力和物力来长期维护，而且见效慢，最主要是在干旱地区种植成本极高，成活率低。因此，使用抑尘剂固沙是一种快速、廉价且易于操作的方法。通过固定沙丘表面，沙粒不能被风大面积吹蚀。因此，为了达到更好的防风固沙的目的，通常采用喷洒抑尘剂和栽种防护林相结合的方法来实现沙漠化防治。

在沙漠中使用抑尘剂的首要条件是良好的黏结性、抗风蚀性、保湿性，对温度的变化具有很强的适应性，当下雨时，水分不会全部下渗或流走，能够在表层保持一定的湿度。目前，已经成熟的固沙剂有很多，代表性的有杨明等研制的复合磺化尿素–三聚氰胺–甲醛树脂固沙剂、王银梅等制备的 SH 固沙剂（王银梅等，2003）和王丹等改性的木质素磺酸盐固沙剂（王丹等，2005）。

第五节　保护性耕作

一、保护性耕作定义和主要技术内容

1. 保护性耕作的定义

保护性耕作的定义和内涵随着时代的发展和认识的加深而不断演变，在不同的时期和条件下，它们的表达方式不同。国外学者将保护性耕作定义为："使用大量秸秆的残茬来覆盖地表，让耕作减少到保证种子发芽即可，以农药来控制杂草和病虫害的耕作技术。"美国保护科技信息中心（CTIC）在定义保护性耕作时，更注重土壤的水土保持和防治风蚀效应，认为至少在播种后要让30%的土壤被作物秸秆覆盖才能起到耕作后耕地的保护作用。2002 年，中国农业部对保护性耕作的定义是"实行农田的免耕、少耕，并用作物秸秆覆盖地表，进而减少风蚀和水蚀，提高土壤肥力和抗旱能力的先进耕作技术。"Baker 等（2007）认为保护性耕作不是彻底和传统耕作划清界限，而是把一些新型的耕作方式（免耕、深松或者少耕）和传统耕作方式结合起来，以达到既能保证作物产量，又能在田间进行应用的目的。

保护性耕作不但能够节约劳动力和能源，而且在改善土壤生物和水分、提升土壤结构稳定性和土壤养分含量等方面都发挥着积极作用，因此可以保持土壤健康和可持续农业发展。近年来，保护性耕作措施引起了人们越来越多的重视（Niu et al.，2016）。鉴于此，仅仅通过秸秆覆盖水平来定义保护性耕作方法是片面的，不科学的（Harrington，2005）。要准确定义保护性耕作，必须对其应用后对不同层面的环境和社会效应做出评价，例如对减少 CO_2 排放、减缓土壤温度波动等方面的影响（Hobbs，2007）。不一定对土壤扰动越少，就是好的保护性耕作措施，土壤水分和养分保持方式有很多种，必须选择一种相比于传统耕作方式，更加友好的生态、经济和社会服务方案（Carter，1994）。通过长时间的研究和总结，联合国粮农组织（FAO）对保护性耕作给出了更加全面的定义，该定义的大体解释是，保护性耕作首先是一种农业生产系统，其根本是能够在提高生产力，增加收入以确保粮食安全的前提下，对自然资源进行生态保护、以一种环境友好的模式发展农业。因此，要完整地理解保护性耕作的意义，必须首先满足以下三个条件：首先，土壤扰动的范围小于耕地面积的30%；其次，土表进行有机质的永久性覆盖；最后，采用多样化轮作体系，该体系中必须要有豆科作物参与其中（FAO，2015）。

2. 保护性耕作技术内容

目前，在我国实行的主要保护性耕作技术是残茬（秸秆）覆盖耕作配合深松耕和少免耕，其中最成功的组合技术是带/条耕覆盖和高留茬少免耕、留茬深松/免耕技术。按照中华人民共和国农业部、中华人民共和国发展和改革委员会于2009年公布的《保护性耕作工程建设规划（2009～2015 年）》的总体指导思想及建设原则，我国不同生态类型区所示范推广的保护性耕作技术模式也不同，具体如下（邹晓霞，2013）。

（1）东北平原垄作区

主要采用留高茬原垄浅旋灭茬播种技术模式、留高茬原垄免耕错行播种技术模式、留茬倒垄免耕播种技术模式、水田少免耕技术模式。

（2）东北西部干旱风沙区

该区域主要采用留茬覆盖免耕播种技术模式和旱地免耕"坐水种"技术模式，以达到增加土壤含水量、抵御春旱和控制风蚀的目的。

（3）西北黄土高原区

主要采用坡耕地沟垄蓄水保土耕作技术模式、坡耕地留茬免耕播种技术模式以及少耕覆盖播种技术模式，主要目的是水土保持以及土壤养分提升。

（4）西北绿洲农业区

主要采用留茬覆盖少免耕技术模式和沟垄覆盖免耕种植技术模式。

（5）华北长城沿线区

主要采用留茬秸秆覆盖免耕技术模式、带状种植与带状留茬覆盖技术模式。

(6)黄淮海两茬平作区

主要采用小麦-玉米秸秆还田免耕直播技术模式、小麦-玉米秸秆还田少耕技术模式。

二、保护性耕作的起源与发展

自 20 世纪 40 年代除草剂 2，4-D-丁酯被发明后，最被广为认可的现代保护性耕作（免耕）概念才出现（Derpsch，2004）。在新的栽培和耕作措施的支撑下，传统耕作措施逐步被保护性耕作措施所取代（Lal et al.，2007）。20 世纪 50 年代，鏊式犁耕作、留茬和作物秸秆覆盖是应用较为广泛的保护性耕作方式，到 20 世纪 70 年代，得益于传统耕作的缺陷越来越明显，保护性耕作面积开始迅速增加。2001 年 10 月，在西班牙召开了第一届世界保护性农业大会，这是联合国粮农组织（FAO）与欧洲保护性农业联合会共同努力的结果，标志着重视保护性耕作措施在全世界范围内广泛传播。根据 FAO 提供的相关数据，截至 2015 年，来自北美洲、南美洲、非洲、大洋洲、欧洲、亚洲等地的 12 个国家普及保护性耕作总面积达到 15214.7 万 hm^2（表 12.18），占比 97% 的全球保护性耕作总面积。

表 12.18　全球实施保护性耕作面积前 12 名的国家

国家	保护性耕作面积（$10^3\ hm^2$）	耕地面积（$10^3\ hm^2$）	保护性耕作所占（%）	占比排名
阿根廷	29181	40200	72.59	1
巴拉圭	3000	4885	61.41	2
西班牙	792	1804	43.9	3
乌拉圭	1072	2450	43.7	4
巴西	31811	86589	36.74	5
澳大利亚	17695	47307	37.40	6
加拿大	18313	50656	36.15	7
美国	35613	157205	22.65	8
哈萨克斯坦	2000	29527	6.77	9
中国	6670	122524	5.44	10
俄罗斯	4500	124722	3.61	11
印度	1500	169360	0.89	12

来源：http://www.fao.org/ag/ca/6c.html。

三、保护性耕作对土壤风蚀的影响

李洪文等（2008）通过风洞试验研究了保护性耕作对土壤风蚀的影响，结果表明（表 10.19），传统耕作地与保护性耕作地随风速增大，农田风蚀量均增加，但保护性耕作农田抗风蚀能力明显增大，即风蚀量增幅较传统耕作小。当风力为 5~8 级时，免耕覆盖地比传统翻耕地可减少田间风蚀 53%~78%；一般风力在 5 级以下时，免耕覆盖比传统翻耕可减少风蚀 28%~45%。保护性耕作减少风蚀量主要是减少了风蚀深度，尤其在风速较大的情况下，保护性耕作的风蚀深度明显比传统耕作浅，风速 10m/s 级时，保护性耕作农田的风蚀深度是传统耕作的 43%，当风速达 14m/s 时为 21%。虽然模拟试验是在全封闭、稳定强风状态下进行，所得风蚀量可能比农田实际偏大，但保护性耕作较传统耕作减少的风蚀比例可反映农田的实际情况。

表 12.19　风洞试验结果

项目	处理	风速（m/s）		
		10	14	18
采样器风蚀量 Q[g/(min.m)]	传统翻耕	7.5	75.5	89.5
	玉米免耕留茬	3.5	16.7	35.3
1000 亩每小时风蚀量（t/h）	传统翻耕	54	549	650
	玉米免耕留茬	25	121	256
减少量（%）		53	78	61
每公顷每小时风蚀量（t/h）	传统翻耕	0.82	8.24	9.76
	玉米免耕留茬	0.38	1.82	3.85
每小时风蚀深度（mm/h）	传统翻耕	0.07	0.69	0.81
	玉米免耕留茬	0.03	0.15	0.32

如表 12.20，由 8 个试验区的试验结果可以看出：相比于传统的翻耕方式，保护性耕作对农田土壤的风蚀有不同程度的抑制作用。根据各地不同的自然条件特点，采用了不同的保护性耕作措施（茬口、覆盖率、免耕及少耕），所以，各地土壤风蚀减少量上差异很大，变幅大致在 14%~88%。

表 10.20　保护性耕作比传统耕作农田土壤风蚀减少量（%）

试验示范区	土壤风蚀减少量	试验示范区	土壤风蚀减少量
河北张北	25~40	陕西榆林	37~47
河北丰宁	14.2~75.3	山西浑源	18~77
辽宁彰武	31.8~87.1	甘肃金昌	25~82
内蒙古喀喇沁旗	30	青海共和	34

引自：杜娟（2005）。

20 世纪 70 年代初，美国保护性耕作技术开始引入澳大利亚，澳大利亚在全国各地建立了大量的保护性耕作长期试验站，并组织了一些农学、水利和农业机械方面的专家开展该方面的系统试验研究。从20世纪80年代开始，以深松、机械除草及表土作业为代表的覆盖耕作，以深松、化学除草及表土作业为代表的少耕和以免耕、化学除草为代表的三种免耕技术模式开始在澳大利亚大规模示范推广。目前，铧式犁翻耕技术已经在澳大利亚地区全面禁止，其中90%～95%北澳的农田、80%的南澳农田、60%～65%的西澳农田践行了保护性耕作措施。根据澳大利亚国家粮食研究与发展中心(GRDC)的数据，保护性耕作有效地抑制了土壤风蚀和沙尘暴的爆发，上一次严重的沙尘暴发生在1992年，此后几年都非常干旱，但没有发生严重的沙尘暴(表10.21)。

表 10.21　保护性耕作对减少土壤风蚀的作用

土地类型	传统耕作风蚀(无覆盖)	保护性耕作风蚀(30%秸秆覆盖)	保护性耕作减少风蚀(%)
农区壤土地	10.9	2.15	80
农区沙土地	60.9	15.3	74
干旱草原沙土地	154.4	37.3	75

资料来源：周建忠(2004)。

注：试验风速为75km/h。

四、我国保护性耕作存在的主要问题

1. 缺乏总体规划方案和技术体系

多年来，由于长期采用重用地、轻养地模式的生产方式连续种植高产作物，我国粮食主产区东北平原、华北平原和长江中下游平原的土壤肥力和有机质含量不断降低，相应的保护性耕作技术薄弱，实际面积有限。尽管在西北部和农牧交错带等干旱和半干旱地区进行了多年的技术实践，但是，由于缺乏区域发展总体规划，技术分散，无法形成因地制宜的保护性耕作配套技术和支撑体系。

保护性耕作和常规耕作措施最大不同在于其明显的生态和社会效益功能，也就决定了该技术性措施具有社会服务的性质。因而，不仅要种植户认识到其生态必要性和实施的重要性，更需要国家和各级政府站在更高的角度来评价和定位它们的地位和作用，从而保证全社会的健康发展。然而，纵观应用现状，目前关于保护性耕作方面的政策扶持力度还很不到位，全社会的也没有对此给予充分的重视，而且关于保护性耕作发展的外部环境也不是太完善，需要引起足够的重视。如果此局面不能够打破，保护性耕作的深入研究和推广应用将阻力重重。

2. 缺乏因地制宜的技术规范和标准

我国幅员辽阔，不同地区存在差异较大的土壤、气候、经济和社会特征，作物类型多种多样，与美国等发达国家比较，保护性耕作技术种类繁多也很零散，如在东北广泛使用的深松垄作、少耕和免耕，华北地区应用广泛的夏作免耕、麦玉两作全程免耕，长江中下游地区普遍推广的轻耕作、少耕及免耕。各项技术没有统一的规范标准，也几乎没有按照不同区域特色的保护性耕作技术标准、规范化技术体系进行操作，技术的可重复性差，同时相关配套的栽培管理技术也没有跟上，最终限制保护性耕作技术的标准化推广应用。因此，研究工作中的重点应该放在建立适合不同区域特点的保护性耕作配套技术体系和技术标准，对其产生的生态适应性和效益进行系统评价，在逐步提高这一技术水平的基础上，助推生态脆弱区粮食安全生产的发展。

3. 配套技术问题尚待解决

目前保护性耕作配套技术的建立尚存在亟须解决的难题。亟需形成与种植制度相适应的土壤耕作体系和轮耕制。缺少与地况、种植制度相配比的保护性耕作专用机具，已有的机具性能较单一。不利于规模效益产生，也不利于吸引农村以外的社会资本的投入。秸秆覆盖减弱了光对地面的照射强度，致使土壤吸热少、升温变慢；地表温度较低会影响作物播种、发芽、幼苗生长及作物产量。相应的问题在我国一年两熟区的冬小麦免耕栽培中暴露出来：①早春土壤温度较低，根层土壤升温较慢，对小麦的返青和早期生长造成了严重的影响。②秸秆覆盖后虽然能够抑制杂草生长，但同时也对前期的耕作和随即开展的播种造成一定的影响。③作物残茬覆盖导致病虫害大量滋生，特别是秸秆中的病虫害再次回归，必须加大除草剂和农药的使用量，由此造成的环境污染不容忽视，而且目前也没有专用的化学除草剂及相应的施用方法和机具，也缺乏无公害的生物除草剂和农药，尤其是针对一些多年生的恶性杂草缺乏有效的综合防治技术。

参考文献：

柏方敏，戴成栋，陈朝祖，等，2010. 国内外防护林研究综述[J]. 湖南林业科技，37(5)：6-7：14.

鲍玉海，贺秀斌，杨吉华，等，2007. 三种网格的农田防护林防止土壤风蚀的效应研究[J]. 水土保持学报，21(02)：5-8.

蔡觉先，董波，李颖泉，2011. 新型抑尘剂在散堆储煤场应用性试验研究[J]. 洁净煤技术，17(02)：71-73.

蔡垒，2018. 改性羧甲基纤维素/羧甲基淀粉抑尘剂的微波制备及性能[D]. 西安：西北大学.

曹晓锋，2009. 固尘抑尘剂的研制[D]. 呼和浩特：内蒙古工业大学.

曹新孙，姜风歧，雷启迪，1981. 自由林网对农田地形的影响[J]. 生态学报，1(02)：112-116.

曹新孙，1983. 农田防护林学[M]. 北京：中国林业出版社.

柴强，2012. 微波辐射下丙烯酸类抑尘剂的合成及应用研究[D]. 咸阳：陕西科技大学.

常兆丰，赵明著，2006. 民勤荒漠生态研究[M]. 兰州：甘肃科学技术出版社.

陈爱英，2007. 防风网的数值模拟[D]. 上海：同济大学应用数学系.

陈凯华，宋存义，李强，等，2008. 钢铁厂露天料堆场防风抑尘墙效果的数值模拟[J]. 环境工程学报，2(03)：404-407.

陈守东，侯凤. 固态抑尘剂：CN104817997A[P]. 2015-08-05.

陈昕，2018. 复合型水溶性的高分子抑尘剂的研究[D]：南昌：南昌大学.

丁新辉，刘孝盈，刘广全，等，2019. 京津风沙源区沙障固沙技术评价指标体系构建[J]. 生态学报，39(16)：5778-5786.

杜翠凤，王远，任俊妍，2015. 防冻型路面抑尘剂配方研制及性能表征[J]. 有色金属（矿山部分），01：1-6.

杜娟，2005. 中国北方旱区保护性耕作技术效果及其问题和对策[D]. 北京：中国农业大学.

高志义，1997. 我国防护林建设与防护林学的发展[J]. 北京林业大学学报，19(01)：67-73.

姬亚芹，单春艳，王宝庆，2015. 土壤风蚀原理和研究方法及控制技术[M]. 北京：科学出版社.

姜凤歧，朱教君，曾德慧，等，2003. 防护林经营学[M]. 北京：中国林业出版社.

蒋耀东，2018. 微生物及活性酶诱导碳酸钙沉淀新型抑尘剂实验研究[D]：南京：东南大学.

金龙哲，杨继星，欧盛南，2007. 润湿型化学抑尘剂的试验研究[J]. 安全与环境学报，7(06)：109-112.

李洪文，胡立峰，2008. 保护性耕作的生态环境效应[M]. 北京：中国农业科学技术出版社.

李锦，柳建龙，2000. 改良 MPS 型抑尘剂在料堆防尘中的试验研究[J]. 工业安全与防尘，1：13-15.

李凯崇，杨柳，蒋富强，等，2012. 改性木质素磺酸盐煤炭抑尘剂的制备与研究[J]. 环境工程，30(01)：66-69.

李明，白倩倩，李梦娜，2018. 纳米溶液的抑尘机理及其性能测试研究[J]. 环境科学与技术，41(05)：43-47.

李树芳，田进，谢宏，等，2019. 造纸废料制备润湿型抑尘剂及其性能研究[J]. 煤矿安全，50(07)：14-16+20.

李舟，2018. 基于多尺度分析的黄土高原保护性耕作系统下作物产量、土壤碳库与经济效益研究[D]. 兰州：兰州大学.

刘雨忠，金龙哲，刘祥来，等. 高效防火抑尘材料及合成方法：CN1884426[P]. 2006-12-27.

柳明珠，吴靖嘉，义建军，1992. 丙烯酰胺与洋芋淀粉接枝共聚物的合成及其超高吸水性能的研究[J]. 高分子材料科学与工程，4：19-23.

马克平，刘玉明，1994. 生物群落多样性的测度方法 I α 多样性的测度方法（下）[J]. 生物多样性，2(04)：231-239.

宁岱. 一种环保降解型抑尘剂及其制备方法：CN102277135A.[P]. 2011.

屈志强，2007. 植物配置对土壤风蚀影响的研究[D]. 北京：北京林业大学.

宋海燕，李春艳，李传荣，2007. 泥质海岸防护林土壤微生物、酶与土壤养分的研究[J]. 水土保持学报，21(01)：157-159.

苏璐璐，柳鹏，张福强，等，2019. 水性聚合物对铁精矿粉的抑尘和稳定作用研究[J]. 金属矿山，9：185-188.

苏顺虎，2010. 煤炭铁路运输抑尘技术应用和质量控制对策研究[J]. 铁道运输与经济，32(01)：1-4.

孙昌峰，2011. 导流型防风网抑尘性能与机理研究[D]. 青岛：青岛科技大学.

孙旭，刘静，布和，1999. 内蒙古河套灌区农田防护林效益研究[J]. 内蒙古林学院学报（自然科学版），21(03). 33-37.

覃立香，朱瑞红，2002. 一种新型高分子扬尘抑制剂的研究[J]. 云南大学学报（自然科学版）(S1)：119-120+125.

谭卓英，刘文静，赵星光，等，2005. 露天矿运输道路生态型抑尘因子的选择[J]. 北京科技大学学报，27(06)：649-654.

佟云华，2018. 水性聚合物抑尘剂的制备及其性能研究[D]. 天津：河北工业大学.

王丹，宋湛谦，商士斌，2005. 改性木质素磺酸盐固沙剂的性能及应用研究[J]. 林产化学与工业，25(02)：59-63.

王海宁，董力，黄泽菁，等，1997. 高倍吸水树脂抑尘剂的研究[J]. 环境与开发，04：21-22+26.

王姣龙，胡志光，张玉玲，2014. 化学抑尘剂的研究现状分析[J]. 化学工程师，7：51-53.

王宽，周福宝，张仁贵，2011. 矿用泡沫抑尘技术在薛湖矿的应用[J]. 煤炭工程，8：52-54.

王薇，霍茂清，郑向军，等，2010. 复合型抑尘剂的制备与应用研究[J]. 环境工程，S1：176-178.

王银梅，孙冠平，谌文武，等，2003. SH固沙剂固化沙体的强度特征[J]. 岩石力学与工程学报，22（增2）：2883-2887.

王振宇，2019. 微波聚合复合型抑尘剂的机理及性能研究[D]. 太原：太原理工大学.

邬天媛，2012. 农田防护林系统土壤动物生态地理研究[D]. 哈尔滨：哈尔滨师范大学.

吴德东，2012. 区域防护林构建和更新改造技术[M]. 沈阳：辽宁科学技术出版社.

肖红霞，2011. 复合型抑尘剂的制备研究[J]. 环境工程，1：76-79.

肖彤. 防冻抑尘剂及制备方法：CN101235270[P]. 2008-08-06.

徐洪涛，何勇，廖海黎，等，2010. 防风网气动特性参数的试验研究[J]. 安全与环境学报，10(01)：70-74.

徐满厚，2011. 绿洲-荒漠带防护林与自然植被的防风效应及其优化配置模式研究[D]. 石河子：石河子大学.

阎杰，杨永竹，段龙，等，2019. 基于响应面法的煤尘抑尘剂配方的优化研究[J]. 应用化工，48(09)：2036-2040.

杨树莹，周磊，杨林军，等，2019. 高分子抑尘剂对褐煤矿场细颗粒物的抑制特性[J]. 煤炭学报：44(02)：528-535.

张雷波，焦姣，赵雪艳，等，2013. 生态友好型抑尘剂的制备及性能[J]. 农业工程学报，29(18)：218-225.

张利文，周丹丹，高永，2014. 沙障防沙治沙技术研究综述[J]. 内蒙古师范大学学报（自然科学汉文版），43(03)：363-369.

张瑞麟，刘果厚，崔秀萍，2006. 浑善达克沙地黄柳活沙障防风间沙效益的研究. 中国沙漠，26(05)：717-721.

赵海珍，梁学功，马爱进，等，2007. 防风网防尘技术及其在我国大型煤炭港口的应用与发展对策[J]. 环境科学研究，20(02)：68-71.

郑日强，居明，张翼，等. 一种天然物质改性的抑尘剂：CN101113320[P]. 2008-01-30.

郑向军，李晋生，薛峰，等，2014. 新型环保路抑尘剂在城市道路的应用[J]. 环境工程技术学报，2：169-172.

周建忠, 2004. 土壤风蚀及保护性耕作减轻沙尘暴的试验研究[D]. 北京: 中国农业大学.

周亚萍, 李永强, 何仲虎, 2015. 抑尘剂的研究现状及发展新趋势[J]. 广州化工, 43(07): 48-49: 69.

朱德华, 1979. 防风障和防风林是控制土壤风蚀的有效措施[J]. 辽宁林业科技, 3: 30+51.

朱教君, 姜凤歧, 范志平, 2003. 林带空间配置与布局优化研究[J]. 应用生态学报, 14(08): 1205-1212.

朱俊凤, 朱震达, 等, 1999. 中国沙漠化防治[M]. 北京: 中国林业出版社.

朱乐奎, 2016. 基于流场分析的南疆农田防护林体系优化配置研究[D]. 石河子: 石河子大学.

朱廷曜, 关德新, 周广胜, 等, 2001. 农田防护林生态工程学[M]. 北京: 中国林业出版社.

邹晓霞, 2013. 节水灌溉与保护性耕作应对气候变化效果分析[D]. 北京: 中国农业科学院.

左忠, 潘占兵, 张安东, 等, 2018. 干旱风沙区农田防护林网空间风速与地表风蚀特征[J]. 农业工程学报, 34(02): 135-141.

ALVARO GONZALEZ, DOUGLAS AITKEN, et al., 2019. Reducing mine water use in arid areas through the use of a byproduct road dust suppressant[J]. Journal of Cleaner Production, 230: 46-54.

AMATO F, KARANASIOU A, CORDOBA P, et al., 2014. Effects of road dust suppressants on PM levels in a Mediterranean urban area [J]. Environmental Science & Technology, 48(14): 8069-77

ANDERSON F G, 1974. A Study of Dust Control Methods for Mining of Coal [J]. Information Circular, 78(49): 1-16.

BAGNOLD R A, 1954. The Physics of Blown Sand and Desert Dunes[M]. London: Chapman and Hall.

BAKER J M, OCHSNER T E, RODNEY T V, et al., 2007. Tillage and soil carbon sequestration: What do we really know? [J]. Agriculture: Ecosystems and Environment, 118: 1-5.

C GAO, D YAN, K KOICHI, et al., 2004. Hyperbranched polymers: From Synthesis to Applications[J]. Progress in Polymer Science, 29(03): 183-275.

CABORN J M, 1965. Shelter belt and Windbreak[M]. Londong: The Bowering Press Plymouth.

CARTER, M R, 1994. Strategies to overcome impediments to adoption of conservation tillage[M]. In: Carter M R. Conservation Tillage in Temperate Agroecosystems. Lewis Publisher: Boca Raton: 3-19.

COLUCCI, WILLIAM J. Method and composition for suppressing coal dust: BR2004PI03558[P]. 2003-03-03.

COTTER J. Dust suppressant[P]: US, US20080087305. 2008-04-17.

DERPSCH, R, 2004: History of crop production: with and without tillage[J]. Leading Edge, 3(01): 150-154.

DONG ZHIBAO, 2006: Qian Guangqiang: Luo Wanyin: et al. Threshold velocity for wind erosion: The effects of porous fences [J]. Environmental Geology, 51(03): 471-475.

DOU G, XU C, 2016. Comparison of effects of sodium carboxymethylcellulose and superabsorbent polymer on coal dust wettability by surfactants[J]. Journal of Dispersion Science &Technology, 38(11): 1542-1546.

EDVARDSSON K, MAGNUSSON R, 2011. Impact of Fine Materials Content on the Transport of Dust Suppressants in Gravel Road Wearing Courses [J]. Journal of Materials in Civil Engineering, 23 (08): 1163-1170.

EPA, 1988. Update of fugitive dust emissions factors in AP-42 [R]. Midwest Research Institute: Kansas City.

GANG ZHOU, YUNLONG MA, TAO FAN, et al. , 2018. Preparation and characteristics of a multi-functional dust suppressant with agglomeration and wettability performance used in coal mine[J]. Chemical Engineering Research and Design, 4(132): 729-742.

Gilmour, Wesmount, Quebec. Dust suppressant: US20160130489A1[P]. 2016-05-12.

GOTOSA J, NYAMADZWO G, MTETWA T, et al. , 2015. Comparative road dust suppression capacity of molasses stillage and water on gravel road in Zimbabwe[J]. Advances in Research, 3 (02): 198-208.

GRALA R K, TYNDALL J C, MIZE C W, 2012. Willingness to pay for aesthetics associated with field windbreaks in Iowa: United States[J]. Landscape and Urban Planning, 108(02): 71-78.

HARRINGTON L, ERENSTEIN O, 2005. Conservation agriculture and resource conserving technologies-A global perspective[J]. Agromeridian, 1: 32-43.

HEISLER G M, DEWALLE D R, 1988. Effects of windbreak structure on wind flow[J]. Agriculture: Ecosystems & Environment, 22(23): 41-69.

HOBBS P R, 2007. Conservation agriculture: what is it and why is it important for future sustainable food production? [J]. Journal of Agricultural Science, 145: 127-137.

DUTKIEWICZ J K, 2002. Superabsorbent Materials From Shellfish Waste-A Review[J]. Journal of Biomedical Materials Research, 63(03): 373-381.

JUDD M, RAUPACH J, FINNIGAN M R, 1996. A wind tunnel study of turbulent flow around single and multiple windbreaks: part I: velocity fields[J]. Boundary-Layer Meteorology, 80(01): 127-165.

KIM H B, LEE S J, 2001. Hole diameter effect on flow characteristics of wake behind porous fences having the same porosity[J]. Fluid Dynamics Research, 28(06): 449-464.

KOBRICK T, 1969. Water as a control Method: State-of-the-Art Sprays and Wetting Agents[J]. Information Circular, 8458: 1-29.

KRZYSZTOF Cybulski, 2015. Bogdan Malich: Aneta Wieczorek. Evaluation of the effectiveness of coal and mine dust wetting[J]. Journal of Sustainable Mining, 14(02): 83-92.

XU Kun, WANG J H, XIANG S, et al. , 2007. polyampholytes Superabsorbent Nanocomposites with Excellent Gel Strength[J]. composites Science and Technonlogy, 67(15): 3480-3486

LAL R, REICOSKY D, HANSON J, 2007. Evolution of the plow over 10000 years and the rationale for no-till farming[J]. Soil and Tillage Research, 93(01): 1-12.

LEE S J, KIM H B, 1998. Velocity field measurements of flow around a triangular prism behind a porous fence[J]. Journal of Wind Engineering and Industrial Aerodynamics, 77: 521-530.

LI Wei, WANG Fang, BELL Simon, 2007. Simulating the sheltering effects of windbreaks in urban outdoor open space[J]. Journal of Wind Engineering and Industrial Aerodynamics, 95(07): 533-549.

MEI Tessum, PETER C Raynor, 2017. Effects of spray surfactant and particle charge on respirable coal dust capture[J]. Safety and Health at Work, 8(03): 296-305.

MERCER G N, 2009. Modelling to determine the optimal porosity of shelter belts for the capture of agricultural spray drift [J]. Environmental Modelling and Software, 24(11): 1349-1352.

MOTTA R, HAUDEMAND J C, 2000. Protective Forests and Silvicultural Stability[J]. Mountain Research and Development, 20(02): 180-187.

RAINE J K, STEVENSON D C, 1977. Wind protection by model fences in a simulated atmospheric boundary layer[J]. Journal of Wind Engineering & Industrial Aerodynamics, 2(02): 159-180.

RICCARDO P6, 1994. Water-Absorbent polymers: A patent Survey[J]. Journal of Macromolecular Science-Reviews in Macromolecular chemistry and physics, C34(04): 607-662

ROBERT W VITALE, CHERYL L DETLOFF, DANIEL A. Thomson. Dust suppressionagent: US13208601[P]. 2011-12-8.

STUNDER B J B, ARYA S P S, 1988. Windbreak effectiveness for storage pile fugitive dust control [R]. North Camliha: North Carolina State University; Journal of the Air Pollution Control Association.

TM Dietz, LU Y Y, UY R, et al. Polymerized microemulsion pressure sensitive adhesive compositions and methods of preparing and using same: CN1098279 C[P]. 1998-8-26.

TORANO J, TORNO S, DIEGO I, et al., 2009. Dust emission calculations in open storage piles protected by means of barriers: CFD and experimental tests[J]. Environmental Fluid Mechanics, 9(05): 493-507.

WASSON R J, NANNINGA P M, 1986. Estimating wind transport of sand on vegetated Earth Surface[J]. Earth Surface Processes and Landforms, 11(05): 505-514.

YEH C P, TSAI C H, YANG R J, 2010. An investigation into the sheltering performance of porous windbreaks under various wind directions[J]. Journal of Wind Engineering and Industrial Aerodynamics, 98: 520-532.

NIU Yining, ZHANG Renzhi, LUO Zhuzhu, et al., 2016. Contributions of long-term tillage systems on crop production and soil properties in the semi-arid loess plateau of China[J]. Journal of the Science of Food & Agriculture, 96(08): 2650-2659.

ZAGAS T D, RAPTIS D I, ZAGAS D T, 2011. Identifying and mapping the protective forests of southeast Mt. Olympus as a tool for sustainable ecological and silvicultural planning: in a multi-purpose forest management framework[J]. Ecological Engineering, 37(02): 286-293.